Netty原理剖析与实战

傅健◎著

人民邮电出版社

北京

图书在版编目（CIP）数据

Netty原理剖析与实战 / 傅健著. -- 北京 : 人民邮电出版社, 2021.11
ISBN 978-7-115-56763-5

Ⅰ. ①N… Ⅱ. ①傅… Ⅲ. ①JAVA语言－程序设计
Ⅳ. ①TP312.8

中国版本图书馆CIP数据核字(2021)第127558号

内 容 提 要

本书旨在介绍Netty框架的原理和应用。本书首先介绍了什么是Netty，Netty的发展史，创建Netty应用程序所必备的基础知识，然后从参数调整、诊断性优化、性能优化等方面对Netty进行源码解析并讨论如何完善案例程序，最后讲述UDP应用、HTTP应用、文件应用和Netty编程思想。

本书适合有一定Java基础的架构师、设计师、开发工程师、测试工程师，以及对Netty感兴趣的相关人士阅读。

◆ 著　　　傅　健
责任编辑　张　涛
责任印制　王　郁　焦志炜
◆ 人民邮电出版社出版发行　　北京市丰台区成寿寺路11号
邮编　100164　　电子邮件　315@ptpress.com.cn
网址　https://www.ptpress.com.cn
三河市君旺印务有限公司印刷
◆ 开本：800×1000　1/16
印张：26
字数：598千字　　　　2021年11月第1版
印数：1 – 2 000册　　　2021年11月河北第1次印刷

定价：119.80元

读者服务热线：(010)81055410　印装质量热线：(010)81055316
反盗版热线：(010)81055315
广告经营许可证：京东市监广登字20170147号

业界专家推荐

As a developer who contributed some important patches to Netty, Jian in this book not only explains how to write a very basic network application with Netty but also dives into a great detail to help you write a decent network application, such as how to avoid the common pitfalls you'll encounter when you work with Netty and even how a certain Netty feature is implemented internally. I recommend this book for anyone who is interested in network application programming in general as well as Netty itself.

——Trustin Lee，Netty、Armeria 创始人

Netty 是广为人知的 Java 网络编程工具。本书兼顾了初学者以及进阶者的需要，从 NIO 的机制到如何使用 Netty 编写基本的网络通信程序，再到如何解析 Netty 核心代码，探讨了 Netty 编程中的很多技术细节。另外，本书结合实际案例让读者进一步了解如何使用 Netty 实现多种网络应用。通读本书，读者可以快速领悟到使用 Netty 编写网络应用的精髓。

——姜宁，华为开源能力中心技术专家、红帽软件公司前首席软件工程师

本书从 TCP/UDP 到 HTTP，从线程模型到 Reactor 反应堆模式，从架构原理到源代码分析，从参数调优到常见问题诊断，从高性能服务到 Web 安全，详细地介绍了 Netty 的方方面面。

——陶辉，Nginx 专家，智链达 CTO，腾讯云最具价值专家，阿里巴巴前高级技术专家

本书作者多年来给开源项目 Netty 贡献了不少代码。本书基于作者多年的编程经验，结合案例，从工程化要求的角度一步一步讲解如何基于 Netty 构建自己的平台，并深入分析主流的开源平台 Cassandra、Hadoop、Dubbo 等是如何应用 Netty 的，这样让我们学以致用，在工作中直接应用从本书中所学到的东西。

——朱少民，同济大学特聘教授、《全程软件测试》《敏捷测试：以持续测试促进持续交付》作者

Netty 于 2004 年推出，是一个设计相当优雅的高性能网络编程框架，这么多年深受工程师的喜爱。洞悉 Netty 的设计原理和实践精华将有助于开发人员提升网络编程水平和中间件设计水平。本书结合 Netty 源码解构及实际案例运用，将与通信相关的知识逐一呈现，非常值得阅读。

——冶秀刚，阿里巴巴架构师

作者在工作中一步一步把 Netty 应用在公司的许多关键服务的通信层上，这些服务的稳定、高效都得益于 Netty 本身的强大与作者对 Netty 的娴熟。本书不仅汇聚了作者多年的实践经验，还展示了业界的知名开源案例中应用 Netty 的经验。本书可以帮助初学者深入理解和应用好 Netty。

——张颐武，思科（中国）研发中心技术主管、首席软件工程师

几年前，我在设计一个端到端的 DevOps 自动化软件开发框架时，关于使用的关键组件，在国内几乎找不到参考资料，本书作者帮助我知其然，知其所以然。本书融合了作者十余年一线开发经验。作者善于将复杂问题简单化，本书有助于读者轻松掌握 Netty。

——Cara Chen，阿联酋 G42 集团产品及全球合作伙伴关系部副总监

前　　言

为什么会写这本书

Netty 目前已成为 Java 网络编程领域热门的框架，是开发者构建高性能 Java 服务器的重要框架。Netty 不仅包含丰富的网络知识，还蕴含很多 Java 编程的高阶技巧，是学习 Java 网络编程的经典框架。

然而，目前市面上系统研究 Netty 的资料并不多，已有的资料要么强调通过源码解析原理，要么侧重如何应用。这造成了以下现象：一方面，读者学完 Netty 源码后，可能对 Netty 的具体实现很了解，但是往往不明白所学的知识该如何应用；另一方面，读者可能熟悉 Netty 的使用，但往往停留在“人云亦云”的阶段，对源码不够了解，一旦出现问题就无从下手；而更多读者面临的困境是源码懂一些，实践会一些，但是完全不知道自己的理解或运用是否合理，原因主要在于他们完全不知道业界的最佳实践是什么。

我在学习 Netty 的过程中也曾遇到过以上困境，它们也是 Netty 开发人员面临的共性问题。通过梳理自己的学习过程和经验，我发现，如果读者能围绕一个网络应用案例程序的开发来学习 Netty，就很容易建立起自己的知识体系，明白所学知识如何运用，并借鉴业界主流开源软件中 Netty 方面的使用经验。如此一来，理解和应用 Netty 何愁没有信心？

基于以上思路，恰逢机缘巧合，结识了人民邮电出版社的张涛老师之后，我决定写一本能够紧密结合理论和实际的书，以帮助读者轻松、高效地掌握 Netty，这就是本书的写作初衷。

本书内容

本书是一本兼顾入门和进阶的 Netty 指南，适合没有接触过 Netty 或只具备少量 Netty 使用经验的读者学习。不过读者最好要具备基本的网络编程相关知识、Java 开发经验等，否则很难直接轻松“上手”。

在内容上，本书以一个网络应用案例程序的开发作为主线。

本书分三部分，包含18章和两个附录。

第一部分主要介绍什么是Netty以及Netty的过去、现状与发展趋势，重点阐述完成一个简单Netty应用程序所必备的基础知识，并从源码层面进行分析。

第1章介绍Netty的角色和功能，通过演示两个简单的案例使读者建立初步印象。同时，该章横向对比其他竞争产品，并阐述使用Netty而不直接基于JDK NIO进行编程的原因。该章最后简单回顾Netty的发展历史和趋势。

第2章介绍Netty基础知识，比如编译Netty代码的方式、常见的编译问题、案例程序的设计及开发环境的搭建等。同时，该章还概述Netty的代码结构，并介绍网络应用程序开发的一般流程。

第3章首先介绍常见的数据编码以及为网络应用程序选择数据编码的要点，然后讲述Netty对这些数据编码的支持情况，并讨论常见开源软件对数据编码的选择，最后讲述案例程序的数据编码的选择和实现，也就是如何完成数据的第一层编码。

第4章首先介绍为什么要对网络消息进行定界以及常见的定界方式，然后基于源码解析Netty对常见定界方式中的封帧是如何进行支持的，并讨论常见开源软件对封帧方案的选择，最后讲述案例程序的封帧方案的选择和实现，也就是如何完成“数据”的第二层编码。

第5章首先介绍常见的网络编程模式的演变与选择要点，然后从源码层面解析Netty对网络编程模式的支持情况和实现要点，并讨论常见开源软件对网络模式的选择，最后讲述案例程序的网络编程模式的选择和实现。

第6章首先介绍主流的网络编程模式——NIO的3种Reactor模式及演变，并基于源码解析Netty的对应实现，然后阐述Netty的线程模型及可优化点，并讨论常见开源软件在应用线程模型方面的选择，最后讲述案例程序的线程模型的选择和实现。

第二部分旨在让读者对Netty的了解更深入一些。一方面，我们基于第一部分的雏形案例对Netty核心主线的源码进行学习；另一方面，我们围绕如何优化这个雏形案例，从参数调整、诊断性优化、性能优化等方面对Netty进行源码解析并相应地对案例程序进行逐步完善，让案例程序从雏形级演变成产品级。

第7章基于雏形案例从启动服务、构建连接、读取数据、处理业务、发送数据、关闭连接、关闭服务这7条关键主线对Netty源码进行剖析，使读者对Netty的核心处理流程有所了解，并为后续优化工作构建良好的知识体系。

第8章从操作系统参数、Netty参数等多个维度介绍网络应用程序可以调整的和应该调整的参数，讨论一些常用开源软件中的参数设置技巧，最后讲述案例程序的参数优化。

第9章围绕Netty程序的可诊断性介绍Netty日志框架、内存泄漏检测工具、Netty常用的监控指标以及可视化方案等主题，并且讨论一些常见开源软件的实现，最后讲述案例程序的可诊断性提升。

第 10 章围绕 Netty 程序的性能优化，介绍“写”优化以及 Native NIO 的使用必要性、实现和使用方法，讨论其他开源软件的优化实战，讲述案例程序的性能优化。

第 11 章围绕 Netty 程序的系统增强，介绍高低水位线保护、流量控制保护以及空闲检测防护，讨论一些开源软件的应用经验，讲述案例程序的系统增强。

第 12 章围绕 Netty 程序的安全性提升，介绍黑白名单、自定义授权以及 SSL 加密，讨论其他开源软件的应用经验，讲述案例程序的安全性提升。

第 13 章基于案例程序的客户端介绍如何优化 Netty 客户端的可用性。在具体的优化措施上，分别使用响应分发、代理、反应式编程 3 种关键技术来满足不同的需求。

第三部分介绍如何使用 Netty 开发 UDP 应用、HTTP 应用、文件应用等内容，并从注解使用、代码规范、开发流程等维度总结 Netty 的一些编程思想。

第 14 章介绍 Netty 对 UDP 应用的支持，讨论如何完成案例程序的 UDP 版本，包括一个服务器和基于 Netty 的 NIO、基于 Netty 的 OIO、基于 JDK 的多个客户端。该章最后介绍 UDP 版案例程序中并未涉及的一些知识点，如 UDP 广播。

第 15 章介绍 Netty 对 HTTP 应用的支持，解析常见开源软件在构建 HTTP 应用时的一些关键点，讨论如何开发案例程序的 HTTP 版本。

第 16 章介绍 Netty 对文件应用的支持，重点讨论 Chunked 传输方式如何实现，以 Netty 自带的文件应用作为案例来解析关键实现点。

第 17 章介绍 Netty 的一些不常用但经常让人津津乐道的特性，并且解析它们的源码实现，这些特性不仅包括 Netty 对虚拟机内管道（In-VM pipe）和 UNIX 域套接字（Unix domain socket）的支持，还包括 Netty 对 JDK 的增强（如 FastThreadLocal 和 HashedWheelTimer）。

第 18 章从注解使用、内存使用、多线程并发、开发流程、代码规范这 5 个方面介绍使用 Netty 的经验，便于读者将这些经验应用到自己的项目实践中。

附录 A 列出了 Netty TCP 通信支持的实现。

附录 B 列出了本书中一些重要术语的翻译。

为了兼顾入门和进阶，本书解析了 Netty 中大量的代码片段，还借鉴了 Cassandra、Dubbo、Hadoop 等常用开源软件的代码实现，以帮助读者深入理解，学以致用。

配套资源

本书的配套资源托管参见 https://github.com/jiafu1115/netty-practice，其中主要包含以下内容。

- 带中文注释的 Netty 源码：存放在 sourcecode 文件夹中，详解了更多细节。
- 实战案例程序：存放在 example 文件夹中，其中包含了本书所完成案例程序的完整实现代码。

致谢和声明

完成一个项目可能只需要具备充足的实战经验即可。但是，把实战经验清晰地呈现给读者完全是另外一件事。对于我而言，这更是一项挑战。因此，我只能孜孜不倦、诚惶诚恐地以呈现最好的内容为目标来完成这项挑战，在此过程中，我不得不感谢一些热心的朋友。

感谢人民邮电出版社张涛老师的支持。没有他对这一技术领域的关注，就没有本书；没有他的耐心和帮助，本书也不可能如此顺利地呈现在读者的面前。

感谢“极客时间”的张浩、龚仕伟为本书提供的一些很好的建议。

最后感谢家人，毕竟要在工作之余进行写作，所能牺牲的时间就是陪伴家人的时间，感谢他们的理解。

本书涉及内容广泛，且由于我水平有限，疏漏之处在所难免，欢迎读者指出本书中存在的问题，以便本书在重印的时候加以完善。读者可以通过电子邮件与我联系。我的邮箱是 fujian1115@qq.com。当然，读者也可以通过采用在 GitHub 上提交问题的方式与我进行沟通。

傅健

服务与支持

本书由异步社区出品，社区（https://www.epubit.com/）为您提供相关服务。

提交勘误

作者和编辑尽最大努力来确保书中内容的准确性，但难免会存在疏漏。欢迎您将发现的问题反馈给我们，以帮助我们提升图书的质量。

当您发现错误时，请登录异步社区，按书名搜索，进入本书页面，单击“提交勘误”，输入勘误信息，单击“提交”按钮（见下图）即可。本书的作者和编辑会对您提交的勘误进行审核，确认并接受后，您将获赠异步社区的 100 积分。积分可用于在异步社区兑换优惠券、样书或奖品。

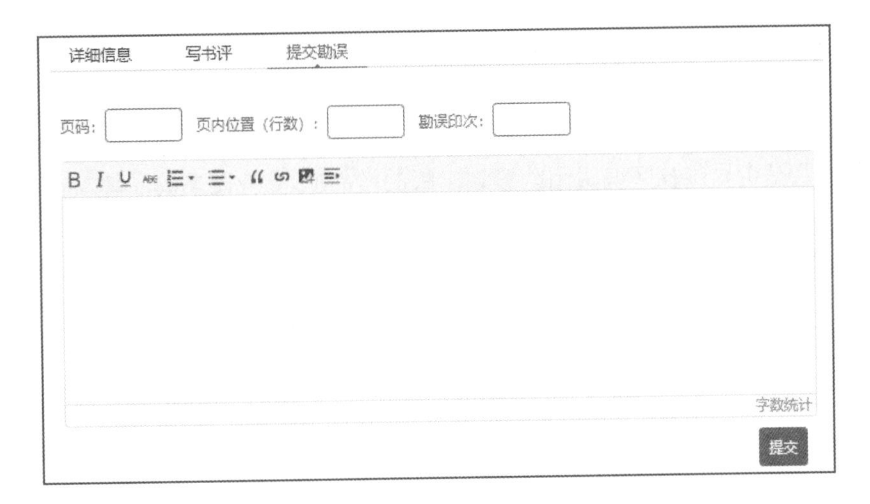

扫码关注本书

扫描下方二维码，您将会在异步社区微信服务号中看到本书信息及相关的服务提示。

与我们联系

我们的联系邮箱是 contact@epubit.com.cn。

如果您对本书有任何疑问或建议，请您发邮件给我们，并请在邮件标题中注明本书书名，以便我们更高效地做出反馈。

如果您有兴趣出版图书、录制教学视频，或者参与图书翻译、技术审校等工作，可以发邮件给我们；有意出版图书的作者也可以到异步社区投稿（直接访问 www.epubit.com/contribute 即可）。

如果您所在学校、培训机构或企业想批量购买本书或异步社区出版的其他图书，也可以发邮件给我们。

如果您在网上发现有针对异步社区出品图书的各种形式的盗版行为，包括对图书全部或部分内容的非授权传播，请您将怀疑有侵权行为的链接通过邮件发送给我们。您的这一举动是对作者权益的保护，也是我们持续为您提供有价值的内容的动力之源。

关于异步社区和异步图书

"异步社区"是人民邮电出版社旗下 IT 专业图书社区，致力于出版精品 IT 图书和相关学习产品，为作译者提供优质出版服务。异步社区创办于 2015 年 8 月，提供大量精品 IT 图书和电子书，以及高品质技术文章和视频课程。更多详情请访问异步社区官网 https:// www.epubit.com。

"异步图书"是由异步社区编辑团队策划出版的精品 IT 专业图书的品牌，依托于人民邮电出版社几十年的计算机图书出版积累和专业编辑团队，相关图书在封面上印有异步图书的 LOGO。异步图书的出版领域包括软件开发、大数据、人工智能、测试、前端、网络技术等。

异步社区

微信服务号

目　录

第一部分　源码解析与实战入门

第 1 章　Netty 初印象 ······ 2
1.1　Netty 的定义 ······ 2
1.2　Netty 并非万能 ······ 3
1.3　Netty 程序是什么样的 ······ 4
1.3.1　HTTP 服务器构建案例 ······ 4
1.3.2　自定义 TCP 服务器案例 ······ 6
1.4　为什么不直接基于 JDK NIO 编程 ······ 8
1.4.1　Netty 做得更多 ······ 8
1.4.2　Netty 做得更好 ······ 9
1.4.3　基于 JDK NIO 实现难度太大 ······ 11
1.5　Netty 相比同类框架的优势 ······ 13
1.5.1　Apache 的 Mina ······ 13
1.5.2　Sun 的 Grizzly ······ 13
1.5.3　Apple 的 Swift NIO 和 ACE 等 ······ 14
1.5.4　Cindy 和其他框架 ······ 14
1.6　Netty 的过去、现状与发展趋势 ······ 14
1.6.1　Netty 的过去 ······ 15
1.6.2　Netty 的现状 ······ 16
1.6.3　Netty 的发展趋势 ······ 18
第 2 章　准备工作 ······ 19
2.1　环境准备 ······ 19
2.1.1　准备源码阅读环境 ······ 19
2.1.2　准备实战案例环境 ······ 20
2.2　Netty 代码编译及常见问题 ······ 20
2.2.1　常见编译问题一 ······ 20
2.2.2　常见编译问题二 ······ 22
2.3　Netty 代码结构速览 ······ 24
2.4　本书借鉴的常用开源软件 ······ 26
2.4.1　Cassandra ······ 26
2.4.2　Dubbo ······ 26
2.4.3　Hadoop ······ 27
2.4.4　Lettuce ······ 27
2.4.5　GRPC ······ 28
2.4.6　WebFlux ······ 28
2.5　编写网络应用程序的基本步骤 ······ 29
2.5.1　完成代码编写 ······ 29
2.5.2　复查代码 ······ 30
2.5.3　“临门一脚” ······ 31
2.5.4　上线及反馈 ······ 31
2.6　实战案例介绍 ······ 32
第 3 章　数据编码 ······ 34
3.1　网络编程中为什么要进行数据编码 ······ 34
3.2　常见的数据编码方式及选择要点 ······ 35
3.2.1　常见的数据编码方式 ······ 36
3.2.2　数据编码选择要点 ······ 39
3.3　基于源码解析 Netty 对常见数据编解码的支持 ······ 42
3.3.1　解析编解码支持的原理 ······ 42
3.3.2　解析典型 Netty 数据编解码的实现 ······ 44
3.4　常见开源软件对编解码的使用 ······ 47
3.4.1　Cassandra ······ 47
3.4.2　Dubbo ······ 48
3.5　为实战案例选择数据编解码方案 ······ 51
3.5.1　定义 JSON 编解码方法 ······ 51
3.5.2　提供消息的完整编解码实现 ······ 52
3.5.3　实现 Netty 的编解码处理程序 ······ 53

3.6 常见疑问和实战易错点解析…………54
3.6.1 常见疑问解析…………54
3.6.2 常见实战易错点解析…………56
第 4 章 封帧…………58
4.1 网络编程为什么需要进行消息的定界…………58
4.1.1 TCP…………58
4.1.2 UDP…………60
4.2 常见的消息定界方式…………61
4.2.1 TCP 短连接方式…………61
4.2.2 固定长度方式…………61
4.2.3 封帧…………62
4.2.4 其他方式…………63
4.3 通过源码解析 Netty 如何支持封帧…………63
4.3.1 追加数据…………65
4.3.2 尝试解析出消息对象…………65
4.3.3 传递解析出的消息对象…………66
4.4 常见开源软件如何封帧…………67
4.4.1 Dubbo 的帧结构…………67
4.4.2 Cassandra 的帧结构…………67
4.4.3 Hadoop 的帧结构…………67
4.5 为实战案例定义封帧方式…………69
4.6 常见疑问和实战易错点解析…………70
4.6.1 常见疑问解析…………70
4.6.2 常见实战易错点解析…………72
第 5 章 网络编程模式…………74
5.1 网络编程的 3 种模式…………74
5.2 网络编程模式的选择要点…………75
5.3 基于源码解析 Netty 对网络编程模式的支持…………76
5.3.1 Netty 对网络编程模式的支持情况…………76
5.3.2 Netty 对网络编程模式的实现要点…………78
5.4 常见开源软件是如何支持网络编程模式的…………81
5.4.1 Lettuce…………81
5.4.2 Cassandra…………83
5.5 为实战案例选择网络编程模式…………84
5.6 常见疑问和实战易错点解析…………84
5.6.1 常见疑问解析…………84
5.6.2 常见实战易错点解析…………86
第 6 章 线程模型…………89
6.1 NIO 的 3 种 Reactor 模式…………89
6.1.1 Reactor 单线程模式…………91
6.1.2 Reactor 多线程模式…………92
6.1.3 Reactor 主从多线程模式…………92
6.2 源码解析 Netty 对 3 种 Reactor 模式的支持…………93
6.2.1 如何在 Netty 中使用这 3 种 Reactor 模式…………93
6.2.2 Netty 在内部是如何支持 Reactor 模式的…………94
6.3 Netty 线程模型的可优化点…………98
6.4 常见开源软件是如何使用 Reactor 模式的…………101
6.4.1 Cassandra…………101
6.4.2 Dubbo…………102
6.4.3 Hadoop…………105
6.5 为实战案例选择和实现线程模型…………106
6.5.1 使用 Reactor 主从多线程模式…………106
6.5.2 使用独立线程池…………106
6.6 常见疑问和实战易错点解析…………110
6.6.1 常见疑问解析…………110
6.6.2 常见实战易错点解析…………114
第二部分 源码解析与实战进阶
第 7 章 基于实战案例剖析 Netty 的核心流程…………118
7.1 剖析启动服务源码及技巧…………119
7.1.1 主线…………119
7.1.2 知识点…………122
7.2 剖析构建连接源码及技巧…………124

7.2.1 主线…124
7.2.2 知识点…127
7.3 剖析读取数据源码及技巧…127
7.3.1 主线…128
7.3.2 知识点…130
7.4 剖析处理业务源码及技巧…131
7.4.1 主线…131
7.4.2 知识点…134
7.5 剖析发送数据源码及技巧…135
7.5.1 主线…135
7.5.2 知识点…141
7.6 剖析关闭连接源码及技巧…141
7.6.1 主线…141
7.6.2 知识点…143
7.7 剖析关闭服务源码及技巧…143
7.7.1 主线…144
7.7.2 知识点…148
第 8 章 参数调整…149
8.1 参数调整概览…149
8.1.1 操作系统参数调整…149
8.1.2 Netty 系统参数调整…150
8.1.3 Netty 非系统参数调整…153
8.2 常见开源软件对 Netty 参数进行的设置…155
8.3 调整案例程序的各个参数…156
8.4 常见疑问分析…156
8.4.1 使用 option()和 childOption()方法设置参数的区别…157
8.4.2 参数 ALLOW_HALF_CLOSURE 的用途与使用场景…159
第 9 章 诊断性优化…161
9.1 Netty 日志优化…161
9.1.1 源码解析…161
9.1.2 开源案例…164
9.1.3 实战案例…166
9.2 Netty 的关键诊断信息及可视化方案…169
9.2.1 Netty 的关键诊断信息…170
9.2.2 诊断信息的可视化方案…171
9.2.3 实战案例…173
9.3 Netty 内存泄漏检测…176
9.3.1 检测原理…176
9.3.2 检测的几个关键点…180
9.3.3 实战案例…182
9.4 常见疑问和实战易错点解析…183
9.4.1 常见疑问解析…184
9.4.2 常见实战易错点解析…188
第 10 章 性能优化…189
10.1 优化写数据的性能…189
10.1.1 源码解析…190
10.1.2 开源案例…193
10.1.3 实战案例…197
10.2 使用 Native NIO…198
10.2.1 源码解析…198
10.2.2 实战案例…202
10.3 常见疑问分析…203
10.3.1 Native 库的加载顺序…203
10.3.2 check volume for noexec flag 的含义…205
第 11 章 系统增强…207
11.1 Netty 高低水位线保护…207
11.1.1 源码解析…207
11.1.2 开源案例…209
11.1.3 实战案例…210
11.2 Netty 流量控制保护…211
11.2.1 源码解析…212
11.2.2 实战案例…216
11.3 Netty 空闲监测防护…218
11.3.1 源码解析…220
11.3.2 开源案例…224
11.3.3 实战案例…225
11.4 常见疑问解析…228
11.4.1 HTTP Keep-Alive 和 keepalive 之间的区别…228

11.4.2 IdleStateHandler 中 observeOutput 的功能……228
11.4.3 FileRegion 的发送受高低水位线控制吗……230
第 12 章 安全性提升……233
12.1 黑白名单……233
12.1.1 源码分析……234
12.1.2 实战案例……239
12.1.3 业界案例……241
12.2 自定义授权……243
12.2.1 实战案例……244
12.2.2 业界案例……247
12.3 SSL 加密……249
12.3.1 理解 SSL 的本质……249
12.3.2 源码解析……251
12.3.3 实战案例……254
12.3.4 业界案例……256
12.4 常见疑问解析……258
12.4.1 如何设置 IpSubnetFilterRule 的 ipAddress……258
12.4.2 如何精确拦截连接地址……259
12.4.3 我们可以在创建连接时进行连接控制吗……259
12.4.4 OptionalSslHandler 的用途和实现方法……260
第 13 章 可用性提升……262
13.1 使用响应分发进行优化……262
13.1.1 改进需求分析……262
13.1.2 改进策略的分析并应用……263
13.2 使用代理技术进行优化……266
13.2.1 改进需求分析……267
13.2.2 改进策略的分析及应用……269
13.3 使用响应式编程进行优化……271
13.3.1 改进需求分析……271
13.3.2 改进策略的分析及应用……272

第三部分 拓展

第 14 章 基于 Netty 构建 UDP 应用……276
14.1 解析 Netty 对 UDP 编程提供的支持……276
14.2 服务器实现……279
14.2.1 实现请求解码器……279
14.2.2 实现业务处理程序……280
14.2.3 实现响应编码器……281
14.2.4 构建 UDP 服务器……281
14.3 客户端实现……282
14.3.1 基于 Netty 的 NIO 客户端……282
14.3.2 基于 Netty 的 OIO 客户端……285
14.3.3 基于 JDK 的客户端……285
14.4 扩展知识……286
14.4.1 目标地址的两种常见设置方式……286
14.4.2 UDP 包的发送方式……288
14.4.3 UDP 广播及支持……290
14.5 常见易错点……290
14.5.1 误用 JDK 的 DatagramPacket……290
14.5.2 误用 ctx.channel().remoteAddress() 作为目标地址……292
14.5.3 发送的数据内容过多……294
14.5.4 误解客户端执行绑定操作的意义……296
第 15 章 基于 Netty 构建 HTTP 应用……298
15.1 解析 Netty 是如何支持 HTTP 服务的……298
15.1.1 编解码器 HttpServerCodec……299
15.1.2 ExpectContinue 处理程序 HttpServer-ExpectContinueHandler……302
15.1.3 请求合并器 HttpObjectAggregator……305
15.1.4 其他常用的 HTTP 处理程序……313
15.2 开源软件如何使用 Netty 构建 HTTP 服务……314

15.2.1 Hadoop 如何使用 Netty 构建 Web Hdfs……314
15.2.2 WebFlux 如何基于 Netty 构建 Web 服务……319
15.3 将案例程序改造为 HTTP 应用……324
15.3.1 完成业务处理程序……325
15.3.2 组合处理程序以搭建 HTTP 服务器……326
15.4 常见疑问解析……327
15.4.1 HttpServerExpectContinueHandler 和 HttpObjectAggregator 能否共存……327
15.4.2 何时需要写 LastHttpContent……328
15.4.3 HttpChunkedInput 必须与 transfer-encoding:chunked 绑定在一起吗……331
15.4.4 其他流行框架如何根据请求定位到处理位置……332
第 16 章 Netty 对文件应用的支持……334
16.1 FileRegion……334
16.1.1 Netty 如何支持 FileRegion……335
16.1.2 解析 FileRegion 的劣势……337
16.2 ChunkedFile/ChunkedNioFile……338
16.2.1 比较 ChunkedFile 与 ChunkedNioFile……338
16.2.2 解析 ChunkedWriteHandler 的实现……339
16.3 Netty 文件应用案例解析……342
第 17 章 Netty 的另类特性……344
17.1 Netty 对虚拟机内管道提供的支持……344
17.1.1 解析 JDK 自带的管道技术……344
17.1.2 如何使用 Netty 的虚拟机内管道……347
17.1.3 基于源码解析 Netty 的虚拟机内管道……349
17.2 Netty 对 UNIX 域套接字提供的支持……353
17.2.1 如何使用 Netty 的域套接字……353
17.2.2 基于源码解析 Netty 的域套接字……355
17.3 Netty 对 JDK 的 ThreadLocal 所做的优化……359
17.3.1 在 Netty 中如何使用 FastThreadLocal……359
17.3.2 基于源码解析 ThreadLocal 的性能缺陷……360
17.3.3 基于源码解析 FastThreadLocal 所做的优化……362
17.4 Netty 对 JDK 的 Timer 所做的优化……365
17.4.1 在 Netty 中如何使用 HashedWheelTimer……365
17.4.2 基于源码解析 Timer 的性能缺陷……366
17.4.3 基于源码解析 HashedWheelTimer 所做的优化……368
第 18 章 Netty 编程思想……372
18.1 注解的使用……372
18.1.1 @UnstableApi……373
18.1.2 @Skip……373
18.1.3 @Sharable……374
18.1.4 @SuppressJava6Requirement……375
18.1.5 @SuppressForbidden……377
18.2 内存的使用……380
18.2.1 减小对象本身……380
18.2.2 对分配的内存进行预估……381
18.2.3 采用零复制……382
18.2.4 使用堆外内存……384
18.2.5 使用内存池……385
18.3 多线程并发……386
18.3.1 注意锁的对象和范围……386
18.3.2 注意锁的对象本身的大小……386

18.3.3 注意锁的速度……387
18.3.4 为不同场景选择不同的并发类……387
18.3.5 衡量好锁的价值……388
18.4 开发流程……389
18.4.1 建立需求……389
18.4.2 编写代码……390
18.4.3 平台校验……391
18.4.4 人工审阅……393
18.4.5 出包管理……393
18.5 代码规范……394
18.5.1 遵循代码风格……394
18.5.2 易于使用……395
18.5.3 小步前进、逐步修改……395
18.5.4 符合提交规范……396
附录 A Netty TCP 通信支持的实现……399
附录 B 一些重要术语的翻译……400

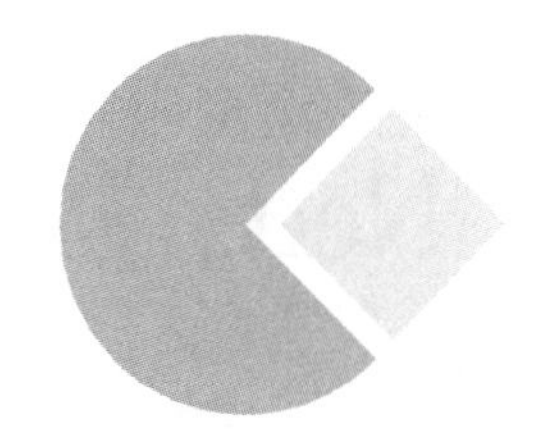

第一部分　源码解析与实战入门

第 1 章　Netty 初印象

第 2 章　准备工作

第 3 章　数据编码

第 4 章　封帧

第 5 章　网络编程模式

第 6 章　线程模型

第 1 章　Netty 初印象

学习 Netty 是一个漫长的过程，很多初学者虽然能够借助 Netty 满足项目需求，但是他们实际上往往对 Netty 仍然一知半解，并且在向其他人解释 Netty 是什么时，也很难清晰地描述出 Netty 的角色和功能。因此，我们首先需要对 Netty 到底是什么（不仅包括 Netty 的功能，还涵盖其发展历史、现状等基本信息）有一个全面、深入的了解。在有了这些基本了解后，即使不能马上深入掌握 Netty，我们也至少了解了 Netty 适用于什么场景。

1.1 Netty 的定义

提到 Netty，很多人都无法清晰地描述 Netty 到底是什么。有的初学者还会产生困惑，比如，Netty 是不是 Jetty？Netty 是不是与 Nginx 类似？毕竟它们的拼写有几分相似，容易让人混淆。学习一段时间后，初学者终于能够分清它们了，但是又会产生一些新的认知困惑，比如，Netty 就是像 Tomcat 那样的容器吗？Netty 需不需要实现负载均衡？随着学习的不断深入，初学者才慢慢真的了解 Netty 是什么。第 1 章绕不开的话题就是 Netty。

Netty 是由 Trustin Lee 于 2004 年开发的一款开源软件。登录 Netty 官网，你就可以看到如下醒目的介绍语：

Netty is an asynchronous event-driven network application framework for rapid development of maintainable high performance protocol servers & clients（Netty 是一个异步的、事件驱动的网络应用程序框架，可用于快速开发可维护的、高性能的协议服务器和客户端）。

从以上简短的介绍中，我们可以解读出一些关键信息。

1. Netty 的本质

Netty 在本质上是一个框架，因此无法独立工作，而用来构建应用程序。Netty 介绍中的 network application 说明了单机版的应用程序不会使用 Netty。由此也可以看出，Netty 其实是一个用来提供通信层支撑的网络框架。

2. Netty 的实现

Netty 的实现是异步的（asynchronous）、事件驱动（event-driven）的。由此可以看出，Netty 非常高效，毕竟 Netty 并没有采用同步的实现方式。

3. Netty 的特性

从 Netty 的实现方式（异步的并且是事件驱动的）可以看出，Netty 是一个高性能的（high performance）框架，但是仅仅具有高性能并不足以让我们采用它，Netty 还具有可维护（maintainable）、快速开发（rapid development）等特性。凭借这些特性，Netty 自然容易形成庞大的用户群。

4. Netty 的用途

Netty 其实就是用来开发服务器和客户端（server & client）的，之所以强调这一点，是因为很多初学者一看到 Netty 就会想到高性能服务器。实际上，客户端也是可以使用 Netty 开发的。

通过以上解读，相信读者对 Netty 已经有了初步印象。在日后使用 Netty 的过程中，读者应该谨记这些关键信息。

1.2 Netty 并非万能

本节介绍 Netty 的体系结构，参见图 1-1（来自 Netty 官网）。

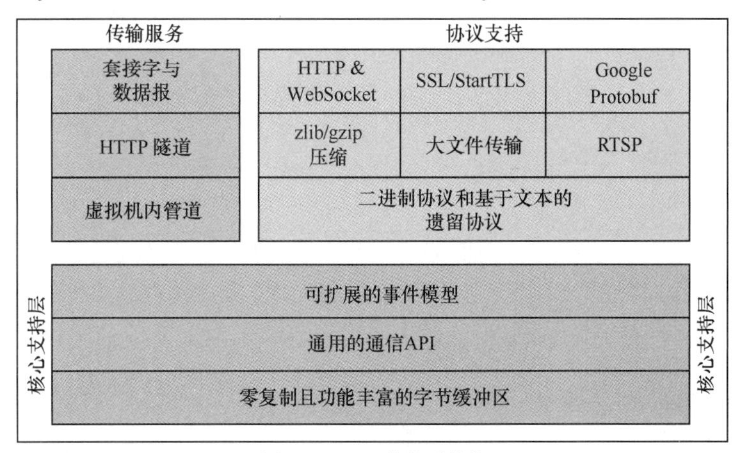

图 1-1　Netty 的体系结构

Netty 的体系结构主要分为以下三部分。

- 底层核心支持层。底层核心支持层包括零复制且功能丰富的字节缓冲区（ByteBuf）、通用的通信 API 以及可扩展的事件模型。
- 传输服务。在底层核心支持层之上，左上是 Netty 支持的传输层服务，不仅包括 TCP 的套接字、UDP 的数据报，还包括 HTTP 隧道（tunnel）和虚拟机内管道，可见主流传输服务都已经得到支持。
- 协议支持。同样在底层核心支持层之上，右上是 Netty 支持的各种协议，比如 HTTP、WebSocket 协议和 Google Protobuf 等。当然，这些协议并不都处于同一层次。例如，Google Protobuf 是一种编解码方式，而 HTTP 是一种流行的应用层协议。

从图 1-1 可以看出，Netty 的体系结构比较清晰，功能很全面，具有很强的可扩展性。

但是，读者也可能形成一种错觉，觉得 Netty 好像无所不能，但实际上 Netty 并非万能。比如，Netty 在如下场景中无法胜任。

- 大多数单机版程序不需要网络通信，所以不需要使用 Netty 来实现网络层。
- Netty 暂时还不支持一些新的协议或者刚开始支持一些协议，例如，截至本书成稿时，才刚刚支持 Google 的 QUIC 协议。
- Netty 是使用 Java 实现的网络编程框架，对于其他编程语言，它们都有类似的网络编程框架，因而不需要"跨语言"使用 Netty，否则，调试、维护成本非常高。

综上，Netty 并非无所不能。当然，它在大多场景中还是可以派上用场的，毕竟基于主流协议、使用 Java 开发的网络应用程序还是非常多的。

1.3 Netty 程序是什么样的

前面虽然介绍了那么多，但是读者仍然不知道 Netty 程序是什么样的？接下来，我们演示几个案例，让读者直观感受一下 Netty 程序到底什么样。

首先，新建一个 Maven 项目，然后添加 Netty 依赖项，配置如下：

```xml
<dependency>
    <groupId>io.netty</groupId>
    <artifactId>netty-all</artifactId>
    <version>4.1.39.Final</version>
</dependency>
```

有了上面的配置，我们就可以使用 Netty 了。由此可见，Netty 虽然功能强大，但它终究只是一个 JAR 包而已。有了这个 JAR 包，我们就可以演示两个简单的案例了。

1.3.1 HTTP 服务器构建案例

我们首先使用 Netty 构建一个 HTTP 服务器案例，参见代码清单 1-1。

代码清单 1-1 基于 Netty 的 HTTP 服务器构建案例

```
public final class HttpHelloWorldServer {
    public static void main(String[] args) throws Exception {
        //配置服务器
        EventLoopGroup bossGroup = new NioEventLoopGroup(1);
        EventLoopGroup workerGroup = new NioEventLoopGroup();
        try {
            ServerBootstrap b = new ServerBootstrap();
            b.group(bossGroup, workerGroup)
             .channel(NioServerSocketChannel.class)
             .handler(new LoggingHandler(LogLevel.INFO))
             .childHandler(new ChannelInitializer() {
                @Override
                protected void initChannel(Channel ch) throws Exception {
                    ChannelPipeline p = ch.pipeline();
                    p.addLast(new HttpServerCodec());
                    p.addLast(new HttpServerExpectContinueHandler());
                    p.addLast(new HttpHelloWorldServerHandler());
                }
             });
            //启动服务器
            Channel ch = b.bind(8080).sync().channel();
            System.err.println("Open your web browser and navigate to " +
                "http://127.0.0.1:8080");
            ch.closeFuture().sync();
        } finally {
            bossGroup.shutdownGracefully();
            workerGroup.shutdownGracefully();
        }
    }
}
```

上述代码构建了一个简单的 HTTP 服务器。其中，HttpHelloWorldServerHandler 是具体的业务处理程序，参见代码清单 1-2。当有用户访问这个 HTTP 服务器时，HTTP 服务器将返回 helloworld。

代码清单 1-2 HttpHelloWorldServerHandler

```
public class HttpHelloWorldServerHandler extends SimpleChannelInboundHandler<HttpObject> {
    //省略其他非核心代码
    @Override
    public void channelRead0(ChannelHandlerContext ctx, HttpObject msg) {
        if (msg instanceof HttpRequest) {
           HttpRequest req = (HttpRequest) msg;
```

```
                FullHttpResponse response = new DefaultFullHttpResponse(req.protocolVersion(),
                   OK,Unpooled.wrappedBuffer("helloworld".getBytes()));
                response.headers()
                        .set(CONTENT_TYPE, TEXT_PLAIN)
                        .setInt(CONTENT_LENGTH, response.content().readableBytes());
                ChannelFuture f = ctx.write(response);
            }
        }
    }
```

运行这个 HTTP 服务器案例，输入 URL 并回车，运行效果如图 1-2 所示。

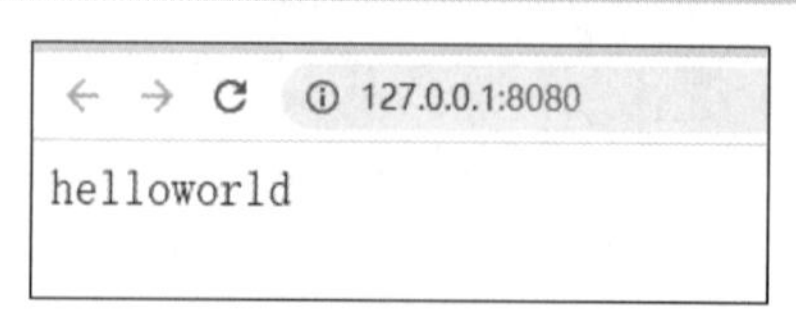

图 1-2　基于 Netty 的 HTTP 服务器构建案例的运行效果

通过上述案例可以看到，我们仅仅通过几行代码就构建了一个简约的 HTTP 服务器。但是有的读者可能会觉得，这相比使用 Spring Boot 并没有简单多少。下面看一下使用 Spring Boot 如何实现相同的效果，参见代码清单 1-3。

代码清单 1-3　使用 Spring Boot 实现 HTTP 服务器构建案例

```
@SpringBootApplication
//Spring Boot 应用程序
public class SpringBootHelloWorldExampleApplication {
    public static void main(String[] args) {
       SpringApplication.run(SpringBootHelloWorldExampleApplication.class, args);
    }
}
//请求处理
@RestController
public class HelloWorldController {
    @RequestMapping("/")
    public String hello() {
       return "helloworld";
    }
}
```

通过对比我们就会发现，相对于使用 Spring Boot，基于 Netty 直接实现 HTTP 服务器构建案例在代码量上并没有什么优势。但是，如果我们想实现自定义的服务器（不采用 HTTP），Spring Boot 能做到吗？自然不能。接下来，我们看看基于 Netty 如何实现。

1.3.2　自定义 TCP 服务器案例

下面构建一个简约的自定义 TCP 服务器，当客户端发送消息给服务器时，服务器原样返回消息，参见代码清单 1-4。

代码清单 1-4　自定义 TCP 服务器案例

```
public final class EchoServer {

    public static void main(String[] args) throws Exception {
        EventLoopGroup workerGroup = new NioEventLoopGroup();
        final EchoServerHandler serverHandler = new EchoServerHandler();
        try {
            ServerBootstrap b = new ServerBootstrap();
            b.group(workerGroup)
             .channel(NioServerSocketChannel.class)
             .handler(new LoggingHandler(LogLevel.INFO))
             .childHandler(new ChannelInitializer<SocketChannel>() {
                @Override
                public void initChannel(SocketChannel ch) throws Exception {
                   ChannelPipeline p = ch.pipeline();
                   p.addLast(new LoggingHandler(LogLevel.INFO));
                   p.addLast(serverHandler);
                }
            });

            ChannelFuture f = b.bind(8090).sync();
            f.channel().closeFuture().sync();
        } finally {
            workerGroup.shutdownGracefully();
        }
    }
}
```

上述代码构建了一个自定义的 TCP 服务器。其中，EchoServerHandler 是具体的业务处理程序，参见代码清单 1-5。在接收到客户端发来的消息后，这个自定义的 TCP 服务器会将消息原样返回给客户端。

代码清单 1-5　EchoServerHandler

```
@Sharable
public class EchoServerHandler extends ChannelInboundHandlerAdapter {

    @Override
    public void channelRead(ChannelHandlerContext ctx, Object msg) {
        ctx.write(msg);
    }

    @Override
    public void channelReadComplete(ChannelHandlerContext ctx) {
        ctx.flush();
```

```
        }
        //省略其他非核心代码
    }
```

下面开发客户端（可参考本书附带的代码库），从而将这个自定义的 TCP 服务器运行起来，效果如图 1-3 所示。

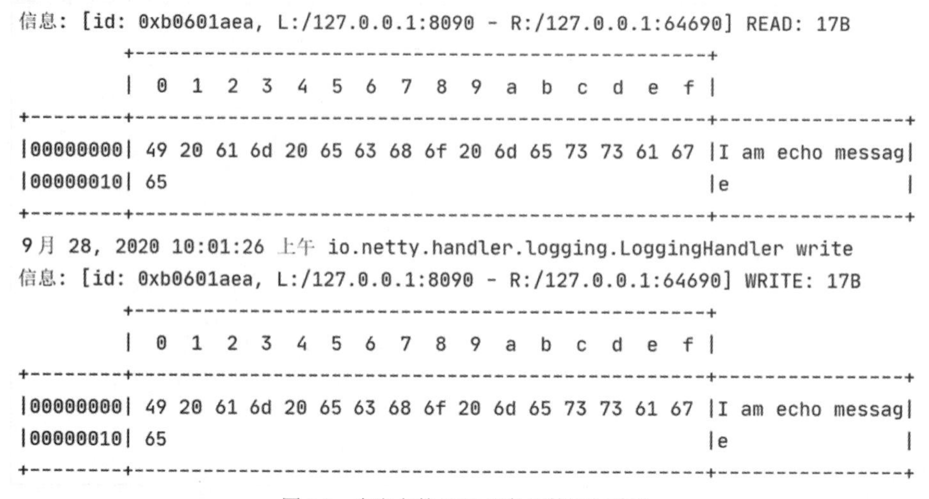

```
信息: [id: 0xb0601aea, L:/127.0.0.1:8090 - R:/127.0.0.1:64690] READ: 17B
         +-------------------------------------------------+
         |  0  1  2  3  4  5  6  7  8  9  a  b  c  d  e  f |
+--------+-------------------------------------------------+----------------+
|00000000| 49 20 61 6d 20 65 63 68 6f 20 6d 65 73 73 61 67 |I am echo messag|
|00000010| 65                                              |e               |
+--------+-------------------------------------------------+----------------+
9月 28, 2020 10:01:26 上午 io.netty.handler.logging.LoggingHandler write
信息: [id: 0xb0601aea, L:/127.0.0.1:8090 - R:/127.0.0.1:64690] WRITE: 17B
         +-------------------------------------------------+
         |  0  1  2  3  4  5  6  7  8  9  a  b  c  d  e  f |
+--------+-------------------------------------------------+----------------+
|00000000| 49 20 61 6d 20 65 63 68 6f 20 6d 65 73 73 61 67 |I am echo messag|
|00000010| 65                                              |e               |
+--------+-------------------------------------------------+----------------+
```

图 1-3　自定义的 TCP 服务器的运行效果

从图 1-3 可以看出，运行效果符合预期。当发送消息 I am echo message 时，服务器会原样返回消息。

通过上面这两个案例，我们看到 Netty 还是比较好用的。不管是实现 HTTP 服务器，还是实现自定义 TCP 服务器，Netty 都十分方便。

1.4　为什么不直接基于 JDK NIO 编程

Netty 的 NIO 是基于 JDK NIO 编程实现的，那么为什么舍近求远而不直接使用 JDK NIO 呢？下面我们从对比 NIO 的优势、自行实现的可能性、能维护多久等多个方面展开分析。

1.4.1　Netty 做得更多

当我们选择一个方案而弃用另一个方案时，很大一部分原因就在于选择的那个方案能够实现的功能更多。Netty 相比 JDK NIO 编程就是如此，具体表现在如下几个方面。

1. 支持常用的应用层协议

当我们开发服务器时，如果直接使用 JDK NIO，那么需要做的工作会更多。例如，当开发 HTTP 服务器时，最起码需要完成 HTTP 协议的编解码工作，而这都需要通过编码来实现。但是，如果使用 Netty，上述编解码工作就不需要做了，因为 Netty 支持包括 HTTP 在内的各种常用的应用层协议。

2. 解决了传输问题，比如黏包、半包现象

在开发完一种应用层服务器并完成相关编解码工作后，我们需要在网络中传输编码后的数据。如果通过 TCP 进行传输，将不可避免地出现黏包、半包现象。对于 JDK NIO 来说，JDK NIO 本身不会处理这些问题，但是 Netty 会帮我们完成这些处理工作。

3. 支持流量控制等定制化功能

在业务数据的传输过程中，往往需要更多的定制化功能，例如流量控制、黑白名单等。Netty 对这些定制化功能提供了内置支持，而 JDK NIO 不支持。

4. 具有完善的异常处理功能

在开发应用程序时，要做的最主要工作不是实现基本功能，而是处理各种各样的异常。相对于其他应用而言，网络应用程序本身面对的问题就很多，例如网络闪断、拥塞等，Netty 能很好地处理这些异常情况。

综上，Netty 相比 JDK NIO 做得更多，从而使开发者能更关注业务本身的实现。

1.4.2 Netty 做得更好

不直接基于 JDK NIO 编程的另一个重要原因在于，对于同样的功能，Netty 做得更好，这主要体现在以下几个方面。

1. 规避了 JDK NIO 的一些 bug

Netty 规避了 JDK NIO 的一些 bug。例如，JDK NIO 存在经典的 epoll bug（见图 1-4）。在 Linux 2.4 平台上，有时多路选择器（selector）会被异常唤醒，而实际上并没有事件发生，这会导致应用程序空转，最终 CPU 利用率达到 100%。当这个问题刚刚暴露时，JDK 开发者采取的对策是置之不理，因为他们坚持认为这是 Linux 2.4 平台的问题。虽然 Linux 平台在后续版本中一直不断努力尝试解决这个问题，但是最终只降低了这个问题发生的频率。

针对 epoll bug，当 JDK 开发者还不想解决这个问题时，Netty 很积极地提供了解决方案（见图 1-5），思路就是根据这个问题的特征来检测 epoll bug 有没有发生。如果发生了，就进行相应的处理。Netty 会判断应用程序空转的次数，如果大于一定的阈值，就重建（rebuild）多路复用器。

JDK-6670302 : (se) NIO selector wakes up with 0 selected keys infinitely [lnx 2.4]

Type: Bug	**Priority:** P4	**Submitted:** 2008-03-03
Component: core-libs	**Status:** Closed	**Updated:** 2013-08-20
Sub-Component: java.nio	**Resolution:** Won't Fix	**Resolved:** 2013-08-20
Affected Version: 6	**OS:** linux	
	CPU: x86	

图 1-4　经典的 epoll bug——应用程序空转导致 CPU 利用率达到 100%

```
} else if (SELECTOR_AUTO_REBUILD_THRESHOLD > 0 &&
        selectCnt >= SELECTOR_AUTO_REBUILD_THRESHOLD) {
    // The code exists in an extra method to ensure the method is not too big to inline as this
    // branch is not very likely to get hit very frequently.
    selector = selectRebuildSelector(selectCnt);
    selectCnt = 1;
    break;
}
```

图 1-5　Netty 针对经典的 epoll bug 提供的解决方案

从这个例子我们可以学到，在解决问题时不一定非要正面解决，曲线解决也可行。不过，这个例子虽然经典，但毕竟“时过境迁”（发生在 2013 年），同时有点晦涩难懂，对初学者也不友好。

下面我们再举一个稍微新一点的例子。在众多 TCP 参数中，参数 IP_TOS 控制着 IP 的优先级和 QOS 选项。在 JDK 12 之前的版本中，当使用参数 IP_TOS 时，JDK 会抛出“找不到 IP_TOS 参数”的异常。这个问题直到 JDK 12 版本才得以解决。发现这个问题的正是 Netty 用户，这个问题的汇报是由 Netty 维护者完成的，这些人都不是 JDK 开发者，参见图 1-6。因此，Netty 的广泛应用能够让用户很好地规避各种问题。

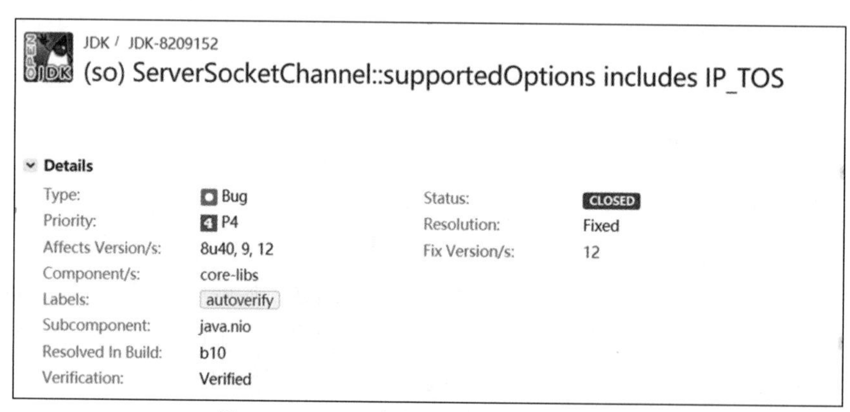
JDK / JDK-8209152

(so) ServerSocketChannel::supportedOptions includes IP_TOS

Details

Type:	Bug	Status:	CLOSED
Priority:	P4	Resolution:	Fixed
Affects Version/s:	8u40, 9, 12	Fix Version/s:	12
Component/s:	core-libs		
Labels:	autoverify		
Subcomponent:	java.nio		
Resolved In Build:	b10		
Verification:	Verified		

图 1-6　JDK NIO 中与参数 IP_TOS 相关的 bug

下面补充一下 Netty 针对这个 JDK NIO 问题的解决思路——直接不支持对 IP_TOS 参数进行设置。参考图 1-7 中的代码，当判断出要设置的参数是 IP_TOS 时，直接返回 false。由此可以看出，如果问题解决不了，直接不提供支持也是一种解决方案。

```
static <T> boolean setOption(Channel jdkChannel, NioChannelOption<T> option, T value) {
    java.nio.channels.NetworkChannel channel = (java.nio.channels.NetworkChannel) jdkChannel;
    if (!channel.supportedOptions().contains(option.option)) {
        return false;
    }
    if (channel instanceof ServerSocketChannel && option.option == java.net.StandardSocketOptions.IP_TOS) {
        // Skip IP_TOS as a workaround for a JDK bug:
        // See http://mail.openjdk.java.net/pipermail/nio-dev/2018-August/005365.html
        return false;
    }
    try {
        //java.nio.channels.NetworkChannel: JDK调用
        channel.setOption(option.option, value);
        return true;
    } catch (IOException e) {...}
}
```

图 1-7 Netty 针对 IP_TOS 参数设置问题提供的解决方案

2. 具有更友好、功能更强大 API

JDK NIO 的 API 并非都很完美，其中一些 API 不够友好，功能也比较弱，Netty 正好对它们做了优化。下面举例说明。

- 友好性得到提升：以 JDK 中的 ByteBuffer 类为例。ByteBuffer 类只定义了 position 属性成员来维护状态，因此在进行读写切换时需要执行额外的翻转操作。另外，ByteBuffer 类的内部包含一个使用 final 关键字修饰的字节数组，无法自动扩容。Netty 的 ByteBuffer 类要强大得多，由于提供了读写两个索引，因此在进行读写切换时不需要执行额外的操作，就可以自动扩容。
- 功能得到增强：以 JDK 的 ThreadLocal 为例，当大量使用 ThreadLocal 时，性能会下降。为此，Netty 提供了快速版本的 ThreadLocal，称为 FastThreadLocal，性能更好。

类似的情况还有很多，这里不再一一枚举。

3. 隔离了变化并且屏蔽了细节

Netty 很好地隔离了变化。例如，JDK 在 1.4 版本中引入了 NIO，在 1.7 版本中引入了 AIO。如果项目直接基于 JDK，那么对于 I/O 切换需要编写大量代码。但是，如果使用的是 Netty，那么只需要修改两三行代码即可。

Netty 很好地屏蔽了 JDK 的实现细节。JDK NIO 涉及的知识非常多，实现细节很复杂。如果直接基于 JDK NIO 来实现，那么需要考虑的细节太多，例如，什么时间注册事件，注册什么事件等。如果使用 Netty，就不用关心这些细节了，只专注业务即可。

1.4.3 基于 JDK NIO 实现难度太大

虽然 Netty 相比 JDK NIO 做得更多、更好，但是有的初学者仍然坚持想使用 JDK NIO，因为他们觉得自己可以实现更多强大的应用程序。下面我们简单分析一下基于 JDK NIO 实现应用程序的难度有多大。

1. 代码量分析

我们首先分析一下，如果基于 JDK 来实现应用程序需要编写多少代码。参考图 1-8，仅仅 Netty 的 transport 包就已经有 18 519 行代码。可以预见，实现类似的功能将需要编写海量的代码。

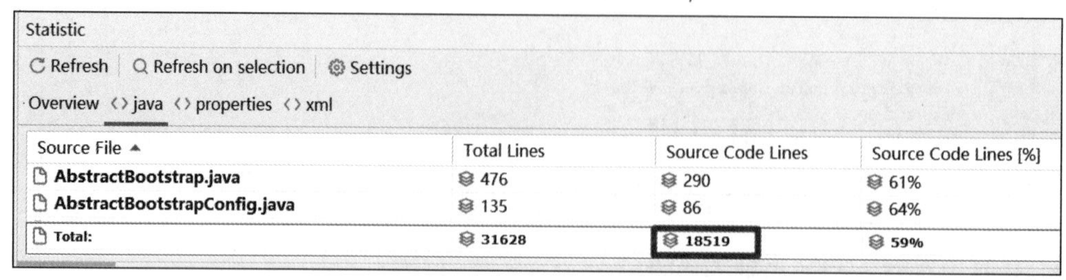

图 1-8　查看 Netty 的 transport 包有多少行代码

2. 可能面临的“问题”分析

在直接基于 JDK NIO 实现应用程序后，我们可能需要面对很多的问题。参见图 1-9，到目前为止，已解决的问题有 4347 个，尚未解决的问题仍有 400 个。如果应用程序的功能都自行实现，我们肯定会遇到更多的问题。

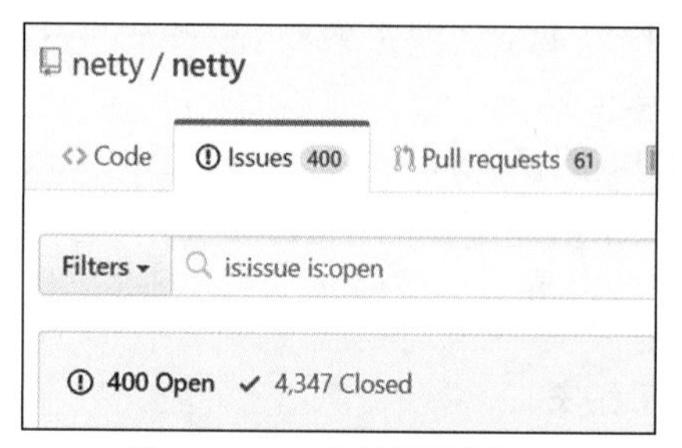

图 1-9　Netty 的问题解决情况

另外，如果直接基于 JDK NIO 来实现应用程序，我们还需要解决 JDK NIO 的一些 bug。使用 JDK NIO 作为关键字在 JDK 的 bug 库中检索一下，可以查到 5646 个 bug，参见图 1-10。

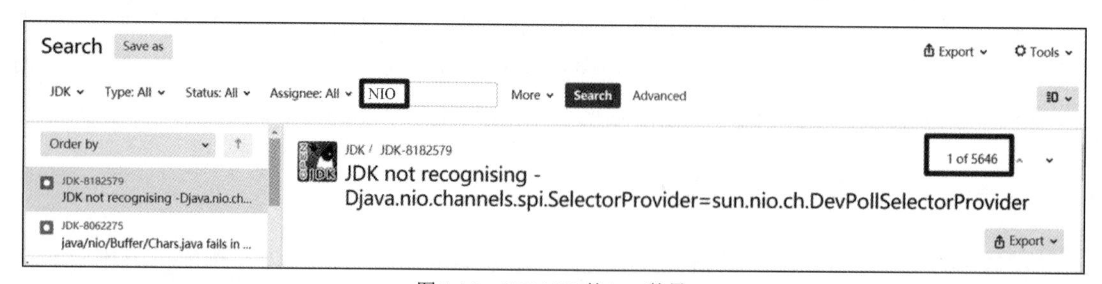

图 1-10　JDK NIO 的 bug 数量

对于 JDK NIO 的所有这些 bug，我们都需要了解，否则它们中的每一个将来都可能是“定时炸弹”。使用 Netty 则没有这些烦恼。

3. 维护分析

如果我们不考虑前两点，坚持想要开发一个类似于 Netty 的项目，那么可能只花一个月时间就开发好了，但是未来又能维护多长时间呢？Netty 已经维护了多少年呢？自从 2004 年发布以来，到目前为止，Netty 已经有 17 年历史了。

1.5 Netty 相比同类框架的优势

除 Netty 以外，业界还有很多其他流行的、通用的网络通信框架，例如 Apache 的 Mina、Sun 的 Grizzly 等。那么，为什么目前只推荐 Netty 呢？下面分析一下不选择其他框架的原因。

1.5.1 Apache 的 Mina

为什么不推荐 Apache 的 Mina 呢？接触过 Mina 的人都知道，Mina 和 Netty 的作者都是 Trusting Lee。对于这个问题，Trusting Lee 本人的解释最具说服力。Trusting Lee 在 Stack Overflow 上给出的解释如图 1-11 所示。他认为 Netty 是一个针对 Mina 重新打造的版本，Netty 提高了可扩展性，并且解决了一些已知问题。

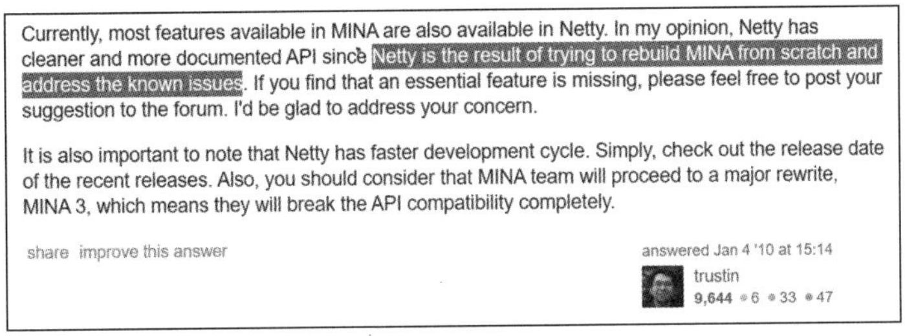

Currently, most features available in MINA are also available in Netty. In my opinion, Netty has cleaner and more documented API since Netty is the result of trying to rebuild MINA from scratch and address the known issues. If you find that an essential feature is missing, please feel free to post your suggestion to the forum. I'd be glad to address your concern.

It is also important to note that Netty has faster development cycle. Simply, check out the release date of the recent releases. Also, you should consider that MINA team will proceed to a major rewrite, MINA 3, which means they will break the API compatibility completely.

share improve this answer

answered Jan 4 '10 at 15:14
trustin
9,644 ●6 ●33 ●47

图 1-11 Trusting Lee 给出的解释

所以很明显，在 Netty 和 Mina 之间，我们应选择 Netty。另外，在实际使用当中，Netty 也略微简单一些。

1.5.2 Sun 的 Grizzly

为什么不选 Sun 的 Grizzly 呢？Grizzly 现在主要用在 Sun 的一些内部产品中。我们一般不会选择 Grizzly 作为业务的通信层，因为 Grizzly 存在如下 3 个缺点：

- 用的人比较少；

- 文档比较少，特别是中文文档更少；
- 更新也非常少。

我们再来比较一下 Grizzly 和 Netty 的社区状态及应用趋势，参见图 1-12。可以看到，它们在 Star、Watcher、Folk 数量上都不在一个级别，在应用趋势上，Netty 也远胜 Grizzly。

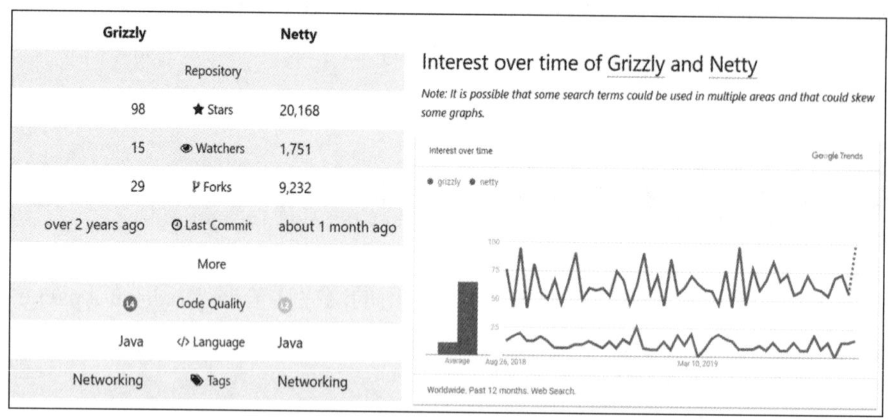

图 1-12 比较 Grizzly 和 Netty 的社区状态及应用趋势

1.5.3 Apple 的 Swift NIO 和 ACE 等

为什么不选 Apple 的 Swift NIO 和 ACE 呢？因为它们都是使用其他非 Java 语言编写的。

1.5.4 Cindy 和其他框架

除上面提到的这些网络编程框架之外，市面上还曾经有过一些其他的框架，例如 Cindy。这些框架的生命期都很短，基本上还没有得到推广，就已经被淘汰了。

经过上面的分析和对比之后，我们明白了为什么只选 Netty。反过来我们也可以看出 Netty 在 Java 领域如此受欢迎的原因——Netty 不存在强有力的竞争对手。

另外，我们还经常用到一些容易与 Netty 混淆的技术名词，例如 Tomcat、Jetty 等。实际上，它们和 Netty 不属于同一个层次，并且它们都有自己的通信层实现，只不过它们内置的通信层并没有独立出来，而且这些内置的通信层主要是为了支持 Servlet 容器而设计的，不具有通用性。

行文至此，读者可能会产生这样的疑问：Netty 如此优秀，为什么 Tomcat 不使用 Netty 作为通信层？这是因为 Tomcat 是 20 世纪 90 年代的技术，那时候 Netty 还没有开发出来。

1.6 Netty 的过去、现状与发展趋势

我们已经了解了 Netty 相比同类框架的优势，那么 Netty 本身又是如何演进而来的？又在

朝什么方向发展呢？

1.6.1 Netty 的过去

Netty 的发展非常迅速，这不仅得益于开发者的维护，还归功于用户的不断反馈。我们可以从不同角度复盘 Netty 的演变历史。

1. 归属组织演变

从归属组织上看，Netty 主要经历了以下两个组织：

- JBoss；
- Netty。

具体而言，Netty 在 4.0 版本之前属于 JBoss；在 4.0 版本之后，Netty 开发者建立了独立的社区来管理 Netty。这也体现在 Netty 源码的包命名上：以前的包含有 jboss 关键字，现在没有了。

2. 版本演变

在版本演变方面，我们可以梳理出如下主线。

- 2004 年 6 月，Netty 2 发布，它是 Java 社区中第一个基于事件驱动的网络应用程序框架。
- 2008 年 10 月，Netty 3 发布。
- 2013 年 7 月，Netty 4.0 发布。
- 2013 年 12 月，Netty 5.0.0.Alpha1 发布。
- 2015 年 11 月，Netty 5.0 废弃。
- 2016 年 5 月，Netty 4.1 发布。

其中值得一提的是，2015 年 11 月，本来计划推出的 Netty 5.0 被废弃了，原因可以参考图 1-13。

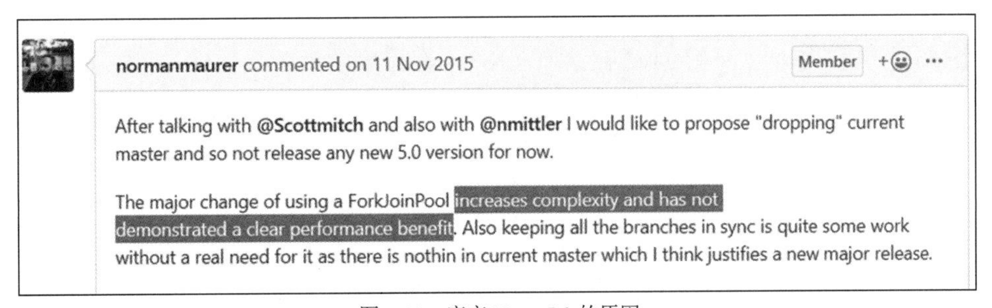

图 1-13 废弃 Netty 5.0 的原因

Netty 5.0 之所以被废弃，原因就在于相比 Netty 4.0 提高了复杂性（例如，使用了 JDK 的 ForkJoinPool），但是性能并没有得到显著提升。

除上述原因之外，另一个很重要的原因就是维护成本太大。在 2015 年，Netty 至少有 3 个版本（3.x、4.0 和 4.1）在维护。

既然提到了 Netty 的版本演变历史，这里不妨再补充一些题外话：Netty 和 Mina 之间到底是什么关系呢？如前所述，它们确实是由同一个作者开发的，也都处于维护阶段。我们回顾一下它们最早的发布时间。2004 年 6 月，Netty 2 发布；2005 年 5 月，Mina 发布。这里解释一下当时的情况。当时，有一个名叫 Alex 的开发者在为 Apache Directory 项目开发网络应用程序框架，但是他觉得开发出来的框架并不理想，所以当他看到 Netty 2 之后，他找到 Trusting Lee 并邀请他一同为 Apache Directory 项目开发网络应用程序框架，随后便有了 Mina。因此，Mina 实际上是在 Netty 之后出现的。了解了这段历史后，读者或许就明白了为什么 Trusting Lee 更推荐使用 Netty（因为 Netty 的束缚更少）。

1.6.2　Netty 的现状

我们已经了解了 Netty 的过去，那么 Netty 的现状又如何呢？

1. 社区现状

图 1-14 展示的是 Netty 在 GitHub 上的存储库，里面包含了 Netty 社区的各种信息。

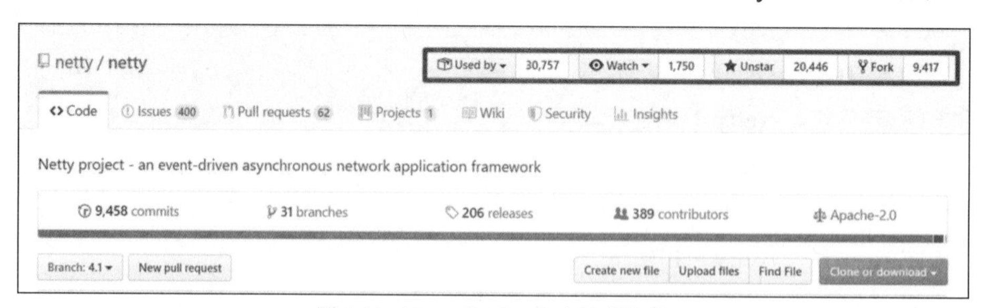

图 1-14　Netty 在 GitHub 上的存储库

从图 1-14 中我们可以看到，Netty 的星数现在已经超过 2 万，这是什么级别呢？我们可以检索 GitHub 上星数大于 2 万的 Java 存储库（Netty 存储库的星数是排在前 25 位的）。虽然星数本身并不能反映项目的质量，但是可以在一定程度上反映这个项目是否热门。

另外，Netty 核心维护者的信息也可以在 GitHub 上查到，当前有 22 个成员，核心维护者有两位（Trusting Lee 和 Norman Maurer）。

目前，Netty 主要有两个正在维护的分支：一个是 Netty 4.1；另一个是 Netty 4.0。Netty 4.1 目前是主分支，相比 Netty 4.0，Netty 4.1 增加了对 Android 平台的支持（使用 isAndroid()方法来判断是否是 Android 平台）。

2. 最新版本

在写作本书时，Netty 的最新版本可以细分为如下 3 个分支：

- Netty 4.1.67.Final（2021 年 8 月）；
- Netty 4.0.56.Final（2018 年 2 月）；
- Netty 3.10.6.Final（2016 年 6 月）。

其中，Netty 的 4.0 和 3.x 版本都已超过两年未曾更新；而 4.1 版本一直都在更新，并且已有 5 年历史，足够成熟。因此，读者直接使用 4.1 版本即可。

3. 应用现状

最后，我们来了解一下 Netty 的应用现状。截至本书完成时，已有近 4 万个项目在使用 Netty。这个数字是根据 GitHub 上所有项目的 pom.xml 是否依赖 netty-all 这个 JAR 包来统计的。也就是说，一个项目如果是开源的，并且依赖项中存在 Netty，就表明这个项目使用了 Netty。所以很明显，还有一些项目没有计算在内。比如，项目本身不是开源的，或者虽然是开源的，但项目本身不是使用 GitHub 来管理的，例如，过去比较流行的 Google Code 就没有统计在内。再比如，使用 Netty 4.0 以下版本的项目，这些项目的依赖项不包含 netty-all，因此它们也不会被统计在内。总体来说，实际上使用了 Netty 的项目肯定远超 4 万个。

至于 Netty 到底有多么受欢迎，仅从数字上，我们也许很难有深刻的体会。因此，我们可以换个角度。首先，很多主流公司在使用 Netty。部分正在使用 Netty 的公司如图 1-15 所示。

图 1-15　部分正在使用 Netty 的公司

其次，很多主流的项目也在使用 Netty。部分正在使用 Netty 的主流项目如图 1-16 所示。

图 1-16　部分正在使用 Netty 的主流项目

这些主流项目包括但不仅限于以下类别。

- 数据库：Cassandra。
- 大数据处理：Spark、Hadoop。
- 消息队列：RocketMQ。
- 检索：ElasticSearch。
- 框架：gRPC、Apache Dubbo、Spring 5。
- 分布式协调器：ZooKeeper。
- 工具类：async-http-client。

我们无法一一列举，读者可以通过访问 Netty 网站来查看详情。

由此可以看出，Netty 确实非常热门。另外需要提及的是，一些刚开始没有使用 Netty 的旧项目后来也改用 Netty 来实现通信层。

1.6.3　Netty 的发展趋势

在了解了 Netty 的现状后，我们可能更关心 Netty 的发展趋势，毕竟未来才最重要。Netty 的发展趋势大体上可以归纳为以下几个方面。

1. 支持更多主流协议

参见图 1-17，Netty 基本上支持所有主流协议，一些新的协议也在逐渐被收纳进来。

codec [netty-codec]
codec-dns [netty-codec-dns]
codec-haproxy [netty-codec-haproxy]
codec-http [netty-codec-http]
codec-http2 [netty-codec-http2]
codec-memcache [netty-codec-memcache]
codec-mqtt [netty-codec-mqtt]
codec-redis [netty-codec-redis]
codec-smtp [netty-codec-smtp]
codec-socks [netty-codec-socks]
codec-stomp [netty-codec-stomp]
codec-xml [netty-codec-xml]

图 1-17　Netty 支持的主流协议

2. 紧跟 JDK 的更新步伐

每当 JDK 新引入一种性能更高的类或编程模式时（例如，JDK 在 1.7 版本中引入了 AIO），Netty 就会及时考虑跟进并采用。

3. 引入更多易用且人性化的功能

IP 地址黑白名单、流量控制等酷炫功能都已经被引入进来，相信未来 Netty 会引入更多类似的好用功能。

4. 应用越来越多

很多原来没有使用 Netty 的旧项目正在转用 Netty，而新项目基本上是直接基于 Netty 构建的。

以上就是 Netty 的核心发展趋势，根据这些发展趋势，我们相信 Netty 在未来会得到更好的发展。

第2章 准备工作

第 1 章介绍了 Netty 的定义、应用现状及发展趋势，相信读者对 Netty 已经有了一定的了解。但是“纸上得来终觉浅”，只有深入源码才能对 Netty 有更深入的了解，才能真正掌握 Netty 应用的精髓。正因为如此，从本章开始，我们将带领读者解读源码并逐步完成一个实战案例，通过将理论与实践相结合，帮助读者用好 Netty。本章将要介绍的是在进行源码解析和实战之前应做的准备工作。

2.1 环境准备

我们首先需要准备的是源码阅读环境和实战案例环境。

2.1.1 准备源码阅读环境

登录 GitHub，搜索 Netty，选择并下载源码分支。从图 2-1 可以看出，当前的活跃分支是 Netty 4.1。因此，初学者在阅读源码时，一定要到 GitHub 上看一下，不见得 master 分支就是当前推荐的活跃分支。

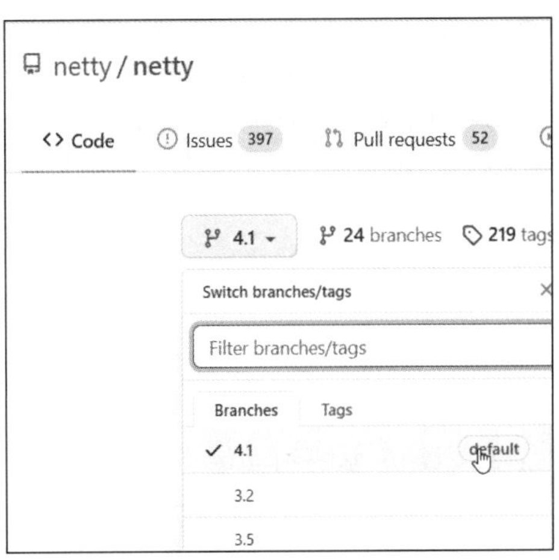

图 2-1 Netty 默认的活跃分支

在明确当前的活跃分支后，在 IDE 中从 GitHub 导入项目并选择合适的分支，我们就可以编译项目了。

2.1.2　准备实战案例环境

准备好源码阅读环境后，我们还需要准备实战案例环境。新建一个 Maven 项目，然后添加以下依赖项。

```
<dependency>
    <groupId>io.netty</groupId>
    <artifactId>netty-all</artifactId>
    <version>4.1.39.Final</version>
</dependency>
<dependency>
    <groupId>org.projectlombok</groupId>
    <artifactId>lombok</artifactId>
    <version>1.16.18</version>
</dependency>
<dependency>
    <groupId>com.google.code.gson</groupId>
    <artifactId>gson</artifactId>
    <version>2.8.5</version>
</dependency>
<dependency>
   <groupId>com.google.guava</groupId>
   <artifactId>guava</artifactId>
   <version>19.0</version>
</dependency>
```

对于 Netty，我们可以通过查看 Maven 库来获悉当前最新版本。除 Netty 之外，我们还添加了其他一些依赖项。其中，Lombok 可以辅助我们减少编码量，例如避免编写 set/get 方法等；Gson 是我们后面需要使用的 JSON 编解码库；Guava 则提供了一些常用的工具。

通过创建项目和添加依赖项，我们完成了实战案例环境的准备工作。

2.2 Netty 代码编译及常见问题

编译 Netty 代码的过程往往不是很顺利。下面列举一些常见的“经典”问题。

2.2.1　常见编译问题一

第一次编译 Netty 代码时，我们常常遇到编译不成功的情况。例如，如图 2-2 所示，编译 Netty 代码时会出现找不到 tcnative 的错误提示。我们可以尝试定位一下问题，找到相关的项目依赖信息。

```
[INFO] BUILD FAILURE
[INFO] ------------------------------------------------------------------------
[INFO] Total time:  54.059 s
[INFO] Finished at: 2020-11-27T14:39:25+08:00
[INFO] ------------------------------------------------------------------------
[ERROR] Failed to execute goal on project netty-handler: Could not resolve dependencies for project io
 .netty:netty-handler:jar:4.1.40.Final-SNAPSHOT: Could not find artifact io.netty:netty-tcnative:jar:windows-x86_32:2.0.25
 .Final in central (*****://repo.maven.apache.***/maven2) -> [Help 1]
```

图 2-2　找不到 tcnative 的错误提示

首先，查看 pom.xml 中的 tcnative 相关属性配置。

```
<tcnative.artifactId>netty-tcnative</tcnative.artifactId>
<tcnative.version>2.0.25.Final</tcnative.version>
<tcnative.classifier>${os.detected.classifier}</tcnative.classifier>
```

然后，在具体的项目依赖方面，tcnative 是这样添加进来的。

```
<dependency>
    <groupId>${project.groupId}</groupId>
    <artifactId>${tcnative.artifactId}</artifactId>
    <classifier>${tcnative.classifier}</classifier>
</dependency>
```

可以看出，tcnative 和普通的依赖项有所不同，tcnative 使用了 classifier 属性，而 classifier 属性的值来源于${os.detected.classifier}。换言之，需要检查操作系统的版本以确定所依赖 Jar 的文件名中的后缀，如 linux-x86_64。

然而，并不是所有的操作系统版本都有 tcnative 这个 Jar。例如，针对 tcnative 2.0.25，部分版本参见图 2-3。

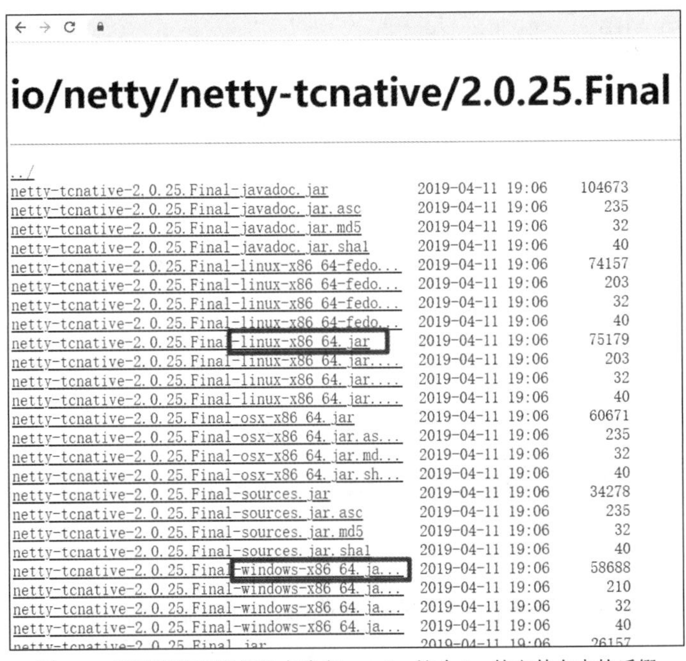

io/netty/netty-tcnative/2.0.25.Final

../

文件	日期	大小
netty-tcnative-2.0.25.Final-javadoc.jar	2019-04-11 19:06	104673
netty-tcnative-2.0.25.Final-javadoc.jar.asc	2019-04-11 19:06	235
netty-tcnative-2.0.25.Final-javadoc.jar.md5	2019-04-11 19:06	32
netty-tcnative-2.0.25.Final-javadoc.jar.sha1	2019-04-11 19:06	40
netty-tcnative-2.0.25.Final-linux-x86_64-fedo...	2019-04-11 19:06	74157
netty-tcnative-2.0.25.Final-linux-x86_64-fedo...	2019-04-11 19:06	203
netty-tcnative-2.0.25.Final-linux-x86_64-fedo...	2019-04-11 19:06	32
netty-tcnative-2.0.25.Final-linux-x86_64-fedo...	2019-04-11 19:06	40
netty-tcnative-2.0.25.Final-linux-x86_64.jar	2019-04-11 19:06	75179
netty-tcnative-2.0.25.Final-linux-x86_64.jar....	2019-04-11 19:06	203
netty-tcnative-2.0.25.Final-linux-x86_64.jar....	2019-04-11 19:06	32
netty-tcnative-2.0.25.Final-linux-x86_64.jar....	2019-04-11 19:06	40
netty-tcnative-2.0.25.Final-osx-x86_64.jar	2019-04-11 19:06	60671
netty-tcnative-2.0.25.Final-osx-x86_64.jar.as...	2019-04-11 19:06	235
netty-tcnative-2.0.25.Final-osx-x86_64.jar.md...	2019-04-11 19:06	32
netty-tcnative-2.0.25.Final-osx-x86_64.jar.sh...	2019-04-11 19:06	40
netty-tcnative-2.0.25.Final-sources.jar	2019-04-11 19:06	34278
netty-tcnative-2.0.25.Final-sources.jar.asc	2019-04-11 19:06	235
netty-tcnative-2.0.25.Final-sources.jar.md5	2019-04-11 19:06	32
netty-tcnative-2.0.25.Final-sources.jar.sha1	2019-04-11 19:06	40
netty-tcnative-2.0.25.Final-windows-x86_64.ja...	2019-04-11 19:06	58688
netty-tcnative-2.0.25.Final-windows-x86_64.ja...	2019-04-11 19:06	210
netty-tcnative-2.0.25.Final-windows-x86_64.ja...	2019-04-11 19:06	32
netty-tcnative-2.0.25.Final-windows-x86_64.ja...	2019-04-11 19:06	40
netty-tcnative-2.0.25.Final.jar	2019-04-11 19:06	26157

图 2-3　根据操作系统的版本确定 tcnative 这个 Jar 的文件名中的后缀

在浏览所有支持版本后，我们发现 tcnative 并不支持一些平台，例如，作者在演示编译错误时使用的 windows-x86_32 平台。正因为如此，我们在编译 Netty 代码时，会出现找不到 tcnative 的错误提示。

这里额外补充一个知识点。对 classifier 属性值的检测是通过下面的 Maven 插件 os-maven-plugin 来实现的。

```
<build>
 <extensions>
   <extension>
    <groupId>kr.motd.maven</groupId>
    <artifactId>os-maven-plugin</artifactId>
    <version>${osmaven.version}</version>
   </extension>
  </extensions>
<!--省略其他 -->
</build>
```

Maven 插件 os-maven-plugin 也是由 Netty 作者 Trustin Lee 开发的，详见 GitHub。这里使用了 extensions 功能，这个功能的作用详见 Maven 网站。上述配置用于在构建时，运行 Maven 插件 os-maven-plugin 以计算出 os.detected.classifier。

我们已经知道了找不到 tcnative 这个 Jar 的原因，那么如何解决这个问题呢？以 Windows 操作系统为例，因为 tcnative 目前只支持 64 位的 Windows 操作系统，所以要求计算机的硬件平台、操作系统、IDE/JDK 都是 64 位的。如果我们不想解决这个问题，那么可以通过修改依赖项来直接指定已有的版本，例如：

```
<tcnative.classifier>windows-x86_64</tcnative.classifier>
```

2.2.2　常见编译问题二

在刚把 Netty 项目导入 IDE 中之后，我们可能遇到找不到类的错误，参见图 2-4。

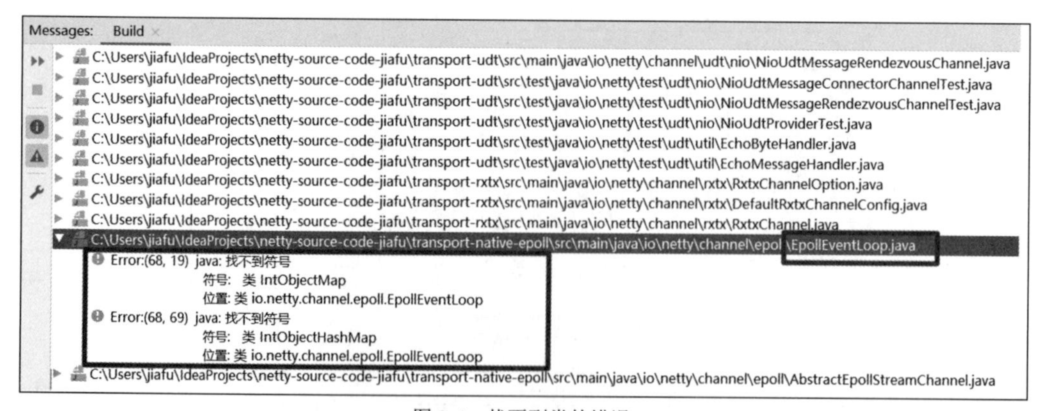

图 2-4　找不到类的错误

之所以产生这种错误，是因为这些类实际上是自动产生的。参考 Maven 插件及相关配置。

```
<!-- Generate the primitive collections from the template files. -->
<plugin>
    <groupId>org.codehaus.gmaven</groupId>
    <artifactId>groovy-maven-plugin</artifactId>
    <version>2.0</version>
    <dependencies>
        <dependency>
            <groupId>org.codehaus.groovy</groupId>
            <artifactId>groovy-all</artifactId>
            <version>2.4.8</version>
        </dependency>
        <dependency>
            <groupId>ant</groupId>
            <artifactId>ant-optional</artifactId>
            <version>1.5.3-1</version>
        </dependency>
    </dependencies>
    <executions>
        <execution>
            <id>generate-collections</id>
            <phase>generate-sources</phase>
            <goals>
                <goal>execute</goal>
            </goals>
            <configuration>
                <source>${project.basedir}/src/main/script/codegen.groovy</source>
            </configuration>
        </execution>
    </executions>
</plugin>
```

由上述配置可以看出，groovy-maven-plugin 已绑定到 generate-sources 阶段，你可通过执行脚本 codegen.groovy（见图 2-5）来完成一定的工作。在这里，根据模板生成相关的类。

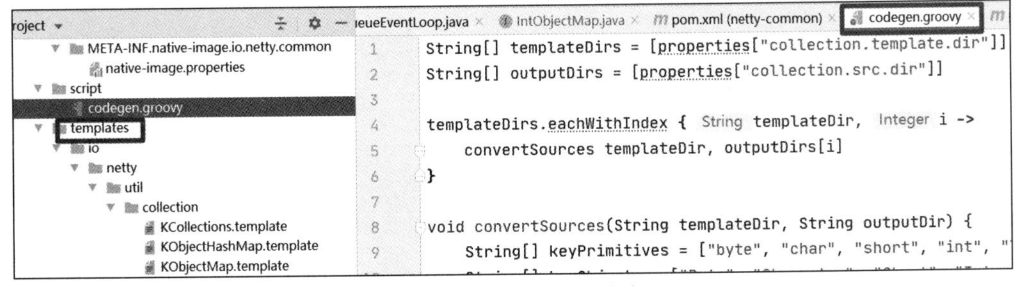

图 2-5　codegen.groovy 脚本

参考图 2-5，代码生成的输入、输出分别是 collection.template.dir 和 collection.src.dir 属性，

详情可参考 common/pom.xml 文件。

```
<properties>
<collection.template.dir>${project.basedir}/src/main/templates</collection.template.dir>
<collection.template.test.dir>${project.basedir}/src/test/templates</collection.template.
test.dir>
<collection.src.dir>${project.build.directory}/generated-sources/collections/java
</collection.src.dir>
<collection.testsrc.dir>${project.build.directory}/generated-test-sources/collections/
java</collection.testsrc.dir>
</properties>
```

最终生成的类如图 2-6 所示。

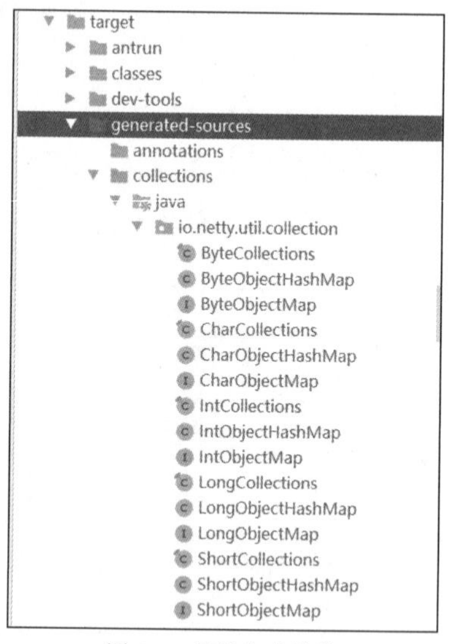

图 2-6　最终生成的类

我们已经了解了这些类的生成原理，那么如何修复呢？我们需要手动执行 mvn compile 命令以生成丢失的类，毕竟有的 IDE 在“编译”时并没有执行编译命令，而只是做了一些简单的检查。

2.3 Netty 代码结构速览

在完成对 Netty 代码的编译后，我们就可以快速浏览一下 Netty 到底包含了哪些功能。参见图 2-7，大体上我们可以将 Netty 的代码结构分成三部分。

1. 基础支撑包

基础支撑包可参考图 2-7 中的底部区域，包含 buffer、common、resolver 等。我们需要的一些工具类都包含在基础支撑包中。例如，common 就包含第 1 章提到的 FastThreadLocal 以及一些与线程执行相关的 EventExecutor、CompleteFuture 等；而 buffer 包含 Netty 经常使用的各种缓存区（如 PooledByteBuf）的分配器等。

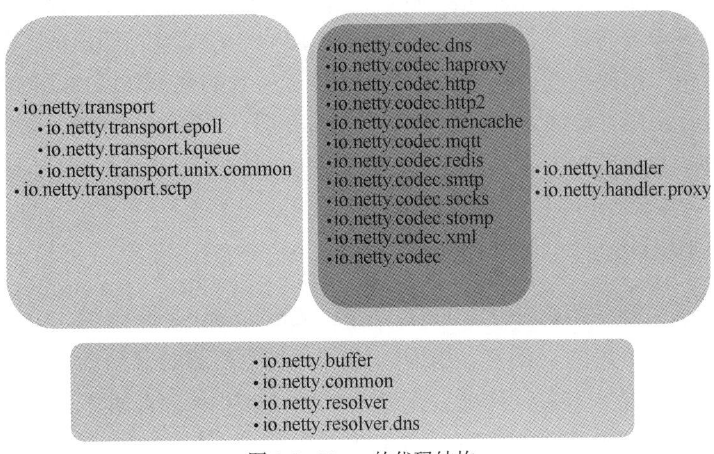

图 2-7 Netty 的代码结构

2. 通信层支持包

通信层支持包可参考图 2-7 中的左上区域，这些包的实现支持主流的 TCP 和 UDP。其中，支持 TCP 的包又可以根据平台分为多种，例如，针对 Linux 平台的 epoll 实现、针对 Mac 平台的 kqueue 实现等。另外，通信层支持包还支持比较重要的 SCTP、RXTX、UDT 等协议。

3. 便于使用的各种处理程序

基础支撑包和通信层支持包是 Netty 最核心的功能。有了它们，我们就可以使用 Netty 实现自己想要的基功功能。但这仅限于 Netty 能被使用的层次。让我们真正喜欢上 Netty 的重要理由在于 Netty 代码结构的第三部分——便于使用的各种处理程序，参见图 2-7 中的右上区域。这些处理程序主要分为两大类。

- 编解码处理程序。这种处理程序主要负责对各种主流协议（如 Redis、HTTP 等）的编解码提供支持。每一种编解码器都单独属于一个包。另外，这种处理程序还包括能帮助我们处理半包、黏包问题的封帧解帧器（位于 io.netty.codec 包中）。
- 拓展功能处理程序。这种处理程序主要是指各种人性化的处理程序，如流量控制、安全防范、代理处理程序等。

Netty 已经将常用的处理程序添加进来了。因为有了这些处理程序，所以 Netty 的使用变得更加简单。

2.4 本书借鉴的常用开源软件

本书后续的大多数章节在介绍完知识点和 Netty 源码后，会介绍如何将它们应用到实战案例中。但是，如果直接“衔接”过去，就会存在如下问题：我们并不知道自己的做法是否满足业界标准。正因为如此，在进行实战之前，我们都会提前介绍一下当前主流的一些开源软件如何使用 Netty。在这里，我们先概览一下本书借鉴的各种开源软件，这样可以避免后面重复介绍它们。

2.4.1 Cassandra

Cassandra 诞生于 2007 年，并于 2008 年开源。Cassandra 是开源的、分布式的、去中心化的、弹性可扩展的、高可用的、具备容错能力的、一致性可调的且面向行的数据库。其中，去中心化是指每个节点都是平等的，而非采用常见的主从结构，因此维护起来很方便；开源则说明开发人员可以查看、研究和学习 Cassandra 的源码。

从发展历史看，Cassandra 最初由 Facebook 创建，用于存储收件箱等简单格式的数据。此后，由于扩展性良好，Cassandra 逐渐被 Digg、Twitter 等知名网站采纳，成为一种流行的、分布式的结构化数据存储方案。

Cassandra 的发展已经有十几年历史了。作者所在的公司也在使用 Cassandra。其他好处不说，仅仅用 Cassandra 的社区版替换 Oracle 就能节省很多成本。

我们再来看看 Cassandra 在众多数据库中的排名。在总的数据库排名中，这几年 Cassandra 稳居第 10 名；而在列存储数据库的排名中，Cassandra 稳居第 1，参见图 2-8。

Rank			DBMS
Sep 2020	Aug 2020	Sep 2019	
1.	1.	1.	Cassandra
2.	2.	2.	HBase
3.	3.	3.	Microsoft Azure Cosmos DB
4.	4.	4.	Datastax Enterprise
5.	5.	5.	Microsoft Azure Table Storage
6.	6.	6.	Accumulo
7.	7.	7.	Google Cloud Bigtable
8.	8.	8.	ScyllaDB
9.	9.	9.	MapR-DB
10.	10.	↑11.	Alibaba Cloud Table Store
11.	11.		Elassandra

图 2-8　列存储数据库中的排名

2.4.2 Dubbo

Dubbo 于 2008 年诞生，是一款开源的、高性能的、轻量级的 Java RPC 框架，源于阿里巴巴。Dubbo 提供了三大核心功能：

- 面向接口的远程方法调用；
- 智能容错和负载均衡；
- 服务的自动注册和发现。

那么，什么是 RPC？其实，弄清楚什么不是 RPC 就行了。本地调用（写一个方法并在本地直接调用和执行）就不是 RPC，所以 RPC 的概念其实就是“本地调用，远程执行”。

Dubbo 的 RPC 结构如图 2-9 所示。其中，Provider 是远程方法的执行者，Consumer 相当于远程方法的调用者。

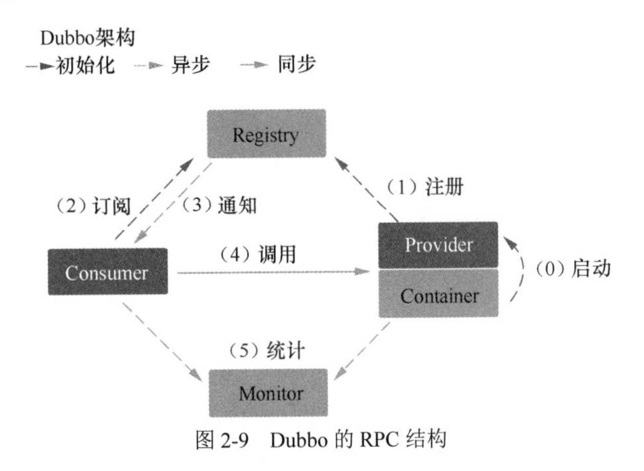

图 2-9 Dubbo 的 RPC 结构

2.4.3 Hadoop

Hadoop 于 2004 年诞生，是一套用于在大型集群上运行应用程序的框架。Hadoop 实现了 Map/Reduce 编程范型，计算任务会被分成多个小任务并运行在不同的节点上。除此之外，Hadoop 还提供了一款分布式文件系统（HDFS），用来存储相关的计算数据。

Hadoop 包含两大核心组件（见图 2-10）：一个是 MapReduce，另一个是 HDFS，它们分别用于数据处理和数据存储。

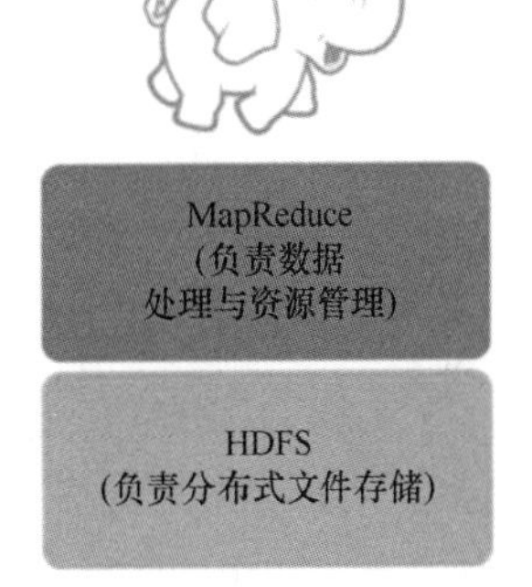

图 2-10 Hadoop 的两大核心组件

MapReduce 和 HDFS 的功能是什么？我们举一个例子来帮助读者理解。假设库房里有很多商品，你想要数一下到底有多少，你一个人肯定数不过来。为此，你找来家人一起数，每个人数一部分，然后汇总所有人的结果，这个过程就叫 MapReduce；这些商品太多了，你需要找个地方来存放，当一个地方放不下的时候，就需要分开存放，分开存放的地方就是 HDFS。通过这个例子我们可以看出，MapReduce 背后的思想其实非常像 JDK 的 ForkJoinPool，只不过 MapReduce 是分布式的而已。

2.4.4 Lettuce

Lettuce 是 Redis 的众多 Java 客户端中的一种。其实，Redis 有很多客户端（见图 2-11），我们可以通过访问 Redis 网站来查看它们。在这些客户端中，过去比较流行的是 Jedis，早期的 Spring Data Redis 使用的就是 Jedis。但是，由于 Jedis 疏于维护，因此很快便被 Lettuce 赶超。相比 Jedis，Lettuce 使用了 Netty（Jedis 采用的是基于自身实现的传统 BIO 模式），具有更好的性能和更简洁的配置。目前，Lettuce 已成为最流行的 Redis Java 客户端，当前 Spring Data Redis

的默认实现也使用 Lettuce。

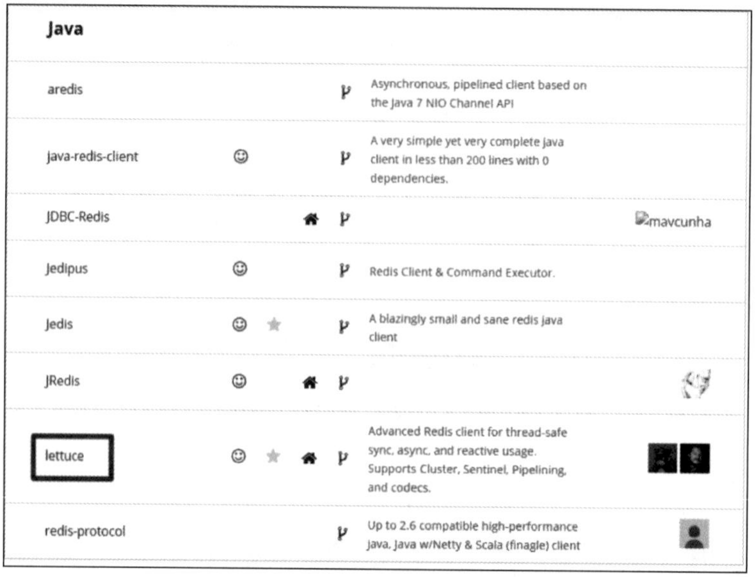

Java	
aredis	Asynchronous, pipelined client based on the Java 7 NIO Channel API
java-redis-client	A very simple yet very complete java client in less than 200 lines with 0 dependencies.
JDBC-Redis	mavcunha
Jedipus	Redis Client & Command Executor.
Jedis	A blazingly small and sane redis java client
JRedis	
lettuce	Advanced Redis client for thread-safe sync, async, and reactive usage. Supports Cluster, Sentinel, Pipelining, and codecs.
redis-protocol	Up to 2.6 compatible high-performance Java, Java w/Netty & Scala (finagle) client

图 2-11　Redis 的众多 Java 客户端

2.4.5　GRPC

GRPC 是由 Google 开发的远程过程调用（RPC）系统。GRPC 的客户端应用可以像调用本地对象一样直接调用服务器应用（位于另一台机器上）中的方法，于是创建分布式应用和服务的门槛变得很低。

在实现上，GRPC 是基于 HTTP/2 标准设计的，因此具有双向流、流量控制、头部压缩、支持单 TCP 连接上的多路复用请求等特性。这些特性使 GRPC 在移动设备上表现良好。在编码方式上，GRPC 使用 ProtoBuf 来定义服务，编码空间和效率得到兼顾。

GRPC 目前支持多种编程语言（C、C++、Node.js、Python、Ruby、Objective-C 等），并且能够基于这些编程语言自动生成客户端和服务器。

2.4.6　WebFlux

前面介绍的开源软件验证了 Netty 确实应用广泛，不过有些读者仍然觉得相距甚远，因为他们对上面列举的开源软件都不熟悉。因此，在借鉴开源实现时，我们选择 WebFlux 作为案例。Java 开发者肯定都知道 Spring，而 Spring 5 的最大特色就是 WebFlux，WebFlux 默认就构建在 Netty 而非 Tomcat 或 Jetty 之上。基于 Netty 的 Spring WebFlux 与 Spring MVC 技术栈参见图 2-12。

那么，什么是 WebFlux 呢？我们知道，传统的 Web 框架（Struts 2、Spring MVC 等）都是基于 Servlet API 与 Servlet 容器运行的，并且直到 Servlet 3.1 之后，才开始提供对异步、非阻塞特性的支持。WebFlux 是一种典型的、非阻塞的异步框架，它的核心是基于 Reactor 的相关 API 实现的。

相对于传统的 Web 框架来说，WebFlux 可以运行在 Netty、Undertow 以及支持 Servlet 3.1 的容器上。因此，WebFlux 的运行环境提供的支持更多。另外，WebFlux 也是 Web 响应式编程的典型代表，性能更好。

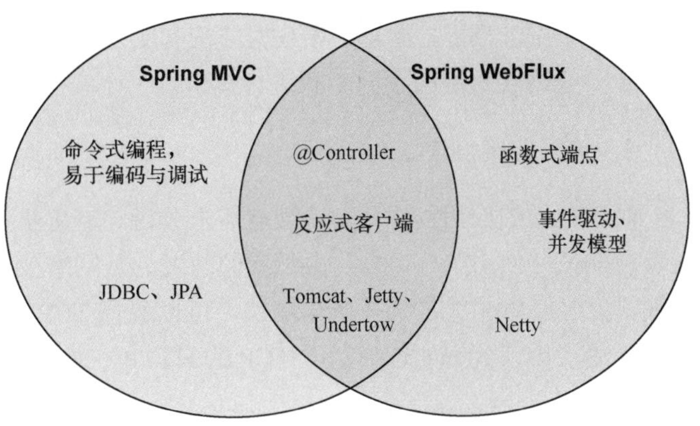

图 2-12　基于 Netty 的 Spring WebFlux 与 Spring MVC 技术栈

2.5　编写网络应用程序的基本步骤

在具体编写实战案例之前，我们有必要从大体上了解一下网络编程的基本步骤，这样才能有的放矢。一般而言，编写网络应用程序的基本步骤如下。

（1）完成代码编写。

（2）复查代码。

（3）“临门一脚”。

（4）上线及反馈。

2.5.1　完成代码编写

编写网络应用程序的第一步是完成代码编写，具体过程如图 2-13 所示。

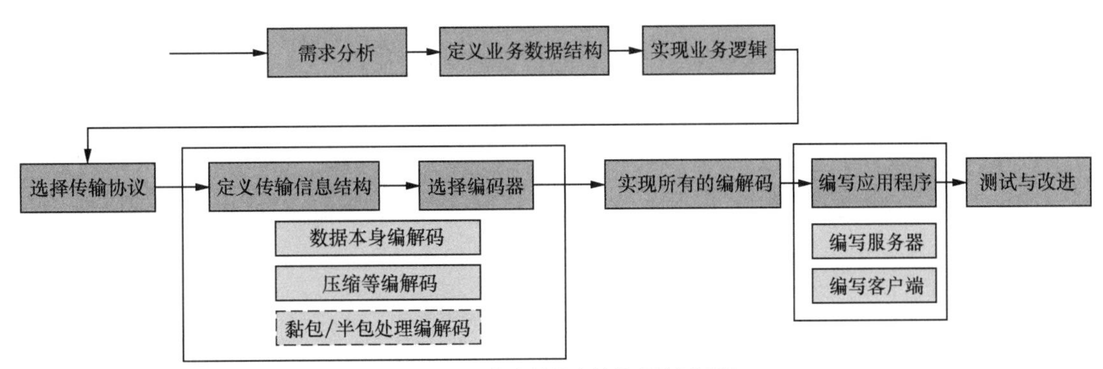

图 2-13　网络应用程序的代码编写过程

分析图 2-13 所示的代码编写过程，可以发现，其中的很多步骤与开发非网络应用程序是相同的，如需求分析、定义业务数据结构和实现业务逻辑等，这些步骤我们不再详述，而是选取其中一些比较关键的不同步骤进行解析。

1. 选择传输协议

对于普通的应用程序而言，经过需求分析、定义业务数据结构和实现业务逻辑之后，我们就可以测试并使用了。但是，由于我们开发的是网络应用程序，因此需要在网络上对数据进行传输，此时要做的就是选择传输协议，可以选择 TCP 或 UDP。当然，我们也可以直接基于现有的应用层协议（例如选择基于 TCP 的 HTTP）进行开发。

2. 定义传输信息的结构并选择编解码

选择完传输协议后，就可以定义传输信息结构。我们首先需要考虑数据本身的编解码，比如 JSON 或 ProtoBuf 等编解码。除数据本身编码之外，有时候我们还要考虑是否能够高效传输数据，因此需要对数据进行压缩。最后，如果传输协议选择的是 TCP，那么还需要处理黏包、半包等问题。为此，我们需要选择相应的用来处理黏包、半包问题的编解码。

3. 编写应用程序并进行测试与改进

在选择完各种编解码之后，我们就可以将它们有序组织起来并构建服务器和对应的客户端。至于先完成服务器还是先完成客户端，其实并没有什么优先顺序可言。即使先完成服务器，也需要完成客户端来进行验证；反之亦然。完成服务器和客户端之后，我们就可以进行测试了，并根据测试结果进行针对性的改进。

经过上面这些步骤之后，网络应用程序的代码编写工作就完成了。那么是不是网络应用程序就可以直接上线了呢？答案是不可以，我们还需要额外做一些工作，参见图 2-14。

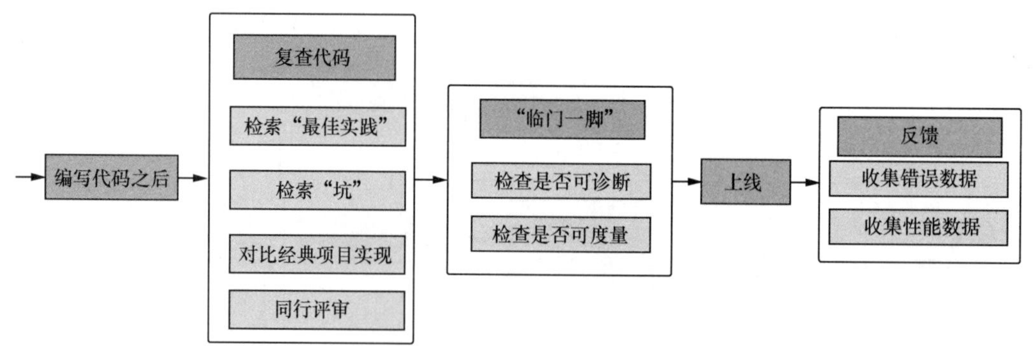

图 2-14　代码编写完之后需要做的工作

2.5.2　复查代码

复查代码主要是为了完善前面编写的代码，方法主要有如下几种。

1. 检索“最佳实践”

使用百度、Google 等搜索引擎检索“最佳实践”等关键词（如果使用了 Netty，那么最好加上关键词 Netty），从而找到一些具体的最佳实践，它们可以引领我们朝好的方向前进，形成一种乐观、积极的态度。

2. 检索“坑”

相比检索“最佳实践”，我们还需要从“悲观的角度”提升自己的网络应用程序。具体而言，我们需要检索一下“坑”“问题”等关键词，从而找出前人遇到并记录下来的一些陷阱，避免自己也犯这些错误。

3. 对比经典项目实现

我们还可以对比一下经典项目的实现（例如，如果使用 Netty，那么可以参考 Cassandra、Dubbo 等项目），这样做有助于我们取长补短。

4. 同行评审

现在，代码已经基本完成“打磨”了。此时，如果有经验的同事或同行可以帮我们最后把把关，我们就更放心了。

2.5.3 “临门一脚”

通过复查代码，我们完成了所有的编码工作。但是，我们的网络应用程序还不能直接上线，因为还有一些检查工作需要完成。

1. 检查是否可诊断

如果不检查是否可诊断，那么网络应用程序上线之后，我们可能等到日后排查问题时才发现连一条关键的错误日志都没有。

2. 检查是否可度量

除检查是否可诊断之外，我们还需要检查是否可度量。度量不仅能让我们对项目的运行情况更加了解，还能够帮助我们发现和预警一些问题。

2.5.4 上线及反馈

历尽千辛万苦之后，网络应用程序终于可以上线了。但是，上线并不意味着结束，上线之后，我们还需要做一些反馈。

1. 收集错误数据

对于自己完成的应用程序，开发者往往自认为它已经没有任何问题。但实际上，在运行一个月或一年之后，由于用户的各种行为都是不可预测的，因此应用程序很可能会暴露一些潜在的小概率问题，而这些问题在测试过程中是很难发现的。正因为如此，我们必须利用好日志、度量数据等信息，进而抓住并纠正这些问题，提高系统的健壮性。

2. 收集性能数据

有的读者可能产生如下疑问：为什么上线后还要收集性能数据，在上线之前不是已经做过性能测试了吗？实际上，上线前所做的性能测试仅仅是模拟的、理想化的基准测试，实际应用中的软硬件环境往往与测试环境完全不一样。另外，测试场景和用户使用场景也不尽相同。例如，在线下测试读写时，测试人员可能无法像线上那样混合一定比例的读写数据，并且也不可能创建很大的数据集。总之，上线前所做的测试很难模拟所有场景，我们需要在上线后收集性能数据以发现潜在的问题。

通过上面的学习，我们发现编写网络应用程序和编写普通的应用程序差不多，关键区别在于前者需要选择传输协议并定义传输信息的结构、选择编解码。

2.6 实战案例介绍

在了解了编写网络应用程序的基本步骤之后，我们就可以着手编写一些实战案例了。我们不妨设计这样一个实战案例——饭店点餐案例。之所以选择这个案例，原因主要有两个。

- 点餐和我们的生活息息相关，基本上没有什么纷繁复杂的逻辑，因而更容易展示 Netty 的使用技巧。
- 后续章节将要介绍的一些网络编程知识和饭店点餐场景中的一些行为十分相似，例如，Reactor 的 3 种模式与饭店服务模式就可以一一对应起来。

接下来，我们具体规划一下这个实战案例，参见图 2-15。我们需要最终实现的是基于 TCP 和 UDP 两种传输方式的服务器以及对应的客户。客户发送点餐请求给服务器，服务器完成虚拟的点餐行为（如睡眠一定的时间并输出一些日志）并返回点餐结果。

当然，除刚才提及的业务操作（OrderOperation）之外，我们还会加入一些别的操作来满足非业务需求，例如授权认证（AuthOperation）和 Keepalive（KeepaliveOperation）等。

下面看看其中的请求/响应是什么样子。对于“点餐”操作，请求对象的定义参见代码清单 2-1，里面包含了桌号（tableId）和菜名（dish）。

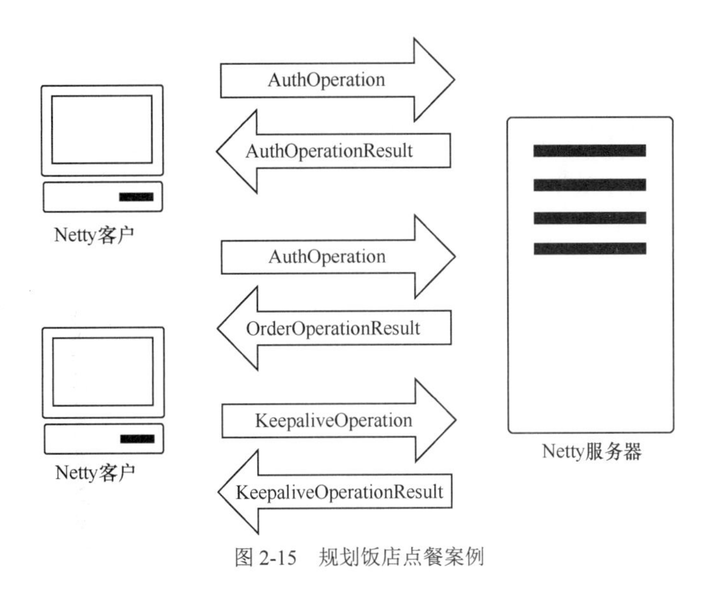

图 2-15 规划饭店点餐案例

代码清单 2-1 “点餐”操作中请求对象的定义

```
public class OrderOperation extends Operation implements Serializable {
    private int tableId;
    private String dish;
    public OrderOperation(int tableId, String dish) {
        this.tableId = tableId;
        this.dish = dish;
    }
    //省略其他非关键代码
}
```

响应对象的定义应尽量简单以便于验证，参见代码清单 2-2，里面包含了对应的桌号（tableId）、菜名（dish）、点餐结果（complete）这 3 项基本信息。

代码清单 2-2 “点餐”操作中响应对象的定义

```
@Data
public class OrderOperationResult extends OperationResult {
    private final int tableId;
    private final String dish;
    private final boolean complete;
}
```

在后续章节中，我们将根据所学的知识逐步实现并完善这个饭店点餐案例。

第3章 数据编码

第 2 章介绍了如何编译 Netty 代码以及我们打算演示的案例。从本章开始，我们以实现饭店点餐案例为目标，介绍如何使用 Netty 进行网络应用程序的开发，同时结合每个步骤中需要做的事情，分别介绍对应的 Netty 技术及原理。最后，我们将带领读者实际操作一遍并对一些关键的问题和疑惑进行解析。

3.1 网络编程中为什么要进行数据编码

第 2 章简单描述过网络编程的基本步骤：选择完传输协议后，开始进行各种编码，而其中首先需要进行的就是数据编码。为什么要进行数据编码？

Java 语言是面向对象的，例如，饭店点餐案例中“点餐”对象的定义参见代码清单 3-1。

代码清单 3-1 “点餐”对象的定义

```
public class OrderOperation extends Operation {
    private int tableId;
    private String dish;
    //省略非关键代码
}
```

但是，不言而喻，这种“对象”是无法直接在网络上进行传输的。在实践中，通过 Socket 传输的只能是字节流，而不能是原始的数据对象，例如：

```
sun.nio.ch.SocketChannelImpl#write(java.nio.ByteBuffer)
```

因此，我们必须将对象转换为可以在网络上传输的字节流。“直接使用 IDE 生成 toString() 方法，然后再获取字节流不就可以了吗？确实如此，将对象转换为字节流之后，就可以在网络上进行传输了。但是，接收方得到字节流之后呢？我们仍然需要将字节流还原成原始的数据对象，所以需要使用类似于 fromString()的方法进行转换。于是，我们最终需要编写类似于代码清单 3-2 的代码。

代码清单 3-2 toBytes()和 fromBytes()编解码方法

```
public byte[] toBytes() {
    final StringBuffer sb = new StringBuffer();
    sb.append("tableId=").append(tableId);
    sb.append(",dish='").append(dish);
    return sb.toString().getBytes();
}

public OrderOperation fromBytes(byte[] bytes) {
    String[] keyValues = new String(bytes).split(",");
    OrderOperation orderOperation = new OrderOperation();
    for (String keyValue : keyValues) {
        String[] keyValueArray = keyValue.split("=");
        String key = keyValueArray[0];
        String value = keyValueArray[0];

        if("tableId".equalsIgnoreCase(key)){
            orderOperation.setTableId(Integer.valueOf(value));
        }else if("dish".equalsIgnoreCase(key)){
            orderOperation.setDish(value);
        }
    }

    return orderOperation;
}
```

在上述代码中，我们在不知不觉中实现了粗陋的“编解码”：toBytes()方法用于将对象转换成字节流，然后在网络上进行传输；接收方得到字节流之后，再通过 fromBytes()方法将字节流还原成原来的对象。

既然进行数据编码是为了传输数据，那么是不是对所有的应用都需要进行数据编码这一步？其实不是，假设对象本身就是字节流，业务逻辑也只是直接转发这些字节流，那么数据编码对于这种应用程序而言并没有多大意义。当然，有时候我们不得不考虑字节流从何而来，又到哪里去。所以，对大多数应用程序，往往还需要进行数据编码以携带这些额外信息。

3.2 常见的数据编码方式及选择要点

3.1 节解释了为什么需要进行数据编码，并且演示了一种实现方式。但是在实际应用中，我们不会使用这种方式。不考虑数据大小，仅从代码实现的优美程度考虑，如果对象的字段很多，或者对象本身又嵌套了复杂的对象，那么代码必然变得很丑陋（有大量 if 语句）。要实现能投入应用的编解码并非易事。幸运的是，这些工作早已有人帮我们做了，我们可以使用已有的那些得到广泛应用的数据编码方式，如 XML、JSON 等。下面我们就来看看到底有哪些常见的数据编码方式以及应该如何进行选择。

3.2.1 常见的数据编码方式

数据编码方式特别多，主流的目前有以下几种。

1. Java 序列化/反序列化

当使用 Java 语言进行开发时，为便于存储和传输，首先浮现到我们脑海中的就是 JDK 自带的序列化/反序列化机制。实现 Serializable 接口以表明自己具有可序列化特性。使用 ObjectOutputStream 的 writeObject()方法序列化对象，并使用 ObjectInputStream 的 readObject()方法还原对象。

例如，使用下面的代码进行序列化。

```
ObjectOutputStream objectOutputStream = new ObjectOutputStream(new
FileOutputStream("output.txt"));
OrderOperation orderOperation = new OrderOperation();
orderOperation.setDish("青椒肉丝");
orderOperation.setTableId(102);
objectOutputStream.writeObject(orderOperation);
```

然后，打开 output.txt，你会发现，在序列化之后，虽然文件中隐约有一些关键信息，但它们的可读性明显很差（存在乱码）。

2. XML

XML 是可扩展标记语言的英文缩写，并且是标准通用标记语言的子集。早在 1998 年，W3C 就发布了 XML 1.0 规范，并用来简化 Internet 上文档信息的传输。以前面提到的对象为例，我们可以使用 Jaxb、XStream 等工具将之转换为 XML。

```
<?xml version="1.0" encoding="UTF-8"?>
<OrderOperation>
    <tableId>102</tableId>
    <dash>青椒肉丝</dash>
</OrderOperation>
```

3. JSON

JSON（JavaScript Object Notation）是一种轻量级的数据交换格式，它采用完全独立于编程语言的文本格式来存储和表示数据。

JSON 由 Douglas Crockford 在 2001 年开始推广使用，在 2005～2006 年正式成为主流的数据格式。目前 JSON 的应用十分广泛，究其原因，就在于 JSON 具有简洁、清晰的层次结构，易于阅读，易于机器解析和生成，它还能有效地提升网络传输效率。JSON 目前是最理想的数据交换语言。

以前面提到的对象为例，我们可以将之转换为 JSON。

```
{
  "tableId": "102",
  "dash": "青椒肉丝"
}
```

4. msgpack

msgpack 是一种基于二进制的、高效的对象序列化方式。msgpack 可以像 JSON 那样，在多种编程语言之间交换结构对象，并且相比 JSON 而言，msgpack 更快速、更轻巧。

msgpack 支持 Python、Ruby、Java、C/C++、JavaScript 等众多主流语言，参见图 3-1。msgpack 声称比 Google Protocol Buffers 快 4 倍还多。

我们可以使用 msgpack 来对前面提到的对象进行编码，编码后，效果与 Java 自带的序列化结果类似——也有乱码，这里不再展示。msgpack 编码的特点参见图 3-2。

图 3-1　msgpack 支持的编程语言

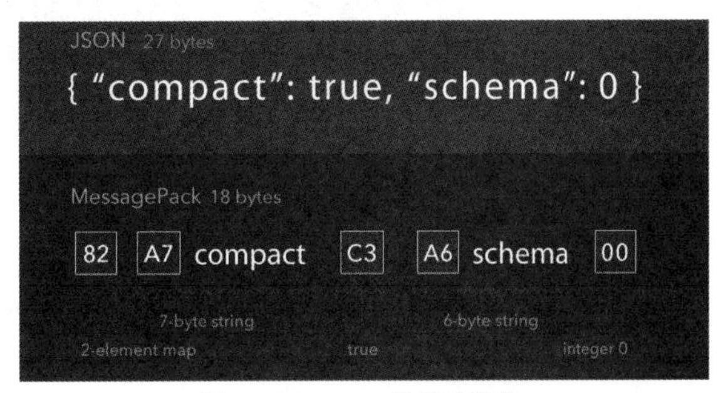

图 3-2　msgpack 编码的特点

可以看出，相比 JSON，当表示图 3-2 中的同一对象时，msgpack 少了 9 字节，主要是少了{}和“”等信息。另外，A 代表 String，A 后面的数字 7 和 6 代表字符串的长度，C3 表示 true。由此可见，msgpack 牺牲了一些可用性，使得占用的空间更少。

5. Marshalling

Marshalling 是 JBoss 开发的 Java 对象序列化包。Marshalling 对 JDK 默认的序列化框架进行了优化，并且能和 java.io.Serializable 接口保持兼容，同时增加了一些可调参数和附加特性。这里需要特别强调的是，有别于前面的 JSON 和 XML，Marshalling 与 JDK 自带的序列化机制一样，也是 Java 语言专用的。但是，相比 JDK 自带的序列化机制，Marshalling 本身有一些优势，例如容易定制、可自定义 Stream 头等。

6. Protobuf

Protobuf 是由 Google 开发的一种灵活且高效的数据序列化协议，相比 XML 和 JSON 文件，Protobuf 更小、更快捷。另外，Protobuf 支持多种编程语言，而且自带编译器，可以自动生成 Java、Python、C++等不同编程语言的代码。不过，自动生成的代码比普通代码的可读性差，行数多且很复杂。

接下来，我们介绍一下 Protobuf 的基本使用方法。

```
syntax = "proto3";
message Person {
    int32 id = 1;
}
```

定义好 Proto 文件之后，我们就可以使用 Protobuf 自动生成不同编程语言的代码。例如，使用--java_out 可自动生成 Java 代码，使用--python_out 可自动生成 Python 代码，参见图 3-3。

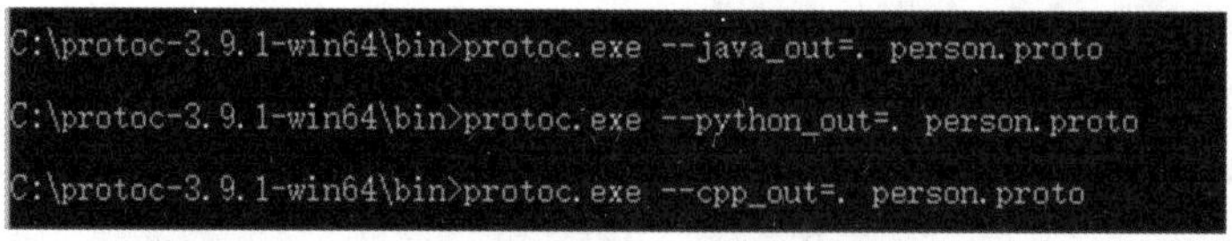

```
C:\protoc-3.9.1-win64\bin>protoc.exe --java_out=. person.proto

C:\protoc-3.9.1-win64\bin>protoc.exe --python_out=. person.proto

C:\protoc-3.9.1-win64\bin>protoc.exe --cpp_out=. person.proto
```

图 3-3　使用 Protobuf 自动生成不同编程语言的代码

使用 Protobuf 自动生成的代码文件参见图 3-4。

person.pb.cc	2019/8/27 14:20	CC 文件	12 KB
person.pb.h	2019/8/27 14:20	H 文件	8 KB
person_pb2.py	2019/8/27 14:19	PY 文件	2 KB
PersonOuterClass.java	2019/8/27 14:19	IntelliJ IDEA	17 KB
person.proto	2019/8/27 14:19	PROTO 文件	1 KB

图 3-4　使用 Protobuf 自动生成的代码文件

观察图 3-4，生成的 Java 文件大小为 17 KB。由此可见，Protobuf 自动生成的内容已远超我们的想象。

有了自动生成的源码文件（例如 Java 文件）之后，我们就可以使用它们了。对象的序列化与反序列化示例参见代码清单 3-3，核心逻辑如下：通过调用序列化方法将对象序列化为字节数组，再通过调用反序列化方法将字节数组反序列化回对象。

代码清单 3-3　对象的序列化与反序列化示例

```
PersonOuterClass.Person.Builder builder= PersonOuterClass.Person.newBuilder();
builder.setId(13013);
PersonOuterClass.Person person = builder.build();

// 将 person 对象序列化为字节数组
byte[] bytes = person.toByteArray();

// 将字节数组反序列化为 person 对象
PersonOuterClass.Person personFromBytes = PersonOuterClass.Person.parseFrom(bytes);
System.out.printIn(person.equals((personFromBytes));
```

上面介绍了 6 种常见的数据编码方式，此外还有一些“非主流”的数据编码方式，这里不再赘述。

3.2.2　数据编码选择要点

前面刚刚介绍了多种数据编码方式，其中每种方式都有自己的优缺点，我们该如何选择呢？以下选择要点可供大家参考。

1. 编码后的空间大小

进行数据编码的最终目标是在网络上传输数据，所以编码后的空间大小非常重要，空间越小，传输效率越高。而在评估编码后的空间大小时，我们需要比较不同数据的大小。当然，如果我们知道原始数据的大小范围，就可以执行更有针对性的比较测试。

如图 3-5 所示，在数据大小不同的情况下，不同数据编码的效果也不同。总体而言，JSON、Protobuf 和 msgpack 在这项比较上优势较大。

2. 编解码速度

除编码后的空间之外，另一个比较重要的衡量因素是编解码速度。如果编码后的空间确实很小，但编码时间很长，那么数据从发送到接收仍然需要很长的时间。与衡量编码后的空间类似，我们仍需要注意不同的原始数据大小对编解码速度的影响。

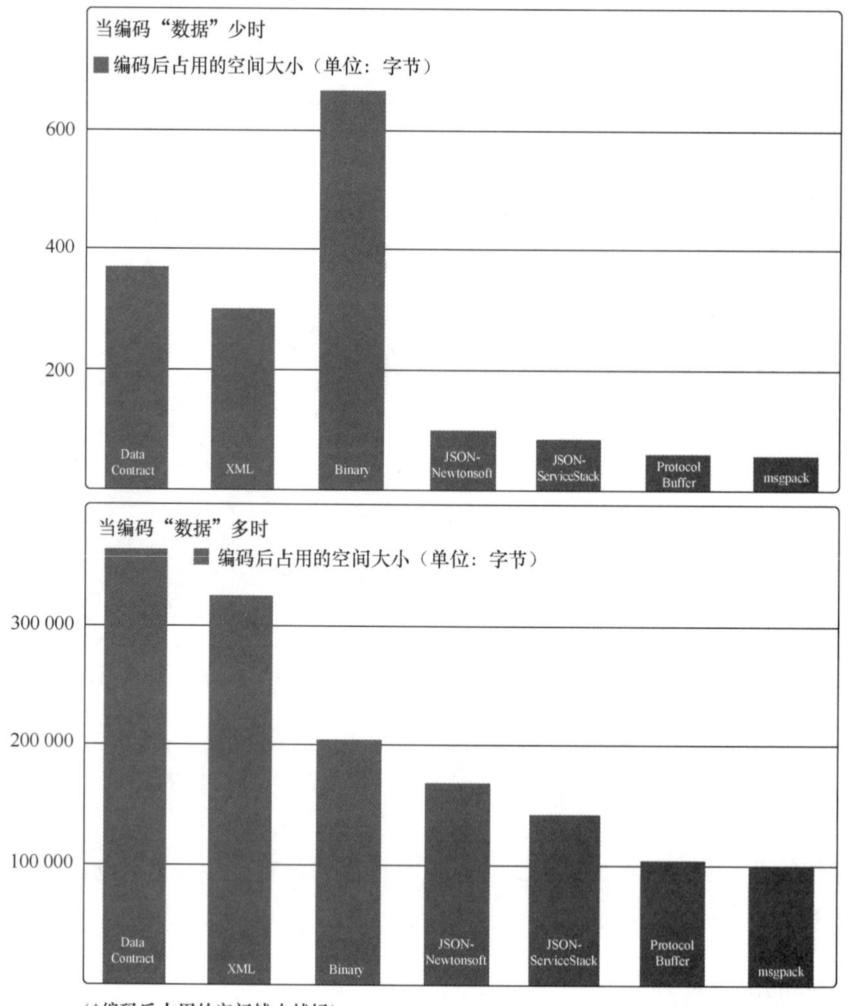

图 3-5　不同数据编码方式在原始数据大小不同时编码后的空间占用情况[①]

如图 3-6 所示，总的来说，编码速度比较快的仍是 JSON、Protobuf 和 msgpack 这 3 种方式。

3. 是否追求可读性

从之前的一些例子可以看出，很多编解码方案与性能基本上是矛盾的。例如，XML 和 JSON 可读性好，但是编解码速度稍慢；而 Protobuf 虽然可读性很差，但性能很好。因此，在实际进行选择时，我们需要衡量为了追求可读性而放弃一些“性能”优势是否值得，毕竟可读性好的编解码能为以后的问题查询带来很多便捷。

① 图片源自 maxondev 网站。

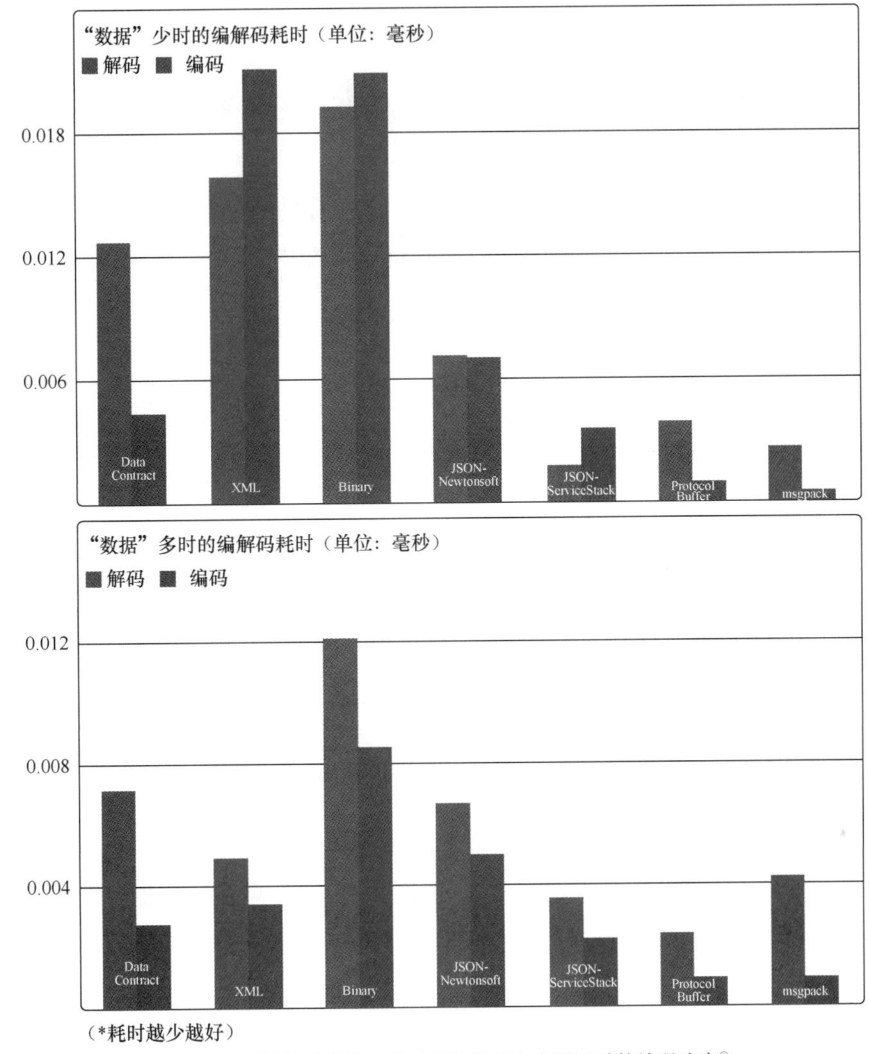

图 3-6 不同数据编码方式在原始数据大小不同时的编码速度[①]

4. 多语言支持

假设与业务相关的项目都是 Java 项目，那么诸如 JDK 序列化/反序列化、Marshalling 等数据编码方式都可以选择使用。但实际上，很多项目并不会使用同一种编程语言。即使服务器是使用 Java 开发的，客户端往往也需要支持纷繁复杂的各种编程语言。此时，我们可能更倾向于使用容易支持多种编程语言的编解码方式，例如 msgpack 和 Protobuf 等。

从以上数据编码选择要点可以看出，编解码方案几乎不能能够兼顾所有优势，我们更多需

① 图片源自 maxondev 网站。

要基于当前需求的侧重点来进行选择。

3.3 基于源码解析 Netty 对常见数据编解码的支持

3.2 节介绍了常见的数据编码方式及选择要点，那么 Netty 对常见的数据编解码提供支持吗？Netty 又是如何提供支持的？在本节中，读者将找到答案。

3.3.1 解析编解码支持的原理

以编码为例，要将对象序列化成字节流，你可以使用 MessageToByteEncoder 或 MessageToMessageEncoder 类，这两个类的继承关系如图 3-7 所示。

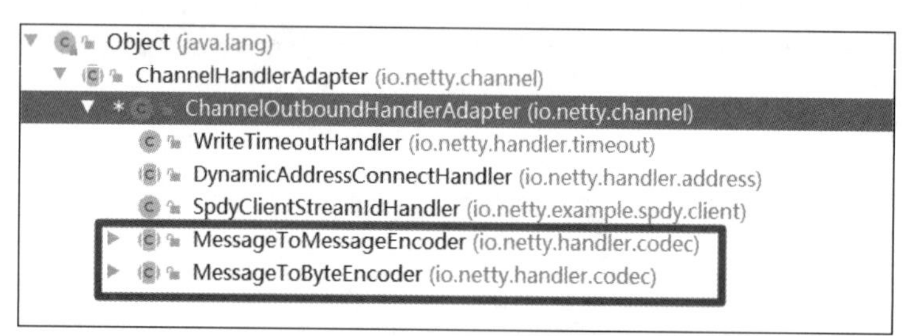

图 3-7　MessageToByteEncoder 和 MessageToMessageEncoder 类的继承关系

如图 3-7 所示，这两个类都继承自 ChannelOutboundHandlerAdapter 适配器类，用于进行数据的转换。其中，对于 MessageToMessageEncoder 来说，如果把目标设置为 ByteBuf，那么效果等同于使用 MessageToByteEncoder。这就是它们都可以进行数据编码的原因，具体的转换逻辑参见代码清单 3-4。

代码清单 3-4　MessageToByteEncoder 的转换逻辑

```
public abstract class MessageToByteEncoder<I> extends ChannelOutboundHandlerAdapter {
    @Override
    public void write(ChannelHandlerContext ctx, Object msg, ChannelPromise promise)
    throws Exception {
        ByteBuf buf = null;
        try {
            if (acceptOutboundMessage(msg)) {
                I cast = (I) msg;
                buf = allocateBuffer(ctx, cast, preferDirect);
                try {
                    encode(ctx, cast, buf);
```

```
                } finally {
                    ReferenceCountUtil.release(cast);
                }

                if (buf.isReadable()) {
                    ctx.write(buf, promise);
                } else {
                    buf.release();
                    ctx.write(Unpooled.EMPTY_BUFFER, promise);
                }
                buf = null;
            } else {
                ctx.write(msg, promise);
            }
        }
            //省略其他非关键代码
    }
    protected abstract void encode(ChannelHandlerContext ctx, I msg, ByteBuf out)
    throws Exception;
    //省略其他非关键代码
}
```

可以看出，最终的目标是把对象转换为 ByteBuf，具体的转换代码则委托子类继承的 encode() 方法来实现。因此，Netty 提供了很多子类来支持前面提及的各种数据编码方式，如图 3-8 所示。

图 3-8　Netty 为支持前面提及的各种数据编码方式提供了很多子类

3.3.2　解析典型 Netty 数据编解码的实现

我们无法一一解析所有的数据编码方式，因此不妨选取两种分别进行解析，并与非 Netty 自带的实现进行比较。

1. Netty 的 ObjectEncoder 与 JDK 的序列化

Netty 的 ObjectEncoder 与 JDK 的序列化目标是一致的，都是把对象序列化为字节流并进行存储或传输，实现机制也类似。但是，它们之间仍然存在不小的区别，主要体现在以下几个方面。

1）Netty 的 ObjectEncoder 能完成更多的工作

Netty 的 ObjectEncoder 不仅能够完成数据的序列化工作，还能完成封帧操作（关于封帧，第 4 章会重点介绍），参见代码清单 3-5。然而，传统的 JDK 序列化不会做“封帧”这项工作，这一点可以通过查看核心源码来确认。

代码清单 3-5　ObjectEncoder 类

```
public class ObjectEncoder extends MessageToByteEncoder<Serializable> {
    private static final byte[] LENGTH_PLACEHOLDER = new byte[4];
    @Override
    protected void encode(ChannelHandlerContext ctx, Serializable msg, ByteBuf out)
    throws Exception {
        int startIdx = out.writerIndex();
        ByteBufOutputStream bout = new ByteBufOutputStream(out);
        ObjectOutputStream oout = null;
        try {
             //预留 4 字节长度
             bout.write(LENGTH_PLACEHOLDER);
             oout = new CompactObjectOutputStream(bout);
             //序列化对象
             oout.writeObject(msg);
             oout.flush();
        } finally {
             //省略部分非关键代码
        }

        int endIdx = out.writerIndex();
        //设置长度字段
        out.setInt(startIdx, endIdx - startIdx - 4);
    }
}
```

此外，ObjectEncoder 对应的解码器继承自 LengthFieldBasedFrameDecoder，并且在构造器中指定 lengthFieldLength 参数为 4 字节，这进一步验证了我们得出的结论。

2）Netty 的 ObjectEncoder 更简洁，序列化之后的内容更短

这主要是因为 Netty 的 ObjectEncoder 减少了将要序列化的内容，例如一些类的元信息、幻数等。ObjectEncoder 使用的 CompactObjectOutputStream 的部分关键代码参见代码清单 3-6。

代码清单 3-6　CompactObjectOutputStream 的部分关键代码

```
class CompactObjectOutputStream extends ObjectOutputStream {

    static final int TYPE_FAT_DESCRIPTOR = 0;
    static final int TYPE_THIN_DESCRIPTOR = 1;

    //省略部分非核心代码

    @Override
    protected void writeStreamHeader() throws IOException {
        //相比 JDK 少了 writeShort(STREAM_MAGIC)
        writeByte(STREAM_VERSION);
    }

    @Override
    protected void writeClassDescriptor(ObjectStreamClass desc) throws IOException {
        Class<?> clazz = desc.forClass();
        if (clazz.isPrimitive() || clazz.isArray() || clazz.isInterface() ||
            desc.getSerialVersionUID() == 0) {
            write(TYPE_FAT_DESCRIPTOR);
            super.writeClassDescriptor(desc);
        } else {
            //相比 JDK 少了很多信息，比如元信息
            write(TYPE_THIN_DESCRIPTOR);
            //但是也需要类的名称，类的名称在进行反序列化（反射）时就会用到，因而很重要
            writeUTF(desc.getName());
        }
        /JDK 的序列化则多了如下信息
        out.writeShort(fields.length);
        for(int i = 0; i < fields.length; i++) {
            ObjectStreamField f = fields[i];
            out.writeByte(f.getTypeCode());
            out.writeUTF(f.getName());
            if (!f.isPrimitive()) {
                out.writeTypeString(f.getTypeString());
            }
        }
        */
    }
}
```

少了类的元信息，如何进行反序列化？实际上，我们已经存储了类的名称。因此，当接收方得到数据后，就可以直接通过反射得到对应的信息。

通过这种方式，Netty 的 ObjectEncoder 大大减少了需要传输的数据量。

2. Netty 的 JsonObjectDecoder 与普通的 JSON 解码器

Netty 虽然没有提供 JSON 编码器，但提供了一个名为 JsonObjectDecoder 的解码器。JsonObjectDecoder 和普通的 JSON 解码器又有哪些区别呢？它们两者虽然都是解码器，但目标完全不同：前者的目标是将持续传输的字节流切割成一个一个的 JSON 字节流，相当于“解帧”；后者的目标则是将普通的字符串或字节流直接转换为可用的 POJO 对象。以上描述可能很抽象，我们不妨参考一下 JsonObjectDecoder 的几段关键代码。JsonObjectDecoder 的返回对象如代码清单 3-7 所示。

代码清单 3-7　JsonObjectDecoder 的返回对象

```
protected ByteBuf extractObject(ChannelHandlerContext ctx, ByteBuf buffer, int index,
int length) {
    return buffer.retainedSlice(index, length);
}
```

上述代码表明，我们最终解析出来的并不是 POJO，而是字节数组 ByteBuf。要进行转换，还需要做进一步的工作。但是，JsonObjectDecoder 返回的无疑已经是完整的且可以解析的 JSON 了。既然是解帧，那么 JsonObjectDecoder 具体是如何做到的？是根据长度字段还是固定字符进行分割？实际上都不是。JsonObjectDecoder 是根据“{”和“}”是否已经完全成对出现来判断 JSON 字节数组的完整性的（参见代码清单 3-8），例如{"tableId":102 就不是完整的，再如{"tableId":102, "nestObject": {"name", "myName"}也不是完整的，因为“{”和“}”没有成对出现。

代码清单 3-8　JsonObjectDecoder 解析方法示意（JsonObjectDecoder#decode）

```
//省略其他非关键代码
if(openBraces == 0) {
    //当 openBraces 为 0 时，说明"{"和"}"已经全部成对出现，JSON 对象或数组可以解析出了
    //当"{"和"}"还没有成对出现时，调用 decodeByte 来控制 openBraces 数量
    ByteBuf json = extractObject(ctx, in, in.readerIndex(), idx + 1 - in.readerIndex());
    //省略其他非关键代码
}
//控制 openBraces 变化的 decodeByte 方法的实现
private void decodeByte(byte c, ByteBuf in, int idx) {
    if ((c == '{' || c == '[') && !insideString) {
        openBraces++;
    } else if ((c == '}' || c == ']') && !insideString) {
```

```
            openBraces--;
        } else if (c == '"') {
            //省略其他代码
        }
    }
```

通过比较我们发现，Netty 自带的编解码器都考虑了如何封帧，而不是直接将对象编解码，并且在实现细节上，Netty 自带的编解码器做了很多优化，性能更佳。

3.4 常见开源软件对编解码的使用

3.3 节介绍了 Netty 对常见数据编解码的支持。实际上，虽然 Netty 对很多编解码提供了内置支持，但并不是所有流行的开源项目都直接使用 Netty 自带的实现。除需求不同之外，相当一部分原因在于很多流行的开源项目的构建时间要比 Netty 自带的实现早。我们先具体看看如下几种流行的开源软件是如何编解码的。

3.4.1 Cassandra

Cassandra 并没有采用上述数据编码方式中的任何一种，而定义了自己的编解码方案，并且对于不同的操作类型采用不同的 codec，参见代码清单 3-9。

代码清单 3-9 Cassandra 使用的编解码方案

```
public enum Type
{
    ERROR          (0,  Direction.RESPONSE, ErrorMessage.codec),
    STARTUP        (1,  Direction.REQUEST,  StartupMessage.codec),
    READY          (2,  Direction.RESPONSE, ReadyMessage.codec),
    AUTHENTICATE   (3,  Direction.RESPONSE, AuthenticateMessage.codec),
    CREDENTIALS    (4,  Direction.REQUEST,  CredentialsMessage.codec),
    OPTIONS        (5,  Direction.REQUEST,  OptionsMessage.codec),
    SUPPORTED      (6,  Direction.RESPONSE, SupportedMessage.codec),
    QUERY          (7,  Direction.REQUEST,  QueryMessage.codec),
    RESULT         (8,  Direction.RESPONSE, ResultMessage.codec),
    PREPARE        (9,  Direction.REQUEST,  PrepareMessage.codec),
    EXECUTE        (10, Direction.REQUEST,  ExecuteMessage.codec),
    REGISTER       (11, Direction.REQUEST,  RegisterMessage.codec),
    EVENT          (12, Direction.RESPONSE, EventMessage.codec),
    BATCH          (13, Direction.REQUEST,  BatchMessage.codec),
    AUTH_CHALLENGE (14, Direction.RESPONSE, AuthChallenge.codec),
    AUTH_RESPONSE  (15, Direction.REQUEST,  AuthResponse.codec),
```

```
    AUTH_SUCCESS    (16, Direction.RESPONSE, AuthSuccess.codec);
    //省略其他非关键代码
}
```

如上述代码所示，我们以其中最常用的 QUERY 操作为例，看看 Cassandra 是如何解码的，参见代码清单 3-10。

代码清单 3-10　解码 QUERY 操作

```
public class QueryMessage extends Message.Request
{
    public static final Message.Codec<QueryMessage> codec = new Message.Codec<QueryMessage>()
    {
        public QueryMessage decode(ByteBuf body, ProtocolVersion version)
        {
            String query = CBUtil.readLongString(body);
            return new QueryMessage(query, QueryOptions.codec.decode(body, version));
        }
        //省略其他非关键代码
}
```

从上述代码可以看出，对于 QUERY 操作，Cassandra 将其分为两部分进行解码。一部分是查询语句。查询语句也就是将要执行的 CQL 语句。在解码过程中，先读取内容的长度，再将指定长度的内容返回。

```
public static String readLongString(ByteBuf cb)
{
    //省略非关键代码
    int length = cb.readInt();
    return readString(cb, length);
    //省略非关键代码
}
```

另一部分是 QueryOptions。QueryOptions 指的是一致性和时间戳等参数。例如，对一致性的解析可参考如下代码（org.apache.cassandra.transport.CBUtil#readConsistencyLevel）。

```
public static ConsistencyLevel readConsistencyLevel(ByteBuf cb)
{
    return ConsistencyLevel.fromCode(cb.readUnsignedShort());
}
```

由上可知，Cassandra 所使用的编解码方案的核心就是按固定顺序写入一定长度的内容，这样就完全没有“元信息”了，占用的空间非常少。

3.4.2　Dubbo

Dubbo 对于数据编解码的使用相对而言比较灵活，可以不再局限于某一种数据编码方式，而完全可以随意定制。Dubbo 的帧结构见 4.4.1 节。

其中，字段“序列化类型 ID”指明了使用的是哪一种编解码器。读者可以参考下面的代码以查看具体都有哪些编解码器。

```
public interface Constants {
    byte HESSIAN2_SERIALIZATION_ID = 2;
    byte JAVA_SERIALIZATION_ID = 3;
    byte COMPACTED_JAVA_SERIALIZATION_ID = 4;
    byte FASTJSON_SERIALIZATION_ID = 6;
    byte NATIVE_JAVA_SERIALIZATION_ID = 7;
    byte KRYO_SERIALIZATION_ID = 8;
    byte FST_SERIALIZATION_ID = 9;
    byte NATIVE_HESSIAN_SERIALIZATION_ID = 10;
    byte PROTOSTUFF_SERIALIZATION_ID = 12;
    byte AVRO_SERIALIZATION_ID = 11;
    byte GSON_SERIALIZATION_ID = 16;
    byte PROTOBUF_JSON_SERIALIZATION_ID = 21;
}
```

编解码器的加载则是通过 SPI 的方式进行的。以 Gson 编解码器为例，存在这样一个配置文件（路径为 dubbo-serialization-gson\src\main\resources\META-INF\dubbo\internal\org.apache.dubbo.common.serialize.Serialization），其中的内容如下。

```
gson=org.apache.dubbo.common.serialize.gson.GsonSerialization
```

GsonSerialization 的实现如代码清单 3-11 所示。虽然类名中仅含关键词 Serialization，但是并不缺解码功能。其中，getContentTypeId()方法返回的是 GSON_SERIALIZATION_ID（也就是序列化类型 ID）。

代码清单 3-11 GsonSerialization 的实现

```
public class GsonSerialization implements Serialization {
    @Override
    public byte getContentTypeId() {
        return GSON_SERIALIZATION_ID;
    }
    @Override
    public String getContentType() {
        return "text/json";
    }
    @Override
    public ObjectOutput serialize(URL url, OutputStream output) throws IOException {
        return new GsonJsonObjectOutput(output);
    }
    @Override
    public ObjectInput deserialize(URL url, InputStream input) throws IOException {
```

```
            return new GsonJsonObjectInput(input);
        }
    }
```

有了编解码器的定义和相关配置之后，org.apache.dubbo.remoting.transport.CodecSupport 通过 SPI 技术实现了编码器的加载，并且对序列化类型 ID 与编码器的对应关系进行维护。CodecSupport 的关键实现参见代码清单 3-12。

代码清单 3-12　CodecSupport 的关键实现

```
static {
    //自定义 SPI 加载方式
    Set<String> supportedExtensions = ExtensionLoader.getExtensionLoader(Serialization.
    class).getSupportedExtensions();
    for(String name : supportedExtensions) {
        Serialization serialization = ExtensionLoader.getExtensionLoader(Serialization.
        class).getExtension(name);
        byte idByte = serialization.getContentTypeId();
        //省略其他非关键代码
        ID_SERIALIZATION_MAP.put(idByte, serialization);
    }
}

public static Serialization getSerialization(URL url, Byte id) throws IOException {
    Serialization serialization = getSerializationById(id);
    //省略其他非关键代码
    return serialization;
}

public static Serialization getSerializationById(Byte id) {
    return ID_SERIALIZATION_MAP.get(id);
}

public static ObjectInput deserialize(URL url, InputStream is, byte proto) throws
IOException {
    Serialization s = getSerialization(url, proto);
    return s.deserialize(url, is);
}
```

在上述代码中，当请求接入时，根据序列化类型 ID 寻找对应的解码器，例如 GsonSerialization，然后进行解码，使用的是 deserialize()方法。

上面介绍了两种不同的开源软件如何使用编解码，但是正如本节开头所述，它们都没有使用 Netty 自带的任何编解码方案。至于更深层次的原因，详见 3.6 节。

3.5 为实战案例选择数据编解码方案

在实战案例中，操作都定义成了对象，例如，点餐操作对应的对象是 OrderOperation（参见代码清单 3-1）。在掌握了前面介绍的知识点之后，我们就可以尝试将对象编码成字节流以进行传输。

结合 3.4 节介绍的知识点，我们可以定位更多的字段以满足常见的需求。例如，我们可以定义版本号（version）、用于跟踪请求的 ID（这里命名为 streamId）等，具体编码结构如图 3-9 所示。

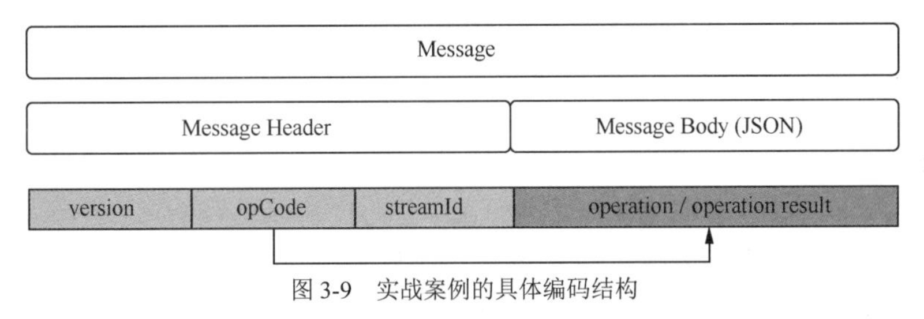

图 3-9 实战案例的具体编码结构

在有了这样的数据结构定义之后，我们就可以对内容进行编解码了。在这里，为了增强可读性（案例演示需要），我们可以选择 JSON 作为数据编解码方案，而不是选择性能更突出的 Protobuf。此外，我们不需要对额外添加的字段和数据内容一起进行 JSON 编解码（尽管我们可以做到），因为添加的这些额外字段都是固定字段，且易于解析。当需要像 Dubbo 那样切换编解码方案时，我们可以在“编解码内容”之外设置固定字段以指定编解码方案。在完成对数据结构的定义之后，我们就可以按照以下几个步骤完成数据的编解码。

（1）定义 JSON 编解码方法。

（2）提供消息的完整编解码实现。

（3）实现 Netty 的编解码处理程序。

3.5.1 定义 JSON 编解码方法

实际上，JSON 的编解码方案有很多，比如 Gson、Jackson 等，连最新版本的 JDK 也开始支持 JSON 编解码了。以 Gson 为例，我们可以定义一个编解码工具类，参见代码清单 3-13。

代码清单 3-13 定义一个编解码工具类

```
import com.google.gson.Gson;
```

```java
public final class JsonUtil {

    private static final Gson GSON = new Gson();

    private JsonUtil() {
    }

    public static <T> T fromJson(String jsonStr, Class<T> clazz) {
        return GSON.fromJson(jsonStr, clazz);
    }

    public static String toJson(Object object) {
        return GSON.toJson(object);
    }
}
```

3.5.2　提供消息的完整编解码实现

在定义了需要依赖的 JSON 编解码工具类之后，对照数据结构的定义来实现编码方法。

```java
public void encode(ByteBuf byteBuf) {
    byteBuf.writeInt(messageHeader.getVersion());
    byteBuf.writeLong(messageHeader.getStreamId());
    byteBuf.writeInt(messageHeader.getOpCode());
    byteBuf.writeBytes(JsonUtil.toJson(messageBody).getBytes());
}
```

然后实现对应的解码方法。

```java
public void decode(ByteBuf msg) {
    int version = msg.readInt();
    long streamId = msg.readLong();
    int opCode = msg.readInt();

    MessageHeader messageHeader = new MessageHeader();
    messageHeader.setVersion(version);
    messageHeader.setOpCode(opCode);
    messageHeader.setStreamId(streamId);
    this.messageHeader = messageHeader;

    Class<T> bodyClazz = getMessageBodyDecodeClass(opCode);
    T body = JsonUtil.fromJson(msg.toString(StandardCharsets.UTF_8), bodyClazz);
    this.messageBody = body;
}
```

其中，我们可以定义字段 opCode 标识的不同的目标类进行 JSON 反序列化，这种使用风格类似于代码清单 3-9 中 Cassandra 采用的定义风格。

```java
public enum OperationType {
    AUTH(1, AuthOperation.class, AuthOperationResult.class),
```

```
        KEEPALIVE(2, KeepaliveOperation.class, KeepaliveOperationResult.class),
        ORDER(3, OrderOperation.class, OrderOperationResult.class);
        //省略其他非关键代码
    }
```

3.5.3 实现 Netty 的编解码处理程序

虽然可以独立调用写好的方法来进行编解码了，但是我们还没有将它们和 Netty 集成起来。集成工作其实就是实现编解码处理程序。下面先实现一个 Netty 编码处理程序，参见代码清单 3-14。

代码清单 3-14 Netty 编码处理程序

```
public class OrderProtocolEncoder extends MessageToMessageEncoder<ResponseMessage> {

    @Override
    protected void encode(ChannelHandlerContext ctx, ResponseMessage responseMessage,
    List<Object> out) throws Exception {
        ByteBuf buffer = ctx.alloc().buffer();
        responseMessage.encode(buffer);
        out.add(buffer);
    }
}
```

接下来，再实现对应的 Netty 解码处理程序，参见代码清单 3-15。

代码清单 3-15 Netty 解码处理程序

```
public class OrderProtocolDecoder extends MessageToMessageDecoder<ByteBuf> {
    @Override
    protected void decode(ChannelHandlerContext ctx, ByteBuf byteBuf, List<Object> out)
    throws Exception {
        RequestMessage requestMessage = new RequestMessage();
        requestMessage.decode(byteBuf);
        out.add(requestMessage);
    }
}
```

最后，将这对编解码处理程序添加到处理程序流水线（pipeline）中就可以完成集成工作了。这是我们第一次提及处理程序流水线这个概念，在这里，读者只需要将它理解成“一串”有序的处理程序集合并有一个初步印象即可，后续章节会详细介绍相关内容。

另外，为了完成处理程序流水线的设置，还要构建 ServerBootstrap 这个“启动”对象，具体的构建代码参见代码清单 3-16。

代码清单 3-16　把解码器处理程序添加到处理程序流水线中

```
ServerBootstrap serverBootstrap = new ServerBootstrap();
serverBootstrap.childHandler(new ChannelInitializer<NioSocketChannel>() {
    @Override
    protected void initChannel(NioSocketChannel ch) throws Exception {
        ChannelPipeline pipeline = ch.pipeline();
        //省略其他非核心代码
        pipeline.addLast("protocolDecoder", new OrderProtocolDecoder());
        pipeline.addLast("protocolEncoder", new OrderProtocolEncoder());
       //省略其他非核心代码
    }
});
```

我们已经完成对实战案例编解码的支持。如果需要切换成别的编解码方案，直接修改成相应的编解码方案即可。

3.6 常见疑问和实战易错点解析

在学习本章的过程中，读者可能会产生许多困惑，在实践中也会掉入一些常见的陷阱。本节对常见疑问和实战易错点进行解析。

3.6.1　常见疑问解析

读者产生的疑问大多集中于 Netty 的编解码实现上，下面举例说明。

1. 为什么 Netty 自带的编解码方案很少有人使用

3.4 节介绍的两种开源软件都没有采用 Netty 自带的编解码方案，其中一个很重要的因素就是历史原因。但实际上，除历史原因之外，更重要的原因在于 Netty 自带的编解码方案大多是具有封帧和解帧功能的编解码器，并且融两层编码于一体，因此从结构上看并不清晰。另外，Netty 自带的编解码方案在使用方式上不够灵活，例如，若 ObjectEncoder 使用固定的 4 字节大小，JsonObjectDecoder 则直接扫描“{”和“}”是否成对，实现比较粗糙。

综合来看，缺乏分层、灵活性不够是大多数人疏于使用 Netty 自带的编解码方案的原因所在。

2. 直接使用 write()方法发送对象会出现什么情况

在不进行数据编码处理的情况下，直接使用 write()方法发送对象会出现什么情况呢？我们可以尝试将数据的编码器都去掉，然后保持原有案例不变，仍然调用 write()方法来写数据。此时，我们没有看到任何错误提示。实际上，消息都被忽略了，系统将抛出图 3-10 所示的异常。

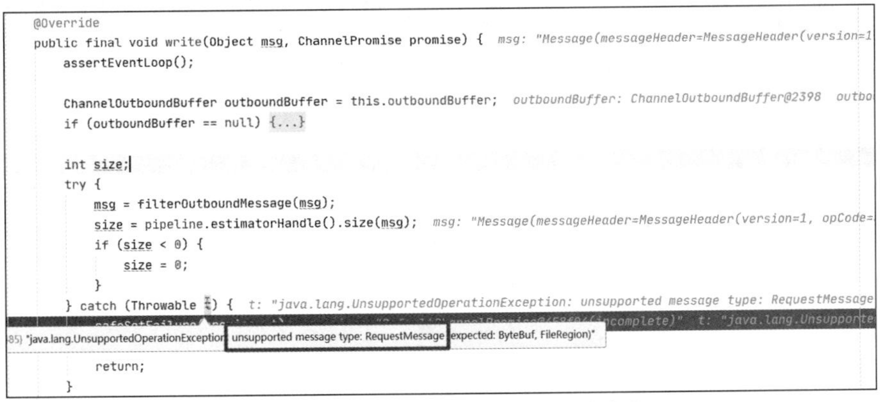

```
@Override
public final void write(Object msg, ChannelPromise promise) {  msg: "Message(messageHeader=MessageHeader(version=1
    assertEventLoop();

    ChannelOutboundBuffer outboundBuffer = this.outboundBuffer;  outboundBuffer: ChannelOutboundBuffer@2398  outbo
    if (outboundBuffer == null) {...}

    int size;
    try {
        msg = filterOutboundMessage(msg);
        size = pipeline.estimatorHandle().size(msg);  msg: "Message(messageHeader=MessageHeader(version=1, opCode=
        if (size < 0) {
            size = 0;
        }
    } catch (Throwable t) {  t: "java.lang.UnsupportedOperationException: unsupported message type: RequestMessage
85) "java.lang.UnsupportedOperationException: unsupported message type: RequestMessage (expected: ByteBuf, FileRegion)"
        return;
    }
```

图 3-10　发送过大的 UDP 包会导致异常发生

追根溯源，我们可以看到，抛出异常的地方是 AbstractNioByteChannel#filterOutboundMessage，参见代码清单 3-17。

代码清单 3-17　AbstractNioByteChannel#filterOutboundMessage

```
private static final String EXPECTED_TYPES =
    " (expected: " + StringUtil.simpleClassName(ByteBuf.class) + ", " +
    StringUtil.simpleClassName(FileRegion.class) + ')';

@Override
protected final Object filterOutboundMessage(Object msg) {
    if (msg instanceof ByteBuf) {
        ByteBuf buf = (ByteBuf) msg;
        if (buf.isDirect()) {
            return msg;
        }
        return newDirectBuffer(buf);
    }

    if (msg instanceof FileRegion) {
        return msg;
    }

    throw new UnsupportedOperationException(
        "unsupported message type: " + StringUtil.simpleClassName(msg) + EXPECTED_TYPES);
}
```

由上述代码可知，Netty 现在仅支持 ByteBuf 和 FileRegion，其他类型的消息会被忽略。那么此时，我们如何才能知道写操作成功还是失败呢？我们可以通过如下方法来获取写操作的

"状态":

```
ChannelFuture channelFuture1 = channelFuture.channel().writeAndFlush(orderOperation);
channelFuture1.get();
```

上述语句通过 ChannelFuture 来获取"写操作是否成功"的信息，但运行后会报错，使用这种方式后，如果写过程中遇到错误，channelFuture1.get()在执行时会抛出异常，如图 3-11 所示。

```
Exception in thread "main" java.util.concurrent.ExecutionException: java.lang.UnsupportedOperationException: unsupported message type:
 RequestMessage (expected: ByteBuf, FileRegion)
    at io.netty.util.concurrent.AbstractFuture.get(AbstractFuture.java:41)
    at io.netty.example.study.client.ClientV1.main(ClientV1.java:69)
Caused by: java.lang.UnsupportedOperationException: unsupported message type: RequestMessage (expected: ByteBuf, FileRegion)
    at io.netty.channel.nio.AbstractNioByteChannel.filterOutboundMessage(AbstractNioByteChannel.java:283)
    at io.netty.channel.AbstractChannel$AbstractUnsafe.write(AbstractChannel.java:871)
    at io.netty.channel.DefaultChannelPipeline$HeadContext.write(DefaultChannelPipeline.java:1378)
```

图 3-11　直接写入未编码的对象会报错

3.6.2 常见实战易错点解析

说起数据编解码，其实大多数开发者觉得并不难，因为无非就是调用开源库并对数据进行编解码。但实际上，我们仍然可能犯一些典型的错误，下面举例说明。

1. 在进行序列化和反序列时，字段的顺序弄反了

比如，我们在序列化对象的字段时，使用的顺序是 a、b、c；但是，等到我们解析时，顺序可能不小心写成了 c、b、a。因此，我们一定要完全对照好顺序才行。

2. 一些特殊情况的处理

比如，当使用 JSON 时，null 字段如何处理是需要考虑的地方。如下所示，我们可以忽略 null。

```
//忽略 null
ObjectMapper mapper = new ObjectMapper();
    .withSerializationInclusion(
        JsonSerialize.Inclusion.NON_NULL));
```

此类情况还有很多。再比如，在解析 JSON 字符串为对象时，是否允许返回的字段多于对象中定义的字段数量？

3. 编解码的顺序问题

有时候，我们往往采用多层编解码。例如，在得到可传输的字节流之后，我们可能想压缩一下以进一步减少所传输内容占用的空间。此时，多级编解码就可以派上用场了：对于发送者，先编码后压缩；而对于接收者，先解压后解码。但是，代码的添加顺序和我们想要的顺序不一定完全匹配。如果顺序错了，那么代码可能无法工作。在 Netty 中，对于实战案例，正确的顺序参见代码清单 3-18。

代码清单 3-18 编解码器的正确顺序

```
if (compressor != null) {
    pipeline.addLast("frameDecompressor", new Frame.Decompressor(compressor));
    pipeline.addLast("frameCompressor", new Frame.Compressor(compressor));
}

pipeline.addLast("messageDecoder", messageDecoder);
pipeline.addLast("messageEncoder", messageEncoderFor(protocolVersion));
```

如果随意调换编解码器的位置，就可能导致代码无法正常工作。因为对于 Netty 而言，处理程序的执行是有顺序的，如图 3-12 所示。

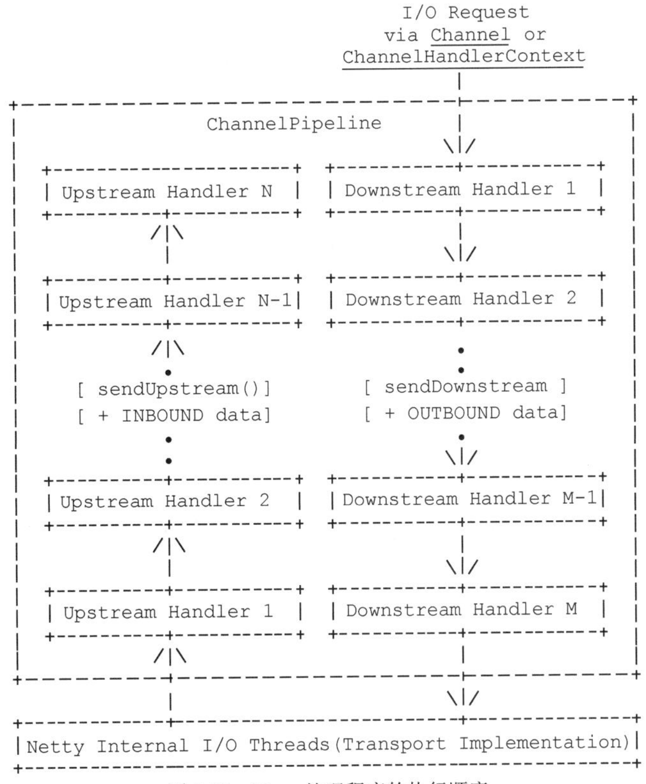

图 3-12 Netty 处理程序的执行顺序

从图 3-12 可以看出，处理程序对于读取操作和写出操作的执行顺序刚好是相反的。

第4章 封　帧

第 3 章介绍了网络编程的数据编码部分，收发双方可通过 JSON、Protobuf 等常见数据编码方式对数据对象与字节流进行互相转换。一旦获取到字节流，我们就可以将其在网络上进行传输了。但是，此时是否意味着已经万事俱备？其实不然，还有一项重要工作要做——对数据进行封帧（framing）。封帧是我们之前多次提到的一个重要概念。实际上，数据的封帧与解帧本身虽然实现起来十分简单，但它们在本质上仍然是数据的一种编解码。那么它们相比之前介绍的数据编解码有什么区别呢？单从编码目标看，之前介绍的数据编解码是为了对用户的数据对象进行传输；封帧与解帧则是为了在进行传输后，让接收方能轻松辨别每个对象。本章介绍数据封帧的相关知识和实践。

4.1 网络编程为什么需要进行消息的定界

封帧一般是指在一段数据的前后分别添加首部和尾部，从而形成数据帧。对于数据帧来说，首部和尾部的重要作用之一就是进行消息的定界。因此，封帧本身就是消息定界方式中的一种，在了解具体的封帧技术之前，我们先了解一下为什么需要进行消息的定界。追根溯源，应用层传输的对象虽然是逐个发送的，但是在经过传输层传输之后，对象不见得能被辨别出来。正因为如此，我们才需要对消息进行定界。下面我们基于传输层的两种最流行的协议进行具体分析。

4.1.1 TCP

TCP 是流式协议，就像水流一样，本身并无界限。考虑一下，既然我们的可操作对象已经被序列化（编码）成字节流并通过 TCP 进行传输，那么如何从没有界限的“水流”中识别出各个对象便成为一个迫切需要解决的问题。初学者往往会产生一些困惑，比如，假设对象不是连续发送的，而是每隔 1s 才发送一个，那么是不是就不需要封帧了？因为此时的对象似乎就是通过时间分割的字节流。其实不然，当我们在 TCP 网络中传输对象时，很多时候都难以避免出现一些不够完整的现象，如半包、黏包等。

1. 什么是黏包和半包

下面通过一个具体的例子来介绍一下黏包和半包的概念。如图 4-1 所示，假设发送了两条消息——ABC 和 DEF。此时，对方有可能一次性就接收到这两条消息（ABCDEF），也有可能分了好几次才接收完。换言之，接收到的消息可能是零散的（如 AB、CD、EF）。前面那种一次性接收到多条消息的现象称为黏包，而后面那种分好几次接收到不完整消息的现象称为半包。

图 4-1　黏包和半包现象

2. 产生黏包和半包现象的原因

接下来我们分别探讨一下产生黏包和半包现象的原因。

1）产生黏包现象的原因

产生黏包现象的主要原因在于每次写入的数据比较少，比如远小于套接字缓冲区的大小。此时，网卡往往不会立马发送，而是将数据合并后一起发送，这样效率会高一些。但是，对方接收到的可能就是黏包。另外，如果接收方读取数据不够及时，也会产生黏包现象。

2）产生半包现象的原因

相较于黏包，产生半包现象的原因更多且更难克服。例如，当发送方发送的数据大于套接字缓冲区的大小时，数据在底层必然会分多次发送，因此接收方收到的可能就是半包。另外一个非常重要的因素就是最大传输单元（Maximum Transmission Unit，MTU）。数据是按 TCP/IP 逐层封装后传输的。如图 4-2 所示，应用层数据在作为数据部分传递给数据链路层之前，需要加上传输层的头，才能逐层封装传递。既然要封装，就必然涉及数据内容的大小控制，否则就不存在封装的概念了。各层协议中报文内容的大小就由 MTU 控制。当发送的数据大于协议各层的 MTU 时，就必须拆包，这是我们必须面对的现实。

以网络层为例，参考表 4-1。对于 IPv4，MTU 限制了数据内容最多 64 KB；对于 Ethernet V2，

MTU 则限制数据内容最多 1500 字节。综合来看，只要传输的数据超出各层 MTU 的限制，就必然需要对数据进行拆包。

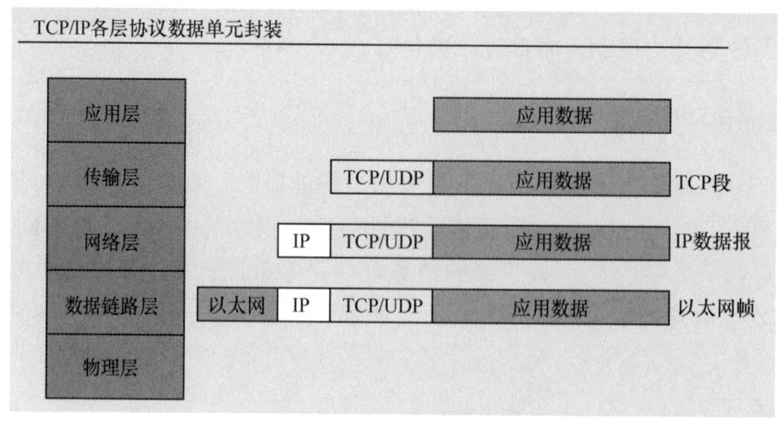

图 4-2 使用 TCP/IP 封装数据

表 4-1 网络层的 MTU 限制

协议	MTU
IPv4	64KB～68KB
IPv6	64KB～1280KB，当开启“特大包”（jumbogram）时，最多 4GB
Ethernet V2	1500 字节

上述内容听起来比较抽象。以实际生活为例，它们可能更容易理解一些。就像发快递，我们要发的快递通常比较小，快递公司会把快递放到一起，形成一个更大的包裹，然后才装车发往目的地；而当我们要发的快递比较大（如床、沙发等家具）时，快递可能会被商家拆成多个小包裹来发送。原理其实都一样，都是为了提高效率。

4.1.2 UDP

相比 TCP，UDP 是无连接的传输协议，不存在黏包和半包等问题。发送者不会计较发送内容是否成功；接收者接收的都是完整的包，不存在只有一半的包或者一个大包中有多个小包的情况。因此，在使用 UDP 时，封帧问题不需要考虑，传输效率比较高。当然，代价也是有的，就是 UDP 保证不了可靠性，因而不适用于对可靠性传输要求较高的场合。

总之，对于 TCP 而言，单从收发角度看，一次发送的内容可能分多次接收，多次发送的内容也可能一次接收；从传输角度看，一次发送可能占用多个包，多次发送也可能共用同一个包。出现黏包和半包现象的根本原因就在于此。因为需要解决黏包和半包问题，所以我们才需要对消息进行定界。

4.2 常见的消息定界方式

前面介绍了使用 TCP 作为传输协议的应用需要进行消息界定的原因，那么常见的消息定界方式有哪些呢？

4.2.1 TCP 短连接方式

当使用 TCP 进行传输时，消息之所以不好区分，原因就在于发送的消息汇聚成了消息流。假设我们每发送一个请求就断掉连接，那么肯定可以轻松地界定消息：从建立连接到释放连接这段时间内发送的内容就可以表示一条完整的消息，如图 4-3 所示。

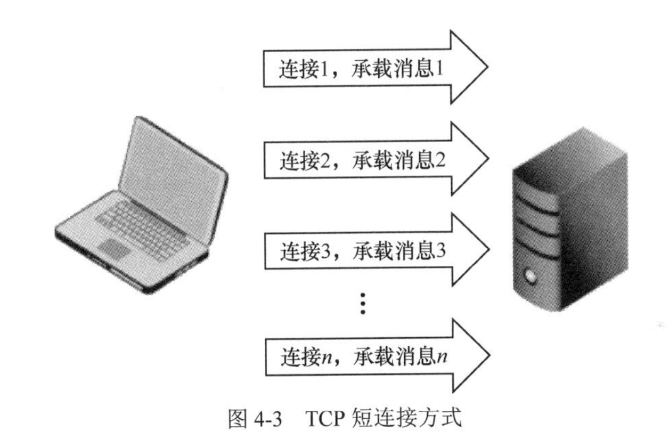

图 4-3 TCP 短连接方式

这种方式的优点在于比较简单，缺点是效率比较低。因为发送消息时需要频繁地创建和释放连接，所以开销非常大。这种方式没有充分利用 TCP 的面向连接优势。

4.2.2 固定长度方式

我们可以采用固定的长度作为消息的界定标准。例如，对于原始消息 ABC DEF，如果以固定长度（如 3 字节）作为消息的界定标准，就可以得到 ABC 和 DEF 两条消息。

这种方式的效率较高，并且易于实现，但缺点十分致命，需要消息本身就是固定长度的，这明显不切实际。当消息不满足长度要求时，就需要通过填充占位符来满足长度要求，因而显然要浪费不少空间。例如，若以 3 字节作为固定长度，而需要传输的消息只有 1 字节，就需要额外补 2 字节。因此，我们并不推荐使用这种方式。

4.2.3　封帧

封帧（framing）是 TCP 消息界定的方式之一，它实际上可以通过多种不同的方式来实现，比如定界符方式、显式长度方式等。

1. 定界符方式

顾名思义，就是使用定界符作为消息的划分边界。例如，对于消息 ABC 和 DEF，我们在发送时，可以添加定界符（/），因此发出去的消息就变成了 ABC/DEF，这样对方只要以“/”为界就可以找出 ABC 和 DEF。

这种方式较简单，但是对空间仍有浪费，比如需要添加定界符。另外，如果消息本身就带有定界符，那么还需要对消息本身的定界符进行“转义”。不言而喻，当使用这种方式对消息进行界定时，我们需要扫描传输的每个字符，效率并不高。综合来看，这种方式可以用，但是不推荐。

2. 显式长度方式

有别于 4.2.2 节介绍的固定长度方式，显式长度方式更灵活，也是目前使用最多且最推崇的方式之一。具体思路如下。

在编码时将消息的长度计算出来，然后将消息的长度信息存放到一个长度固定的额外字段中，在解码时，先获取那个额外字段，再从中获取消息的长度信息，并按指定的长度读取消息。

以上描述可能仍然有些抽象，下面举例说明。在发送消息 ABC 和 DEF 时，定义一个长度固定（例如 1 字节）的字段作为额外字段，并在其中存储消息的长度信息，这样接收方在进行处理时，首先从那个 1 字节的额外字段中获取消息的长度信息，然后根据得到的长度信息读取消息即可，如图 4-4 所示。

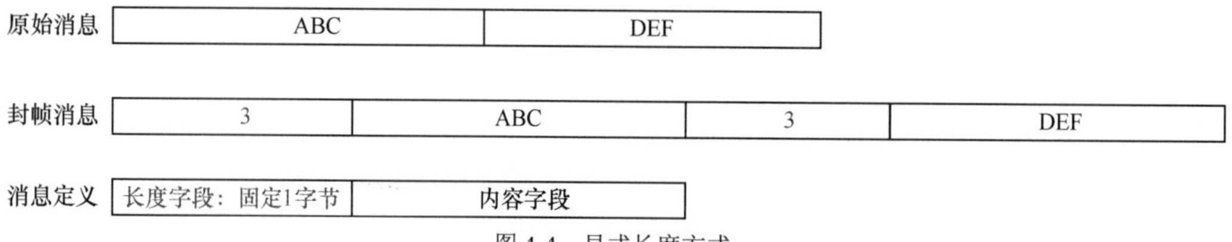

图 4-4　显式长度方式

这种方式能够精确定位数据内容，并且不用转义字符，但是数据内容的长度在理论上是有限制的，需要预测可能的最大长度，从而定义长度字段占用的空间大小。如果不进行估算就直接将长度字段定义得特别大，那么在消息本身不长的情况下，长度字段将会浪费不少空间。例如，假设所有消息的长度都在 128 字节以内，但我们使用 4 字节来存储消息的长度信息，那么明显存在空间浪费情况。综合来看，预测消息的最大长度是十分有必要的。

4.2.4 其他方式

除前面介绍的两种方式以外，还存在其他一些不太常用的方式，它们可划分为混合方式与自定义方式。混合方式组合了前面介绍的两种方式，例如，HTTP 就混合了界定符方式和显式长度方式。自定义方式和之前介绍的方式都不同，例如，JsonObjectDecoder 就是自定义方式，它采用 JSON 格式作为分隔标准，具体而言，就是通过判断“{”和“}”是否已经成对来找出消息的边界。混合方式和自定义方式太多并且都不具备通用性，它们中的一些现在之所以在用或流行，往往出于历史原因，这里不再拓展。

最后，梳理常见的消息定界方式，如表 4-2 所示。

表 4-2 常见的消息定界方式

消息定界方式		寻找消息边界的方式	优点	缺点	推荐度
TCP 短连接方式		从建立连接到释放连接这段时间内发送的内容	简单	效率低下	不推荐
固定长度方式		满足固定长度即可	简单	存在空间浪费情况	不推荐
封帧	定界符方式	定界符之间的内容	简单	存在空间浪费情况，需要扫描所有内容，当内容中出现定界符时需要对字符进行转义，效率一般	推荐
	显式长度方式	先解析长度字段以获取消息的长度信息，再读取指定长度的内容	能够精确定位数据内容，不需要转义字符	对消息的长度在理论上有限制。需要预测消息的最大长度，从而定义长度字段将要占用的字节数	推荐

4.3 通过源码解析 Netty 如何支持封帧

前面已经介绍了常见的消息定界方式，那么 Netty 是如何支持封帧的？实际上，Netty 也将固定长度的消息定界方式命名为 FrameDecoder 中的一种，这里暂不讨论本身是否严谨，加上之前提到的两种封帧方式，Netty 提供了 3 种常见的封帧方式，如表 4-3 所示。

表 4-3 Netty 提供的 3 种封帧方式

方式	解码	编码
固定长度方式	FixedLengthFrameDecoder	N/A
定界符方式	DelimiterBasedFrameDecoder	N/A
显式长度方式	LengthFieldBasedFrameDecoder	LengthFieldPrepender

FixedLengthFrameDecoder、DelimiterBasedFrameDecoder 和 LengthFieldBasedFrameDecoder

分别是固定长度方式、定界符方式和显式长度方式的解码器。实际上，在实现上，它们都继承自抽象类 ByteToMessageDecoder。这个抽象类要做的核心工作就是处理黏包、半包问题；而作为子类，FixedLengthFrameDecoder、DelimiterBasedFrameDecoder 和 LengthFieldBasedFrameDecoder 只关注如何界定和解析出一条完整的消息。另外，为什么在 Netty 中只有显式长度方式拥有对应的编码程序，而其他两种方式没有呢？因为显式长度方式提供了对许多额外参数的控制，相比前两种方式要复杂一些，前两种方式基本上不提供任何逻辑或额外控制，开发者完全不需要借助 Netty 来完成，因此 Netty 只内置了一种稍微复杂些的专用于显式长度方式的编码器。

接下来，我们以最简单的 FixedLengthFrameDecoder 为例，看一下 Netty 如何找出消息边界并解决黏包和半包问题。

当消息到来时，触发 FixedLengthFrameDecoder 的父类 ByteToMessageDecoder 中的 channelRead() 方法，从而对消息进行解析，参见代码清单 4-1。

代码清单 4-1 使用 channelRead()方法对消息进行解析

```
ByteBuf cumulation;
public void channelRead(ChannelHandlerContext ctx, Object msg) throws Exception {
    //省略其他非关键代码
    CodecOutputList out = CodecOutputList.newInstance();
    try {
     ByteBuf data = (ByteBuf) msg;
     first = cumulation == null;
     if (first) {
       cumulation = data;
     } else {
       cumulation = cumulator.cumulate(ctx.alloc(), cumulation, data);
     }
     callDecode(ctx, cumulation, out);
     //省略其他非关键代码
    } finally {
        fireChannelRead(ctx, out, size);
        //省略其他非关键代码
    }

}
```

数据流向可以参考图 4-5，核心步骤如下。

（1）追加数据。

（2）尝试解析出消息对象。

（3）传递解析出的消息对象。

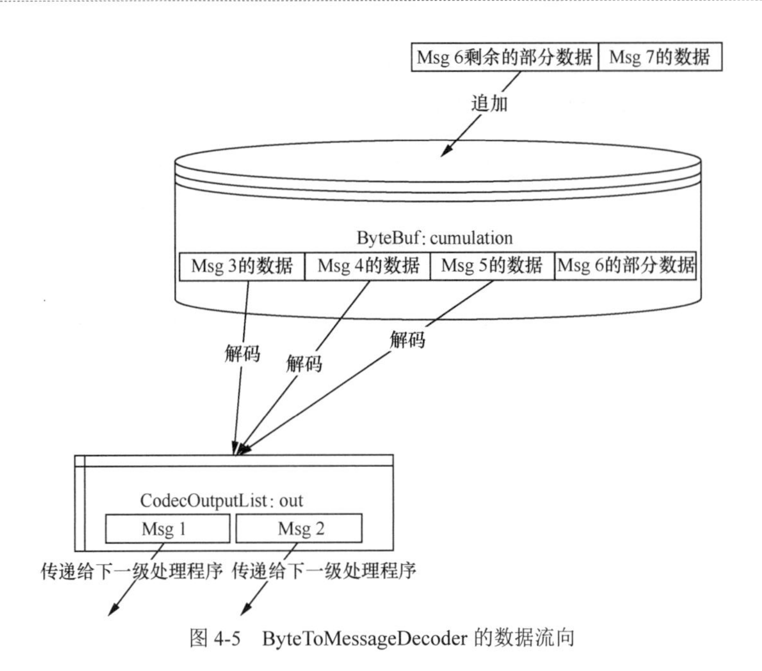

图 4-5　ByteToMessageDecoder 的数据流向

4.3.1　追加数据

首先，新来的消息会被追加到 ByteBuf 中，追加过程可参考如下代码。

```
cumulation = cumulator.cumulate(ctx.alloc(), cumulation, data);
```

其中，累积器（cumulator）有两种实现方式，默认使用的是内存复制方式，参见代码清单 4-2。

代码清单 4-2　ByteToMessageDecoder#MERGE_CUMULATOR

```
public static final Cumulator MERGE_CUMULATOR = new Cumulator() {
    @Override
    public ByteBuf cumulate(ByteBufAllocator alloc, ByteBuf cumulation, ByteBuf in) {
          //省略其他非关键代码
          final ByteBuf buffer;
          //省略按需扩容代码
          buffer.writeBytes(in);
          return buffer;
    }
};
```

执行完这一步之后，ByteBuf 中将包含之前可能残余的数据（半包数据）以及新来的数据。

4.3.2　尝试解析出消息对象

在有了通过上一步得到的“所有尚未找出消息的”的 ByteBuf 之后，执行 callDecode 以尝试找出对象，并把解析结果（界定出来的完整消息）存放到 out（CodecOutputList）中。callDecode

最终会调用 decode()抽象方法（可能调用多次，取决于 cumulation 中有多少个完整的对象）。

```
protected abstract void decode(ChannelHandlerContext ctx, ByteBuf in, List<Object>
out) throws Exception
```

下面看一下 FixedLengthFrameDecoder 对父类中 decode 方法()的实现情况，参见代码清单 4-3。

代码清单 4-3　FixedLengthFrameDecoder 对父类中 decode()方法的实现情况

```
@Override
protected final void decode(ChannelHandlerContext ctx, ByteBuf in, List<Object> out)
throws Exception {
    Object decoded = decode(ctx, in);
    if (decoded != null) {
       out.add(decoded);
    }
}
```

```
protected Object decode(
    ChannelHandlerContext ctx, ByteBuf in) throws Exception {
    if (in.readableBytes() < frameLength) {
        return null;
    } else {
        return in.readRetainedSlice(frameLength);
    }
}
```

很明显，当尝试解析出消息对象时会遇到两种情况。

- 如果累积的数据充足（大于或等于 frameLength），那么至少一个消息对象可以解析出，于是读取数据（readRetainedSlice），解析出消息对象并存放到 out 中。另外，读取工作本身会改变待累积数据的可读范围。
- 如果累积的数据不够，那么返回 null，不再读取数据，于是累积的数据保持不变。

4.3.3　传递解析出的消息对象

执行完上一步之后，out 中可能保存了一些完整的消息对象。为了把这些消息对象传递出去，执行如下语句：

```
fireChannelRead(ctx, out, size);
```

fireChannelRead()方法的实现非常简单，如下所示。

```
static void fireChannelRead(ChannelHandlerContext ctx, CodecOutputList msgs, int numElements) {
    for (int i = 0; i < numElements; i ++) {
        ctx.fireChannelRead(msgs.getUnsafe(i));
    }
}
```

至此，我们已经完成了消息对象的界定，也解决了半包和黏包等问题。通过审阅代码，我们看到核心实现就是维护 ByteBuf，然后从中尝试解出消息对象而不是单独对请求的消息直接进行解析。

4.4 常见开源软件如何封帧

在学完前面的知识点之后，接下来我们看看常见的开源软件是如何支持封帧的。

4.4.1 Dubbo 的帧结构

首先，我们来看一下 Dubbo 的帧结构，如图 4-6 所示。其中，第 0～7 字节存储了像请求 ID、状态这样的信息，第 8～12 字节存储的数据长度信息揭示了封帧时采用的是使用固定字段的显式长度方式。

请求/响应

<table>
<tr><td></td><td>Offsets</td><td>Octet</td><td colspan="8">0</td><td colspan="8">1</td><td colspan="8">2</td><td colspan="8">4</td></tr>
<tr><td></td><td>Octet</td><td>Bit</td><td>0</td><td>1</td><td>2</td><td>3</td><td>4</td><td>5</td><td>6</td><td>7</td><td>8</td><td>9</td><td>10</td><td>11</td><td>12</td><td>13</td><td>14</td><td>15</td><td>16</td><td>17</td><td>18</td><td>19</td><td>20</td><td>21</td><td>22</td><td>23</td><td>24</td><td>25</td><td>26</td><td>27</td><td>28</td><td>29</td><td>30</td><td>31</td></tr>
<tr><td rowspan="4">首部</td><td>0</td><td>0</td><td colspan="8">幻数高位</td><td colspan="8">幻数低位</td><td></td><td>双向</td><td>事件</td><td colspan="5">序列化类型ID</td><td colspan="8">状态</td></tr>
<tr><td>4</td><td>32</td><td colspan="32" rowspan="2">RPC请求ID</td></tr>
<tr><td>8</td><td>64</td></tr>
<tr><td>12</td><td>96</td><td colspan="32">数据长度</td></tr>
<tr><td>主体</td><td>16
•••</td><td>128
•••</td><td colspan="32">版本、服务名、服务版本、方法名、参数类型、参数等</td></tr>
</table>

图 4-6 Dubbo 的帧结构

4.4.2 Cassandra 的帧结构

接下来，我们看一下 Cassandra 的帧结构。如图 4-7 所示，Cassandra 的帧结构与 Dubbo 的帧结构类似，前面的字段也用来存储一些基本信息，如版本号、标记位等，一个固定字段用来存储数据的长度信息。

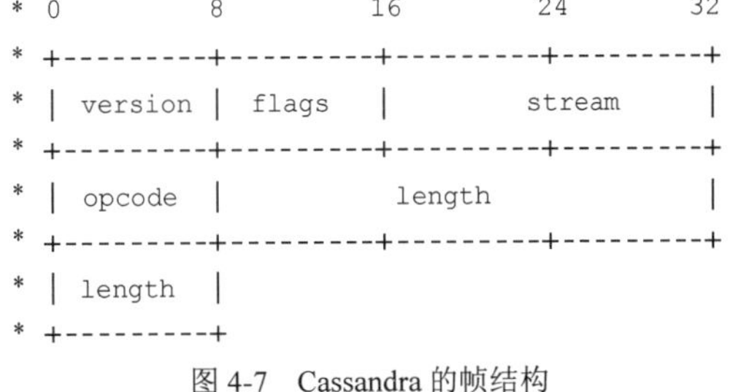

图 4-7 Cassandra 的帧结构

4.4.3 Hadoop 的帧结构

Hadoop 在多个地方使用了 Netty，其中 Web

HDFS 组件使用的是 HTTP，因此 Hadoop 中的帧等同于 HTTP 帧。在这里，我们直接介绍 HTTP 是如何定义和解析帧的。

如图 4-8 所示，HTTP 协议在非正文部分使用 CRLF 来界定消息，使用的是前面介绍的定界符方式。

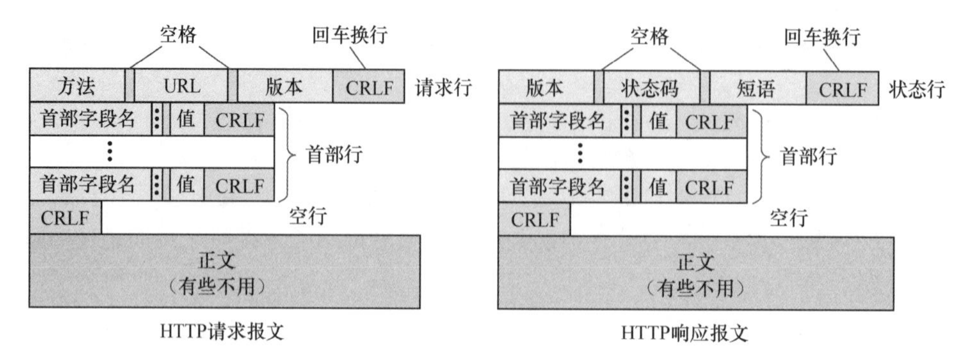

图 4-8　HTTP 帧的定义

对于正文部分，则采用如下两种方式之一。

- Content-Length 方式，如图 4-9 所示，Content-Length 指定了正文部分的长度，使用的是显式长度方式。
- Chunk 方式，不仅使用固定分隔符 CRLF，还使用“显式长度”，这里不再赘述。

```
GET / HTTP/1.1
Host: www.google.com
Connection: keep-alive
Cache-Control: no-cache
User-Agent: Mozilla/5.0 (Windows NT 10.0; Win64; x64) AppleWebKit/537.36 (KHTML, like Gecko) Chrome/85.0.4183.102 Safari/537.36
Postman-Token: f2f47a2b-00ce-24f6-7504-73c1711a0116
Accept: */*
Accept-Encoding: gzip, deflate
Accept-Language: zh-CN,zh;q=0.9

HTTP/1.1 302 Found
Location: https://www.google.com/?gws_rd=ssl
Cache-Control: private
Content-Type: text/html; charset=UTF-8
Date: Mon, 21 Sep 2020 09:14:41 GMT
Server: gws
Content-Length: 231
X-XSS-Protection: 0
X-Frame-Options: SAMEORIGIN
Set-Cookie: 1P_JAR=2020-09-21-09; expires=Wed, 21-Oct-2020 09:14:41 GMT; path=/; domain=.google.com; Secure; SameSite=none

<HTML><HEAD><meta http-equiv="content-type" content="text/html;charset=utf-8">
<TITLE>302 Moved</TITLE></HEAD><BODY>
<H1>302 Moved</H1>
The document has moved
<A HREF="https://www.google.com/?gws_rd=ssl">here</A>.
</BODY></HTML>
```

图 4-9　Content-Length 定义了内容的大小

由上可知，新的软件或协议中显式长度方式使用得较多，这归功于显式长度方式的简洁和高效。

4.5 为实战案例定义封帧方式

在有了前面介绍的知识储备之后，我们就可以为实战案例添加封帧和解帧支持了。我们首先进行客户请求的封帧和解帧。封帧主要是将客户请求封装成可以分清“界限”的数据，请参考代码清单 4-4 来实现编码器。

代码清单 4-4　为客户请求实现编码器

```
public class OrderFrameEncoder extends LengthFieldPrepender {
    public OrderFrameEncoder() {
        super(2);
    }
}
```

上述代码使用显式长度方式来封帧：位置是从 0 开始的，用来存储消息长度的固定字段的大小为 2 字节。

客户请求发出后，服务器会返回响应。对于响应，要实现对应的解码器，参见代码清单 4-5。

代码清单 4-5　为客户请求实现解码器

```
public class OrderFrameDecoder extends LengthFieldBasedFrameDecoder {
    public OrderFrameDecoder() {
        super(Integer.MAX_VALUE, 0, 2, 0, 2);
    }
}
```

有了编码器和解码器之后，我们需要将它们添加到处理器流水线中（参见代码清单 4-6），从而使它们生效。

代码清单 4-6　将编码器和解码器添加到处理器流水线中

```
bootstrap.handler(new ChannelInitializer<NioSocketChannel>() {
    @Override
    protected void initChannel(NioSocketChannel ch) throws Exception {
        ChannelPipeline pipeline = ch.pipeline();
        pipeline.addLast(new OrderFrameDecoder());
        pipeline.addLast(new OrderFrameEncoder());
    }
});
```

至此，我们完成了客户请求的封帧和解帧。对于服务器，我们也需要编码器与解码器。解码器用来解析客户发来的请求，代码与客户端的响应的解码器相同；编码器则用来编码响应，并且与客户用来发送请求的编码器是一致的。需要说明的是，以上情况建立在请求和响应的编码方式都相同的前提之下。如果编码方式不同，那么编码器与解码器也将不一样。

4.6 常见疑问和实战易错点解析

在学习本章的过程中，读者可能会产生许多困惑，也可能会掉入一些常见的陷阱。本节剖析常见疑问和实战易错点。

4.6.1　常见疑问解析

读者产生的疑问大多集中于 Netty 的解帧实现方面，下面举例说明。

1. 累积器的两种实现方式之间的区别与选择依据

累积器有两种实现方式，并且默认使用的是内存复制方式（使用 System.arraycopy()）。实际上，它还有另一种实现方式——组合视图方式，参见代码清单 4-7。

代码清单 4-7　ByteToMessageDecoder#COMPOSITE_CUMULATOR

```
public static final Cumulator COMPOSITE_CUMULATOR = new Cumulator() {
    @Override
    public ByteBuf cumulate(ByteBufAllocator alloc, ByteBuf cumulation, ByteBuf in) {
        ByteBuf buffer;
        CompositeByteBuf composite;

        //创建 CompositeByteBuf，如果已经创建过，就不用重复创建了
        if (cumulation instanceof CompositeByteBuf) {
             composite = (CompositeByteBuf) cumulation;
        } else {
             composite = alloc.compositeBuffer(Integer.MAX_VALUE);
             composite.addComponent(true, cumulation);
        }
        //避免内存复制
        composite.addComponent(true, in);
        in = null;
        buffer = composite;
        //省略其他非关键代码
        return buffer;
    }
};
```

从上述代码可以看出，这种方式不需要复制内存，而是通过 CompositeByteBuf 提供的组

合视图方式将消息“连接”到一起。很明显，这至少看起来效率要高一些，那么为什么 Netty 没有默认选择这种方式呢？针对这个问题，Netty 的作者做了解答，参见图 4-10。

trustin commented on 31 Dec 2014

It's not really certain to me that using CompositeByteBuf is always a win. CBB has very inefficient indexing mechanism compared to other ByteBuf impls, so it's basically trade-off between calculation complexity and memory bandwidth.

Without testing againt wide variety of protocols and use cases, I'm afraid we might regret this change in ByteToMessageDecoder.

Therefore, I'd like to:

- Keep the old behavior default to surprise a user at minimum.
- Allow a user to decide what cumulation mechanism should be used for any decoders. (ByteToMessageDecoder.setCumulator()?)

图 4-10　Netty 没有默认选择组合视图方式的原因

根据图 4-10 中的描述，我们无法证明组合视图方式的性能在所有场景下都比内存复制方式好（毕竟组合视图方式的指针维护更复杂一些。当然，如果解码时将组合拆开后就能用，那么性能明显会好很多，但是现有的测试只表明性能好了一点点而已），因此 Netty 自然默认选择内存复制方式。不过，Netty 提供了 setCumulator()方法，使得用户可以在这两种方式之间自由进行切换，从而提高了灵活性。

2. 显式长度方式如何处理消息很长的情况

显式长度方式使用的 LengthFieldBasedFrameDecoder 对长度字段的定义是以字节为单位的，比如 1 字节、2 字节等。因此，实际消息的长度必须在长度字段允许的最大范围之内。例如，当长度字段为 1 字节时，允许的最大消息长度为 256 字节。但是，如果某个网络应用程序的最大消息长度为 200 字节，那么我们肯定会指定 LengthFieldBasedFrameDecoder 的 maxFrameLength 参数为 200（这个参数必须设置）。当由于异常导致传递的消息长于 200 字节时，Netty 会如何处理呢？

当消息的长度大于 maxFrameLength 时，程序会执行如下分支。

```
#LengthFieldBasedFrameDecoder#decode 方法
if (frameLength > maxFrameLength) {
    exceededFrameLength(in, frameLength);
    return null;
}
```

程序最终会执行 fail()方法并抛出 TooLongFrameException 异常。

```
//抛出异常
private void fail(long frameLength) {
```

```
    if (frameLength > 0) {
        throw new TooLongFrameException(
                        "Adjusted frame length exceeds " + maxFrameLength +
                        ": " + frameLength + " - discarded");
    } else {
       throw new TooLongFrameException(
                        "Adjusted frame length exceeds " + maxFrameLength +
                        " - discarding");
    }
}
```

当消息过大时，程序会抛出 TooLongFrameException 异常（见图 4-11）。

```
10:48:45 [nioEventLoopGroup-3-1] AbstractInternalLogger: [id: 0x365a7ccf, L:/127.0.0.1:8090 - R:/127.0.0.1:55517] EXCEPTION: io.netty.handler
 .codec.TooLongFrameException: Adjusted frame length exceeds 10: 49 - discarded
io.netty.handler.codec.TooLongFrameException: Adjusted frame length exceeds 10: 49 - discarded
    at io.netty.handler.codec.LengthFieldBasedFrameDecoder.fail(LengthFieldBasedFrameDecoder.java:513)
    at io.netty.handler.codec.LengthFieldBasedFrameDecoder.failIfNecessary(LengthFieldBasedFrameDecoder.java:486)
    at io.netty.handler.codec.LengthFieldBasedFrameDecoder.exceededFrameLength(LengthFieldBasedFrameDecoder.java:378)
    at io.netty.handler.codec.LengthFieldBasedFrameDecoder.decode(LengthFieldBasedFrameDecoder.java:421)
    at io.netty.handler.codec.LengthFieldBasedFrameDecoder.decode(LengthFieldBasedFrameDecoder.java:334)
    at io.netty.handler.codec.ByteToMessageDecoder.decodeRemovalReentryProtection(ByteToMessageDecoder.java:505)
    at io.netty.handler.codec.ByteToMessageDecoder.callDecode(ByteToMessageDecoder.java:444)
    at io.netty.handler.codec.ByteToMessageDecoder.channelRead(ByteToMessageDecoder.java:283)
```

图 4-11　当消息过大时会抛出 TooLongFrameException 异常

至于 TooLongFrameException 异常如何处理（如断开连接、返回错误码等），则交由用户通过 ChannelHandler#exceptionCaught 方法来控制。

4.6.2　常见实战易错点解析

有了 Netty 之后，实现简单的封帧和解帧并不难。只要选好方式，寥寥几行代码就可以达到目的。但实际上，我们仍然可能犯一些典型的错误，下面举例说明。

1. 忽略 LengthFieldBasedFrameDecoder 中的 initialBytesToStrip

忽略 LengthFieldBasedFrameDecoder 中的 initialBytesToStrip 是初学者最容易犯的错误。在使用 LengthFieldBasedFrameDecoder 时，我们通常期望的解码结果如图 4-12 所示。

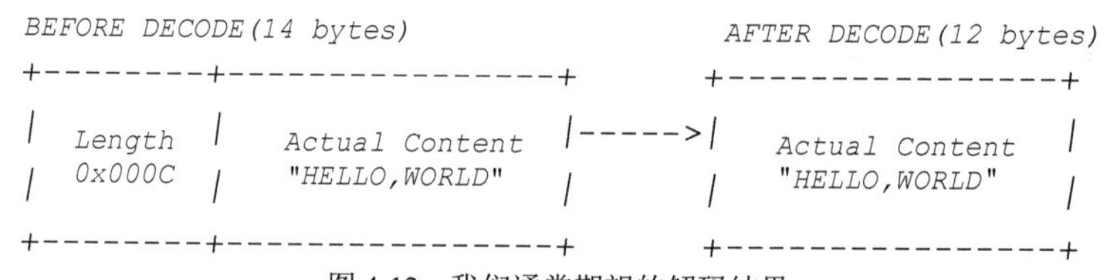

图 4-12　我们通常期望的解码结果

我们希望能够忽略掉 Length 字段，这样解析出来的就是真正的消息。但是，对于 LengthFieldBasedFrameDecoder，初学者一般不会想到去设置 initialBytesToStrip，于是得到的解析结果如

图 4-13 所示。

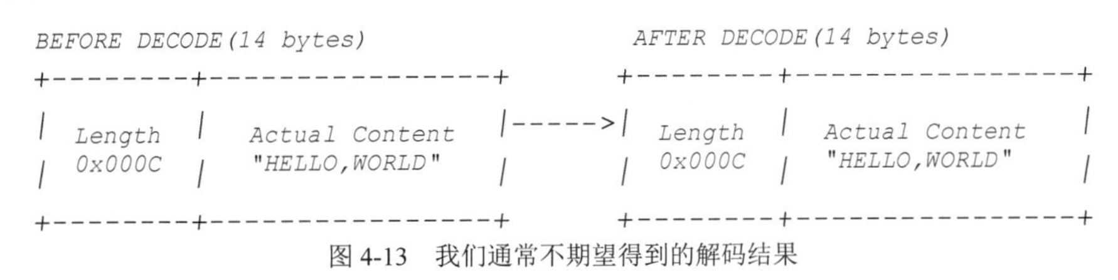

图 4-13 我们通常不期望得到的解码结果

此时，如果对解析出来的消息进行解码（如反序列化为对象），就会出错。

2. 忽略字节序的大端模式和小端模式

在开发网络应用程序时，我们很容易忽略字节序的问题。字节序是指多字节数据在计算机内存中存储或进行网络传输时各字节的存储顺序。字节序有大端模式和小端模式两种。具体使用哪一种方式和 CPU 有很大的关系。就 CPU 本身而言，CPU 分为 Motorola 的 PowerPC 系列和 Intel 的 x86 系列。前者采用大端（big endian）模式存储数据，也就是在低地址存放最高有效字节；后者则采用小端（little endian）模式存储数据，也就是在低地址存放最低有效字节。具体的存储形式如图 4-14 所示。

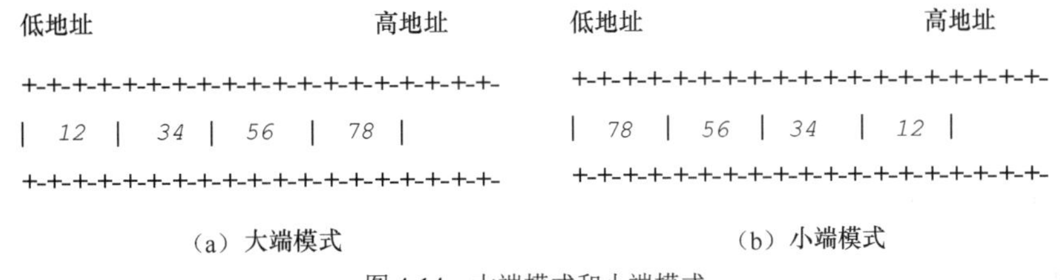

图 4-14 大端模式和小端模式

从 CPU 市场角度看，目前流行的毫无疑问是小端模式。但是，为了保证网络传输的一致性，ISO 规定网络必须采用大端模式，这就是 LengthFieldBasedFrameDecoder 等解码程序默认使用 ByteOrder.BIG_ENDIAN 的原因所在。另外，Java 屏蔽了平台的细节，默认使用的也是大端模式。因此，当开发非 Java 语言的网络应用程序时，请一定注意当前发送的数据使用的是不是大端方式。

对于以上实战易错点，读者只要对 Nett 稍微有一定的了解，就很容易规避。

第5章 网络编程模式

在网络编程中，我们经常听到各种各样的概念——阻塞、非阻塞、同步、异步，这些概念都与我们采用的网络编程模式有关。例如，如果采用 BIO 网络编程模式，那么程序就具有阻塞、同步等特质。诸如此类，不同的网络编程模式具有不同的特点，这些网络编程模式就相当于我们的网络编程套路。因此，了解并掌握网络编程模式是学习 Netty 和使用 Netty 进行网络编程的必经之路。下面我们学习网络编程模式以及 Netty 如何对它们提供支持。

5.1 网络编程的 3 种模式

在讨论网络编程模式之前，我们可以先想象一下日常生活中的饭店场景。当我们去饭店吃饭时，会经常遇到以下三种模式。

- 排队打饭模式。这种模式主要出现在食堂等场所。人们在窗口前排队，饭菜打好后才走，若饭菜没有打好，人们一般是不会主动离开的。
- 点餐等待被叫模式。在这种模式下，我们会收到点餐号，饭店备好饭菜后就呼叫点餐号，我们需要自行去取。
- 包厢模式。这是我们最喜欢的模式，点餐后什么都不用管，坐在那里等着饭菜被服务员端上桌即可。

为了方便解释，我们可以将就餐模式与服务器应用做类比。例如，把饭店比作服务器，而把饭菜比作数据。这样的话，饭菜好了就相当于数据就绪，而端菜行为则可以当作读取数据。通过进行类比，我们发现就餐的 3 种模式其实正好对应经典的 3 种网络编程 I/O 模式，如表 5-1 所示。

表 5-1 3 种网络编程 I/O 模式

就餐模式	网络编程 I/O 模式	JDK 支持版本
排队打饭模式	BIO（阻塞 I/O）模式	JDK 1.4 之前
点餐等待被叫模式	NIO（非阻塞 I/O）模式	JDK 1.4（2002 年，java.nio 包）
包厢模式	AIO（异步 I/O）模式	JDK 1.7（2011 年）

排队打饭模式对应 BIO 模式，也就是阻塞 I/O 模式：我们一直等待数据，直到数据就绪，这种模式在 JDK 1.4 之前就已经引入了；点餐等待被叫模式对应 NIO 模式，也就是非阻塞 I/O 模式，这种模式是在 JDK 1.4 中引入的，具体的实现都在 Java NIO 这个包中，我们不需要等待数据就绪，数据就绪后，系统会通知我们去进行读取；包厢模式对应 AIO 模式，也就是异步 I/O 模式，这种模式直到 JDK 1.7 才被引入，在这种模式下，我们什么都不用管，系统会把数据读好并直接回调给我们。

在以上描述中，我们反复提到了一些概念，例如阻塞、非阻塞、同步和异步。下面我们解释一下这些概念之间的区别，实际上它们是两组概念。

阻塞与非阻塞之间的区别在于要不要一直等，直到饭菜做好。换言之，对于阻塞而言，在数据没有传输过来之前，会阻塞等待，直到数据到来；写的过程也类似，当缓冲区满时，写操作也会被阻塞，直到缓冲区“可写”。但是，对于非阻塞而言，遇到这些情况则不做任何停留，直接返回。

同步和异步之间的区别在于数据就绪后谁来读，类似于“饭菜好了谁来端”的问题。数据就绪后，如果需要应用程序自行读取，就是同步过程；数据就绪后，如果由系统直接读取并回调给程序，就是异步过程。

在区分完以上两组概念后，我们可以做下对应：BIO 是阻塞同步方式；NIO 是非阻塞同步方式；AIO 是非阻塞异步方式。

5.2 网络编程模式的选择要点

在了解完网络编程的 3 种主流 I/O 模式之后，我们往往都会权衡利弊，结合具体的使用场景选择一种适合自己的模式。从表面上看，我们一般倾向于使用新的模式。例如，我们青睐的顺序可能是 AIO→NIO→BIO。但是实际上，这一看似明显的优先顺序并不是什么“黄金准则”。我们需要结合更多的因素来决定如何做出选择。

1. 服务的连接数

假设应用程序的连接数有限，比如只有一两个连接，我们就无法预见 NIO 模式的性能肯定比传统程序的 BIO 模式好。不过，可以预见的是，NIO 模式的代码实现复杂度肯定高于 BIO 模式。因此，在选择 I/O 模式时，我们需要了解应用程序到底能够支持多少个连接。

2. 服务将要部署到的平台

对于 Windows 平台，我们一般都会优先选择 AIO 模式；但是对于 Linux 平台，情况将可能有所不同，毕竟 Linux 平台对 AIO 模式的支持还不够成熟。另外，有关 NIO 和 AIO 模式的一些测试表明，其实在 Linux 平台上，NIO 和 AIO 模式的代码实现并无太大性能差别。因此，对于大多数使用 Linux 平台作为服务器的应用平台而言，NIO 模式或许才是更好的选择。

3. 当前已有的架构和可用的实现

如果当前项目一直使用某种模式，那么我们一般很少有勇气去直接变革和采用新的模式，而是修修补补并沿用旧的模式。此外，即使对于全新的项目，也不一定会选择我们想用的模式。例如，假设要选择 AIO 模式，但我们的技术栈是基于 Netty 的，那么 AIO 模式用不了。

综上所述，不同网络编程模式有自己适用的场景，我们不能仅仅依据推出时间的前后就直接做出决策。换言之，具体问题具体分析、具体场景具体选择才是永恒之道。

5.3 基于源码解析 Netty 对网络编程模式的支持

通过前面的学习，我们知道有 3 种网络编程 I/O 模式。接下来，我们学习 Netty 对网络编程 I/O 模式的支持情况及实现要点。

5.3.1 Netty 对网络编程模式的支持情况

Netty 对 3 种网络编程 I/O 模式的支持情况参见表 5-2。

表 5-2　Netty 对 3 种网络编程 I/O 模式的支持情况

实现类	BIO/OIO（不推荐）	NIO	AIO（已弃用）
EventLoop	ThreadPerChannelEventLoop	NioEventLoop	AioEventLoop
ServerSocketChannel	OioServerSocketChannel	NioServerSocketChannel	AioServerSocketChannel
SocketChannel	OioSocketChannel	NioSocketChannel	AioSocketChannel

从表 5-2 可以看出，Netty 对 3 种网络编程 I/O 模式都提供支持。准确地说，Netty 曾经支持过它们。对于 BIO 模式来说，Netty 曾将之命名为 OIO；对于 NIO 模式，Netty 也有对应的实现方式；而对于 AIO 模式，Netty 也曾经支持过。观察这 3 种网络编程 I/O 模式的实现，我们可以

看出，它们的实现类使用的风格十分统一，只是前缀不同而已。例如，ServerSocketChannel 在 OIO 模式中名为 OIOServerSocketChannel，在 NIO 模式中名为 NIOServerSocketChannel，这种统一的风格使得我们以后切换 I/O 模式时将变得非常轻松。

另外，需要补充说明的是，Netty 目前只推崇 NIO 模式。为什么不推荐另外两种模式呢？下面我们具体分析一下。

首先，Netty 为什么不推荐 BIO/OIO 模式？

在连接数较多的情况下，BIO/OIO 模式的阻塞特性就意味着耗资源、效率低。具体而言，阻塞就意味着等待，等待就会占用线程。考虑一下，在连接数比较多的情况下，如果每个连接上的请求又都在等待，占用的线程将会非常多，资源耗费就太大了。不仅如此，一个进程对所能创建的线程数量也是有约束的，这一点无法克服。

其次，Netty 为什么废弃 AIO 模式？

原因主要有三点。

（1）Windows 平台上的实现虽然已经非常成熟，但是 Windows 平台本身很少用作服务器。

（2）Linux 平台经常用作服务器，但是 Linux 平台上 AIO 模式的实现还不够成熟。

（3）Linux 平台上 AIO 模式的实现相比 NIO 模式而言稍复杂一些，但性能提升并不明显。

由上可知，对于 Netty 而言，NIO 是 Netty 推崇的核心 I/O 模式。但是，有必要补充说明的是，对于 NIO 模式的实现方式，Netty 支持的不止一种。Netty 在不同平台上对 NIO 模式的支持如表 5-3 所示。

表 5-3 Netty 在不同平台上对 NIO 模式的支持

实现类	平台通用的 NIO 模式的实现方式	Linux 平台中 NIO 模式的实现方式	macOS平台中NIO模式的实现方式
EventLoopGroup	NioEventLoopGroup	EpollEventLoopGroup	KQueueEventLoopGroup
EventLoop	NioEventLoop	EpollEventLoop	KQueueEventLoop
ServerSocketChannel	NioServerSocketChannel	EpollServerSocketChannel	KQueueServerSocketChannel
SocketChannel	NioSocketChannel	EpollSocketChannel	KQueueSocketChannel

对 Netty 稍有了解的人都知道，Netty 的通用 NIO 模式的实现方式在 Linux 平台上使用的也是 Epoll。那么为什么此处还需要一套专有的 Epoll 相关实现呢？“重新造轮子”无非有两个原因，自己的轮子更好、更强，这个道理同样适用于此。具体原因包括以下两个方面。

- Epoll 相关实现能够暴露更多可控的参数：JDK 的很多参数都不可调。例如，JDK 的 NIO 模式在 Linux 平台上默认是水平触发且不可修改的；但对于 Netty 而言，水平触发和边缘触发都支持，并且可以切换（默认是边缘触发）。
- 垃圾回收更少，性能更好：这是 Netty 开发者自己给出的理由。不过，我们有理由相信 Netty 确实做到了，否则没有必要“重新造轮子”。

5.3.2　Netty 对网络编程模式的实现要点

我们已经掌握了 Netty 对 I/O 模式的支持情况，接下来我们简单了解一下如何使用这些 I/O 模式。以基于 OIO 模式的服务器为例（NIO 模式将在第 6 章进行重点介绍，所以为了避免重复，这里选择了 OIO 模式）。

```
ServerBootstrap serverBootstrap = new ServerBootstrap();
serverBootstrap.channel(OioServerSocketChannel.class);
OioEventLoopGroup eventLoopGroup = new OioEventLoopGroup();
serverBootstrap.group(eventLoopGroup);
```

从上述代码可以看出，OIO 模式的使用主要涉及 OioServerSocketChannel 和 OioEventLoopGroup 这两个关键类。接下来，我们不妨通过解析围绕这两个关键类的两个关键问题来看看 Netty 如何对 I/O 模式进行支持。

1. ServerSocketChannel 的创建

当执行 serverBootstrap.channel（OioServerSocketChannel.class）时，实际上执行的是如下方法：

```
public B channel(Class<? extends C> channelClass) {
    return channelFactory(new ReflectiveChannelFactory<C>(
         ObjectUtil.checkNotNull(channelClass, "channelClass")
    ));
}
```

上述代码创建了 ReflectiveChannelFactory 来负责创建 OioServerSocketChannel。顾名思义，ReflectiveChannelFactory 使用“反射”方式来完成上述工作，具体实现参见代码清单 5-1。

代码清单 5-1　ReflectiveChannelFactory 的具体实现代码

```
//通过泛型+反射+工厂来实现 I/O 模式切换
public class ReflectiveChannelFactory<T extends Channel> implements ChannelFactory<T> {

    private final Constructor<? extends T> constructor;

    public ReflectiveChannelFactory(Class<? extends T> clazz) {
        ObjectUtil.checkNotNull(clazz, "clazz");
        try {
            //获取无参构造器
             this.constructor = clazz.getConstructor();
        } catch (NoSuchMethodException e) {
             throw new IllegalArgumentException("Class " + StringUtil.simpleClassName(clazz) +
                  " does not have a public non-arg constructor", e);
        }
    }
```

```
    @Override
    //泛型 T 代表不同的通道
    public T newChannel() {
        try {
            //使用反射技术创建通道
            return constructor.newInstance();
        } catch (Throwable t) {
            throw new ChannelException("Unable to create Channel from class " +
            constructor.getDeclaringClass(), t);
        }
    }
```

什么时候创建 OioServerSocketChannel 呢？当服务器启动时，就会通过 AbstractBootstrap#initAndRegister 方法来创建 OioServerSocketChannel，这个方法的核心就是执行代码清单 5-1 中的 ReflectiveChannelFactory#newChannel 方法。我们可以通过一张调试截图（参见图 5-1）来验证上述过程。

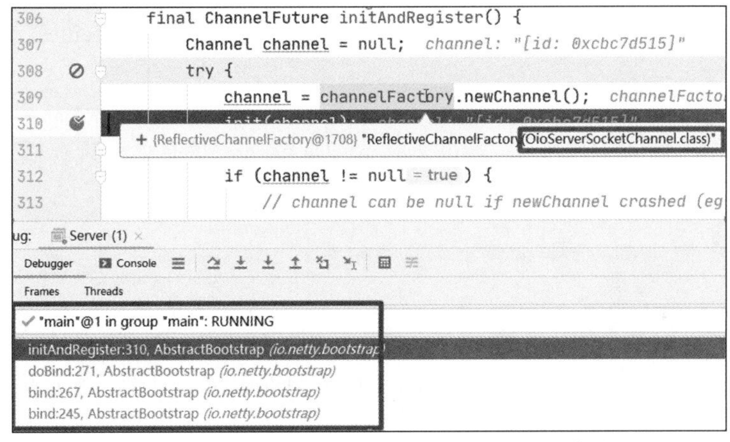

图 5-1　创建 ServerSocketChannel 时的一张调试截图

从图 5-2 可以看出，调用栈及相关信息完全匹配之前介绍的主要过程。

2. EventLoopGroup 的功能

EventLoopGroup 负责给每个通道分配 EventLoop。例如，OioEventLoopGroup 负责给 BIO Channel 分配 ThreadPerChannelEventLoop（注意，这里的命名方式和其他的 EventLoop 不同）。

至于 ThreadPerChannelEventLoop 的作用，我们可以简单查看具体的实现代码，参见代码清单 5-2。

代码清单 5-2　ThreadPerChannelEventLoop 的具体实现代码

```
public class ThreadPerChannelEventLoop extends SingleThreadEventLoop {
```

```
    @Override
    protected void run() {
        for (;;) {
            Runnable task = takeTask();
            if (task != null) {
               task.run();
               updateLastExecutionTime();
            }
           //省略其他非关键代码
        }
    }

  //省略其他非关键代码
}
```

从上述代码可以看出，ThreadPerChannelEventLoop 在本质上相当于任务的执行体，而任务本身就是执行通道上的读写操作。例如，当写数据时，写数据这一操作会被当作任务提交给 SingleThreadEventExecutor（ThreadPerChannelEventLoop 的父类）的 execute()方法来执行，参见代码清单 5-3。

代码清单 5-3　SingleThreadEventExecutor#execute()的具体实现代码

```
public void execute(Runnable task) {
    boolean inEventLoop = inEventLoop();
    addTask(task);
    //省略其他非关键代码
}
```

但是，最终执行的是 OioByteStreamChannel#doWriteBytes()方法，参见代码清单 5-4。

代码清单 5-4　OioByteStreamChannel#doWriteBytes()的具体实现代码

```
private OutputStream os;
@Override
protected void doWriteBytes(ByteBuf buf) throws Exception {
    OutputStream os = this.os;
    if (os == null) {
       throw new NotYetConnectedException();
    }
    buf.readBytes(os, buf.readableBytes());
}
```

在进行总结后，我们发现，要完成对一种 I/O 模式的支持，我们至少需要两个组件：SocketChannel 负责完成具体的读写任务；NioEventLoop 负责任务的执行。当需要切换 I/O 模式时，直接替换掉这些实现即可。

5.4 常见开源软件是如何支持网络编程模式的

Netty 支持的 3 种网络编程 I/O 模式具有简单、易切换等特点，那么业界常用的开源软件是如何支持网络编程模式的？接下来我们具体看一下。

5.4.1 Lettuce

要确定开源软件使用的是何种网络编程模式，直接查看使用的 EventLoopGroup 是哪种类型。例如，我们先来看一下 Redis 数据库当前流行的 Java 客户端软件 Lettuce。Lettuce 的 EventLoopGroup 是通过 io.lettuce.core.AbstractRedisClient#doGetEventExecutor()方法来获取的，那么为什么不直接创建一种通用类型呢？我们来看一下 doGetEventExecutor()方法的具体实现代码，参见代码清单 5-5。

代码清单 5-5 doGetEventExecutor()方法的具体实现代码

```
private EventLoopGroup doGetEventExecutor(ConnectionPoint connectionPoint) {

   if(connectionPoint.getSocket() == null && !eventLoopGroups.containsKey(Transports.
      eventLoopGroupClass())) {
      eventLoopGroups.put(Transports.eventLoopGroupClass(),
             clientResources.eventLoopGroupProvider().allocate(Transports.
                   eventLoopGroupClass()));
   }

   if (connectionPoint.getSocket() == null) {
       return eventLoopGroups.get(Transports.eventLoopGroupClass());
   }
   //省略其他非核心代码
```

为了理解上述代码，我们需要了解 Redis 常用的 4 种连接方式，具体如下所示。

```
#A Redis URI can also be created from an URI string. Supported formats are:
redis://[password@]host[:port][/databaseNumber] Plaintext Redis connection
rediss://[password@]host[:port][/databaseNumber] SSL Connections Redis connection
redis-sentinel://[password@]host[:port][,host2[:port2]][/databaseNumber]#sentinelMasterId
    for using Redis Sentinel
redis-socket:///path/to/socket UNIX Domain Sockets connection to Redis
```

在上述 4 种连接方式中，最后一种需要使用 UNIX Domain Socket 来访问 Redis，这要求 Redis 本身开启 UNIX 域套接字，而且客户端和 Redis 必须部署在同一台机器上，所以这种方式并不常用。在代码清单 5-1 中，connectionPoint.getSocket()方法一般情况下返回的是 null。获取 EventLoopGroup 的核心语句如下：

```
clientResources.eventLoopGroupProvider().allocate(Transports.eventLoopGroupClass()
```

其中，Transports.eventLoopGroupClass()方法决定了到底使用哪种网络编程模式。这个方法的具体实现代码参见代码清单 5-6。

代码清单 5-6 Transports.eventLoopGroupClass()方法的具体实现代码

```
class Transports {
    static Class<? extends EventLoopGroup> eventLoopGroupClass() {
       //假设支持 Native NIO 实现
        if (NativeTransports.isSocketSupported()) {
            return NativeTransports.eventLoopGroupClass();
        }
        //假设不支持 Native NIO 实现
        return NioEventLoopGroup.class;
    }
    static class NativeTransports {
        //优先查看是否支持 Mac 平台上的 Native NIO 实现
        static EventLoopResources RESOURCES = KqueueProvider.isAvailable() ? KqueueProvider.
           getResources(): EpollProvider.getResources();
        static boolean isSocketSupported() {
           return EpollProvider.isAvailable() || KqueueProvider.isAvailable();
        }
        static Class<? extends EventLoopGroup> eventLoopGroupClass() {
           return RESOURCES.eventLoopGroupClass();
        }
    }
}
```

如上述代码所示，系统优先查看是否支持 macOS 平台上的 Native NIO 实现。如果支持，就使用 KQueueEventLoopGroup；否则，查看是否支持 Linux 平台上的 Native NIO 实现。如果支持，就使用 EpollEventLoopGroup。如果都不支持，就使用通用的 NioEventLoopGroup。判断是否支持某个平台上的 Native NIO 实现最终都是通过调用 Netty 代码来完成的。例如，判断是否支持 Linux 平台上的 Native NIO 实现是通过调用 EpollProvider.isAvailable()方法来完成的，具体实现代码参见代码清单 5-7。

代码清单 5-7 EpollProvider.isAvailable()方法的具体实现代码

```
public class EpollProvider {

    static {
        boolean availability;
        try {
            Class.forName("io.netty.channel.epoll.Epoll");
            availability = Epoll.isAvailable();
```

```
        } catch (ClassNotFoundException e) {
            availability = false;
        }

    }
```

上述代码使用反射技术来查看是否存在 io.netty.channel.epoll.Epoll 这个类。如果存在，就调用 Netty 提供的 Epoll.isAvailable()方法来判断是否具备使用 Epoll Native NIO 的条件（相应的 native 库存在），这里不再详细介绍。

综上所述，Lettuce 会优先考虑基于所运行平台的 Native NIO 支持，仅当条件不具备时，才会使用通用的 NIO 支持。

5.4.2　Cassandra

在了解了 Letture 如何支持网络编程模式之后，我们再来看看 Cassandra 对网络编程模式的支持情况，参见代码清单 5-8（org.apache.cassandra.transport.Server）。

代码清单 5-8　Cassandra 对网络编程模式的支持情况

```
private static final boolean useEpoll = NativeTransportService.useEpoll();
public synchronized void start()
{
    if(isRunning())
       return;
    //配置服务器
    ServerBootstrap bootstrap = new ServerBootstrap()
        .channel(useEpoll ? EpollServerSocketChannel.class : NioServerSocketChannel.class)
    //省略其他非关键代码
}
```

从上述代码可以看出，Cassandra 优先使用 Epoll 的 Native NIO 实现。如果不适合（当 NativeTransportService.useEpoll()方法返回 false 时），就使用 NIO 的通用方式。那么什么时候 NativeTransportService.useEpoll()方法会返回 true 呢？这个方法的具体实现代码参见代码清单 5-9。该方法返回 true 需要满足两个条件。

（1）参数 cassandra.native.epoll.enabled 必须配置为 true（启用状态）。

（2）Epoll.isAvailable()方法必须返回 true，换言之，Epoll 相关的库必须存在，这一点和前面 Lettuce 执行的 Epoll 检查是一致的。

代码清单 5-9　NativeTransportService.useEpoll()方法的具体实现代码

```
public static boolean useEpoll()
{
    final boolean enableEpoll = Boolean.parseBoolean(System.getProperty("cassandra.native.
```

```
        epoll.enabled", "true"));
    return enableEpoll && Epoll.isAvailable();
}
```

通过前面的学习，我们从侧面可以看出，Native NIO 实现在性能上要优于通用实现。正因为如此，许多开源软件才选择支持多种模式，但具体还要看使用的平台是否满足相应的条件，例如，相应的依赖库是否已部署到环境中。

不过，值得一提的是，一些开源软件（如 Dubbo）直接选用的就是通用的 NIO 网络编程模式。

5.5 为实战案例选择网络编程模式

在有了前面介绍的知识储备之后，我们就可以为实战案例选择网络编程模式了。首先，指定服务器端的网络编程模式，代码如下：

```
ServerBootstrap serverBootstrap = new ServerBootstrap();
serverBootstrap.channel(NioServerSocketChannel.class);
NioEventLoopGroup eventLoopGroup = new NioEventLoopGroup();
serverBootstrap.group(eventLoopGroup);
```

在上述代码中，我们直接为服务器指定了通用的 NIO 网络编程模式。对于客户端，我们也可以采用相同的方案，代码如下：

```
Bootstrap bootstrap = new Bootstrap();
bootstrap.channel(NioSocketChannel.class);
NioEventLoopGroup group = new NioEventLoopGroup();
bootstrap.group(group);
```

对比服务器端和客户端代码，我们可以看出，两者其实并没有太大的区别。不同之处仅仅在于将网络编程模式设置给了不同的对象而已，服务器是 ServerBootstrap，客户端是 Bootstrap。

在后续有关性能优化的相关章节中，我们将会实践如何开启 Native NIO 实现以提高性能，本章不再赘述。

5.6 常见疑问和实战易错点解析

在学习本章的过程中，读者可能会产生许多困惑，在实践中可能会掉入一些常见的陷阱。本节剖析常见疑问和实战易错点。

5.6.1 常见疑问解析

读者产生的疑问大多集中于 I/O 模式方面，下面举例说明。

1. 水平触发和边缘触发的定义

前面提到过，Netty 既支持水平触发也支持边缘触发。Netty 确实提供了这两种触发方式的定义，如下所示。

```
public enum EpollMode {
    EDGE_TRIGGERED,
    LEVEL_TRIGGERED
}
```

那么什么是水平触发和边缘触发？下面在理论层次上进行解析。

- 水平触发：当被监控的文件描述符上有可读写事件时，通知用户去读写。如果用户一次没有读写完数据，就一直通知用户。在用户确实不怎么关心这个文件描述符的情况下，频繁通知用户会导致用户真正关心的那些文件描述符的处理效率降低。
- 边缘触发：当被监控的文件描述符上有可读写事件时，通知用户去读写，但只通知一次，这就需要用户一次性把数据读写完。如果用户没有一次性读写完数据，那就需要等待下一次新的数据到来时，才能读写上次未读写完的数据。

上述对比可能过于理论化，下面以饭店就餐进行类比。

- 水平触发：点餐后，饭菜做好了（数据就绪），服务员端上来问你吃不吃（读写数据）。不管你吃完还是吃不完，服务员总是过来反复提醒你吃饭。
- 边缘触发：服务员端来饭菜后，你没有一次性吃完，等你想吃剩下的饭菜时，就必须再次点餐才行。

Epoll 既支持水平触发也支持边缘触发，那么该如何选择呢？如果选择水平触发，就要注意效率和资源利用率；而如果选择边缘触发，就要注意自身是否能一次性完成数据的读写。

2. Linux AIO 的编程风格如何

前面提到过，AIO 是直到 JDK 1.7 才引入的 I/O 模式，通常称为 NIO2。Linux AIO 的编程风格到底如何？我们不妨通过一个小的案例来说明。假设要开发一个 AIO 服务器，它的功能非常简单——输出收到的消息，代码清单 5-10 展示了如何完成相关的启动和设置工作。

代码清单 5-10 AIO 服务器的启动和设置

```
public class AioServer  {
    public AsynchronousServerSocketChannel serverSocketChannel;
    public AioServer(int port) {
        try {
            serverSocketChannel = AsynchronousServerSocketChannel.open();
            serverSocketChannel.bind(new InetSocketAddress(port));
            serverSocketChannel.accept(this,new AcceptHandler());
            System.out.println("服务器启动完毕");
```

```
        } catch (IOException e) {
            e.printStackTrace();
        }
    }
}
```

上述代码创建了一个 AIO 服务器，并指定了 AcceptHandler 作为接受连接后的回调函数。AcceptHandler 的实现方式参见代码清单 5-11。

代码清单 5-11　AcceptHandler 的实现方式

```
public class AcceptHandler implements CompletionHandler<AsynchronousSocketChannel, AioServer> {
    @Override
    public void completed(AsynchronousSocketChannel socketChannel, AioServer aioServer) {
        System.out.println("create connection: " + socketChannel);
        aioServer.serverSocketChannel.accept(aioServer, this);
        ByteBuffer buffer = ByteBuffer.allocate(1024);
        socketChannel.read(buffer, buffer, new ReadCompletionHandler());
    }
    //省略其他非关键代码
}
```

连接成功后，等待客户端的消息。当消息到来时，触发 ReadCompletionHandler 进行回调，ReadCompletionHandler 的实现方式参见代码清单 5-12。

代码清单 5-12　ReadCompletionHandler 的实现方式

```
public class ReadCompletionHandler implements CompletionHandler<Integer, ByteBuffer> {

    @Override
    public void completed(Integer result, ByteBuffer byteBuffer) {
        byteBuffer.flip();
        byte[] body = new byte[result];
        byteBuffer.get(body);
        String requestMsg = new String(body, StandardCharsets.UTF_8);
        System.out.println("read msg: " + requestMsg);
    }
    //省略其他非关键代码
}
```

通过上述代码我们可以了解到，AIO 编程的最大特点就在于异步回调。例如，当消息到来时，消息实际上已经读取好了。但如果使用 NIO，开发者将等待数据就绪方面的通知，然后才同步地读取数据。

5.6.2　常见实战易错点解析

在实践本章介绍的知识点的过程中，读者容易犯的错误很少，毕竟只要稍微修改几行代码就能支持 I/O 模式并实现不同 I/O 模式之间的切换。不过值得一提的是，一些零散的小错误容易让人忽视，下面举例说明。

1. 使用 Epoll 模式时忘了使用条件

当使用基于 Linux 系统的原生 NIO 实现时，我们通过 Epoll.isAvailable()方法对使用条件进行了判断，但是这一点对于初学者来说特别容易忘记，他们可能会直接写出如下代码。

```
serverBootstrap.channel(EpollServerSocketChannel.class);
EpollEventLoopGroup group = new EpollEventLoopGroup();
serverBootstrap.group(group);
```

在非 Linux 平台以及其他缺少相关库的平台上，这样的程序直接启动不了，相关的报错信息如图 5-2 所示。

```
Exception in thread "main" java.lang.UnsatisfiedLinkError: failed to load the required native library
    at io.netty.channel.epoll.Epoll.ensureAvailability(Epoll.java:80)
    at io.netty.channel.epoll.EpollEventLoop.<clinit>(EpollEventLoop.java:53)
    at io.netty.channel.epoll.EpollEventLoopGroup.newChild(EpollEventLoopGroup.java:143)
    at io.netty.channel.epoll.EpollEventLoopGroup.newChild(EpollEventLoopGroup.java:36)
    at io.netty.util.concurrent.MultithreadEventExecutorGroup.<init>(MultithreadEventExecutorGroup.java:84)
    at io.netty.util.concurrent.MultithreadEventExecutorGroup.<init>(MultithreadEventExecutorGroup.java:58)
    at io.netty.util.concurrent.MultithreadEventExecutorGroup.<init>(MultithreadEventExecutorGroup.java:47)
    at io.netty.channel.MultithreadEventLoopGroup.<init>(MultithreadEventLoopGroup.java:59)
    at io.netty.channel.epoll.EpollEventLoopGroup.<init>(EpollEventLoopGroup.java:105)
    at io.netty.channel.epoll.EpollEventLoopGroup.<init>(EpollEventLoopGroup.java:92)
    at io.netty.channel.epoll.EpollEventLoopGroup.<init>(EpollEventLoopGroup.java:69)
    at io.netty.channel.epoll.EpollEventLoopGroup.<init>(EpollEventLoopGroup.java:53)
    at io.netty.channel.epoll.EpollEventLoopGroup.<init>(EpollEventLoopGroup.java:46)
    at io.netty.example.study.server.Server.main(Server.java:53)
Caused by: java.lang.ExceptionInInitializerError
    at io.netty.channel.epoll.Epoll.<clinit>(Epoll.java:39)
    ... 13 more
Caused by: java.lang.IllegalStateException: Only supported on Linux
    at io.netty.channel.epoll.Native.loadNativeLibrary(Native.java:180)
    at io.netty.channel.epoll.Native.<clinit>(Native.java:57)
    ... 14 more
```

图 5-2　Native NIO 实现得不到支持时的报错信息

因此，要直接使用原生 NIO 实现，就必须通过判断条件看看当前是否支持这种 NIO 实现，以满足跨平台需求。至于原生 NIO 实现到底如何判断和加载库，后续章节将会详细介绍，这里不再赘述。

2. 切换 I/O 模式时只完成一半

在切换 I/O 模式时，切换得可能不彻底。例如，原本要从 NIO 模式切换成 OIO 模式，但在现实中使用了如下代码。

```
ServerBootstrap serverBootstrap = new ServerBootstrap();
serverBootstrap.channel(OioServerSocketChannel.class);
NioEventLoopGroup group = new NioEventLoopGroup();
```

由于这里只改了 Channel 而忘记了修改 EventLoopGroup，因此程序将无法启动，相关的报错信息如图 5-3 所示。

```
Exception in thread "main" java.lang.IllegalStateException: incompatible event loop type: io.netty.channel.nio.NioEventLoop
    at io.netty.channel.AbstractChannel$AbstractUnsafe.register(AbstractChannel.java:462)
    at io.netty.channel.SingleThreadEventLoop.register(SingleThreadEventLoop.java:87)
    at io.netty.channel.SingleThreadEventLoop.register(SingleThreadEventLoop.java:81)
    at io.netty.channel.MultithreadEventLoopGroup.register(MultithreadEventLoopGroup.java:86)
    at io.netty.bootstrap.AbstractBootstrap.initAndRegister(AbstractBootstrap.java:322)
    at io.netty.bootstrap.AbstractBootstrap.doBind(AbstractBootstrap.java:271)
    at io.netty.bootstrap.AbstractBootstrap.bind(AbstractBootstrap.java:267)
    at io.netty.bootstrap.AbstractBootstrap.bind(AbstractBootstrap.java:245)
```

图 5-3　Channel 与 EventLoopGroup 不兼容

有的读者可能觉得自己不大可能犯如此低级的错误，因为一共就两行代码。但实际上，在 Netty 程序被层层封装并完成“可配置化”之后，仅有的这两处修改产生的影响可能很大。因此，当出现切换 I/O 模式方面的需求时，一定要保证切换彻底，而不能只切换一半。

第6章 线程模型

前几章介绍了如何封装数据以便传输，还介绍了如何选择合适的网络编程模式。当时，只要完成业务层的基本逻辑，就可以运行案例并进行简单的业务模拟。但实际上，我们仍然仅仅局限于知道数据是什么样，而不知道我们所选择的网络编程模式的内部有多少线程在为我们服务，以及它们是如何协同完成工作的。上述问题都属于“线程模型”的范畴，了解“线程模型”对于性能调优至关重要。

6.1 NIO 的 3 种 Reactor 模式

Netty 的线程模型在本质上与我们选择的网络编程模式息息相关。下面仍然以现实生活中的饭店场景为例进行类比学习。当我们经营一家饭店时，内部分工可能随着饭店规模的扩大而发生不同的变化。

- 一人包揽所有工作：刚开始时，饭店里可能只有你一个人。你需要包揽所有的工作，包括迎宾、点菜、做菜、上菜、送客等，着实辛苦。
- 招几个伙计一起做事：后来，饭店的规模扩大了，你会招几个伙计来做事。
- 设立迎宾岗：随着饭店规模的进一步扩大，你发现迎宾非常重要。只要把客人招揽进来，即使上菜稍微慢点，也不会有太大问题；但如果因为比较忙而没有把顾客招揽进来，则得不偿失。因此，你对饭店内部做了进一步分工，从原来的伙计当中挑选或者直接招聘几个颜值比较高的员工，他们专门负责迎宾。

一旦饭店的规模扩大到设立迎宾岗的阶段，我们就可以进行类比学习了。如果把饭店的经营比作 Netty 的运作，我们就可以推导出表 6-1 所示的对应关系。

表 6-1　饭店内部分工与 Netty 内部分工的类比关系

饭店	Netty
饭店伙计	线程
迎宾工作	接入连接
点菜	请求
做菜	业务处理
上菜	响应
送客	断连

从表 6-1 可以看出，Netty 的运作和饭店的经营十分相似。回顾之前饭店内部分工的演变，这种演变可与 Reactor 的 3 种模式一一对应：一人包揽所有工作的方式相当于 Reactor 单线程模式；招几个伙计一起做事的方式相当于 Reactor 多线程模式；而对饭店内部进行进一步分工，安排一人或多人专门迎宾的方式就相当于 Reactor 主从多线程模式。

我们已经了解了 Reactor 的 3 种模式，但是本章还没有正式介绍 Reactor 的定义。Reactor 实际上是一种开发模式。第 5 章介绍了 3 种 I/O 模式，它们都有对应的开发模式（见表 6-2）。例如，BIO 使用 thread per connection 模式，NIO 使用 Reactor 模式，AIO 使用 Proactor 模式。Reactor 在本质上只是一种服务于 NIO 的开发模式而已。

表 6-2　I/O 模式与开发模式的对应关系

I/O 模式	开发模式
BIO	thread per connection
NIO	Reactor
AIO	Proactor

Reactor 的核心流程比较简单，就是注册通道感兴趣的事件到多路复用器，然后由多路复用器判断是否有感兴趣的事件发生。如果发生了，就做出相应的处理。不同通道感兴趣的事件参见表 6-3。对于不同类型的通道，监听的事件也不完全相同。对于客户端的 SocketChannel，监听连接、读、写三种事件。对于服务器端的 ServerSocketChannel，则只监听连接事件；而对于服务器端的 SocketChannel，则仅监听读、写两种事件，不需要监听连接或被连接事件。

表 6-3　不同通道感兴趣的事件

客户端/服务器	Channel 类型	OP_ACCEPT	OP_CONNECT	OP_WRITE	OP_READ
客户端	SocketChannel		√	√	√
服务器	ServerSocketChannel	√			
服务器	SocketChannel			√	√

在了解了 Reactor 的概念、工作方式和类型之后，我们接下来学习 Reactor 是怎么运作的。不过在学习之前，我们有必要先了解一下与 BIO 对应的 thread per connection 开发模式，这样才能更好地理解在 NIO 编程中使用 Reactor 的优势。

参考图 6-1，thread per connection 开发模式本身要解决的是 I/O 阻塞的问题，解决方案是一个线程负责一个连接。

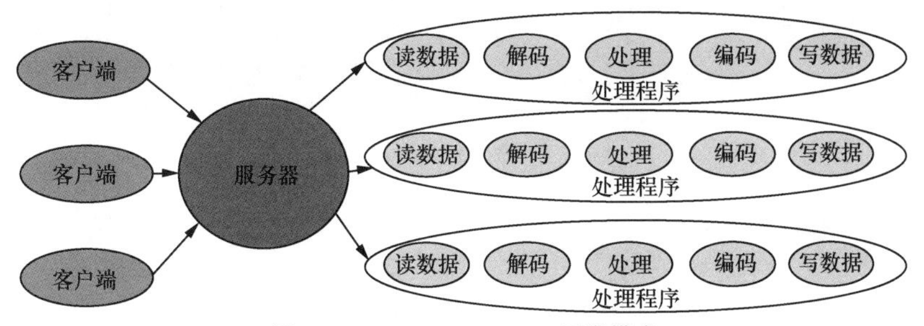

图 6-1 thread per connection 开发模式

如图 6-1 所示，对于同一个连接，读数据、解码、处理、编码、写数据都由同一个线程处理，但 BIO 读写是阻塞操作，因而问题显而易见：阻塞的连接越多，占用的线程就越多。即使使用控制线程数量的线程池，也只缓解了线程无限增多的问题，但代价是又多了一种阻塞——等待线程的阻塞。

thread per connection 开发模式的代码实现如图 6-2 所示。首先创建 ServerSocket，然后 ServerSocket 等待用户进行连接，建立好连接之后，分配一个线程来处理死循环。

在图 6-2 中，Handler 将负责处理连接上的所有事务：调用 read()方法读取数据，调用 process()方法处理请求，并调用 write()方法进行响应。当然，这里的读写操作都是阻塞操作。

```
class Server implements Runnable {
  public void run() {
    try {
      ServerSocket ss = new ServerSocket(PORT);
      while (!Thread.interrupted())
        new Thread(new Handler(ss.accept())).start();
      // 使用单线程或线程池均可
    } catch (IOException ex) { /* ... */ }
  }

  static class Handler implements Runnable {
    final Socket socket;
    Handler(Socket s) { socket = s; }
    public void run() {
      try {
        byte[] input = new byte[MAX_INPUT];
        socket.getInputStream().read(input);
        byte[] output = process(input);
        socket.getOutputStream().write(output);
      } catch (IOException ex) { /* ... */ }
    }
    private byte[] process(byte[] cmd) { /* ... */ }
  }
}
```

图 6-2 thread per connection 开发模式的代码实现

上面展示了 thread per connection 开发模式的模型和代码实现，接下来我们学习 Reactor 的 3 种不同模式的实现。

6.1.1 Reactor 单线程模式

Reactor 单线程模式比较简单，如图 6-3 所示。接收连接、处理读写操作、注册事件、扫描事件等所有操作都由一个线程来完成。显而易见，这个线程将“疲惫不堪”，这种模式很容易成为瓶颈。但是，相比 thread per connection 开发模式而言，“线程爆炸”的问题已经不需要担心了。

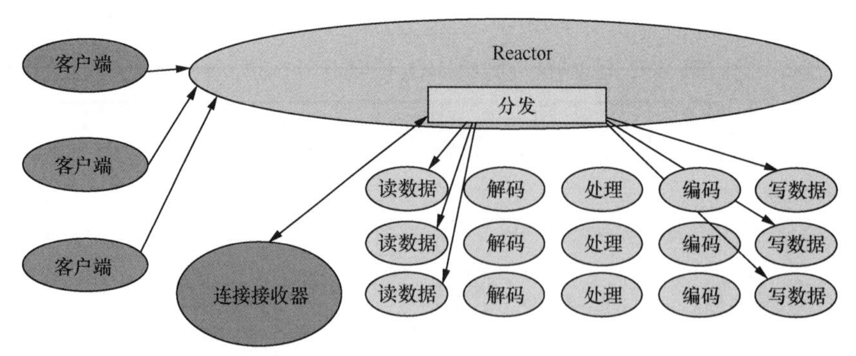

图 6-3　Reactor 单线程模式

6.1.2　Reactor 多线程模式

Reactor 多线程模式弥补了 Reactor 单线程模式中的缺陷，解码、处理、编码等比较复杂且耗时较长的操作将由线程池来做，如图 6-4 所示。显而易见，效率相比 Reactor 单线程模式提高了很多。

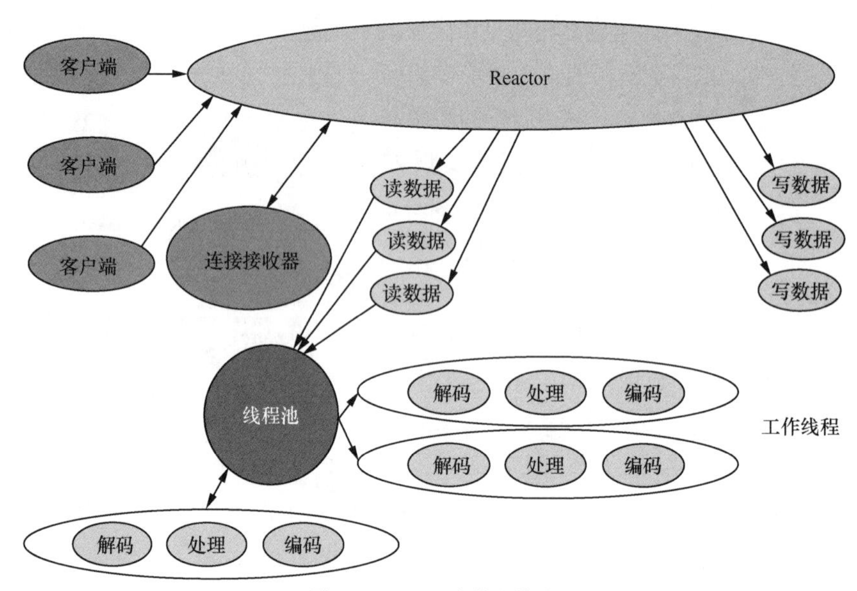

图 6-4　Reactor 多线程模式

6.1.3　Reactor 主从多线程模式

Reactor 主从多线程模式已进一步优化，它是目前最流行的 Reactor 模式。如图 6-5 所示，这种 Reactor 模式会把 accept 事件单独注册到一个独立的 Reactor（图 6-5 中的 mainReactor）中，mainReactor 的作用类似于饭店的迎宾人员，专门负责处理连接，毕竟建立连接是最重要的 I/O 事件。

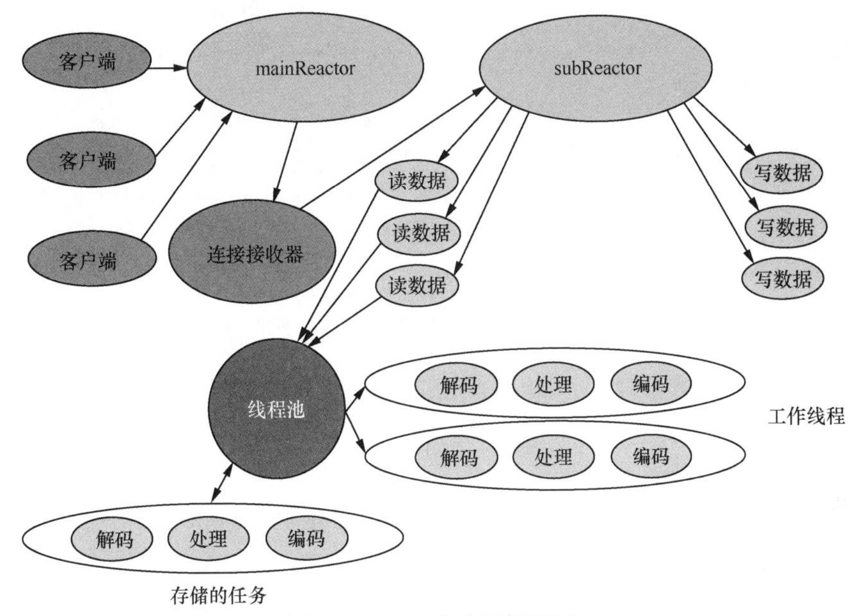

图 6-5 Reactor 主从多线程模式

这 3 种 Reactor 模式是层层递进、逐步演化而来的，相比传统的 thread per connection 开发模式，它们不再受线程数量的限制（毕竟一个进程所能创建的线程数量是有限的），因而能支持更多的连接。

6.2 源码解析 Netty 对 3 种 Reactor 模式的支持

6.1 节介绍了 NIO 的 3 种 Reactor 模式，如何在 Netty 中使用这 3 种 Reactor 模式呢？另外，Netty 在内部对这 3 种 Reactor 模式是如何进行支持的呢？本节系统地介绍这些内容。

6.2.1 如何在 Netty 中使用这 3 种 Reactor 模式

Netty 中的 3 种 Reactor 模式与对应的 Netty 使用示例如表 6-4 所示。

表 6-4 Netty 中的 3 种 Reactor 模式与对应的 Netty 使用示例

Reactor 模式	Netty 使用示例
Reactor 单线程模式	EventLoopGroup eventGroup = new NioEventLoopGroup(1); ServerBootstrap serverBootstrap = new ServerBootstrap(); serverBootstrap.group(eventGroup);

续表

Reactor 模式	Netty 使用示例
Reactor 多线程模式	EventLoopGroup eventGroup = new NioEventLoopGroup(); ServerBootstrap serverBootstrap = new ServerBootstrap(); serverBootstrap.group(eventGroup);
Reactor 主从多线程模式	EventLoopGroup bossGroup = new NioEventLoopGroup(); EventLoopGroup workerGroup = new NioEventLoopGroup(); ServerBootstrap serverBootstrap = new ServerBootstrap(); serverBootstrap.group(bossGroup, workerGroup);

下面对表 6-4 进行补充解释。

- Reactor 单线程模式需要显式构建一个线程数为 1 的 NioEventLoopGroup，然后传递给 ServerBootstrap 使用。
- Reactor 多线程模式使用默认的构造器构建 NioEventLoopGroup（不能显式指定线程数为 1），因为这种 Reactor 模式会根据默认的 CPU 内核数对线程数进行计算。如今，使用单核 CPU 的服务器已经很难再看到了，因此计算出来的线程数肯定大于 1。
- Reactor 主从多线程模式需要显式地声明两个 group，根据命名习惯，它们分别名为 boss group 和 worker group。boss group 负责接纳、分配工作，其实也就是接收连接并把创建的连接绑定到 worker group（NioEventLoopGroup）中的一个 worker（NioEventLoop）上，这个 worker 本身用来处理连接上发生的所有事件。

需要注意的是，Netty 使用的 Reactor 模式与 6.1 节介绍的 Reactor 模式并不完全匹配。例如，前面介绍的 Reactor 多线程模式（见图 6-4）和 Reactor 主从多线程模式（见图 6-5）的线程池不处理 I/O 事件，而仅处理业务。但在 Netty 中，它们的线程池是能够处理 I/O 事件的。无论是否完全匹配，Reactor 主从多线程模式都是项目的首选模式。

在掌握了如何在 Netty 中使用 Reactor 模式后，我们可以进一步分析 Netty 在内部是如何支持 Reactor 模式的。

6.2.2　Netty 在内部是如何支持 Reactor 模式的

以 Reactor 主从多线程模式为例，下面分析 Netty 在内部是如何支持 Reactor 模式的。在本质上，Netty 所做的其实就是将两种通道分别注册到两种独立的 Selector 中。以 NIO 编程为例，这两种独立的 Selector 都是 NioEventLoop。每一个 NioEventLoop 都包含一个 Selector，而每一个 NioEventLoop 又可以当作线程，因此对 Reactor 模式提供支持其实就是将两种通道分别绑定到两个独立的多线程组。接下来，我们分析一下 Netty 是如何对 Reactor 实现中的几个关键步骤进行支持的。

1. 创建主从 Selector

支持 Reactor 主从多线程模式的第一步是创建主从 Selector。在 Netty 中，这实际上就是创建两种类型的 NioEventLoopGroup。对于每个 group，这又会创建若干 NioEventLoop。NioEventLoop 的实现代码参见代码清单 6-1。

代码清单 6-1　NioEventLoop 的实现代码

```
private Selector selector;
private Selector unwrappedSelector;

NioEventLoop(NioEventLoopGroup parent, Executor executor, SelectorProvider selectorProvider,
          SelectStrategy strategy, RejectedExecutionHandler rejectedExecutionHandler,
          EventLoopTaskQueueFactory queueFactory) {

    provider = selectorProvider;
    final SelectorTuple selectorTuple = openSelector();
    //省略非核心代码
}

private SelectorTuple openSelector() {
    final Selector unwrappedSelector;
    try {
        unwrappedSelector = provider.openSelector();
    } catch (IOException e) {
        throw new ChannelException("failed to open a new selector", e);
    }
```

在上述代码中，selectorProvider 由 NioEventLoopGroup 传入，默认使用的是 SelectorProvider.provider()方法的返回值。有了 selectorProvider 之后，就调用 openSelector()方法来创建一个 Selector 以提供注册功能。另外，创建的这个 Selector 会作为 NioEventLoop 的 unwrappedSelector 成员变量。由此可见，Selector 和 NioEventLoop 之间确实存在一一对应关系，考虑到每个 NioEventLoopGroup 又有多个 NioEventLoop，最终我们不是创建两个 Selector，而是创建两组 Selector。因为如果仅仅创建两个 Selector，最终可能存在性能瓶颈。

回到创建 SelectorProvider 的过程，SelectorProvider.provider()方法的具体实现代码参见代码清单 6-2。

代码清单 6-2　SelectorProvider.provider()方法的具体实现代码

```
public static SelectorProvider provider() {
    synchronized (lock) {
        if (provider != null)
            return provider;
```

```
            return AccessController.doPrivileged(
                new PrivilegedAction<SelectorProvider>() {
                    public SelectorProvider run() {
                        if (loadProviderFromProperty())
                            return provider;  //从配置读取
                        if (loadProviderAsService())
                            return provider;  //SPI 方式
                        provider = sun.nio.ch.DefaultSelectorProvider.create();  //默认实现
                        return provider;
                    }
                });
        }
    }
```

可以看出，除非显式地指明要使用哪种 Provider，否则 SelectorProvider 会使用 sun.nio.ch.DefaultSelectorProvider.create()方法创建一个 SelectorProvider 实例。在不同平台上（对于不同的 Windows 系统和 Linux 系统版本来说，安装的 JDK 版本不同），sun.nio.ch.DefaultSelectorProvider.create()方法的实现也不同。例如，这个方法在 Windows 平台上的实现方式可参见代码清单 6-3。

代码清单 6-3　DefaultSelectorProvider.create()方法在 Windows 平台上的实现方式

```
public class DefaultSelectorProvider {
    private DefaultSelectorProvider() {
    }

    public static SelectorProvider create() {
        return new WindowsSelectorProvider();
    }
}
```

可以看出，Selector 的创建具有跨平台自适应性。

2. 创建 ServerSocketChannel

在有了两种类型的 Selector 之后，我们就可以注册 Channel 了。但在此之前，需要创建通道。当通过执行 ServerbootStrap 的 bind()方法来启动服务器程序时，最终会调用 AbstractBootstrap 的 initAndRegister()方法，参见代码清单 6-4。

代码清单 6-4　调用 AbstractBootstrap 的 initAndRegister()方法

```
final ChannelFuture initAndRegister() {
    Channel channel = null;
    try {
        channel = channelFactory.newChannel();
        init(channel);
    }
```

```
    //开始注册通道
    ChannelFuture regFuture = config().group().register(channel);
    if (regFuture.cause() != null) {
        if (channel.isRegistered()) {
            channel.close();
        } else {
            channel.unsafe().closeForcibly();
        }
    }
```

在上述代码中，channelFactory.newChannel()方法用来创建 ServerSocketChannel，具体是通过 ReflectiveChannelFactory 来实现的。如代码清单 6-5 所示，ReflectiveChannelFactory 的实现用到了反射、泛型等技术，创建的 SocketChannel 类型则由 AbstractBootstrap#channel 方法指定，比如指定为 NioServerSocketChannel.class。

代码清单 6-5 ReflectiveChannelFactory 的实现代码

```
public class ReflectiveChannelFactory<T extends Channel> implements ChannelFactory<T> {
    private final Constructor<? extends T> constructor;
    public ReflectiveChannelFactory(Class<? extends T> clazz) {
        ObjectUtil.checkNotNull(clazz, "clazz");
        try {
            //获取无参构造器
            this.constructor = clazz.getConstructor();
        } catch (NoSuchMethodException e) {
            throw new IllegalArgumentException("Class " + StringUtil.simpleClassName
               (clazz) + " does not have a public non-arg constructor", e);
        }
    }

    @Override
    //泛型 T 代表不同的 Channel
    public T newChannel() {
        try {
            //使用反射技术创建 Channel
            return constructor.newInstance();
        } catch (Throwable t) {
            throw new ChannelException("Unable to create Channel from class " + constructor.
               getDeclaringClass(), t);
        }
    }
```

3. 注册 ServerSocketChannel 给主 Selector

在有了 Selector（NioEventLoop 的成员）和 ServerSocketChannel 之后，我们需要将它们绑定起来，也就是把 ServerSocketChannel 绑定到 boss group 中的 NioEventLoop(selector)上，参见

代码清单 6-4 中的语句 config().group().register(channel)，其中，group()此时指的就是 boss group。具体的注册过程如下。

```
//MultithreadEventLoopGroup#register(io.netty.channel.Channel)
@Override
public ChannelFuture register(Channel channel) {
    return next().register(channel);
}
```

这其实就是从 boss group 中选择（通过调用 next()方法）一个 NioEventLoop 进行注册，最终执行的代码如下。

```
javaChannel().register(eventLoop().unwrappedSelector(), 0, this);
```

具体的执行逻辑就是注册 ServerSocketChannel 到 NioEventLoop 中的 unwrappedSelector 成员变量上。

4. 创建 SocketChannel

至此，我们已经完成主 Selector 的构建以及 ServerSocketChannel 的创建和注册，因此可以接收连接了。在服务器接收到连接之后，创建连接的过程就是创建 SocketChannel，代码如下。

```
//实现方法可参考 NioServerSocketChannel#doReadMessages
SocketChannel ch = SocketUtils.accept(javaChannel());
```

5. 为 Selector 注册 SocketChannel

在有了代表连接实体的 SocketChannel 之后，我们就可以为 Selector 注册 SocketChannel，使用的是 ServerBootstrap.ServerBootstrapAcceptor#channelRead 方法，这个方法负责对创建后的连接执行如下语句以完成注册。

```
childGroup.register(child)
```

至此，我们展示了 Netty 是如何对 Reactor 主从多线程模式进行支持的。Netty 支持跨平台，并且通过判断是否只有一个 NioEventLoopGroup 来决定是否使用 Reactor 主从多线程模式，而通过判断 NioEventLoopGroup 中有多少个元素来控制是否采用多线程。

6.3 Netty 线程模型的可优化点

6.2 节介绍了 Netty 如何支持 NIO 的 Reactor 模式。只需要几行代码就能使用不同的 Reactor 模式。其中，在对当前流行的 Reactor 主从多线程模式的支持上，Netty 主要通过定义两个 NioEventLoopGroup 来实现。这在本质上相当于定义了两个线程组：一个线程组（通常命名为 boss group）用来接收连接；另一个线程组（通常命名为 worker group）用来读写请求。那么谁来执行具体的业务呢？实际上，默认情况下，worker group 中的 worker（也就是 NioEventLoop）既负责完成 I/O 事件的读写，也负责完成业务层的逻辑处理。

NioEventLoop 负责注册“兴趣事件”，参见代码清单 6-6。

代码清单 6-6 NioEventLoop 负责注册“兴趣事件”

```
public void register(final SelectableChannel ch, final int interestOps, final NioTask<?> task) {
      register0(ch, interestOps, task);
      //省略其他非核心代码
}
private void register0(SelectableChannel ch, int interestOps, NioTask<?> task) {
    try {
       ch.register(unwrappedSelector, interestOps, task);
    } catch(Exception e) {
       throw new EventLoopException("failed to register a channel", e);
    }
}
```

NioEventLoop 的 run()方法负责对监听到的“兴趣事件”进行处理。以读事件的处理为例，最终调用的是 unsafe.read()方法，参见代码清单 6-7。

代码清单 6-7 读事件的处理

```
private void processSelectedKey(SelectionKey k, AbstractNioChannel ch) {
    final AbstractNioChannel.NioUnsafe unsafe = ch.unsafe();
     //省略其他非核心代码
     //处理读请求（断开连接）或接入连接
     if ((readyOps & (SelectionKey.OP_READ | SelectionKey.OP_ACCEPT)) != 0 || readyOps == 0)
        {
         unsafe.read();
        }
    } catch (CancelledKeyException ignored) {
       unsafe.close(unsafe.voidPromise());
    }
}
```

unsafe.read()方法负责读取数据并通过 pipeline.fireChannelRead(byteBuf)方法逐级将读取的数据放到处理程序流水线中，参见代码清单 6-8。

代码清单 6-8 将读取的数据放到处理程序流水线中

```
static void invokeChannelRead(final AbstractChannelHandlerContext next, Object msg) {
    final Object m = next.pipeline.touch(ObjectUtil.checkNotNull(msg, "msg"), next);
    EventExecutor executor = next.executor();
    if (executor.inEventLoop()) {
       next.invokeChannelRead(m);
    } else {
        executor.execute(new Runnable() {
           @Override
```

```
            public void run() {
                next.invokeChannelRead(m);
            }
        });
    }
}
```

上述代码演示了 Netty 最常采用的处理方式：查看当前处理程序绑定的执行器是不是 NioEventLoop 本身（通过 SingleThreadEventExecutor#inEventLoop 方法来判断）。如果是，直接执行；如果不是，就由绑定的执行器来执行。

```
@Override
public boolean inEventLoop(Thread thread) {
    return thread == this.thread;
}
```

很明显，正常情况下，当前的执行器其实就是默认的 NioEventLoop 本身，因为我们并没有为处理程序显式指定执行器，这从代码清单 6-9（AbstractChannelHandlerContext#executor()）中可以看出。

代码清单 6-9　执行器的获取方法

```
@Override
public EventExecutor executor() {
    if (executor == null) {
        return channel().eventLoop();
    } else {
        return executor;
    }
}
```

至此，我们可以得出如下结论：业务的处理默认是由 worker group 中的 NioEventLoop 完成的。假设我们的业务是 I/O 类型的，在业务层进行处理时，经常需要等待 I/O 响应，因而耗时较长，这有可能导致读取数据的线程无法及时进行读取，最终不得不接受缓冲区满载的现实，进而引发 TCP 流量控制，最终导致客户端无法继续发送数据。这与我们的预期完全不符，因为我们通常并不希望由于业务处理不过来而无法接收数据，进而影响到客户端，我们更希望对业务层处理进行更多的控制约束，例如，每个业务的执行时间不超过允许时间。此时，我们可以针对 I/O 型业务进行优化——为业务层处理指定独立的线程池。这样，当任务处理过慢时，我们完全可以丢弃任务，从而避免影响客户端的使用体验。

如何指定独立的线程池呢？这可以通过两种方式来实现。

- 在业务处理程序内部提供线程池，这种方式易于实现，因为这本身其实和 Netty 已经脱离了关系，这里不再赘述。
- 在业务处理程序外部提供线程池。在业务处理程序外部实现线程池之后，再将线程池和业务处理程序绑定在一起，如下所示：

```
ChannelPipeline#addLast(EventExecutorGroup, ChannelHandler, …)
```

在上述代码中，EventExecutorGroup 表示可传入的线程池的类型，ChannelHandler 表示要与之绑定的业务处理程序，它可以是多个。这种绑定方式其实相当于告诉 Netty，代码清单 6-9 中的执行器（executor）不是 null，而是这个线程池。

通过上面的分析，我们发现 Netty 线程模型已经能满足 Reactor 主从多线程模式的使用条件。但是，默认的实现方式是将业务层的数据处理和数据读取绑定在一起，这对于 I/O 型业务应用不是特别合适。因此，针对这种类型的业务，我们一般都会使用独立的线程池来进行优化。

6.4 常见开源软件是如何使用 Reactor 模式的

前面介绍了 NIO 的 3 种 Reactor 模式以及 Netty 是如何使用、支持并优化它们的，那么现在业内常见的开源软件是如何使用 Reactor 模式的？也就是说，业内常见的开源软件是如何定义自己的线程模型的？接下来，我们从通信层和业务层两个维度，并以一些常见的开源软件为例进行简单介绍。

6.4.1 Cassandra

Cassandra 在通信层并没有使用 Reactor 主从多线程模式，而使用了 Reactor 多线程模式，参见代码清单 6-10。

代码清单 6-10 Cassandra 在通信层使用了 Reactor 多线程模式

```
private Server (Builder builder)
{
    if (builder.workerGroup != null)
     {
        workerGroup = builder.workerGroup;
     }
     else
     {
        if (useEpoll)
            workerGroup = new EpollEventLoopGroup();
        else
            workerGroup = new NioEventLoopGroup();
     }
}

public synchronized void start()
{
    //省略其他非核心代码
    if (workerGroup != null)
```

```
        bootstrap = bootstrap.group(workerGroup);
    //省略其他非核心代码
}
```

上述代码构建了一个 work group，然后再将这个 work group 直接传给 ServerBootStrap（Server#start）。作者认为这并不是最佳方式，因为没有将连接处理和请求读写分开。

在应用处理方面，Cassandra 可以使用独立的线程池，从而与通信层实现了隔离。如前所述，这对 I/O 型应用来说是很好的实践，参见代码清单 6-11（Server.Initializer#initChannel）。

代码清单 6-11　Cassandra 在业务层使用独立的线程池

```
if (server.eventExecutorGroup != null)
    pipeline.addLast(server.eventExecutorGroup, "executor", dispatcher);
else
    pipeline.addLast("executor", dispatcher);
```

上述代码中的 eventExecutorGroup 就是独立的业务层线程池，Cassandra 中可以使用的类型是 RequestThreadPoolExecutor。我们可以通过 RequestThreadPoolExecutor 的一些关键属性来了解相关信息，参见代码清单 6-12。

代码清单 6-12　RequestThreadPoolExecutor 的相关信息

```
public class RequestThreadPoolExecutor extends AbstractEventExecutor
{
    private final static int MAX_QUEUED_REQUESTS = Integer.getInteger("cassandra.max_
    queued_native_transport_requests", 128);
    private final static String THREAD_FACTORY_ID = "Native-Transport-Requests";
    private final LocalAwareExecutorService wrapped = SHARED.newExecutor(DatabaseDescriptor.
    getNativeTransportMaxThreads(),MAX_QUEUED_REQUESTS,"transport", THREAD_FACTORY_ID);
    //省略其他非核心代码
}
```

从上述代码可以看出，RequestThreadPoolExecutor 继承自 Netty 的 AbstractEventExecutor，并使用 native_transport_max_threads 和 max_queued_native_transport_requests 来分别控制线程数与最大缓存任务数。因此，我们得到的是一个灵活可配的线程池。

6.4.2　Dubbo

在 Dubbo 中，使用 Reactor 模式的组件有不少。相同点在于它们都直接使用 Reactor 主从多线程模式，区别在于不同服务对线程的使用方式不尽相同。下面举例说明。

1. QOS 服务器

QOS 服务器是 Dubbo 组件之一。对于通信层，QOS 服务器直接使用的是 Reactor 主从多线程模式，这个结论可从如下代码（org.apache.dubbo.qos.server.Server#start）中得出。

```
EventLoopGroup boss = new NioEventLoopGroup(1, new DefaultThreadFactory("qos-boss", true));
EventLoopGroup worker = new NioEventLoopGroup(0, new DefaultThreadFactory("qos-worker", true));
ServerBootstrap serverBootstrap = new ServerBootstrap();
serverBootstrap.group(boss, worker);
```

这里值得关注的有两点。

- boss group 显式指定了一个线程。这是因为对于 boss group 而言，如果只监听一个端口，那么实际上就只能用到 boss group 中的一个元素，也就是 NioEventLoop。
- worker group 则显式地指定线程参数为 0。这是因为当线程数被指定为 0 时，实际使用的线程数由 Netty 根据 CPU 和参数（io.netty.eventLoopThreads）计算出，具体的计算方法参见代码清单 6-13（MultithreadEventLoopGroup 的 static 代码块）。

代码清单 6-13 默认线程数/EventLoop 数的计算方法

```
private static final int DEFAULT_EVENT_LOOP_THREADS;
static {
    DEFAULT_EVENT_LOOP_THREADS = Math.max(1, SystemPropertyUtil.getInt(
            "io.netty.eventLoopThreads", NettyRuntime.availableProcessors() * 2));
    if (logger.isDebugEnabled()) {
       logger.debug("-Dio.netty.eventLoopThreads: {}", DEFAULT_EVENT_LOOP_THREADS);
    }
}
```

另外，在业务层，QOS 服务器需要执行的业务都是轻量级的，所以 Dubbo 并没有使用单独的线程池来提供服务。

2. RPC 服务器

RPC 服务器是 Dubbo 的核心组件之一。在通信层，RPC 服务器采用的也是 Reactor 主从多线程模式。这一点虽然与 QOS 服务器类似，不过很明显的区别在于：对于 worker group 的构建，RPC 服务器不再通过显式地指定线程参数为 0 来使用 Netty 计算出的默认值，而通过 URL 参数 IO_THREADS_KEY 来指定，参见代码清单 6-14（org.apache.dubbo.remoting.transport.netty4.NettyServer#doOpen 的部分代码）。

代码清单 6-14 Dubbo RPC 服务器如何在通信层构建线程模型

```
NioEventLoopGroup bossGroup = new NioEventLoopGroup(1, new DefaultThreadFactory
("NettyServerBoss", true));
NioEventLoopGroup workerGroup = new NioEventLoopGroup(getUrl().getPositiveParameter
(IO_THREADS_KEY, Constants.DEFAULT_IO_THREADS),bootstrap.group(bossGroup, workerGroup));
```

其中，参数 IO_THREADS_KEY 可以通过代码清单 6-15 所示配置中的 iothreads 来指定。

代码清单 6-15　Dubbo RPC 服务器的配置

```
<dubbo:protocol name="dubbo" port="9090" server="netty" client="netty" codec="dubbo"
serialization="hessian2" charset="UTF-8" threadpool="fixed" dispatcher="message" threads=
"100" queues="0" iothreads="9" buffer="8192" accepts="1000" payload="8388608" />
```

如果没有指定 iothreads，则直接使用默认值。

```
Math.min(Runtime.getRuntime().availableProcessors() + 1, 32);
```

在业务层，RPC 服务器提供了更强大的支持。虽然从业务层处理程序的“添加”来看，好像并没有使用什么独立的线程池：

```
final NettyServerHandler nettyServerHandler = new NettyServerHandler(getUrl(), this);
ch.pipeline().addLast("handler", nettyServerHandler);
```

但是实际上，业务层处理程序 NettyServerHandler 在内部可以使用线程池，这一点和 Cassandra 不同：Cassandra 直接使用一个独立的外部线程池来与业务处理程序绑定。

那么 nettyServerHandler 是如何使用线程池的？我们可以通过下面的配置来加以了解。

```
direct=org.apache.dubbo.remoting.transport.dispatcher.direct.DirectDispatcher
execution=org.apache.dubbo.remoting.transport.dispatcher.execution.ExecutionDispatcher
message=org.apache.dubbo.remoting.transport.dispatcher.message.MessageOnlyDispatcher
all=org.apache.dubbo.remoting.transport.dispatcher.all.AllDispatcher
connection=org.apache.dubbo.remoting.transport.dispatcher.connection.ConnectionOrderedDispatcher
```

由上述配置可知，不同的类型提供了不同的执行模式。例如，DirectDispatcher（参见代码清单 6-16）直接在 I/O 线程上执行业务，而没有使用独立的线程池。

代码清单 6-16　DirectChannelHandler 直接在 I/O 上执行业务

```
public class DirectChannelHandler extends WrappedChannelHandler {

    public DirectChannelHandler(ChannelHandler handler, URL url) {
        super(handler, url);
    }

    @Override
    public void received(Channel channel, Object message) throws RemotingException {
        ExecutorService executor = getPreferredExecutorService(message);
        if (executor instanceof ThreadlessExecutor) {
            try {
                executor.execute(new ChannelEventRunnable(channel, handler, ChannelState.
                RECEIVED, message));
            } catch(Throwable t) {
                throw new ExecutionException(message, channel, getClass() + " error when
                process received event .", t);
            }
        } else {
```

```
                handler.received(channel, message);
            }
        }

    }
```

但是，MessageOnlyChannelHandler（参见代码清单 6-17）则使用线程池来执行。

代码清单 6-17 MessageOnlyChannelHandler 使用线程池来执行

```
public class MessageOnlyChannelHandler extends WrappedChannelHandler {

    public MessageOnlyChannelHandler(ChannelHandler handler, URL url) {
        super(handler, url);
    }

    @Override
    public void received(Channel channel, Object message) throws RemotingException {
        ExecutorService executor = getPreferredExecutorService(message);
        try {
            executor.execute(new ChannelEventRunnable(channel, handler, ChannelState.
            RECEIVED, message));
        } catch (Throwable t) {
            throw new ExecutionException(message, channel, getClass() + " error when
            process received event .", t);
        }
    }
}
```

使用什么样的线程池可通过 SPI 配置来指定，示例如下，这里不再详述。

```
fixed=org.apache.dubbo.common.threadpool.support.fixed.FixedThreadPool
cached=org.apache.dubbo.common.threadpool.support.cached.CachedThreadPool
limited=org.apache.dubbo.common.threadpool.support.limited.LimitedThreadPool
eager=org.apache.dubbo.common.threadpool.support.eager.EagerThreadPool
```

由此可见，使用什么执行方式以及使用什么线程池都是可以配置的，那么到底应该怎么使用呢？其实很简单，方法就是在配置中指定 threadpool 和 dispatcher 这两个参数。在代码清单 6-15 中，threadpool="fixed" dispatcher="message"就表示使用固定大小的线程池来处理接收到的请求。

6.4.3 Hadoop

我们最后看一下 Hadoop 的线程模型。Hadoop 中使用 Netty 的地方也有多个，以 DataNode 的 HTTP 服务器为例，从如下代码可以看出，该 HTTP 服务器使用的是 Reactor 主从多线程模式。

```
this.bossGroup = new NioEventLoopGroup();
this.workerGroup = new NioEventLoopGroup();
this.httpServer = new ServerBootstrap().group(bossGroup, workerGroup)
```

在业务层，核心处理器 URLDispatcher 没有绑定任何线程，并且内部没有使用线程池，因此很明显，URLDispatcher 使用的是 worker group 中共享的线程池。

```
ChannelPipeline p = ch.pipeline();
              p.addLast(
               new SslHandler(sslFactory.createSSLEngine()),
               new HttpRequestDecoder(),
               new HttpResponseEncoder(),
               new ChunkedWriteHandler(),
               new URLDispatcher(jettyAddr, conf, confForCreate));
              }
```

综上所述，目前业内大多数开源软件使用的都是 Reactor 主从多线程模式。业务层则根据情况的不同决定是否使用独立的线程池，值得称赞的是 Dubbo，Dubbo 可以通过配置的方式来指定不同的业务执行方式。

6.5 为实战案例选择和实现线程模型

在有了上面的知识储备之后，就可以通过实战案例来演示如何选择、实施和优化线程模型了。

6.5.1 使用 Reactor 主从多线程模式

下面首先来完成服务器端代码。查看之前完成的服务器端代码，就会发现，我们实际上已经在不经意间选择了 Reactor 模式，只不过使用的是非主从的 Reactor 多线程模式而已，如下所示。

```
NioEventLoopGroup eventLoopGroup = new NioEventLoopGroup();
serverBootstrap.group(eventLoopGroup);
```

因此，我们需要对上述代码进行如下修改以使用 Reactor 主从多线程模式。

```
EventLoopGroup bossGroup = new NioEventLoopGroup();
EventLoopGroup workerGroup = new NioEventLoopGroup();
serverBootstrap.group(bossGroup, workerGroup);
```

修改完服务器端代码后，下面再来看看客户端代码是否需要修改。实际上不需要修改，原因主要有如下两点：（1）Bootstrap 本身不支持作为 group 使用的方法参数；（2）客户端并不接收连接请求，何来主从之分？因此，客户端代码不需要修改，保持原样即可，如下所示。

```
NioEventLoopGroup group = new NioEventLoopGroup();
bootstrap.group(group);
```

6.5.2 使用独立线程池

对于初学者而言，本章的实践部分到此就已经基本结束了。但是，回顾 6.3 节，我们知道 Netty 线程模型针对 I/O 型业务是可以进一步优化的，所以下面我们通过案例程序来演示一下如何进行优化。

在演示如何进行优化之前，我们首先实现业务层处理程序，并更改业务处理，使之具有 I/O 型业务的特点——等待时间较长。请参考代码清单 6-18 来完成业务处理程序。

代码清单 6-18 完成实战案例的业务处理程序

```
@Slf4j
public class OrderServerProcessHandler extends SimpleChannelInboundHandler<RequestMessage> {
    @Override
    protected void channelRead0(ChannelHandlerContext ctx, RequestMessage requestMessage)
    throws Exception {
        Operation operation = requestMessage.getMessageBody();
        OperationResult operationResult = operation.execute();

        ResponseMessage responseMessage = new ResponseMessage();
        responseMessage.setMessageHeader(requestMessage.getMessageHeader());
        responseMessage.setMessageBody(operationResult);

        if (ctx.channel().isActive() && ctx.channel().isWritable()) {
           ctx.writeAndFlush(responseMessage);
        } else {
           log.error("not writable now, message dropped");
        }
    }
}
```

接下来，选择核心的业务操作 OrderOperation 并进行修改（添加 3 秒的“等待时间”），从而模拟 I/O 型业务，参见代码清单 6-19。

代码清单 6-19 修改核心的业务操作 OrderOperation 以模拟 I/O 型业务

```
public class OrderOperation extends Operation implements Serializable {

    private int tableId;
    private String dish;

    @Override
    public OrderOperationResult execute() {
        log.info("order's executing startup with orderRequest: " + toString());
        //等待 3 秒，"夸张"地模拟 I/O 型业务
        Uninterruptibles.sleepUninterruptibly(3, TimeUnit.SECONDS);
        log.info("order's executing complete");
        OrderOperationResult orderResponse = new OrderOperationResult(tableId, dish, true);
        return orderResponse;
    }
}
```

最后，把业务处理器添加到处理程序流水线中。

```
pipeline.addLast(new OrderServerProcessHandler());
```

完成以上所有步骤后，我们实际上已经可以把案例程序组装并运行起来。在服务器端，最终只需要绑定一个端口并启动即可，核心代码如代码清单 6-20 所示。

代码清单 6-20　实现服务器端的雏形

```
ServerBootstrap serverBootstrap = new ServerBootstrap();
serverBootstrap.channel(NioServerSocketChannel.class);
serverBootstrap.handler(new LoggingHandler(LogLevel.INFO));

EventLoopGroup bossGroup = new NioEventLoopGroup();
EventLoopGroup workerGroup = new NioEventLoopGroup();

try{
    serverBootstrap.group(bossGroup, workerGroup);
    serverBootstrap.childHandler(new ChannelInitializer<NioSocketChannel>() {
        @Override
        protected void initChannel(NioSocketChannel ch) throws Exception {
            ChannelPipeline pipeline = ch.pipeline();

            pipeline.addLast(new OrderFrameDecoder());
            pipeline.addLast(new OrderFrameEncoder());

            pipeline.addLast(new OrderProtocolEncoder());
            pipeline.addLast(new OrderProtocolDecoder());

            pipeline.addLast(new OrderServerProcessHandler());
        }
    });

    ChannelFuture channelFuture = serverBootstrap.bind(8090).sync();
    channelFuture.channel().closeFuture().sync();
} finally {
    group.shutdownGracefully();
}
```

对于客户端，只需要执行连接服务器的操作即可发送消息，核心代码如代码清单 6-21 所示。

代码清单 6-21　实现客户端的雏形

```
Bootstrap bootstrap = new Bootstrap();
bootstrap.channel(NioSocketChannel.class);

NioEventLoopGroup group = new NioEventLoopGroup();
try{
    bootstrap.group(group);
```

```
        bootstrap.handler(new ChannelInitializer<NioSocketChannel>() {
            @Override
            protected void initChannel(NioSocketChannel ch) throws Exception {
                ChannelPipeline pipeline = ch.pipeline();
                pipeline.addLast(new OrderFrameDecoder());
                pipeline.addLast(new OrderFrameEncoder());

                pipeline.addLast(new OrderProtocolEncoder());
                pipeline.addLast(new OrderProtocolDecoder());
            }
        });

        ChannelFuture channelFuture = bootstrap.connect("127.0.0.1", 8090);
        channelFuture.sync();

        RequestMessage requestMessage = new RequestMessage(IdUtil.nextId(), new OrderOperation
        (1001, "tudou"));
        channelFuture.channel().writeAndFlush(requestMessage);

        channelFuture.channel().closeFuture().sync();
    } finally {
        group.shutdownGracefully();
    }
```

运行服务器端和客户端，观察服务器处理效果（实际上，为了输出线程名以演示处理效果，我们需要对案例程序的“日志”提前进行优化，至于如何优化，详见第 9 章），如图 6-6 所示。

```
16:15:21 [nioEventLoopGroup-3-1] AbstractInternalLogger: [id: 0xe66c4f61, L:/127.0.0.1:8090 - R:/127.0.0.1:63598] REGISTERED
16:15:21 [nioEventLoopGroup-3-1] AbstractInternalLogger: [id: 0xe66c4f61, L:/127.0.0.1:8090 - R:/127.0.0.1:63598] ACTIVE
16:15:21 [nioEventLoopGroup-3-1] AbstractInternalLogger: [id: 0xe66c4f61, L:/127.0.0.1:8090 - R:/127.0.0.1:63598] READ: Message
 (messageHeader=MessageHeader(version=1, opCode=3, streamId=1), messageBody=OrderOperation(tableId=1001, dish=tudou))
16:15:21 [nioEventLoopGroup-3-1] OrderOperation: order's executing startup with orderRequest: OrderOperation(tableId=1001, dish=tudou)
16:15:24 [nioEventLoopGroup-3-1] OrderOperation: order's executing complete
16:15:24 [nioEventLoopGroup-3-1] AbstractInternalLogger: [id: 0xe66c4f61, L:/127.0.0.1:8090 - R:/127.0.0.1:63598] WRITE: Message
 (messageHeader=MessageHeader(version=1, opCode=3, streamId=1), messageBody=OrderOperationResult(tableId=1001, dish=tudou, complete=true))
16:15:24 [nioEventLoopGroup-3-1] AbstractInternalLogger: [id: 0xe66c4f61, L:/127.0.0.1:8090 - R:/127.0.0.1:63598] FLUSH
16:15:24 [nioEventLoopGroup-3-1] AbstractInternalLogger: [id: 0xe66c4f61, L:/127.0.0.1:8090 - R:/127.0.0.1:63598] READ COMPLETE
```

图 6-6 服务器处理效果

如图 6-6 所示，I/O 事件处理和业务处理共享同一个线程池（worker group）。此时，修改线程模型，将业务处理线程独立出来，代码如下所示。

```
UnorderedThreadPoolEventExecutor businessGroup = new UnorderedThreadPoolEventExecutor(10);
//省略其他非核心代码
pipeline.addLast(businessGroup, new OrderServerProcessHandler());
```

上述代码表明，直接使用 Netty 自带的 UnorderedThreadPoolEventExecutor 可达到如下目的：使用指定的线程数构建 UnorderedThreadPoolEventExecutor 线程池，然后与业务处理器绑定。重新运行程序，服务器处理效果如图 6-7 所示。

```
16:21:49 [nioEventLoopGroup-3-1] AbstractInternalLogger: [id: 0xcea09f03, L:/127.0.0.1:8090 - R:/127.0.0.1:57775] REGISTERED
16:21:49 [nioEventLoopGroup-3-1] AbstractInternalLogger: [id: 0xcea09f03, L:/127.0.0.1:8090 - R:/127.0.0.1:57775] ACTIVE
16:21:49 [nioEventLoopGroup-3-1] AbstractInternalLogger: [id: 0xcea09f03, L:/127.0.0.1:8090 - R:/127.0.0.1:57775] READ: Message
(messageHeader=MessageHeader(version=1, opCode=3, streamId=1), messageBody=OrderOperation(tableId=1001, dish=tudou))
16:21:49 [unorderedThreadPoolEventExecutor-4-1] OrderOperation: order's executing startup with orderRequest: OrderOperation(tableId=1001,
dish=tudou)
16:21:49 [nioEventLoopGroup-3-1] AbstractInternalLogger: [id: 0xcea09f03, L:/127.0.0.1:8090 - R:/127.0.0.1:57775] READ COMPLETE
16:21:52 [unorderedThreadPoolEventExecutor-4-1] OrderOperation: order's executing complete
16:21:52 [nioEventLoopGroup-3-1] AbstractInternalLogger: [id: 0xcea09f03, L:/127.0.0.1:8090 - R:/127.0.0.1:57775] WRITE: Message
(messageHeader=MessageHeader(version=1, opCode=3, streamId=1), messageBody=OrderOperationResult(tableId=1001, dish=tudou, complete=true))
16:21:52 [nioEventLoopGroup-3-1] AbstractInternalLogger: [id: 0xcea09f03, L:/127.0.0.1:8090 - R:/127.0.0.1:57775] FLUSH
```

图 6-7　使用独立线程池的服务器处理效果

从图 6-7 可以看出，业务在执行过程中已经使用了独立出来的线程池，我们确实成功地对案例程序的线程模型进行了优化。现在，线程模型不仅考虑了通信层，还考虑了应用层，这对于我们的实战案例来说已经是最优解。

6.6 常见疑问和实战易错点解析

在学习本章的过程中，读者可能会产生许多困惑，在实践中也会掉入一些常见的陷阱。本节剖析常见疑问和实战易错点。

6.6.1 常见疑问解析

读者产生的疑问大多集中于 Reactor 模式的性能和内部实现方面，下面举例说明。

1. 当前的 Netty 线程模型能支持多少个连接

传统的 thread per connection 开发模式无法在单台机器上支持海量的连接，这就是人们常说的 C10K 问题。解决这个问题的关键就在于引入 Reactor 模式，那么支持 Reactor 模式的 Netty 线程模型到底能支持多少个连接呢？

这个问题其实并非 Netty 专属，对于网络编程框架，都可能存在类似的问题。解决此类问题的关键是我们需要先知道单个客户端到底能创建多少个连接。

以 Linux 平台为例。连接是由客户端 IP、客户端端口、服务器 IP、服务器端口唯一标识的，其中服务器 IP 和服务器端口一般是固定的，因此对于能够支持多少个连接，我们可以进行简单的估算。

1）单个客户端可以创建的连接数

理论值取决于本地可用端口的数量，在不考虑其他应用端口占用的情况下，大约为 64 511，计算方式如下。

65535（报文中端口占用的字节数是 16，所以本地可用端口的最大数量为 65535）－ 1024（保留端口数）

实际值主要受以下 3 个因素的影响。

- TCP 层：可调整的 ip_local_port_range 配置（参考/proc/sys/net/ipv4/ip_local_port_range），调整范围即为可用端口数。
- 系统限制：可调整的最大文件句柄数（参考/etc/security/limits.conf），最大为 21 亿。
- 资源限制：诸如内存等资源是有限的，而连接本身也是需要占用资源的（Netty 本身的 Socket 相关对象也要占用 JVM）。

在综合考虑理论和实际情况之后，我们得出如下结论：如果把配置调整得足够大，并且资源充足（实际上，即使 64 511 个连接也并不占用多少资源），单个客户端所能创建的连接数是可以达到理论值的。

2）服务器能够支持的连接数

如果不考虑服务器本身的限制，那么服务器可能支持的最大连接数为客户端数量（IP 地址数量）×单个客户端的最大连接数。那么 IP 地址有多少个呢？以 IPv4 为例，IPv4 使用 4 字节表示 IP 地址，因此 IP 地址可以达到约 43 亿个，再乘以单个客户端的最大连接数，得到的结果将十分惊人。

很明显，单台服务器处理不了这么多连接，因为服务器同样受到最大文件句柄数和资源的限制。最大文件句柄数刚才提到过，最大为 21 亿；在资源限制方面，相关测试数据表明，100 万个连接就要占用 3 GB 以上内存空间。因此很明显，服务器支持的最大连接数主要受资源的影响。一般而言，最多支持 100 万～1000 万个连接。若超过 1000 万个连接，仅仅内存就要占用 30 GB 以上了。

回到我们讨论的这个话题，单纯看连接有多少意义不是很大。进行连接是为了做事情，即便能支持很多个连接，但如果因为占用资源过大导致无法处理业务或无法及时处理业务，连接数再多又有何意义呢？

2. Netty 的 NioEventLoopGroup 为什么不改为默认只有一个线程

对于大多应用程序而言，只能使用 boss group 中的一个线程。因此，一些开源软件选择显式地设置 boss group 中的线程数为 1。既然如此，Netty 为什么不把用来构建 boss group 的 NioEventLoopGroup 改为默认只有一个线程，从而一劳永逸呢？观察如下代码。

```
public NioEventLoopGroup() {
    this(0); //为什么不改成 1?
}
```

原因主要有如下两个。

1）存在需要使用多个线程的场景

并不是所有的应用程序都只监听一个端口。在一个应用需要监听多个端口，而 boss group 又共享的情况下，你就可以使用 boss group 中的多个线程。例如，在 Hadoop 中，应用程序可能就在同时监听多个端口，比如用于 HTTP 服务器的 9864 端口和用于 HTTPS 服务器的 9865

端口。至于 Hadoop 在内部是如何共享 boss group 的，参见图 6-8（代码来自 DatanodeHttpServer 构造器）。

```
this.bossGroup = new NioEventLoopGroup();
this.workerGroup = new NioEventLoopGroup();

if (policy.isHttpEnabled()) {
  this.httpServer = new ServerBootstrap().group(bossGroup, workerGroup)
       .childHandler(new ChannelInitializer<SocketChannel>() {...});

} else {...}

if (policy.isHttpsEnabled()) {
  this.sslFactory = new SSLFactory(SSLFactory.Mode.SERVER, conf);
  try {...} catch (GeneralSecurityException e) {...}
  this.httpsServer = new ServerBootstrap().group(bossGroup, workerGroup)
      .channel(NioServerSocketChannel.class)
      .childHandler(new ChannelInitializer<SocketChannel>() {...});
} else {...}
}
```

图 6-8　Hadoop 会在内部共享 boss group

2）NioEventLoopGroup 是共用的

boss group 在本质上就是 NioEventLoopGroup，并且与 worker group 是共用的。因此，如果修改 boss group 的构造器，就等于修改 worker group 的默认行为，而 worker group 在多数情况下是需要使用多个线程的。

综合以上因素，NioEventLoopGroup 的默认线程数不能改为 1。另外，用不上的 NioEventLoop 并没有真正启动线程工作，因而并无太大影响。

3. Netty 在给通道分配 NioEventLoop 时，规则有何不同

NioEventLoop 的分配主要是通过使用 NioEventLoopGroup 的父类方法 MultithreadEventExecutorGroup#next 来实现的。目前，分配规则主要有两种，并且它们都实现了 EventExecutorChooser 接口，因而二者之间可以切换。至于选择其中哪一种，关键在于 group 中元素的数量，比如 NioEventLoopGroup 中有多少个 NioEventLoop。默认选择策略的实现可参考 DefaultEventExecutorChooserFactory，参见代码清单 6-22。

代码清单 6-22　DefaultEventExecutorChooserFactory 实现示例

```
/**
 * 默认实现是使用简单的轮询调度模式选出下一个事件执行器（EventExecutor）
 */
public final class DefaultEventExecutorChooserFactory implements EventExecutorChooserFactory {
    public static final DefaultEventExecutorChooserFactory INSTANCE = new DefaultEven
    tExecutorChooserFactory();
    private DefaultEventExecutorChooserFactory() { }
```

```
    @Override
    public EventExecutorChooser newChooser(EventExecutor[] executors) {
        //根据待绑定的执行器数量是否是 2 的幂次方来做出不同的选择
        if (isPowerOfTwo(executors.length)) {
           return new PowerOfTwoEventExecutorChooser(executors);
        } else {
           return new GenericEventExecutorChooser(executors);
        }
    }

    private static boolean isPowerOfTwo(int val) {
        return (val & -val) == val;
    }
    private static final class PowerOfTwoEventExecutorChooser implements EventExecutorChooser {
        private final AtomicInteger idx = new AtomicInteger();
        private final EventExecutor[] executors;
        PowerOfTwoEventExecutorChooser(EventExecutor[] executors) {
           this.executors = executors;
        }
        //执行器的总数必须是 2 的幂次方（2、4、8 等）才行，&运算符的效率更高。同时，当 idx 累加到最大值
        //之后，这种方式相比通用方式（GenericEventExecutorChooser）更公平
        public EventExecutor next() {
           return executors[idx.getAndIncrement() & executors.length - 1];
        }
    }
    private static final class GenericEventExecutorChooser implements EventExecutorChooser {
        private final AtomicInteger idx = new AtomicInteger();
        private final EventExecutor[] executors;
        GenericEventExecutorChooser(EventExecutor[] executors) {
           this.executors = executors;
        }

        public EventExecutor next() {
        //递增、取模、取正值，不然可能是负数。另外，这里有一个非常小的缺点，当 idx 累加到最大值之后，会存在
        //短暂的不公平现象：1、2、3、4、5、6、7、0、7（注意，这里不是 1，而是 7，然而，第 7 个数也是 7，
        //所以不够公平）、6、5
           return executors[Math.abs(idx.getAndIncrement() % executors.length)];
        }
    }
}
```

如上述代码所示，如果 NioEventLoop 的数量是 2 的幂次方，则使用 PowerOfTwoEventExecutorChooser；否则，使用通用的 GenericEventExecutorChooser。不管如何选择，这里都通过轮询来追求公平，但区别是什么呢？我们从如下两个角度考虑。

1）效率

从效率角度看，使用的核心运算符不同，它们使用的分别是&和%。在效率上，&运算符

一般优于%。当然，不充分测试不一定能得出上述结论，因为影响测试结果的因素有很多，例如，是否同时运行、选择的比较数是多少、测试次数、测试程序是否预热、内部是否开启实时优化等。

2）公平

从公平角度看，如果使用%运算符，那么在 idx 累加到最大值后，会出现非常短暂的不公平现象。以 8 个 NioEventLoop 为例，结果为 5，6，7，0，7，6，…即归零后，不再按从小到大的顺序排列，而出现短暂的逆序现象。

综合以上因素，针对不同子元素的数量选择不同的选择器是对性能有极致追求的一种表现。

6.6.2　常见实战易错点解析

在应用本章介绍的知识进行实践时，我们很容易犯一些错误，下面举例说明。

1. 因追求“简约”而没有使用最佳线程模型

初学者往往有追求“简约”的习惯，在大多数情况下这是一个好习惯，因为在还不清楚实现细节的情况下，没必要弄得太复杂，但这并不是金科玉律。例如，对于 Netty 线程模型的应用，初学者很容易简约地给出如下定义。

```
EventLoopGroup eventGroup = new NioEventLoopGroup();
ServerBootstrap serverBootstrap = new ServerBootstrap();
serverBootstrap.group(eventGroup);
```

上述代码使用的并不是 Reactor 主从多线程模式，没有将连接的接收和读写操作分开，这明显不是最优方式。

2. 为每个连接创建一个线程组

6.5 节介绍了如何使用独立的线程池来提高 I/O 型业务的处理性能，并且展示了相应的优化代码，更完整一些的代码如代码清单 6-23 所示。

代码清单 6-23　添加独立线程池的正确写法

```
UnorderedThreadPoolEventExecutor businessGroup = new UnorderedThreadPoolEventExecutor(10);

serverBootstrap.childHandler(new ChannelInitializer<NioSocketChannel>() {
    @Override
    protected void initChannel(NioSocketChannel ch) throws Exception {
        ChannelPipeline pipeline = ch.pipeline();
        //省略其他非核心代码
        pipeline.addLast(businessGroup, new OrderServerProcessHandler());
    }
});
```

但是，实际上很多初学者不一定使用上面这种写法，而直接使用代码清单 6-24 所示的写法。

代码清单 6-24 添加独立线程池的错误写法

```
serverBootstrap.childHandler(new ChannelInitializer<NioSocketChannel>() {
    @Override
    protected void initChannel(NioSocketChannel ch) throws Exception {
        ChannelPipeline pipeline = ch.pipeline();
        //省略其他非核心代码
        UnorderedThreadPoolEventExecutor businessGroup =
        new UnorderedThreadPoolEventExecutor(10);
        pipeline.addLast(businessGroup, new OrderServerProcessHandler());
    }
});
```

这两种写法之间有什么区别呢？ChannelInitializer 在这里是供子套接字使用的，因此 initChannel()方法的参数实际上是 SocketChannel（也就是连接）。如果我们使用代码清单 6-24 中的代码，那么虽然看起来我们“顺其自然”地就近定义和就近使用了独立线程池，但实际上却会为每个连接创建一个线程池。显然，这不符合我们的初衷。另外，当连接数较大时，很可能出现线程不够用的情况，这也违背了我们想要共享同一个线程池的意愿。

以上就是与本章知识点相关的常见实战易错点。可以看出，易错点并不多，但是如果犯了，后果都比较“致命”。根源就在于开发人员对 Netty 的了解不够深入，因而开发出来的项目仅仅能够运行，性能欠佳。

第二部分　源码解析与实战进阶

第 7 章　基于实战案例剖析 Netty 的核心流程

第 8 章　参数调整

第 9 章　诊断性优化

第 10 章　性能优化

第 11 章　系统增强

第 12 章　安全性提升

第 13 章　可用性提升

第 7 章　基于实战案例剖析 Netty 的核心流程

通过学习本书的前 6 章，我们已经完成了实战案例的雏形，相信读者对如何使用 Netty 已经有了初步的了解。但是，案例现在仍处于“雏形”阶段，我们仍然需要进一步学习 Netty 的相关知识，从而查漏补缺，将现有的雏形案例逐步演化成产品级。为此，我们可以首先借助雏形案例从源码级别学习 Netty 的核心流程，从而为案例的演进打下坚实基础。

以 Netty 所要完成的工作内容为界，如图 7-1 所示，Netty 的核心流程可划分成启动服务、构建连接、读取数据、处理业务、发送数据、关闭连接和关闭服务。

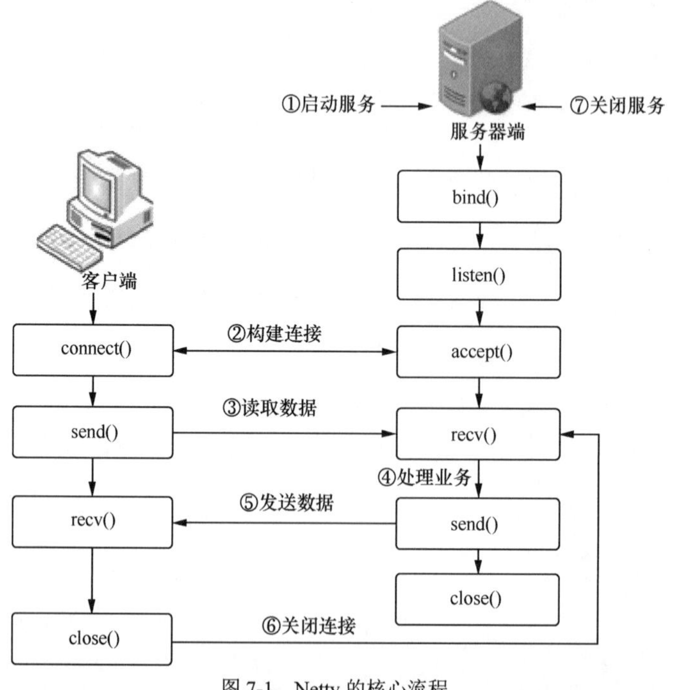

图 7-1　Netty 的核心流程

7.1 剖析启动服务源码及技巧

对于我们的案例程序而言，除设置处理器代码外，其他的核心代码与普通的 Netty 应用程序是类似的，参见代码清单 7-1。

代码清单 7-1　Netty 服务器程序的骨架代码

```
ServerBootstrap serverBootstrap = new ServerBootstrap();
serverBootstrap.channel(NioServerSocketChannel.class);
NioEventLoopGroup group = new NioEventLoopGroup();
serverBootstrap.group(group);
//省略其他非关键代码
ChannelFuture channelFuture = serverBootstrap.bind(8090).sync();
channelFuture.channel().closeFuture().sync();
```

其中，serverBootstrap.bind(8090)是服务器的启动“入口”。

7.1.1　主线

对于案例程序的服务器而言，在启动服务阶段所要完成的核心工作其实就是绑定（bind）端口以做好接收连接的准备。

图 7-2 演示了启动服务的核心时序。图 7-2 差不多可以匹配我们描述的启动功能。其中第（11）步提到的“读”事件就是 OP_ACCEPT 事件。

另外，如果使用执行线程进行划分，启动服务的相关工作实际上可由两种线程合作完成，它们分别是启动 Netty 应用的用户线程和 I/O 处理线程。

对应图 7-2 所示的核心时序中的相关工作，我们可以重新绘制一幅图来解析相关的核心工作，如图 7-3 所示。

对于图 7-3 所示的核心工作，我们可以在 Netty 的源码中找到一些关键的代码，参见代码清单 7-2（AbstractBootstrap#doBind）。

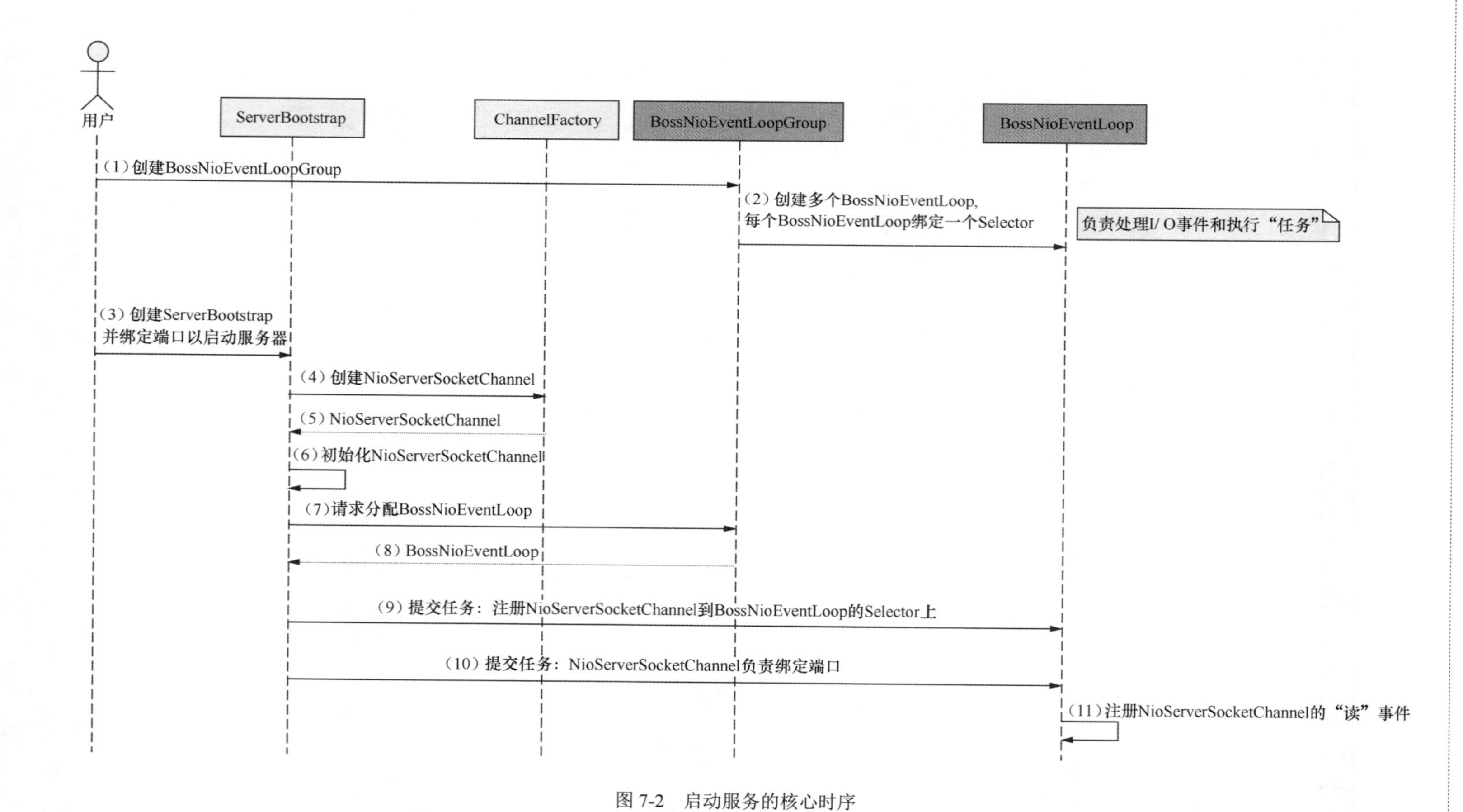

图 7-2　启动服务的核心时序

our thread
- 创建Selector
- 创建ServerSocketChannel
- 初始化ServerSocketChannel
- 给ServerSocketChannel从boss group 中选择一个NioEventLoop

boss thread
- 将ServerSocketChannel注册到选择的NiEventLoop的Selector上
- 绑定地址启动
- 注册事件OP_ACCEPT到Selector上

图 7-3 相关的核心工作

代码清单 7-2 核心工作对应的关键代码

```
private ChannelFuture doBind(final SocketAddress localAddress) {
    final ChannelFuture regFuture = initAndRegister();
    final Channel channel = regFuture.channel();
    //省略非关键代码
    if (regFuture.isDone()) {
        //省略非关键代码
        doBind0(regFuture, channel, localAddress, promise);
        return promise;
    } else {
        regFuture.addListener(new ChannelFutureListener() {
            @Override
            public void operationComplete(ChannelFuture future) throws Exception {
                //省略非关键代码
                doBind0(regFuture, channel, localAddress, promise);
            }
        });
        return promise;
    }
}

final ChannelFuture initAndRegister() {
    Channel channel = null;
    //省略非关键代码
    channel = channelFactory.newChannel();
    init(channel);
    //省略非关键代码
    ChannelFuture regFuture = config().group().register(channel);
    return regFuture;
}
```

上述代码已基本包含前面所讲的一些关键步骤。其中，doBind0()方法负责完成端口绑定并通过 fireChannelActive()方法对 OP_ACCEPT 事件进行注册，这里不再赘述。

7.1.2　知识点

在学习 Netty 启动服务的源码时，我们不难总结出如下知识点。

1）启动服务在本质上仍需要围绕 NIO 编程

这一点可以通过整理启动服务时用到的 NIO 编程语句来验证，参见代码清单 7-3。

代码清单 7-3　启动服务时用到的 NIO 编程语句

```
Selector selector = sun.nio.ch.SelectorProviderImpl.openSelector()
ServerSocketChannel serverSocketChannel = provider.openServerSocketChannel()
selectionKey = javaChannel().register(eventLoop().unwrappedSelector(), 0, this);

javaChannel().bind(localAddress, config.getBacklog());
selectionKey.interestOps(OP_ACCEPT);
```

2）Selector 的创建时机

Selector 是在创建一批 NioEventLoop 时创建的。

3）OP_ACCEPT 事件的监听时机

OP_ACCEPT 事件的监听并不是在注册（register）时完成的。查看注册操作，注册的是 0 而非事件，这从如下代码可以看出（毕竟此时服务器端口还没有绑定并做好监听的准备）。

```
selectionKey = javaChannel().register(eventLoop().unwrappedSelector(), 0,this);
```

对 OP_ACCEPT 事件的真正监听是通过绑定端口后执行 fireChannelActive()方法来完成的，参见代码清单 7-4（HeadContext#channelActive()）。

代码清单 7-4　HeadContext#channelActive()方法的关键实现代码

```
@Override
public void channelActive(ChannelHandlerContext ctx) {
    ctx.fireChannelActive();
    readIfIsAutoRead();
}

private void readIfIsAutoRead() {
    if (channel.config().isAutoRead()) {
       channel.read();
    }
}
```

上述代码中的 chanel.read()方法最终会执行 OP_ACCET 事件的注册过程，参见代码清单 7-5。

代码清单 7-5　AbstractNioChannel#doBeginRead()方法的关键实现代码

```
// 由 Channel.read()或 ChannelHandlerContext.read()触发
protected void doBeginRead() throws Exception {
    final SelectionKey selectionKey = this.selectionKey;
    //省略其他非关键代码
    final int interestOps = selectionKey.interestOps();
    if ((interestOps & readInterestOp) == 0) {
       selectionKey.interestOps(interestOps | readInterestOp);
    }
}
```

4）NioEventLoop 的启动时机

NioEventLoop 是借助注册操作的执行来完成启动的，参见代码清单 7-6（AbstractChannel.AbstractUnsafe#register()）。

代码清单 7-6　AbstractUnsafe#register()方法的关键实现代码

```
public final void register(EventLoop eventLoop, final ChannelPromise promise) {
    //省略其他非核心代码
    if (eventLoop.inEventLoop()) {
       register0(promise);
    } else {
        try {
            eventLoop.execute(new Runnable() {
                @Override
                public void run() {
                   register0(promise);
                }
            });
        }
    }
}
```

如上述代码所示，当首次执行 register()方法时，NioEventLoop 内部的线程并没有启动，因此 eventLoop.inEventLoop()方法返回 false，任务则直接通过 eventLoop.execute()方法来执行，而 eventLoop.execute()方法的执行会导致线程启动，参见代码清单 7-7。

代码清单 7-7　提交任务到 NioEventLoop 以启动线程

```
public void execute(Runnable task) {
//省略其他非关键代码
 boolean inEventLoop = inEventLoop();
 addTask(task);
 if (!inEventLoop) {
     startThread();
```

```
        //省略其他非关键代码
        }
}
```

以上便是与 Netty 启动服务相关的一些知识点，此外还有许多非关键细节，这里无法一一列表，感兴趣的读者可以自行学习。

7.2 剖析构建连接源码及技巧

服务器启动后，连接的准备工作也就做好了。此时，当客户端通过如下语句发起连接请求时，服务器就可以开始处理连接请求了：

```
bootstrap.connect("127.0.0.1", 8090);
```

对于连接请求的处理，我们同样采用先主线后知识点的方式进行介绍。

7.2.1 主线

服务器在注册完连接请求事件后，就具备了处理连接请求的功能，而执行这一任务的主体就是 Boss NioEventLoop。一方面，Boss NioEventLoop 能处理提交的各种任务；另一方面，Boss NioEventLoop 将一直循环等待发生的事件并负责处理。图 7-4 展示了构建连接的核心时序。

如图 7-4 所示，当轮询到 OP_ACCEPT 事件时，调用 NioUnsafe.read()方法来进行处理。NioUnsafe 则是通过调用 SelectionKey.attachment()方法获取的，参见代码清单 7-8。

代码清单 7-8　NioUnsafe 的获取方法

```
private void processSelectedKeysOptimized() {
for (int i = 0; i < selectedKeys.size; ++i) {
    final SelectionKey k = selectedKeys.keys[i];
    selectedKeys.keys[i] = null;
    final Object a = k.attachment();
    if (a instanceof AbstractNioChannel) {
       processSelectedKey(k, (AbstractNioChannel) a);
    //省略其他非关键代码
}
```

在上述代码中，SelectionKey.attachment()方法会返回 AbstractNioChannel，而 AbstractNioChannel.unsafe()方法的返回值是 AbstractNioChannel.NioUnsafe 类型。那么，attachment 参数是何时绑定的？实际上，attachment 参数在启动服务时就绑定了，如下所示（摘自 AbstractNioChannel#doRegister 方法的实现代码）：

```
selectionKey = javaChannel().register(eventLoop().unwrappedSelector(), 0, this);
```

其中，this 已作为 attachment 参数绑定到 SelectionKey。

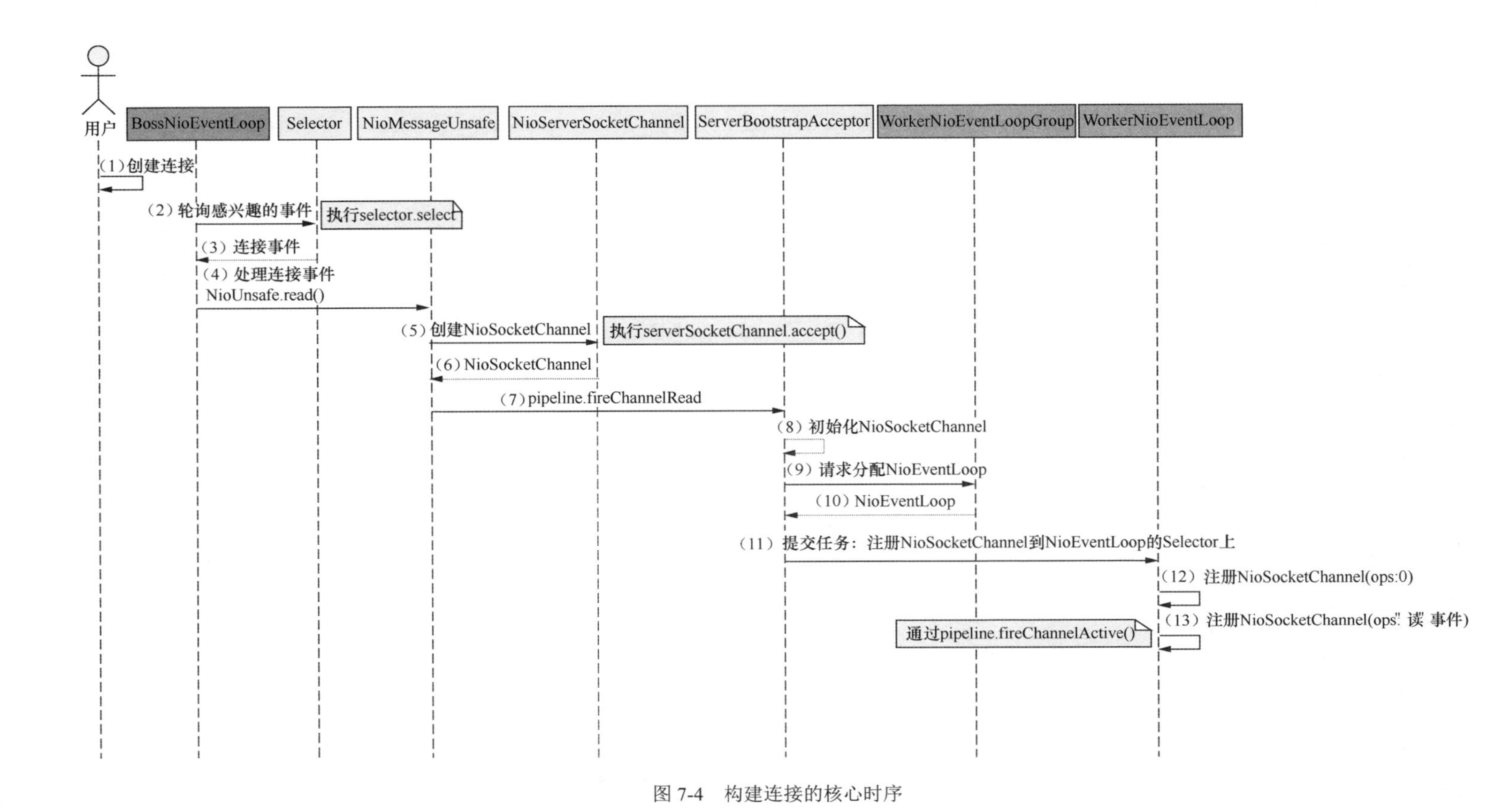

图 7-4 构建连接的核心时序

回到正题，使用 NioUnsafe.read()方法处理连接的过程就是通过 ServerSocketChannel.accept()方法创建 SocketChannel。SocketChannel 一旦创建，就可以通过 pipeline.fireChannelRead()方法“传播”出去。在传播过程中，系统会调用处理程序流水线中的 ServerBootstrapAcceptor 对创建的 SocketChannel 进行初始化，初始化方法 ServerBootstrapAcceptor#channelRead 的实现代码参见代码清单 7-9。

代码清单 7-9　ServerBootstrapAcceptor#channelRead 方法的实现代码

```
public void channelRead(ChannelHandlerContext ctx, Object msg) {
    final Channel child = (Channel) msg;
    child.pipeline().addLast(childHandler);

     setChannelOptions(child, childOptions, logger);
     setAttributes(child, childAttrs);
     //省略其他非关键代码
     childGroup.register(child).addListener(new ChannelFutureListener() {
     //省略其他非关键代码
}
```

如上述代码所示，初始化 SocketChannel 的过程与初始化 ServerSocketChannel 差不多，最终都是从 NioEventLoopGroup（此时是 worker group 而非 boss group）中选择一个 NioEventLoop，然后注册“读”事件，只不过此时的“读”事件是真正的 OP_READ 读数据事件而不是 OP_ACCEPT 连接接受事件。

同样，如果从线程分工角度对图 7-4 所示的核心时序图进行划分，那么可以得到图 7-5 所示的 Netty 连接处理分工。

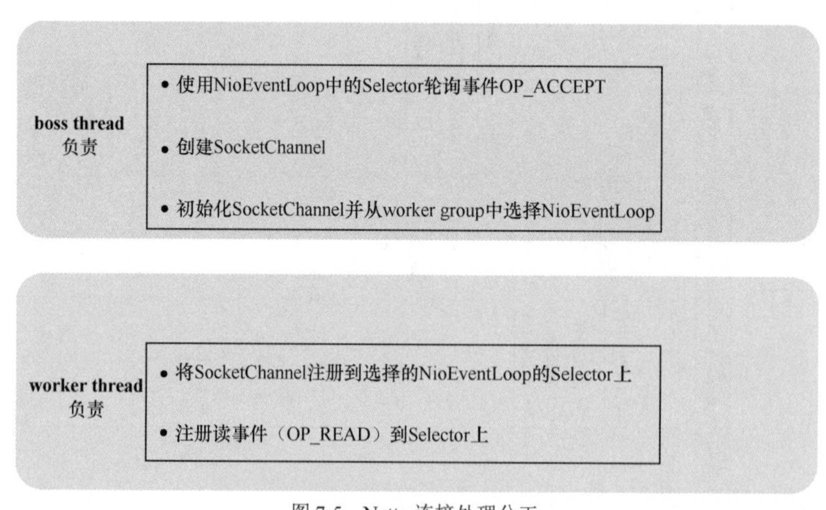

图 7-5　Netty 连接处理分工

如图 7-5 所示，连接处理一共涉及前后两步和两种线程：连接的接受和初始化由 boss thread 完成；连接的“兴趣”事件的注册则由 worker thread 完成。

7.2.2 知识点

在学习 Netty 构建连接的源码时，我们不难总结出如下知识点。

1）接收连接的本质

NioEventLoop 是通过 selector.select()/selectNow()/select(timeoutMillis)方法的执行发现连接接受事件 OP_ACCEPT 的，然后对这个事件进行处理，并最终调用如下语句。

```
SocketChannel  socketChannel  =  serverSocketChannel.accept()
selectionKey = javaChannel().register(eventLoop().unwrappedSelector(), 0, this);
selectionKey.interestOps(OP_READ);
```

从上述代码可以看出，连接的接受一共通过 NIO 编程完成了 3 步操作——创建连接，注册到 Selector 上，关注读事件。

2）连接的初始化和注册

连接的初始化和注册是通过调用 pipeline.fireChannelRead()方法在 ServerBootstrapAcceptor 中完成的。同样，连接的注册并不是监听 OP_READ 事件，而是监听 0，这一点和 ServerSocketChannel 相同。

```
selectionKey = javaChannel().register(eventLoop().unwrappedSelector(), 0, this);
```

最终，对 OP_READ 事件的监听是通过调用注册操作执行完之后的 fireChannelActive()方法来完成的。

3）WorkerNioEventLoop 的启动时机

对于 WorkerNioEventLoop 而言，启动时机和 Boss NioEventLoop 一致，二者都通过注册操作的执行来启动。

以上便是与 Netty 构建连接相关的一些知识点。此外，还有许多非关键细节，这里无法一一列表，感兴趣的读者可以自行学习。

7.3 剖析读取数据源码及技巧

从 7.2 节可知，连接一旦建立后，就可以开始关注读事件。于是，客户端就可以发送数据给服务器，那么服务器如何读取这些数据呢？

在具体剖析读数据的流程之前，我们需要了解读数据的一些技巧，这些技巧是提供通信层支持的关键。

1）连续读多次

以领取东西为例，在发放东西时（不考虑具体场景和具体物件），假设用来放置东西的容器（桶、包、盒子等）满了，我们通常认为可能还有东西要领，因此会直接拿新的容器，等着继续领东西，而不是回家。直到后面确实没有东西领了，或者已经领了很多东西而想给别人留点机会时，我们才回家。

2）使用能自适应东西多少的容器

仍以领取东西为例，拿多大的容器比较合适？小了不够，大了浪费，我们一般会根据之前的领取情况决定这一次应该拿多大的容器。

以上两个技巧的实现分别对应 Netty 的 defaultMaxMessagesPerRead 和 AdaptiveRecvByteBufAllocator。

接下来，我们具体解析一下读取数据的主线及相关知识点。

7.3.1 主线

数据的读取可参考图 7-6 所示的核心时序。

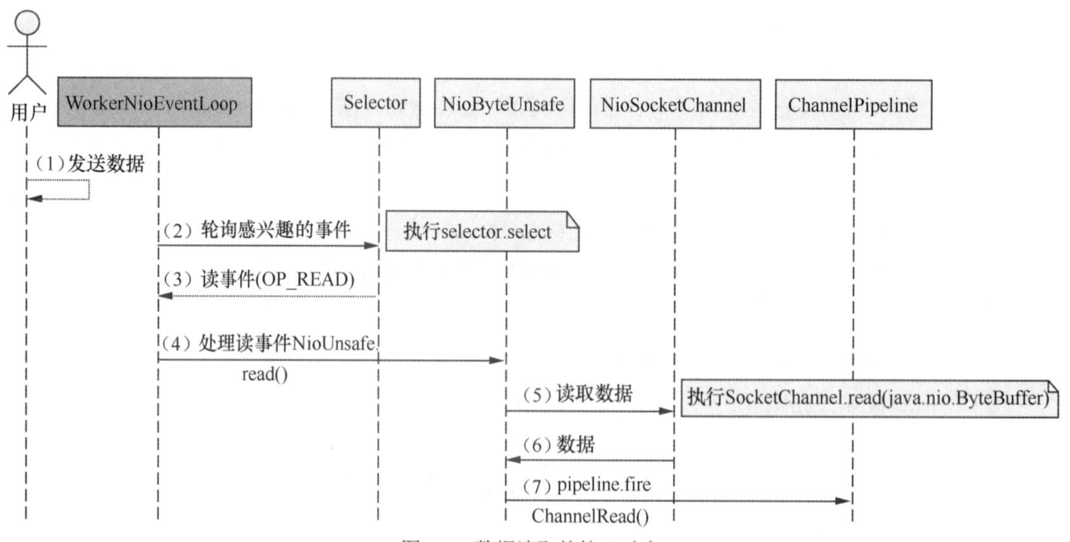

图 7-6 数据读取的核心时序

如图 7-6 所示，读取数据的具体过程是由 WorkerNioEventLoop 完成的。结合实现细节，读取过程大体包含以下几个基本步骤。

（1）多路复用器（Selector）接收 OP_READ 事件。

（2）处理 OP_READ 事件。这项任务是由 NioSocketChannel.NioSocketChannelUnsafe.read() 方法完成的，完成过程如下。

① 分配初始大小为 1024 字节的字节缓冲区来接收数据。

② 从 Channel 接收数据到字节缓冲区中。

③ 记录实际接收的数据的大小，以便下一次对应调整字节缓冲区的大小。

④ 触发 pipeline.fireChannelRead(byteBuf)，把读取的数据“传播”出去。

⑤ 判断字节缓冲区是否“满载而归”。如果满载而归，尝试继续读取，直到没有数据或读取 16 次为止；否则，结束本轮读取，等待下一次的 OP_READ 事件。

数据的具体读取过程则稍微复杂一些。AbstractNioByteChannel.NioByteUnsafe#read 方法的实现代码参见代码清单 7-10。

代码清单 7-10 AbstractNioByteChannel.NioByteUnsafe#read 方法的实现代码

```
@Override
public final void read() {
    //省略非关键代码
    final ByteBufAllocator allocator = config.getAllocator();
    //在 io.netty.channel.DefaultChannelConfig 中设置 RecvByteBufAllocator，默认使用的是
    //AdaptiveRecvByteBufAllocator
    final RecvByteBufAllocator.Handle allocHandle = recvBufAllocHandle();
    allocHandle.reset(config);
    //省略非关键代码
    do {
        //尽可能分配合适的大小
        byteBuf = allocHandle.allocate(allocator);
        //读并且记录读了多少，如果满了，下一次继续时直接扩容
        allocHandle.lastBytesRead(doReadBytes(byteBuf));
        if (allocHandle.lastBytesRead() <= 0) {
            //无数据可读，释放 ByteBuf
            byteBuf.release();
            byteBuf = null;
            close = allocHandle.lastBytesRead() < 0;
            if (close) {
                //读到 EOF,不需要再读数据
                readPending = false;
            }
            break;
        }
        allocHandle.incMessagesRead(1);
        readPending = false;
        //在处理程序流水线中执行，这也是处理业务逻辑的地方
        pipeline.fireChannelRead(byteBuf);
        byteBuf = null;
    } while (allocHandle.continueReading());
    //记录这一次的读事件总共读了多少数据，并计算下一次分配的空间大小
    allocHandle.readComplete();
    //相当于完成此次读事件的处理
    pipeline.fireChannelReadComplete();
    //省略非关键代码
}
```

上述代码演示了读取数据的大致流程。从中可以看出，数据的读取与连接请求的处理有一定的相似性，都是对“读”事件进行处理，区别在于操作不同，SocketChannel 负责读取数据，而 ServerSocketChannel 负责处理连接。

7.3.2　知识点

在学习 Netty 读取数据的相关源码时，我们不难总结出如下知识点。

1）数据读取的本质

数据的读取最终需要使用 NIO 编程语句，如下所示。

```
sun.nio.ch.SocketChannelImpl#read(java.nio.ByteBuffer)
```

2）一次读事件的处理可能包含多次读操作

从代码清单 7-10 可以看出，一次读事件的处理可能包含多次读操作，毕竟很难做到一次就把所有的未知数据读完。一次读操作完成后，就会触发 pipeline.fireChannelRead(byteBuf)以“传播”数据；一次读事件处理完之后，就会触发 pipeline.fireChannelReadComplete()以通知这一次的读事件已处理完毕。

3）为什么最多只允许尝试读取 16 次

限制读取次数最多为 16 是为了让所有连接都能有机会，否则，一个连接过忙就会导致其他连接得不到任何处理机会。参见 MaxMessageHandle#continueReading(UncheckedBooleanSupplier)。

```
public boolean continueReading(UncheckedBooleanSupplier
maybeMoreDataSupplier) {
    return config.isAutoRead() &&
           (!respectMaybeMoreData || maybeMoreDataSupplier.get()) &&
          totalMessages < maxMessagePerRead &&
          totalBytesRead > 0;
}
```

4）AdaptiveRecvByteBufAllocator 针对字节缓冲区采用的原则

AdaptiveRecvByteBufAllocator 针对字节缓冲区采用的原则就是扩大时果断、缩小时谨慎，参见代码清单 7-11（AdaptiveRecvByteBufAllocator.HandleImpl#record）。

代码清单 7-11　AdaptiveRecvByteBufAllocator 如何计算 nextReceiveBufferSize

```
private void record(int actualReadBytes) {
    //尝试是否能在减少所分配空间的情况下满足需求
    //尝试方法：判断当前实际读取的数据大小是否小于或等于打算缩小到的空间大小
    if (actualReadBytes <= SIZE_TABLE[max(0, index - INDEX_DECREMENT - 1)]) {
        //decreaseNow：连续两次尝试缩小所分配空间的大小成功才缩小
        if (decreaseNow) {
            //缩小
             index = max(index - INDEX_DECREMENT, minIndex);
             nextReceiveBufferSize = SIZE_TABLE[index];
```

```
                decreaseNow = false;
            } else {
                decreaseNow = true;
            }
        //判断实际读取的数据大小是否大于或等于预估大小，如果大于，就尝试扩容
        } else if (actualReadBytes >= nextReceiveBufferSize) {
            index = min(index + INDEX_INCREMENT, maxIndex);
            nextReceiveBufferSize = SIZE_TABLE[index];
            decreaseNow = false;
        }
    }
```

如上述代码所示，仅当两次都读不满时，才会缩小下次分配的字节缓冲区。

以上便是与 Netty 读取数据相关的一些知识点。此外，还有许多非关键细节，这里无法一一列表，感兴趣的读者可以自行学习。

7.4 剖析处理业务源码及技巧

读取的数据最终将通过 pipeline.fireChannelRead(byteBuf)方法“传播”出去。对于我们的案例程序而言，这种传播不仅包含解帧的过程，还包含业务执行的过程。接下来，我们具体解析一下处理业务的主线及相关知识点。

7.4.1 主线

pipeline.fireChannelRead(byteBuf)会把读取的数据放到处理程序流水线中，如图 7-7 所示。

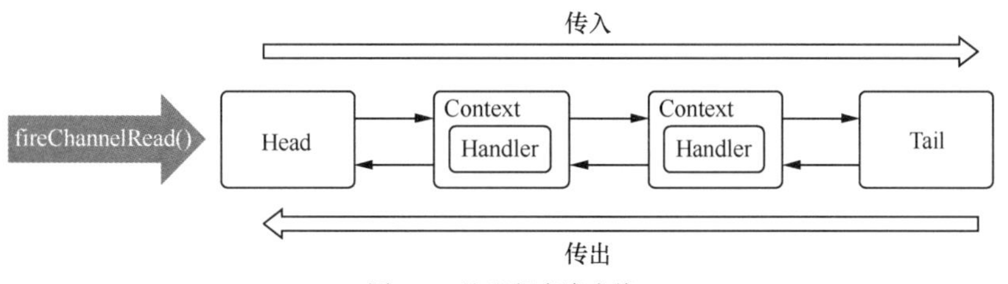

图 7-7 处理程序流水线

处理程序流水线实际上包含如下两条主线：（1）对于读取数据的处理，也就是传入（inbound）处理，执行的第一个处理程序其实是 DefaultChannelPipeline.HeadContext；（2）对于写出数据的处理，也就是传出（outbound）处理，执行的第一个处理程序是 TailContext。很明显，读取数据时讨论的是第一条流水线，涉及具体的执行过程，处理时序如图 7-8 所示（假设存在 3 个自定义处理程序）。

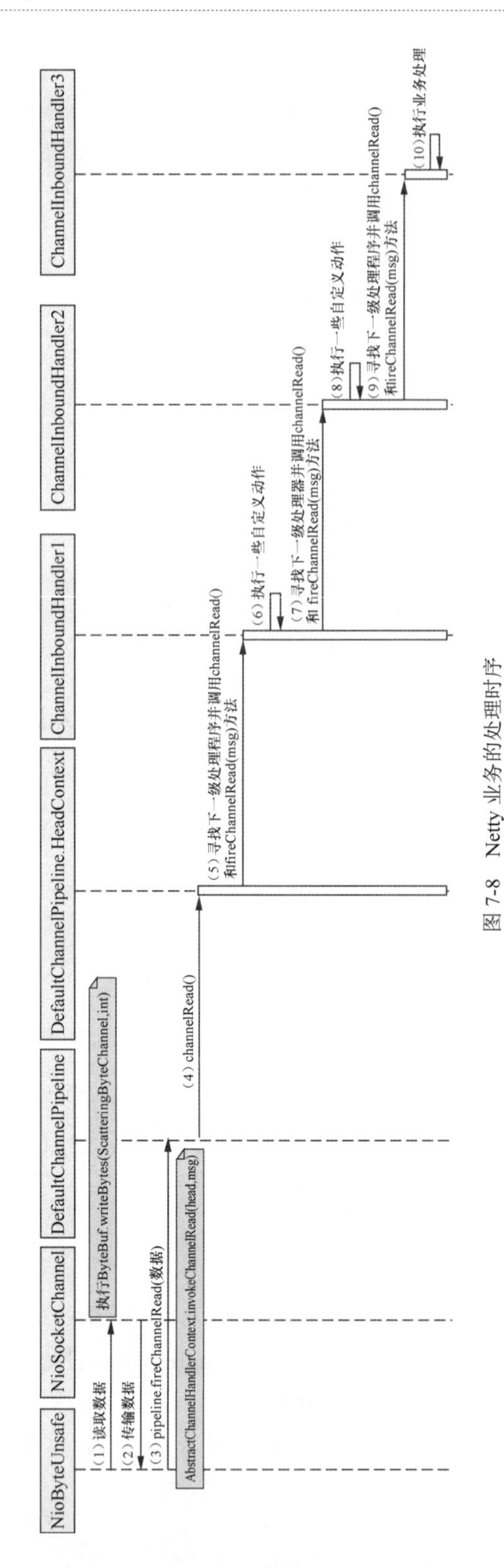

图 7-8　Netty 业务的处理时序

对照图 7-8，我们可以从源码级别看看 fireChannelRead()方法具体是如何在处理程序流水线中执行的。

```
public final ChannelPipeline fireChannelRead(Object msg) {
AbstractChannelHandlerContext.invokeChannelRead(head, msg);
   return this;
}
```

从上述代码可以看出，fireChannelRead()方法首先会从 HeadContext 这个处理程序开始执行。AbstractChannelHandlerContext#invokeChannelRead 方法的具体实现代码参见代码清单 7-12。

代码清单 7-12 AbstractChannelHandlerContext#invokeChannelRead 方法的具体实现代码

```
static void invokeChannelRead(final AbstractChannelHandlerContext next, Object msg) {
    final Object m = next.pipeline.touch(ObjectUtil.checkNotNull(msg, "msg"), next);
    EventExecutor executor = next.executor();
    if (executor.inEventLoop()) {
       next.invokeChannelRead(m);
    } else {
        executor.execute(new Runnable() {
           @Override
           public void run() {
              next.invokeChannelRead(m);
           }
        });
    }
}
```

上述代码的核心就是确保处理程序的执行发生在与通道绑定的 NioEventLoop 中。结合前面所讲的内容，第一个处理程序是 HeadContext，因而具体的执行过程可参考如下代码（DefaultChannelPipeline.HeadContext#channelRead）。

```
public void channelRead(ChannelHandlerContext ctx, Object msg) {
    ctx.fireChannelRead(msg);
}
```

其中，ctx.fireChannelRead()方法的实现代码参见代码清单 7-13。

代码清单 7-13 fireChannelRead()方法的实现代码

```
public ChannelHandlerContext fireChannelRead(final Object msg) {
    invokeChannelRead(findContextInbound(MASK_CHANNEL_READ), msg);
    return this;
}

private AbstractChannelHandlerContext findContextInbound(int mask) {
    AbstractChannelHandlerContext ctx = this;
         do {
            ctx = ctx.next;
         } while ((ctx.executionMask & mask) == 0);
```

```
        return ctx;
}
```

fireChannelRead()方法会从处理程序流水线中寻找包含 MASK_CHANNEL_READ 的处理程序并执行。从 executionMask 的计算过程可知（ChannelHandlerMask#mask0，代码如下），只要实现了 ChannelInboundHandler#channelRead 方法，就是下一个符合执行条件的处理程序。换言之，业务处理只需要实现这样的处理程序就算大功告成了。

```
if (ChannelInboundHandler.class.isAssignableFrom(handlerType)) {
    mask |= MASK_ALL_INBOUND;
    if (isSkippable(handlerType, "channelRead", ChannelHandlerContext.class,
      Object.class)) {
        mask &= ~MASK_CHANNEL_READ;
    }
//省略其他非关键代码
```

尽管我们解析了很多源码，但是读者可能对处理程序流水线还是缺乏感性认识。为此，建议读者参考调试角度下案例程序的处理程序流水线（参见图 7-9），观察一下处理程序流水线。

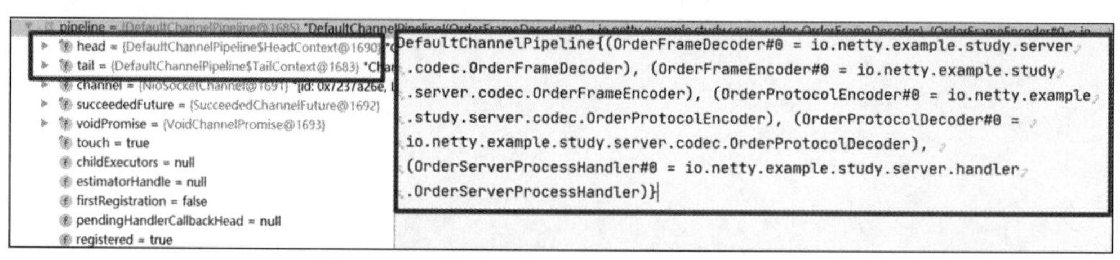

图 7-9　调试角度下案例程序的处理程序流水线

如图 7-9 所示，处理程序流水线中包含各种各样的可插拔处理程序，比如业务层的 OrderServer ProcessHandler 就是其中的一种。

7.4.2　知识点

在学习 Netty 处理业务的相关源码时，我们不难总结出如下知识点。

1）处理业务的本质

处理业务的本质就是数据在处理程序流水线的所有传入处理程序中的执行过程。这种处理程序需要实现 ChannelInboundHandler#channelRead(ChannelHandlerContext ctx, Object msg)方法，并且不能添加注解@Skip，只有这样才具备执行资格。传入处理程序中途可退出，但不保证执行到 Tail Handler。

2）默认的处理线程

默认的处理线程就是与通道绑定的 NioEventLoop 线程。当然，默认的处理线程也可以通过如下语句设置成其他线程。第 6 章已经介绍过这样做的优势，这里不再赘述。

```
pipeline.addLast(new UnorderedThreadPoolEventExecutor(10), serverHandler)
```

以上便是与 Netty 处理业务相关的一些知识点。此外，还有许多非关键细节，这里无法一一列表，感兴趣的读者可以自行学习。

7.5 剖析发送数据源码及技巧

业务处理完毕后，一般都会产生响应并把响应发送回去。下面我们就来学习在 Netty 中发送数据的具体流程。在具体剖析发送数据源码及技巧之前，我们先来了解一下如何在 Netty 中发送数据。发送数据与发快递的类比见表 7-1。

表 7-1 对发送数据与发快递的类比

发送数据	发快递（包裹）
用 write()方法将数据写到缓冲区中	揽收到仓库中
用 flush()方法将缓冲区中的数据发送出去	从仓库发货
用 writeAndFlush()方法将数据写到缓冲区中并立即发送	揽收到仓库中并立即发货（急件）
在写数据和发送数据之间同样存在起缓冲作用的 ChannelOutboundBuffer	揽收与发货之间存在起缓冲作用的仓库

观察表 7-1 可以发现，Netty 的 3 种数据发送方法在快递场景中都能找到对应。实际上，不管使用哪种数据发送方法，它们都类似于读事件的处理，数据将在处理程序流水线中传递。例如，flush()方法的处理时序如图 7-10 所示。

另外，在 Netty 中发送数据时，遇到的困难与我们发快递时可能遭遇的情况也有些类似，如表 7-2 所示。

表 7-2 对发送数据和发快递时遇到的困难进行类比

发送数据	发快递（包裹）
当数据写不进去时，就停止写，然后注册 OP_WRITE 事件以接收通知，等什么时候数据可以写进去了再写	当对方仓库爆仓时，快递员会停止发送并与公司协商，等电话通知，在爆仓问题缓解后再发货
当批量写数据时，如果想写的数据都写进去了，那么接下来的写操作将会尝试写更多数据（可调整 maxBytesPerGatheringWrite）	发快递时，如果对方仓库直接全收，那么当再次发快递时，快递员可以尝试发更多，这样效率更高
只要有数据需要写，并且能写出去，就一直尝试，直到写不出去或满 16 次（writeSpinCount）为止	发快递时，假设发往某个地方的快递特别多，而我们又需要连续发货，一家快递公司的运送能力毕竟有限，不能只服务这个地方
当待写数据太多时，如果超过一定的水平（writeBufferWaterMark.high()），就将可写的标志位改成 false，于是客户端可以自行决定要不要再发送数据	如果揽收太多，因发送不及时而爆仓，就贴告示牌：暂停揽收，请两天后再发快递

在进行上述类比之后，相信读者在理解 Netty 发送数据的实现时会轻松很多。接下来，我们具体解析一下发送数据的主线及相关知识点。

7.5.1 主线

从前面的介绍中我们获知，在 Netty 中，写数据是围绕 ChannelOutboundBuffer 进行的。我们可以对照 Netty 中写方法的执行与图 7-11 所示的数据操作来理解写数据的具体过程，写数据大体上包含两个关键步骤。

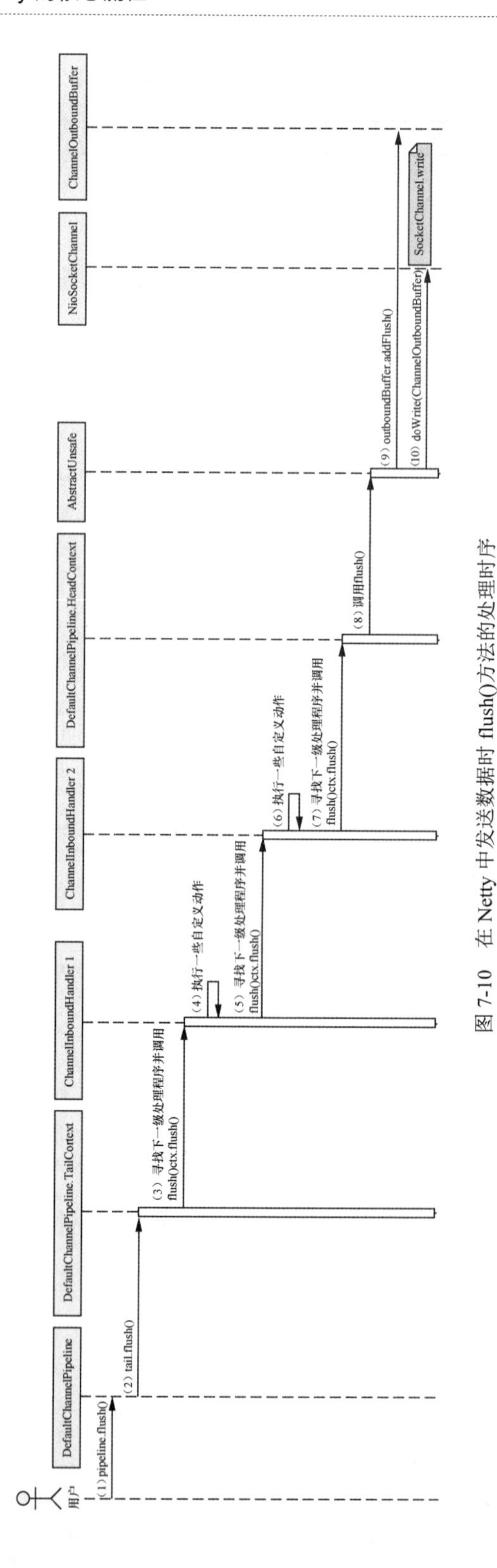

图 7-10　在 Netty 中发送数据时 flush()方法的处理时序

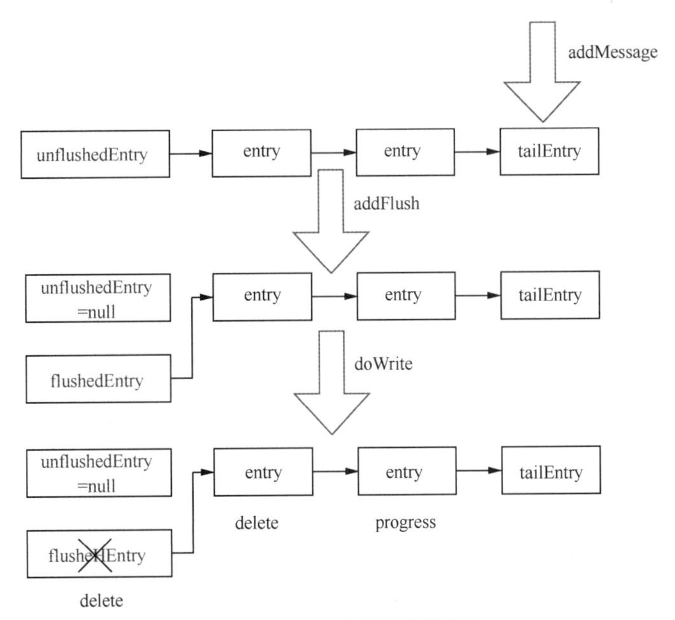

图 7-11 Netty 中的写数据操作

1. 写数据

在将数据写到缓冲区时，执行的具体方法是 ChannelOutboundBuffer#addMessage，参见代码清单 7-14，相当于把数据“装车”。

代码清单 7-14 ChannelOutboundBuffer#addMessage 方法的具体实现代码

```
public void addMessage(Object msg, int size, ChannelPromise promise) {
    Entry entry = Entry.newInstance(msg, size, total(msg), promise);
    if (tailEntry == null) {
        flushedEntry = null;
    } else {
        Entry tail = tailEntry;
        tail.next = entry;
    }
    tailEntry = entry;
    if (unflushedEntry == null) {
        unflushedEntry = entry;
    }

    incrementPendingOutboundBytes(entry.pendingSize, false);
}
```

2. 发送数据

当发送缓冲区中的数据时，执行的具体方法是 AbstractChannel.AbstractUnsafe#flush，涉及两个步骤——准备数据（ChannelOutboundBuffer#addFlush）和完成数据发送（NioSocketChannel#doWrite）。其中，准备数据的过程参见代码清单 7-15，相当于“打包”待发送的数据。

代码清单 7-15 ChannelOutboundBuffer#addFlush 方法的具体实现代码

```
public void addFlush() {
    Entry entry = unflushedEntry;
    if (entry != null) {
        if (flushedEntry == null) {
    //假设当前还没有刷新过（flushedEntry=null），将 flushedEntry 设置为需要刷新的所有数据的"队首"
          flushedEntry = entry;
        }
        do {
            flushed ++;
            //省略非关键代码
            entry = entry.next;
        } while (entry != null);

        //当所有数据写完时，重置 unflushedEntry 为 null
        unflushedEntry = null;
    }
}
```

完成数据发送的过程参见代码清单 7-16。

代码清单 7-16 NioSocketChannel#doWrite 方法的具体实现代码

```
@Override
protected void doWrite(ChannelOutboundBuffer in) throws Exception {
    SocketChannel ch = javaChannel();
    //有数据要写，并且可以写入，但最多尝试 16 次
    int writeSpinCount = config().getWriteSpinCount();
    do {
        if (in.isEmpty()) {
            //数据已经写完了，因而不必且不需要写 16 次，此时会清除对 OP_WRIT 事件的监听
            clearOpWrite();
            //注意，下面直接返回了，而不会调用 incompleteWrite 方法，因为已彻底写完所有数据
            return;
        }

        //将数据转换为 ByteBuffer 数组
        int maxBytesPerGatheringWrite = ((NioSocketChannelConfig)
                config).getMaxBytesPerGatheringWrite();
        //最多返回 1024 个数据，总的大小尽量不要超过 maxBytesPerGatheringWrite
        ByteBuffer[] nioBuffers = in.nioBuffers(1024, maxBytesPerGatheringWrite);
        int nioBufferCnt = in.nioBufferCount();
```

```
        switch(nioBufferCnt) {
            case 0:
                writeSpinCount -= doWrite0(in);
                break;
            case 1: {
                ByteBuffer buffer = nioBuffers[0];
                int attemptedBytes = buffer.remaining();
                final int localWrittenBytes = ch.write(buffer);
                if(localWrittenBytes <= 0) {
                   incompleteWrite(true);
                   return;
                }
                adjustMaxBytesPerGatheringWrite(attemptedBytes, localWrittenBytes,
                   maxBytesPerGatheringWrite);
                //从 ChannelOutboundBuffer 中移除已经写出的数据
                in.removeBytes(localWrittenBytes);
                --writeSpinCount;
                break;
            }
            default: {
                long attemptedBytes = in.nioBufferSize();
                final long localWrittenBytes = ch.write(nioBuffers, 0, nioBufferCnt);
                if (localWrittenBytes <= 0) {
                    //缓存区已满，写不进去，注册写事件
                    incompleteWrite(true);
                    return;
                }
                adjustMaxBytesPerGatheringWrite((int) attemptedBytes, (int)
                      localWrittenBytes, maxBytesPerGatheringWrite);
                in.removeBytes(localWrittenBytes);
                --writeSpinCount;
                break;
            }
        }
    } while (writeSpinCount > 0);

    //数据写了 16 次，但还是没有写完，直接调度新的任务发送数据，而不是注册写事件
    incompleteWrite(writeSpinCount < 0);
}
```

写数据是通过如下两个关键调用完成的。

```
//单独写
sun.nio.ch.SocketChannelImpl#write(java.nio.ByteBuffer)
//集中写
sun.nio.ch.SocketChannelImpl#write(java.nio.ByteBuffer[], int, int)
```

除写数据的主过程之外，数据的发送还包含很多细节。例如，当数据写不出去时，就调用 incompleteWrite(true)；但是，当有数据可写且写入次数超过 16 时，就调用 incompleteWrite(false)。

incompleteWrite()方法的具体实现代码如下。

```
protected final void incompleteWrite(boolean setOpWrite) {
    if (setOpWrite) {
        setOpWrite();
    } else {
        clearOpWrite();
        eventLoop().execute(flushTask);
    }
}
```

既可以通过注册 OP_WRITE 事件来获取可写的时间，从而尝试写数据，也可以直接通过提交 flushTask 来延缓一些时间（从而让其他 Channel 有机会执行自己的任务）。

写完数据后，需要从 ChannelOutboundBuffer 中移除已发送的数据，参见代码清单 7-17。

代码清单 7-17　从 ChannelOutboundBuffer 中移除已发送的数据

```
public void removeBytes(long writtenBytes) {
    for (;;) {
        Object msg = current();
        //省略其他非关键代码
        final ByteBuf buf = (ByteBuf) msg;
        final int readerIndex = buf.readerIndex();
        final int readableBytes = buf.writerIndex() - readerIndex;
        if (readableBytes <= writtenBytes) {
            if (writtenBytes != 0) {
                progress(readableBytes);
                writtenBytes -= readableBytes;
            }
            //写操作结束了，移除对象
            remove();
        } else { // readableBytes > writtenBytes
            //尚没有写完，更新进度
            if (writtenBytes != 0) {
                buf.readerIndex(readerIndex + (int) writtenBytes);
                progress(writtenBytes);
            }
            break;
        }
    }
    clearNioBuffers();
}

public boolean remove() {
    Entry e = flushedEntry;
    //省略其他非关键代码
    removeEntry(e);
    //省略其他非关键代码
```

```
        e.recycle();
        return true;
    }
```

7.5.2 知识点

在学习 Netty 发送数据的相关源码时，我们不难总结出如下知识点。

1）写不进数据时的处理方式

当遇到这种情况时通常会停止写数据并注册 OP_WRITE 事件，然后等待通知什么时候可以继续写。另外需要强调的是，这并不是说 OP_WRITE 事件有数据可写就触发，而是说直到能写进数据时才触发。因此，正常情况下，OP_WRITE 事件不能注册，否则就会一直触发。

2）尽量写更多的数据

在写（发送）数据时，如果尝试写的数据都写进去了，那么接下来可以尝试写更多的数据（maxBytesPerGatheringWrite）。

另外，只要有数据要写并且能写，就一直尝试写，直到写 16 次（writeSpinCount）为止。如果写了 16 次还没有写完，就直接调度新的任务发送数据，接着继续写，这相比注册写事件更简洁。

3）保护系统

当待写数据太多且超过一定的水平（writeBufferWaterMark.high()）时，就将可写标志位改成 false，从而由客户端自行决定要不要继续写，后续章节将具体介绍相关内容，这里不展开讨论。

4）写数据的两种方式

一种是使用 channelHandlerContext.channel().write()，从 TailContext 开始执行，图 7-11 展示的就是这种方式；另一种是使用 channelHandlerContext.write()，从当前的 Context 开始。具体选择哪种方式，则需要根据应用场景而不是个人习惯和熟悉程度来决定。

以上便是与 Netty 发送数据相关的一些知识点。此外，还有许多非关键细节，这里无法一一列表，感兴趣的读者可以自行学习。

7.6 剖析关闭连接源码及技巧

完成业务后，我们就可以选择性地关闭连接了。在 Netty 中，关闭连接的过程在本质上相当于处理读事件，只不过这种读事件比较特殊而已。接下来，我们具体解析一下关闭连接的主线及相关知识点。

7.6.1 主线

图 7-12 展示了在 Netty 中正常关闭连接的时序。

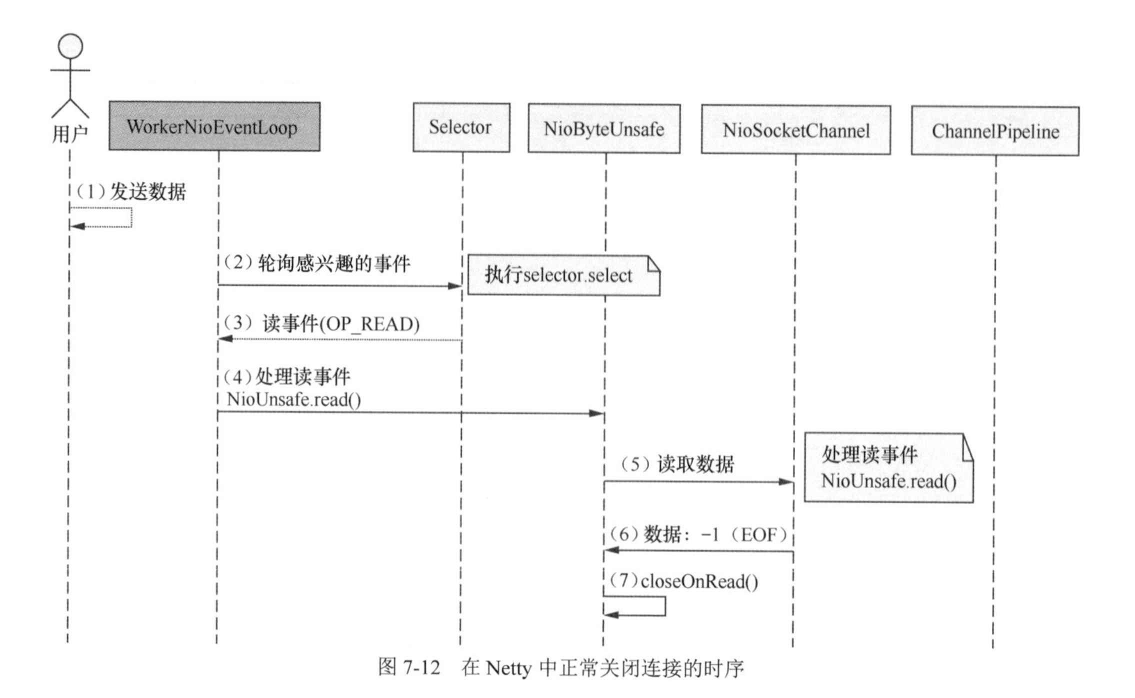

图 7-12　在 Netty 中正常关闭连接的时序

从图 7-12 可以看出，关闭连接的过程就是读事件的处理。区别在于读取的数据是-1（EOF）。

当读取的数据是-1 时，设置 close 变量为 true。在后续处理过程中，判断 close 变量的值，如果是 true，就执行关闭操作：

```
if (close) {
    closeOnRead(pipeline);
}
```

在具体执行关闭操作时（调用 closeOnRead()方法），步骤如下。

（1）关闭 Channel（包括取消多路复用器中的 key）。

（2）清理消息。不再接收新的消息，并且放弃所有队列中的消息。

（3）触发 fireChannelInactive 和 fireChannelUnregistered。

上面讨论的都是正常关闭情况。对于异常关闭情况，读取数据时会抛出 IOException 异常，处理方法参见代码清单 7-18。

代码清单 7-18　AbstractNioByteChannel.NioByteUnsafe#handleReadException

```
private void handleReadException(ChannelPipeline pipeline, ByteBuf byteBuf, Throwable
cause, boolean close, RecvByteBufAllocator.Handle allocHandle) {
    //省略非关键代码
    allocHandle.readComplete();
    pipeline.fireChannelReadComplete();
    pipeline.fireExceptionCaught(cause);
```

```
        if (close || cause instanceof IOException) {
            closeOnRead(pipeline);
        }
    }
```

如上述代码所示，如果捕获到 IOException 异常，就关闭连接，并且最终调用的方法与正常关闭连接时的相同。

7.6.2 知识点

在学习 Netty 关闭连接的相关源码时，我们不难总结出如下知识点。

1）关闭连接的本质

关闭连接时最终调用的是如下语句。

```
java.nio.channels.spi.AbstractInterruptibleChannel#close
```

上述语句会调用 java.nio.channels.SelectionKey#cancel 方法以取消“注册”。

2）关闭连接时的读事件

关闭连接时会触发 OP_READ 事件。当读取的数据是−1 时，表示关闭连接，参见图 7-13 中的注释。

```
 *
 * @return the actual number of bytes read in from the specified channel.
 *         {@code -1} if the specified channel is closed.
 *
 * @throws IndexOutOfBoundsException
 *         if the specified {@code index} is less than {@code 0} or
 *         if {@code index + length} is greater than {@code this.capacity}
 * @throws IOException
 *         if the specified channel threw an exception during I/O
 */
public abstract int setBytes(int index, ScatteringByteChannel in, int length) throws IOException;
```

图 7-13 nio.netty.buffer.ByteBuf#setBytes 方法中的注释

以上便是与 Netty 关闭连接相关的一些知识点。此外，还有许多非关键细节，这里无法一一列表，感兴趣的读者可以自行学习。

7.7 剖析关闭服务源码及技巧

在对项目进行维护或升级时，需要关闭 Netty 服务。虽然我们可以直接使用 pkill 命令关闭服务，但这种方式并非最佳选择，毕竟正在处理的请求没有得到妥善解决。接下来，我们具体解析一下在 Netty 中关闭服务的方法及相关知识点。

7.7.1　主线

为了关闭服务，使用如下语句。

```
bossGroup.shutdownGracefully();
workerGroup.shutdownGracefully();
```

上述语句会关闭所有的 group。当关闭 group 时，也会关闭 group 中的 NioEventLoop。图 7-14 展示了在 Netty 中关闭服务的核心流程。

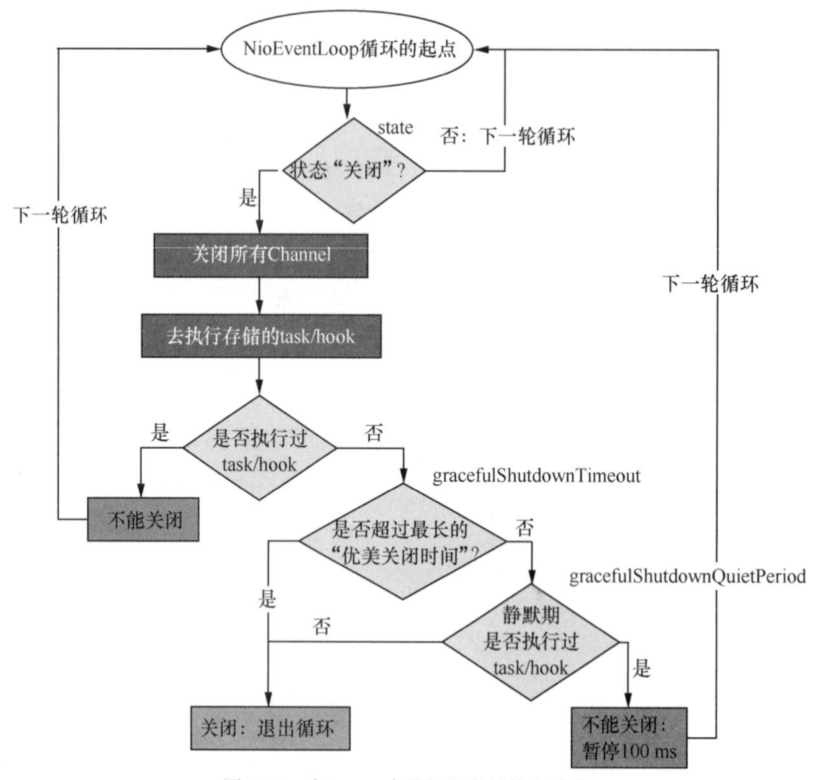

图 7-14　在 Netty 中关闭服务的核心流程

关闭服务的过程大体上分为两个步骤。首先，修改 NioEventLoop 的 state 标志位。然后，根据 state 标志位的值来决定是否关闭服务。

1. 修改 NioEventLoop 的 state 标志位

当关闭服务时，执行如下语句。

```
static final long DEFAULT_SHUTDOWN_QUIET_PERIOD = 2;
static final long DEFAULT_SHUTDOWN_TIMEOUT = 15;
public Future<?> shutdownGracefully() {
    return shutdownGracefully(DEFAULT_SHUTDOWN_QUIET_PERIOD, DEFAULT_SHUTDOWN_TIMEOUT,
```

```
        TimeUnit.SECONDS);
}
```

其中，DEFAULT_SHUTDOWN_QUIET_PERIOD 将作为 quietPeriod 参数，而 DEFAULT_SHUTDOWN_TIMEOUT 则作为 timeout 参数。shutdownGracefully()方法所要做的，其实就是关闭 group 中的每一个 NioEventLoop，如下所示。

```
public Future<?> shutdownGracefully(long quietPeriod, long timeout, TimeUnit
unit) {
    for (EventExecutor l: children) {
       l.shutdownGracefully(quietPeriod, timeout, unit);
    }
    return terminationFuture();
}
```

对于每一个 NioEventLoop 的关闭，核心就是设置 state 标志位，参见代码清单 7-19。

代码清单 7-19　SingleThreadEventExecutor#shutdownGracefully

```
public Future<?> shutdownGracefully(long quietPeriod, long timeout, TimeUnit unit) {
    boolean wakeup;
    int oldState;
    for (;;) {
        //省略其他非关键代码
         int newState;
         wakeup = true;
         oldState = state;
         if (inEventLoop) {
             newState = ST_SHUTTING_DOWN;
         } else {
             switch (oldState) {
                 case ST_NOT_STARTED:
                 case ST_STARTED: //2
                    newState = ST_SHUTTING_DOWN; //3
                    break;
                 default:
                    newState = oldState;
                    wakeup = false;
             }
         }
         if (STATE_UPDATER.compareAndSet(this, oldState, newState)) {
             break;
         }
    }
    //省略其他非关键代码
}
```

如上述代码所示，关闭服务时会将 NioEventLoop 的 state 标志位从 ST_STARTED 改为

ST_SHUTTING_DOWN。

2. 根据 state 标志位的值决定是否关闭服务

NioEventLoop 在本质上是一个循环体，当执行这个循环体时，系统会判断 state 标志位有没有发生改变。代码清单 7-20 展示了当状态发生改变时 NioEventLoop 采取的应对措施。

代码清单 7-20　NioEventLoop 采取的应对措施

```
protected void run() {
    for (;;) {
        try {
           //省略其他非关键代码：处理业务和 I/O 事件
        try {
            if (isShuttingDown()) {
                closeAll();
                if (confirmShutdown()) {
                    return;
                }
            }
        } catch (Throwable t) {
            handleLoopException(t);
        }
    }
}
   @Override
   public boolean isShuttingDown() {
       return state >= ST_SHUTTING_DOWN;
   }
```

当发现服务关闭时，就进行清理工作，参见代码清单 7-21。

代码清单 7-21　NioEventLoop#closeAll

```
private void closeAll() {
    selectAgain(); //这里的目标是删除已经取消的 key
    Set<SelectionKey> keys = selector.keys();
    Collection<AbstractNioChannel> channels = new
        ArrayList<AbstractNioChannel>(keys.size());
    for (SelectionKey k: keys) {
        Object a = k.attachment();
        if (a instanceof AbstractNioChannel) {
            channels.add((AbstractNioChannel) a);
        } else {
             k.cancel();
             @SuppressWarnings("unchecked")
```

```
                NioTask<SelectableChannel> task = (NioTask<SelectableChannel>) a;
                invokeChannelUnregistered(task, k, null);
            }
        }
        for (AbstractNioChannel ch: channels) {
            ch.unsafe().close(ch.unsafe().voidPromise());
        }
    }
```

从上述代码可以看出，清理工作涉及从 Selector 解除注册、关闭连接、触发“通知”等操作。关闭服务的源码看似已经剖析完了，但是并没有提及如何使用之前介绍的时间参数 quietPeriod 和 timeout。实际上，confirmShutdown()方法会使用这两个时间参数对是否退出 NioEventLoop 进行确认。如果这个方法返回 true，就在清理工作完成后直接退出 NioEventLoop；反之，继续执行 NioEventLoop 中的任务。很明显，confirmShutdown()方法是为了尽量完成任务而设计的，参见代码清单 7-22。

代码清单 7-22 NioEventLoop#confirmShutdown

```
protected boolean confirmShutdown() {
    //省略其他非关键代码
    cancelScheduledTasks();
    if (gracefulShutdownStartTime == 0) {
      gracefulShutdownStartTime = ScheduledFutureTask.nanoTime();
    }

    //里面有 task 或 hook，执行它们，不要关闭服务，因为在静默期又有任务了
    if (runAllTasks() || runShutdownHooks()) {
        if (isShutdown()) {
            //关闭执行器（Executor），没有新任务了
            return true;
        }
        if (gracefulShutdownQuietPeriod == 0) {
            return true;
        }
        wakeup(true);
        return false;
    }

     final long nanoTime = ScheduledFutureTask.nanoTime();
     //是否超出最长允许时间，如果超出，那么需要关闭服务，而不是继续等待
     if (isShutdown() || nanoTime - gracefulShutdownStartTime > gracefulShutdownTimeout) {
         return true;
     }

     //如果在静默期执行了任务，那么不要关闭服务，而睡眠 100ms，之后再检查一下
```

```
        if (nanoTime - lastExecutionTime <= gracefulShutdownQuietPeriod) {
            wakeup(true);
            Thread.sleep(100);
            //省略其他非关键代码
            return false;
        }

        //如果在静默期没有执行任务，那么返回 true，从而关闭服务
        return true;
    }
```

从上述代码可以看出，confirmShutdown()方法的目的就是在尽可能保证完成任务的同时，又不会等待太长时间。

7.7.2　知识点

在学习 Netty 关闭服务的相关源码时，我们不难总结出如下知识点。

1）关闭服务的本质

关闭服务的本质是完成以下工作。

- 关闭所有连接及 Selector。这项工作可通过如下代码来完成。

```
java.nio.channels.spi.AbstractInterruptibleChannel#close
java.nio.channels.SelectionKey#cancel
selector.close()
```

- 关闭所有线程。这项工作可通过退出 NioEventLoop 的循环体来完成。

2）关闭服务的基本原则

从整体上，关闭服务有两条基本原则——优雅（DEFAULT_SHUTDOWN_QUIET_PERIOD 支持）和可控（DEFAULT_SHUTDOWN_TIMEOUT 支持）。另外，在关闭服务的过程中，按先 boss group 后 worker group 的顺序来关闭，这可以在一定程度上保证先不接新工作并尽量干完手头的工作。

以上便是与 Netty 关闭服务相关的一些知识点。此外，还有许多非关键细节，这里无法一一列表，感兴趣的读者可以自行学习。

第8章 参数调整

对于大多数初学者来说，案例程序虽然仅仅初具雏形，但已经可以部署上线了。另外，很多产品似乎也是这么做的，并且运行良好。但是，对于一名严谨的工程师，这还远远不够。就像作者之前接触过的一些产品一样，它们经常产生一些“莫名其妙”的问题，而且这些问题难以解决，最后不得不采取定时重启这种粗暴的解决办法。正因为如此，当使用一项技术或开发一款产品时，我们都希望能够深入一些，从而避免以后出现问题时不知所措。从本章开始，我们将逐步深入 Netty，实战进阶的第一步就是调整参数。

8.1 参数调整概览

参数调整一般可划分为运行环境本身的参数调整和软件自身的参数调整。前者不言而喻，并且和使用什么软件本身并无多大关系，更多是对具体的操作系统和应用程序的类型进行调整。但 Netty 自身的参数调整又可以按是否与系统相关划分为 Netty 系统参数调整和 Netty 非系统参数调整。综上所述，我们将所有的参数调整大致划分为操作系统参数调整、Netty 系统参数调整和 Netty 非系统参数调整。

8.1.1 操作系统参数调整

顾名思义，操作系统参数调整就是刚才提到的运行环境本身的参数调整。实际上，我们根本无法一一列举操作系统可以设置的所有参数，好在我们的案例程序是网络应用程序，因而需要考虑的参数有限，只需要考虑和网络通信本身相关的参数即可。例如，要调整 TCP Keepalive 的时间，针对 Linux 系统，要调整/proc/sys/net/ipv4/tcp_keepalive_time。诸如此类，那么一般到底需要调整哪些参数呢？或者说哪些配置必须调整呢？实际上，这种参数很少，因为 Linux 系统（由于大多数服务器基于 Linux 系统，因此这里以 Linux 系统为例）的很多参数默认已经设置好了，需要调整的操作系统参数往往只有一个——程序最多可以打开的文件数目。

这个参数为什么需要调整？因为对于服务器网络应用来说，每个连接的建立都需要打开一个“文件”。具体而言，在建立 TCP 连接时，系统将为每个 TCP 连接创建一个 Socket 句柄，也就是文件句柄。但是，Linux 系统对每个进程能够打开的文件句柄数量做了限制，如果超出限制，就会报错。

对于新安装的 Linux 系统而言，每个应用程序允许打开的最大文件数目默认是 1024，这可以通过执行 ulimit -a 命令来核实。

```
[root@linux ~]# ulimit -a
core file size          (blocks, -c) 0
data seg size           (kbytes, -d) unlimited
scheduling priority             (-e) 0
file size               (blocks, -f) unlimited
pending signals                 (-i) 63771
max locked memory       (kbytes, -l) 64
max memory size         (kbytes, -m) unlimited
open files                      (-n) 1024
pipe size            (512 bytes, -p) 8
POSIX message queues     (bytes, -q) 819200
real-time priority              (-r) 0
stack size              (kbytes, -s) 10240
cpu time               (seconds, -t) unlimited
max user processes              (-u) 63771
virtual memory          (kbytes, -v) unlimited
file locks                      (-x) unlimited
```

在上述代码中，open files 默认为 1024。一个服务器如果只能建立 1024 个连接，明显满足不了需求。为此，我们需要通过执行 ulimit -n [xxx]命令来增大允许的文件句柄数目。不过这里需要注意的是，使用 ulimit 命令修改的值只对当前登录用户的使用环境有效，系统重启或当前用户退出后就会失效。为了解决这个问题，我们可以将 ulimit 命令作为应用程序启动脚本的一部分，使其在程序启动前执行。

另外，在调整操作系统参数时，一定要考虑还有没有其他应用程序。如果有，就要考虑参数调整后对其他应用程序是否有影响，以免顾此失彼。

8.1.2 Netty 系统参数调整

如前所述，Netty 的一部分参数与业务无关。换言之，这些参数是通用的，而非仅仅服务于 Netty 自身，例如，非 Netty 网络框架也有用于设置 Socket 的 timeout 参数。在这里，我们把这些参数统称为 Netty 系统参数，那么 Netty 系统参数都有哪些呢？又需要注意什么呢？在进行梳理之前，我们需要明白的是 Netty 系统参数有很多，而且不同参数适用的应用类型不尽相同。例如，UDP 的一些参数（如 IP_MULTICAST_TTL）就是 UDP 应用特有的。即使同一类型的应用也可能具有多种网络编程模式，而其中一些参数的设置又是网络编程模式特有的。例如，Netty 为 TCP 提供了 OIO 和 NIO 两种网络编程模式，其中 SO_TIMEOUT 就是 OIO 特有的参数。

综上可知，我们无法梳理出所有网络编程模式的所有参数，并且实际上没有必要那样做。因此，我们下面选取其中比较典型的、基于 NIO 编程的 TCP 应用作为切入点。

针对 NIO 编程，有两种 SocketChannel 可以设置，它们分别是 SocketChannel 和 ServerSocketChannel。

1. SocketChannel

表 8-1 列出了对于 SocketChannel 可以设置的参数。

表 8-1 对于 SocketChannel 可以设置的参数

Netty 系统相关参数	功能	默认值
SO_SNDBUF	TCP 数据发送缓冲区大小	/proc/sys/net/ipv4/tcp_wmem： [min, default, max]动态调整，默认最小为 4KB
SO_RCVBUF	TCP 数据接收缓冲区大小	/proc/sys/net/ipv4/tcp_rmem： [min, default, max]动态调整，默认最小为 4KB
SO_KEEPALIVE	TCP Keepalive	默认关闭
SO_REUSEADDR	地址重用，用于解决 Address already in use 问题。 常用开启场景如下： ❑ 多网卡（IP）绑定相同端口； ❑ 使连接关闭后释放的端口更早可使用	默认不开启。注意，即使开启，也不能通过为 TCP 绑定完全相同的 IP 和端口来重复启动
SO_LINGER	关闭 Socket 的延迟时间，默认禁用，socket.close()方法将立即返回	默认不开启
IP_TOS	设置 IP 头的 Type-of-Service 字段，用于描述 IP 包的优先级和 QoS 选项，例如，倾向于延时还是吞吐量	❑ 1000：最小化延迟。 ❑ 0100：最大化吞吐量。 ❑ 0010：最大化可靠性。 ❑ 0001：最小化经济成本。 ❑ 0000：正常服务（默认值）。 以上参数值仅仅起提示作用，至于支持与否以及到底支持哪些值，需要看具体实现而定
TCP_NODELAY	设置是否启用 Nagle 算法。这种算法可将小的碎片数据连接成更大的报文来提高发送效率	False。如果需要发送一些较小的报文，那么需要禁用 Nagle 算法

对于表 8-1，需要补充解释的是如下几个参数。

1）SO_SNDBUF 和 SO_RCVBUF

过去，我们往往会调整 SO_SNDBUF 和 SO_RCVBUF。因为如果将它们设置得过小，虽然能节约空间，但是发送效率会降低；若设置得过大，虽然保证了发送效率，但是有些浪费内存。因此，我们通常会把这两个参数的值调优成带宽与延时的乘积。

但是，现代操作系统中的很多支持参数的动态调整。因此，如果你没有把握，不如让操作系统自行动态调整。当然，操作系统支持的动态调整是有一定限制的，会受限于最小值、默认值和最大值。

2）SO_REUSEADDR

这个参数经常被人误解为一旦开启，服务器（使用同一 IP 和端口）就可以启动两次。实际上，这个参数无论是否开启，服务器都不允许启动两次。开启这个参数的真正目的是允许不同的 IP 绑定相同的端口，从而在同一台机器上安装多张网卡以启动多个相同类型的服务。另外，这个参数还有一个功能，就是使连接关闭后释放的端口更早可使用，这里不再赘述。

2. ServerSocketChannel

表 8-2 列出了对于 ServerSocketChannel 可以设置的参数。

表 8-2　对于 ServerSocketChannel 可以设置的参数

Netty 系统相关参数	功能	备注
SO_RCVBUF	为允许创建的 SocketChannel 设置 SO_RCVBUF	有 SO_RCVBUF 而没有 SO_SNDBUF
SO_REUSEADDR	是否可以重用端口	默认为 False
SO_BACKLOG	最大等待连接数量	—
IP_TOS	参见表 8-1 中的说明	—

对于表 8-2，核心的参数其实不多，需要补充解释的是以下两个参数。

1）SO_RCVBUF

ServerSocketChannel 的 SO_RCVBUF 与 SocketChannel 的 SO_RCVBUF 相比有何区别？其实它们的目标是一致的，但 SocketChannel 是 ServerSocketChannel 通过 accept()方法创建的，所以一旦设置 ServerSocketChannel 的 SO_RCVBUF，那么在创建 SocketChannel 时，SocketChannel 将使用相同的 SO_RCVBUF 参数值。

在这里，读者可能还会产生其他一些困惑。例如，ServerSocketChannel 可以设置的参数中为什么没有 SO_SNDBUF？由于 SocketChannel 可以控制数据的发送，因此在发送数据之前来得及进行设置；但是对于接收数据而言，只要 SocketChannel 创建了，系统就将具备这样的能力，因此对于 SO_RCVBUF 来说，在创建时就进行设置是最合理的。

2）SO_BACKLOG

连接请求的处理是围绕一个请求队列进行的。执行一次 accept()方法就相当于处理请求队列中的一个请求并建立连接，没来得及处理的连接请求自然还在请求队列中，那么这个请求队列最多可以包含多少个等待处理的连接请求？SO_BACKLOG 就是用来对此进行设置的。通过查阅 Netty 代码可知，SO_BACKLOG 和其他参数有些不同，其他参数是直接在 SocketChannel 中指定的，而 SO_BACKLOG 是在绑定监听端口时指定的，如下所示。

```
javaChannel().bind(localAddress,config.getBacklog());
```

8.1.3 Netty 非系统参数调整

介绍完 Netty 系统参数，下面接着介绍 Netty 非系统参数，这些参数与 Netty 自身实现有关，其中的一些核心参数如表 8-3 所示。

表 8-3 一些核心的 Netty 非系统参数

Netty 非系统参数	功能	默认值
WRITE_BUFFER_WATER_MARK	设置高低水位线，间接防止写数据过多造成 OOM	❑ 低水位线：32 KB。 ❑ 高水位线：64 KB
CONNECT_TIMEOUT_MILLIS	客户端连接服务器的最长允许时间	30
MAX_MESSAGES_PER_READ	允许“连续”读的最大次数	16
WRITE_SPIN_COUNT	允许“连读”写的最大次数	16
ALLOCATOR	负责分配 ByteBuf，比如从哪里分配	ByteBufAllocator.DEFAULT
RCVBUF_ALLOCATOR	计算为接收数据分配多大的 ByteBuf	AdaptiveRecvByteBufAllocator
AUTO_READ	设置是否监听“读”事件	默认监听“读”事件
AUTO_CLOSE	“写数据”失败时，是否关闭连接	默认打开，因为不关闭连接的话下一次还会写
MESSAGE_SIZE_ESTIMATOR	数据（ByteBuf、FileRegion 等）大小计算器	DefaultMessageSizeEstimator.DEFAULT。 例如，计算 ByteBuf：byteBuf.readableBytes()
SINGLE_EVENTEXECUTOR_PER_GROUP	当增加 Handler 且指定 EventExecutorGroup 时，决定 Handler 是否只使用 EventExecutorGroup 中某个固定的 EventExecutor（取决于 next()的实现）	默认为 true。不管 Handler 是否共享，都绑定唯一的事件执行器，所以 pinEventExecutor 并没有指定 EventExecutorGroup，而复用 Channel 中的 NioEventLoop

在表 8-3 中，容易混淆的是 ALLOCATOR 和 RCVBUF_ALLOCATOR，因此下面对它们进行补充说明。首先需要明确的是，这两个参数的功能是有关联的：ALLOCATOR 负责分配 ByteBuf（例如，分配的起始点），RCVBUF_ALLOCATOR 负责计算为接收数据分配多大的 ByteBuf。具体在实现时，RCVBUF_ALLOCATOR 的主流实现类 AdaptiveRecvByteBufAllocator 具有如下两大功能。

- 动态计算下一次分配的 ByteBuf 大小，可参考 guess()方法。
- 判断是否可以继续读，可参考 continueReading()方法。

下面再从代码关联方面验证它们的功能角色。在如下代码中，为 AdaptiveRecvByteBufAllocator 的 allocate()方法传入的参数是 ByteBufAllocator。

```
io.netty.channel.AdaptiveRecvByteBufAllocator.HandleImpl handle = AdaptiveRecvByteBufAllocator.
newHandle();
ByteBuf byteBuf = handle.allocate(ByteBufAllocator)
```

allocate()方法会首先使用 guess()方法猜测一下分配多少，然后再调用 ByteBufAllocator 进行分配。

```
ByteBuf allocate(ByteBufAllocator alloc)
{
    return alloc.ioBuffer(guess());
}
```

上面介绍的 Netty 非系统参数通过 childOption()方法来设置。实际上，除这些参数之外，还有一大批参数，这些参数是通过-D 进行设置的，这些参数有别于前面介绍的那些参数，它们更多用来对一些实现细节进行控制，因而它们为非核心参数，大约有 50 个。它们往往用来实现以下功能。

- 多种实现之间的切换。例如，-Dio.netty.noJdkZlibDecoder 用来决定是否使用 JDK 自带的 Zlib 实现。
- 参数的调优。例如，-Dio.netty.eventLoopThreads 用来显式控制 EventLoop 的数目。
- 功能的开启和关闭。例如，-Dio.netty.noKeySetOptimization 用来决定是否启用 NIO 编程中的优化功能。

下面选取一些通过-D 进行设置的典型参数（见表 8-4）来展示它们的核心功能。

表 8-4　典型参数

典型	功能	备注
io.netty.eventLoopThreads	指定 I/O 线程数量	默认为 availableProcessors * 2
io.netty.availableProcessors	指定 availableProcessors	考虑 Docker/VM 等情况
io.netty.allocator.type	表示 unpooled/pooled	池化还是非池化
io.netty.noPreferDirect	表示 true/false	堆内还是堆外
io.netty.noUnsafe	表示 true/false	是否使用 sun.misc.Unsafe
io.netty.leakDetection.level	表示 DISABLED/SIMPLE 等	内存泄漏检测级别，默认值为 SIMPLE
io.netty.native.workdir io.netty.tmpdir	表示临时目录	通过 Jar 解出 Native 库中存放的临时目录
io.netty.processId io.netty.machineId	表示进程号、机器硬件地址	计算 Channel 的 ID，计算公式如下： MACHINE_ID + PROCESS_ID + SEQUENCE + TIMESTAMP + RANDOM

续表

Netty 非系统参数	功能	备注
io.netty.eventLoop.maxPendingTasks io.netty.eventexecutor.maxPendingTasks	表示挂起的最大任务数目	默认为 Integer.MAX_VALUE，以具体显示的结果为准，不低于 16
io.netty.handler.ssl.noOpenSsl	表示是否使用 OpenSSL	优选 OpenSSL

我们再补充说明一些情况。

1）注意其他一些参数

还有一些参数（确切地说，是一种属性成员）不是通过-D 或 option()方法进行设置的，而且一般不调整，但它们本身的意义十分重要。例如，NioEventLoop#ioRatio 方法决定了 I/O 事件和任务处理的时间分配，这是通过方法调用的形式进行设置的，如下所示。

```
NioEventLoopGroup workerGroup = new NioEventLoopGroup();
    workerGroup.setIoRatio(50);
```

2）注意参数之间的关联

有些参数是相互关联、协同工作的。例如，用来临时存放 Native 库的目录需要使用 io.netty.native.workdir 来指定，如果没有指定，就使用 io.netty.tmpdir 指定的目录。

3）注意参数的变更

有些参数会随 Netty 版本的更新而发生变化。例如，io.netty.noResourceLeakDetection 已变更为 io.netty.leakDetection.level。

Netty 非系统参数有很多，了解其中每个参数的功能对于深入了解 Netty 会有很大的帮助。

8.2 常见开源软件对 Netty 参数进行的设置

前面虽然介绍了很多参数，但其中实际上需要进行设置的很少。在修改案例程序的参数之前，我们先查询一下使用了 Netty 的常见开源软件设置了哪些参数，参见表 8-5。

表 8-5　常见开源软件对 Netty 参数的设置情况

软件	child. tcpNoDelay	child. keepalive	child. reuseAddress	reuseAddress	so_linger	WriteBufferWaterMark	ByteBufAllocator
默认	*n*	*n*	*n*	*n*	-1	32KB～64KB	池化、堆外
Cassandra	y	y（可配置）	未设置	未设置	0	8KB～32KB	池化、堆外（可配置）
Dubbo	y	未设置	y	未设置	未设置	未设置	未设置
Hadoop	y	y	y	y	未设置	32KB～64KB	未设置

从表 8-5 可以看出，其实大多数常见开源软件设置的参数不多，不会超过 7 个。其中，有

些参数的设置是相似的，例如都设置了 tcpNoDelay 以追求更快的响应时间；而对于其他一些参数，设置则不尽相同，例如 keepalive 和 WriteBufferWaterMark 等参数。除上述参数之外，大多数参数并没有设置的必要性。

8.3 调整案例程序的各个参数

在掌握前面介绍的知识之后，你就可以对案例程序进行参数调整了，具体包括如下几个参数。

1）最大文件句柄数目

如前所述，对于服务器网络应用程序来说，这个参数必须调整，调整方法参见 8.1 节。

2）SO_BACKLOG

SO_BACKLOG 决定了建立连接的能力，默认值有些偏小。具体而言，Netty 在 Linux 平台上是通过如下步骤来设置 SO_BACKLOG 的（可参考 io.netty.util.NetUtil 方法）。

（1）尝试读取/proc/sys/net/core/somaxcon。

（2）尝试执行 sysctl 命令。

（3）如果最终没有得到 SO_BACKLOG 的值，就使用默认值 128。

因此，如下语句可用于显式地设置 SO_BACKLOG。

```
serverBootstrap.option(NioChannelOption.SO_BACKLOG, 1024);
```

3）TCP_NODELAY

你可通过借鉴其他应用来调整 TCP_NODELAY，从而保持合理的响应延时，调整方法如下。

```
serverBootstrap.childOption(NioChannelOption.TCP_NODELAY, true);
```

在调整参数时，建议遵守以下两条原则。

- 不懂的不要动。如果你对一些参数不是很了解，那就不要轻易进行调整；否则，可能造成一些问题。
- 尽量使用配置文件对参数进行调整（能够动态配置更好）。对于一些拿不准是否需要调整的参数，最好通过配置文件将它们暴露出去，这样在以后进行调整时就会获得很大的灵活性。

在实践中，对于设置哪些参数以及如何进行设置，则需要根据具体的应用场景而定。

8.4 常见疑问分析

在学习本章的过程中，读者可能经常产生一些参数设置方面的疑问。其中不仅包含对参数本身的疑问，还包含对参数设置方法的疑问，下面举例说明。

8.4.1 使用 option()和 childOption()方法设置参数的区别

使用 option()方法设置的参数主要服务于 ServerSocketChannel，而使用 childOption()方法设置的参数主要服务于 SocketChannel，SocketChannel 由 ServerSocketChannel 通过 SocketUtils#accept 方法产生，参见代码清单 8-1。

代码清单 8-1 io.netty.util.internal.SocketUtils#accept

```
public static SocketChannel accept(final ServerSocketChannel serverSocketChannel)
throws IOException {
    try {
        return AccessController.doPrivileged(new PrivilegedExceptionAction() {
            @Override
            public SocketChannel run() throws IOException {
                //接受连接，创建 SocketChannel 来代表连接实体
                //需要说明的是，在非阻塞模式下，当没有连接请求时，如果调用下列方法，就会返回 null
                return serverSocketChannel.accept();
            }
        });
    } catch (PrivilegedActionException e) {
        throw (IOException) e.getCause();
    }
}
```

下面看看参数都用在什么地方。对于 ServerSocketChannel，参数称为 Options，存储在 AbstractBootstrap#options 中，并且在初始化 ServerSocketChannel 时使用，参见代码清单 8-2（ServerBootstrap#init）。

代码清单 8-2 Options 使用示例

```
@Override
 void init(Channel channel) {
     setChannelOptions(channel, options0().entrySet().toArray(newOptionArray(0)), logger);
     setAttributes(channel, attrs0().entrySet().toArray(newAttrArray(0)));
      final Map, Object> options0() {
      return options;
     }
}
```

对于 SocketChannel，参数称为 Child Options，存储在 ServerBootstrap#childOptions 中，并且使用时也在 ServerBootstrap 中。具体示例参见代码清单 8-3（ServerBootstrapAcceptor#channelRead），在创建连接后，当对连接进行初始化时，就给 SocketChannel 设置所有的 Child Options。

代码清单 8-3　Child Options 使用示例

```
private static class ServerBootstrapAcceptor extends ChannelInboundHandlerAdapter {
private final EventLoopGroup childGroup;
private final ChannelHandler childHandler;
private final Entry<ChannelOption<?>, Object>[] childOptions;
private final Entry<AttributeKey<?>, Object>[] childAttrs;
    //省略其他非关键代码

public void channelRead(ChannelHandlerContext ctx, Object msg) {
    final Channel child = (Channel) msg;

    child.pipeline().addLast(childHandler);

    setChannelOptions(child, childOptions, logger);
    setAttributes(child, childAttrs);
    //省略其他非关键代码
    }
}
```

综合来看，Options 和 Child Options 是用来设置不同 SocketChannel 的，它们分别服务于 ServerSocketChannel 和 SocketChannel。之所以使用 child 作为前缀，是因为服务的 Channel 之间存在父子关系（比如 ServerSocketChannel 会产生 SocketChannel：SocketChannel = serverSocketChannel.accept()）。它们都能够在初始化 Channel 时使用。具体而言，ServerSocketChannel 在启动服务时使用，SocketChannel 在创建连接时使用。

然而，这里 Options 是可以共享的，这会导致给 SocketChannel 设置一些只对 ServerSocketChannel 有效的参数。例如，ChannelOption#SO_BACKLOG 应该写成.option(ChannelOption. SO_BACKLOG ,100)，却不小心写成.childOption(ChannelOption.SO_BACKLOG ,100)，此时会产生什么后果呢？系统不会报错，只是等到后期使用时，所做的设置无效。至于为什么不报错，参见代码清单 8-4。

代码清单 8-4　io.netty.channel.DefaultChannelConfig#setOption

```
@Override
 @SuppressWarnings("deprecation")
 public  boolean setOption(ChannelOption option, T value) {
    validate(option, value);
if (option == CONNECT_TIMEOUT_MILLIS) {
    setConnectTimeoutMillis((Integer) value);
} else if (option == MAX_MESSAGES_PER_READ) {
    setMaxMessagesPerRead((Integer) value);
} else if (option == WRITE_SPIN_COUNT) {
```

```
        setWriteSpinCount((Integer) value);
    //省略部分 else if 语句
    } else if (option == SINGLE_EVENTEXECUTOR_PER_GROUP) {
        setPinEventExecutorPerGroup((Boolean) value);
    } else {
        return false;
    }
        return true;
    }
```

如上述代码所示，当设置的参数不支持时，设置方法会直接返回 false 而不是报错。因此，在设置参数时，一定要弄清楚参数服务于谁以及应该调用哪个方法。

8.4.2 参数 ALLOW_HALF_CLOSURE 的用途与使用场景

Netty 在关闭连接时，会首先判断参数 ALLOW_HALF_CLOSURE 是否开启。如果开启了，就将连接半关，参见代码清单 8-5。那么什么是半关？半关又用于什么场合？

代码清单 8-5 NioByteUnsafe#closeOnRead

```
    protected class NioByteUnsafe extends AbstractNioUnsafe {
        private void closeOnRead(ChannelPipeline pipeline) {
            //输入关闭了吗？没有
            if (!isInputShutdown0()) {
                //判断是否支持半关，如果支持，就关闭读事件和触发事件
                if (isAllowHalfClosure(config())) {
                    shutdownInput();
                    pipeline.fireUserEventTriggered(ChannelInputShutdownEvent.INSTANCE);
                } else {
                    close(voidPromise());
                }
            } else {
                inputClosedSeenErrorOnRead = true;
                pipeline.fireUserEventTriggered(ChannelInputShutdownReadComplete.INSTANCE);
            }
        }
```

下面比较一下“正常关闭”和“半关”的区别，如图 8-1 所示。正常关闭是要关闭双向通道的，通信双方调用的是 channel.close()方法；而半关只关闭其中的一条通道，其中一方调用 channel.shutdownOutput()方法，另一方在接收到指示进行关闭的 FIN 时，不是执行 channel.close()方法，而是执行 channel.shutdownInput()方法，这相当于完整地关闭了一条单向通道，而使另一条通道中的数据能够继续传输。等彻底完成数据传输任务之后，再使用之前介绍的方法关闭另一条通道。

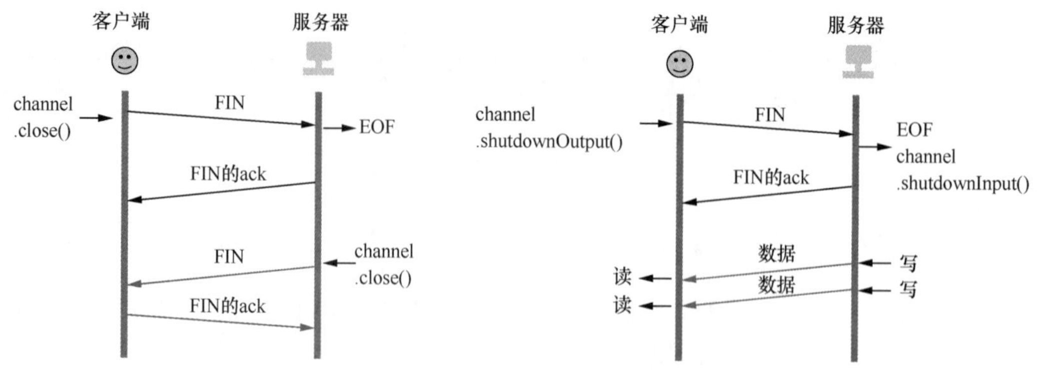

图 8-1　正常关闭和半关的区别

半关虽然不常遇到，但这种方式仍有一定的适用场景。例如，当远程执行命令时，命令发出后，如果不要再执行后续命令，就可以使用半关方式。因为命令接收方还需要返回命令的执行结果，但是命令发起方完全不知道执行结果什么时候能传输完所以需要保留一个通道，用于接收数据。

第 9 章　诊断性优化

第 8 章介绍了 Netty 的各种参数并对案例程序进行了必要的参数调优。接下来，我们可以对案例程序做进一步优化，例如提高案例程序的可诊断性。实际上，可诊断性是区分应用处于演示（demo）级别还是产品（production）级别的关键因素之一。当出现问题时，可诊断性决定了我们是否能轻松地定位并排除故障。本章将要探讨的就是如何提高 Netty 应用的可诊断性。

9.1 Netty 日志优化

提高可诊断性的第一步就是优化日志。良好的日志能使我们在后续的问题排查中事半功倍，混乱的日志则会导致我们在遇到问题时无所适从。案例程序的雏形虽然已经完成，但是运行后只有应用层的输出日志，如图 9-1 所示。

```
"C:\Program Files (x86)\Java\jdk1.8.0_191\bin\java.exe" ...
order's executing startup with orderRequest: OrderOperation(tableId=1001, dish=tudou)
order's executing complete
```

图 9-1　案例程序的运行效果

这样的日志并没有包含与 Netty 相关的任何关键信息，例如，什么时候监听、监听什么端口等。此外，当需要排查消息的收发时间时，也没有任何日志可以利用。因此，我们需要优化案例程序的日志。

9.1.1　源码解析

在具体进行优化之前，我们有必要了解一下 Netty 的日志框架。随便找一个带日志的 Netty 源码文件，从中可以看到如下语句。

```
private static final InternalLogger logger =
    InternalLoggerFactory.getInstance(AbstractNioChannel.class);
```

上述语句实际最终调用的是代码清单 9-1（io.netty.util.internal.logging.InternalLoggerFactory）所示的代码。

代码清单 9-1　InternalLogger 创建示例

```
public static InternalLogger getInstance(String name) {
    return getDefaultFactory().newInstance(name);
}
public static InternalLoggerFactory getDefaultFactory() {
    if (defaultFactory == null) {
        defaultFactory = newDefaultFactory(InternalLoggerFactory.class.getName());
    }
    return defaultFactory;
}
```

如上述代码所示，InternalLogger 是使用 defaultFactory 创建的。defaultFactory 的创建过程如代码清单 9-2 所示。

代码清单 9-2　defaultFactory 的创建过程

```
private static InternalLoggerFactory newDefaultFactory(String name) {
    InternalLoggerFactory f;
    try {
        f = new Slf4JLoggerFactory(true);
        f.newInstance(name).debug("Using slf4j as the default logging framework");
    } catch (Throwable ignore1) {
        try {
            f = Log4JLoggerFactory.INSTANCE;
            f.newInstance(name).debug("Using log4j as the default logging framework");
        } catch (Throwable ignore2) {
            try {
                f = Log4J2LoggerFactory.INSTANCE;
                f.newInstance(name).debug("Using log4j2 as the default logging framework");
            } catch (Throwable ignore3) {
                 f = JdkLoggerFactory.INSTANCE;
                 f.newInstance(name).debug("Using java.util.logging as the default logging
                     framework");
            }
        }
    }
    return f;
}
```

从上述代码可以看出，defaultFactory 将按照 slf4j、log4j、log4j2、jdk 的顺序尝试创建能够成功对应各种 Logger 的 Factory，而 Factory 能够创建的 Logger 都是对相应日志框架所做的简单封装，它们之间的继承关系如图 9-2 所示。

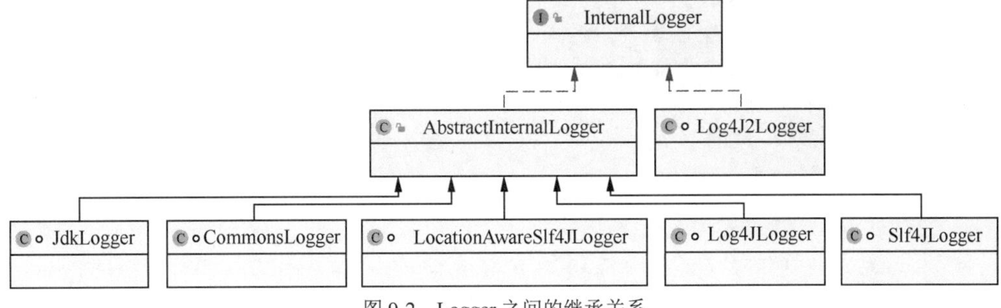

图 9-2 Logger 之间的继承关系

当“尝试”使用某个日志框架时，如果成功，就返回；如果失败，就继续尝试，直到使用默认的 JDK 日志框架。那么成功的标准是什么？就是不抛出 Throwable。以尝试 slf4j 为例，尝试 slf4j 就是执行 new Slf4JLoggerFactory(true)语句，而这条语句执行的是如下初始化过程。

```
Slf4JLoggerFactory(boolean failIfNOP) {
    if (LoggerFactory.getILoggerFactory() instanceof NOPLoggerFactory) {
    //省略其他非核心代码
    }
}
```

上面的初始化过程很简单。假设应用程序没有 slf4j 依赖库，那么在使用 org.slf4j.LoggerFactory 执行 LoggerFactory.getILoggerFactory()时就会抛出 NoClassDefFoundError，这可以通过调试加以验证，如图 9-3 所示。

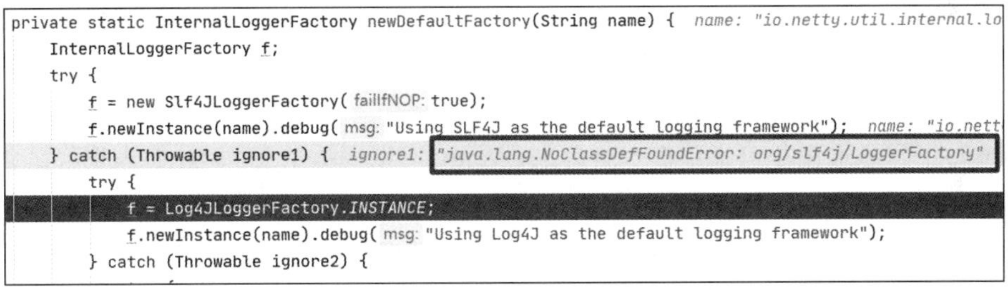

```
private static InternalLoggerFactory newDefaultFactory(String name) {  name: "io.netty.util.internal.lo
    InternalLoggerFactory f;
    try {
        f = new Slf4JLoggerFactory( failIfNOP: true);
        f.newInstance(name).debug( msg: "Using SLF4J as the default logging framework");  name: "io.nett
    } catch (Throwable ignore1) {  ignore1: "java.lang.NoClassDefFoundError: org/slf4j/LoggerFactory"
        try {
            f = Log4JLoggerFactory.INSTANCE;
            f.newInstance(name).debug( msg: "Using Log4J as the default logging framework");
        } catch (Throwable ignore2) {
```

图 9-3 尝试使用 slf4j 时失败了

由上可知，在没有其他外部日志框架的情况下，Netty 将使用默认的日志框架 JdkLogger。既然如此，那么为什么案例程序在运行时只有应用层日志？原因主要有两个：Netty 自身的日志大多是 DEBUG 级别的；而 JdkLogger 默认的日志是 INFO 级别的。假设需要查看更多日志，那么可以修改 JdkLogger 的日志级别，也就是直接修改[JDK Path]\jre\lib\logging.properties。例如，我们可以按照如下配置文件将日志级别从默认的 INFO 改为 FINE。注意，这里的 FINE 级别相当于其他日志框架的 DEBUG 级别。

```
handlers= java.util.logging.ConsoleHandler
.level= INFO

#默认输出为用户的 home 目录
java.util.logging.FileHandler.pattern = %h/java%u.log
java.util.logging.FileHandler.limit = 50000
java.util.logging.FileHandler.count = 1
java.util.logging.FileHandler.formatter = java.util.logging.XMLFormatter

#限制输出到终端（Console）的日志级别为 INFO 及以上级别
java.util.logging.ConsoleHandler.level = INFO
java.util.logging.ConsoleHandler.formatter = java.util.logging.SimpleFormatter
```

修改完之后，重新运行案例程序就可以看到更多的输出日志了，如图 9-4 所示。

```
"C:\Program Files (x86)\Java\jdk1.8.0_191\bin\java.exe" ...
十月 08, 2020 11:49:50 上午 io.netty.util.internal.logging.InternalLoggerFactory newDefaultFactory
详细: Using java.util.logging as the default logging framework
十月 08, 2020 11:49:50 上午 io.netty.channel.MultithreadEventLoopGroup <clinit>
详细: -Dio.netty.eventLoopThreads: 16
十月 08, 2020 11:49:50 上午 io.netty.util.internal.InternalThreadLocalMap <clinit>
详细: -Dio.netty.threadLocalMap.stringBuilder.initialSize: 1024
```

图 9-4　查看更多的输出日志

9.1.2　开源案例

我们刚刚介绍了 Netty 的日志体系，不言而喻，使用 Netty 的开源软件都有自己的日志体系。那么这些开源软件在日志输出方面有没有什么值得借鉴的呢？下面举例说明。

1. Cassandra

Cassandra 在日志的使用技巧方面有两点值得关注。

1）主动设置了 LoggerFactory

Netty 对于日志输出是自适应的。换言之，Netty 可以根据依赖的 Jar 做出选择，并且会遵循一定的顺序，例如首先是 slf4j，然后是 log4j，等等。这种方式有一定的灵活性，但可能存在一些问题。例如，对于大型项目而言，它们往往依赖多个库，而这些库默认的日志框架虽不尽相同但同时出现，此时 Netty 已经默默做了优先选择，但这种选择不一定是我们期望的那种。例如，假设我们希望在 slf4j 和 log4j 同时存在时优先选择 log4j，抑或我们确实希望优先选择 slf4j。再如，也许有一天，Netty 会将默认的实现切换成新兴的日志框架，若我们仍然希望保持优先选择 slf4j，该如何处理呢？我们可以借鉴 Cassandra 的做法——主动并显式地设置想要使用的日志框架，如下所示。

```
static
{
    InternalLoggerFactory.setDefaultFactory(new Slf4JLoggerFactory());
}
```

的日志框架能够根据当前项目依赖的 Jar 进行自动选择。接下来，我们进行实战，让案例程序使用常用的 slf4j + log4j 作为日志框架，并使案例程序具有一定的可诊断性。具体的实施步骤如下。

（1）添加相关依赖和配置。

（2）使用 LoggingHandler。

（3）完善“可诊断性”。

下面我们对上述步骤进行详解。

1. 添加相关依赖和配置

首先，添加相应的 slf4j + log4j 依赖项到项目的 pom.xml 配置文件中。

```
<dependency>
    <groupId>org.slf4j</groupId>
    <artifactId>slf4j-log4j12</artifactId>
    <version>1.7.22</version>
</dependency>
```

添加完依赖项之后，将日志配置文件 log4j.properties 放到 src/main/resources/目录下，并设置日志级别为 DEBUG，如下所示。

```
log4j.rootLogger=debug,console
log4j.appender.console=org.apache.log4j.ConsoleAppender
log4j.appender.console.layout=org.apache.log4j.PatternLayout
log4j.appender.console.layout.ConversionPattern=%d{HH:mm:ss} [%t] %C{1}: %m%n
```

启动案例程序的服务器，通过观察日志我们可以发现，案例程序的日志框架已经从 jdk 切换为 slf4j。

```
13:43:01 [main] InternalLoggerFactory: Using slf4j as the default logging framework
```

在确认案例程序的日志框架切换完之后，我们可以把 log4j.properties 的日志级别从 DEBUG 改为 INFO。

2. 使用 LoggingHandler

我们已经完成了日志框架的切换，并且通过修改日志级别看到了 Netty 的一些内部日志，但是一些额外的关键内容（如收发信息的关键日志、启动服务的相关信息等）还没有显示。因此，我们仍然需要继续探索如何输出更多有用的信息。

这实际上是一种较普遍的需求，为了满足这种需求，Netty 专门提供了一个处理程序——io.netty.handler.logging.LoggingHandler。LoggingHandler 继承自 ChannelDuplexHandler，实现了对输入、输出的双重拦截。例如，无论是创建连接还是读取数据，系统都会输出日志，参见代码清单 9-3。

代码清单 9-3　LoggingHandler 的部分代码

```
@Override
public void channelActive(ChannelHandlerContext ctx) throws Exception {
```

```
        if (logger.isEnabled(internalLevel)) {
            logger.log(internalLevel, format(ctx, "ACTIVE"));
        }
        ctx.fireChannelActive();
    }

    @Override
    public void channelRead(ChannelHandlerContext ctx, Object msg) throws Exception {
        if (logger.isEnabled(internalLevel)) {
            logger.log(internalLevel, format(ctx, "READ", msg));
        }
        ctx.fireChannelRead(msg);
    }
```

为了使用 LoggingHandler，只需要把它放到处理程序流水线中即可，参见代码清单 9-4。

代码清单 9-4　添加 LoggingHandler 到处理程序流水线中

```
LoggingHandler infoLogHandler = new LoggingHandler(LogLevel.INFO);
serverBootstrap.childHandler(new ChannelInitializer<NioSocketChannel>() {
    @Override
    protected void initChannel(NioSocketChannel ch) throws Exception {
        ChannelPipeline pipeline = ch.pipeline();
        //省略其他非关键代码
        pipeline.addLast("infolog", infoLogHandler);
        //省略其他非关键代码
    }
});
```

在处理程序流水线中添加完 LoggingHandler 之后，再次运行服务器和客户端程序，就会输出我们之前关心却没有显示的那些日志内容，如图 9-8 所示。

```
16:45:08 [nioEventLoopGroup-3-1] AbstractInternalLogger: [id: 0xc6fb1067, L:/127.0.0.1:8090 - R:/127.0.0.1:54355] REGISTERED
16:45:08 [nioEventLoopGroup-3-1] AbstractInternalLogger: [id: 0xc6fb1067, L:/127.0.0.1:8090 - R:/127.0.0.1:54355] ACTIVE
16:45:09 [nioEventLoopGroup-3-1] AbstractInternalLogger: [id: 0xc6fb1067, L:/127.0.0.1:8090 - R:/127.0.0.1:54355] READ: Message
 (messageHeader=MessageHeader(version=1, opCode=3, streamId=2), messageBody=OrderOperation(tableId=1001, dish=tudou))
```

图 9-8　为 SocketChannel 启用 LoggingHandler 之后显示的内容

细心的读者会发现，这里虽然已经有了创建连接和读取信息的日志，但是并没有服务器端口绑定方面的信息，这主要是因为我们设置的是 childHandler，相当于 LoggingHandler 只服务于 SocketChannel。使用如下语句（使用了 handler()方法）为 ServerSocketChannel 设置 LoggerHandler。

```
serverBootstrap.handler(new LoggingHandler(LogLevel.INFO));
```

再次启动服务器，系统就会输出我们关心的端口绑定信息了，如图 9-9 所示。

```
16:46:59 [nioEventLoopGroup-2-1] AbstractInternalLogger: [id: 0x1a457c11] REGISTERED
16:46:59 [nioEventLoopGroup-2-1] AbstractInternalLogger: [id: 0x1a457c11] BIND: 0.0.0.0/0.0.0.0:8090
16:46:59 [nioEventLoopGroup-2-1] AbstractInternalLogger: [id: 0x1a457c11, L:/0:0:0:0:0:0:0:0:8090] ACTIVE
```

图 9-9　为 ServerSocketChannel 启用 LoggingHandler 之后输出的信息

3. 完善可诊断性

通过与之前介绍的开源案例实践进行对比，我们发现图 9-8 和图 9-9 中的线程名（nioEventLoopGroup-2-1 和 nioEventLoopGroup-3-1）的可读性确实有待提高。为此，修改线程名，如下所示。

```
NioEventLoopGroup bossGroup = new NioEventLoopGroup(0, new DefaultThreadFactory("boss"));
NioEventLoopGroup workGroup = new NioEventLoopGroup(0, new DefaultThreadFactory("worker"));
UnorderedThreadPoolEventExecutor businessGroup = new UnorderedThreadPoolEventExecutor
(10, new DefaultThreadFactory("business"));
```

修改完之后，再次运行案例程序，输出的日志如图 9-10 所示。这里，线程名的可读性提高了很多。

```
16:48:00 [boss-1-1] AbstractInternalLogger: [id: 0x400b56ef] REGISTERED
16:48:00 [boss-1-1] AbstractInternalLogger: [id: 0x400b56ef] BIND: 0.0.0.0/0.0.0.0:8090
16:48:00 [boss-1-1] AbstractInternalLogger: [id: 0x400b56ef, L:/0:0:0:0:0:0:0:0:8090] ACTIVE
16:48:07 [boss-1-1] AbstractInternalLogger: [id: 0x400b56ef, L:/0:0:0:0:0:0:0:0:8090] READ: [id: 0xe08099ee, L:/127.0.0.1:8090 - R:/127.0.0
.1:54682]
16:48:07 [boss-1-1] AbstractInternalLogger: [id: 0x400b56ef, L:/0:0:0:0:0:0:0:0:8090] READ COMPLETE
16:48:07 [worker-3-1] AbstractInternalLogger: [id: 0xe08099ee, L:/127.0.0.1:8090 - R:/127.0.0.1:54682] REGISTERED
16:48:07 [worker-3-1] AbstractInternalLogger: [id: 0xe08099ee, L:/127.0.0.1:8090 - R:/127.0.0.1:54682] ACTIVE
16:48:08 [worker-3-1] AbstractInternalLogger: [id: 0xe08099ee, L:/127.0.0.1:8090 - R:/127.0.0.1:54682] READ: Message(messageHeader=MessageHeader
(version=1, opCode=3, streamId=2), messageBody=OrderOperation(tableId=1001, dish=tudou))
16:48:08 [business-4-2] OrderOperation: order's executing startup with orderRequest: OrderOperation(tableId=1001, dish=tudou)
```

图 9-10　修改线程名之后输出的日志

我们可以采用同样的方式，为将来可能输出的处理程序设置更易懂的名称，例如：

```
pipeline.addLast("frameDecoder", new OrderFrameDecoder());
pipeline.addLast("frameEncoder", new OrderFrameEncoder());
pipeline.addLast("protocolDecoder", new OrderProtocolDecoder());
pipeline.addLast("protocolEncoder", new OrderProtocolEncoder());
```

通过上述实践，相信读者不仅对 Netty 的日志框架有了一定的了解，还对如何提高案例程序的可诊断性有了一些思路。

9.2 Netty 的关键诊断信息及可视化方案

通过 9.1 节的介绍，我们了解了 Netty 的日志框架，并且掌握了如何结合日志框架输出一些有用的信息，例如，服务器刚刚启动时的端口绑定信息以及信息的收发时间。然而，这些信息对于诊断问题是远远不够的，而且这些信息没有被聚合起来以反映变化趋势。我们不但需要更多、更全面的信息，而且需要可视化它们。

9.2.1 Netty 的关键诊断信息

对于 Netty 项目而言，到底有哪些关键信息可以为诊断问题提供帮助？根据是否属于 Netty 内部，这些关键信息可分为外在关键诊断信息和内在关键诊断信息。

1. 外在关键诊断信息

在 Netty 项目中，常见的外在关键诊断信息包括当前系统有多少个连接、收发了多少数据等。我们可以通过参考表 9-1 所示的信息来源来获取对应的信息。例如，为了获取当前有多少个连接，我们可以定义一个处理程序，让它继承自 ChannelInboundHandler，然后通过实现 channelActive()和 channelInactive()方法来对连接数进行统计。

表 9-1 Netty 的外在关键诊断信息

信息	信息来源
连接信息统计	channelActive/channelInactive
发送信息统计	channelRead
接发信息统计	write
异常信息统计	exceptionCaught/ChannelFuture

在收集某些信息时，一定要搞清楚收集方法的真正含义。例如，对于发送信息的统计，我们可以使用 ChannelOutboundHandler#write 方法，但这个方法统计的是我们“试图”写出的数据，而不能用来衡量实际已经写出的数据有多少。如果要统计实际已经写出的数据有多少，就需要使用其他的方法，例如自定义监听器，然后使用 ctx.write(msg).addListener()方法将自定义的监听器添加进去。

2. 内在关键诊断信息

除那些常用的外在关键诊断信息之外，当遇到一些棘手的问题时，我们需要知道 Netty 更多的内部关键诊断信息，这些内部关键诊断信息从侧面反映了 Netty 应用的健康状态。例如，在排查延时较长的问题时，若我们希望知道 Netty 内部待处理的任务还有多少，就可以通过调用 Executor 的 pendingTasks()方法。Netty 的内在关键诊断信息如表 9-2 所示。

表 9-2 Netty 的内在关键诊断信息

信息	信息来源
线程数	可根据不同的实现进行计算
待处理任务	executor.pendingTasks
积累的数据	channelOutboundBuffer.totalPendingSize

续表

信息	信息来源
可写状态之间的切换信息	channelWritabilityChanged
触发事件的统计信息	userEventTriggered
ByteBuf 的分配细节	Pooled/UnpooledByteBufAllocator.DEFAULT.metric

对于表 9-2，有两个地方需要注意：首先，一些信息的获取方式取决于如何实现；其次，某个关键信息可能是集合。

1）一些信息的获取方式取决于如何实现

例如，对于业务的处理线程数，获取方式取决于是否为业务层使用了独立的线程池。实际上，即使所有业务的处理都采用共享 I/O 处理的 NioEventLoopGroup，也存在两种情况。

- 没有以 java.util.concurrent.Executor 作为 NioEventLoopGroup 构造器参数。此时，最大线程数就是我们为 NioEventLoopGroup 指定的构造器参数 nThreads。如果没有指定，就按默认的线程数计算方式进行计算，这里不再赘述。
- 以 java.util.concurrent.Executor 作为 NioEventLoopGroup 构造器参数。此时，最大线程数取决于指定的执行器。

2）某个关键信息可能是集合

例如，对于 ByteBuf 的分配细节，可获取的信息有很多（见图 9-11），因此分析问题时必须考虑全面。

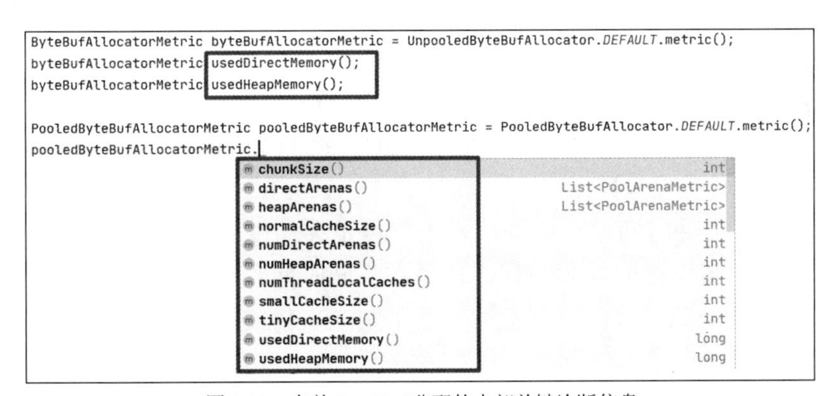

图 9-11　有关 ByteBuf 分配的内部关键诊断信息

上面展示的都是一些常见的关键诊断信息，在实际应用中，我们可能还会用到其他一些额外的诊断信息，这里不再赘述。

9.2.2　诊断信息的可视化方案

有了诊断信息后，我们就可以将这些信息暴露给运维人员。但是，如果仅仅使用日志方式，那么阅读体验会很差，毕竟传统的通过登录机器查看日志的方式在云计算已经得到大规模应用的今天早已不太适应。我们需要对 Netty 的关键诊断信息进行可视化，那么常见的可视化方案有哪些呢？根据所使用的技术栈，常见的可视化方案可分为 TIG 方案、ELKK 方案等。

1. TIG 方案

TIG 方案不仅能收集系统级别的数据，还能收集应用层的数据。同时，该方案对常见开源软件（Redis、Tomcat 等）的监控效果很好。TIG 方案主要包括 Telegraf、InfluxDB 和 Grafana 这 3 个组件，其基本数据流向如图 9-12 所示。

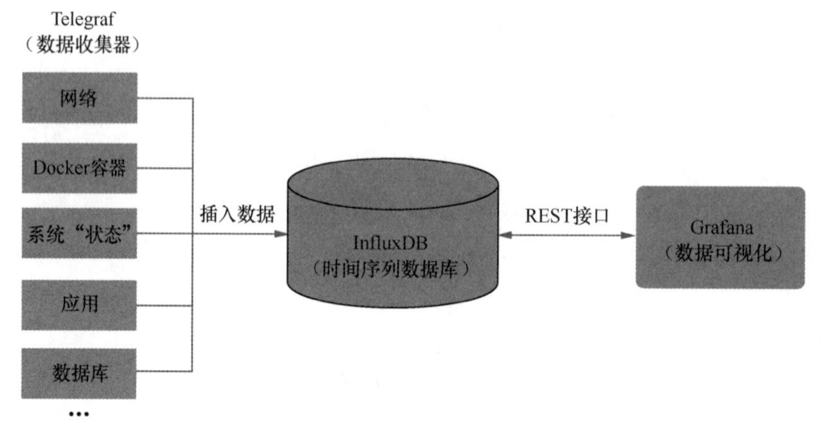

图 9-12　TIG 方案的基本数据流向

- Telegraf：使用 Go 语言编写的代理，作用是收集度量数据并报告给 InfluxDB 等存储组件。Telegraf 不仅能直接从运行的机器上进行收集，还能通过第三方 API（如 Kafka 等）抓取数据。同时，它还提供了足够的输出插件（如 InfluxDB、Graphite、OpenTSDB 等）来存储这些度量数据。
- InfluxDB：一种时间序列数据库，不仅用于存储度量数据，还提供了强大的分析检索功能。所谓时间序列数据，就是在不同时间收集到的数据，用于描述现象随时间的变化情况。时间序列数据反映了某一事物或现象等随时间进行变化的状态或程度。
- Grafana：开源的度量分析与可视化套件，用于展示度量数据。Grafana 能为不同的数据源提供不同的语法编辑界面，我们不仅可以使用 Grafana 创建各种类型丰富的图表，还可以通过插拔式插件进行更多的功能扩展。

2. ELKK 方案

ELKK 方案实际上主要包含两大组件——ELK 和 Kafka。其中，ELK 代表的是 ElasticSearch、LogStash、Kibana 这 3 个开源日志收集、分析和展现工具，其基本数据流向如图 9-13 所示。

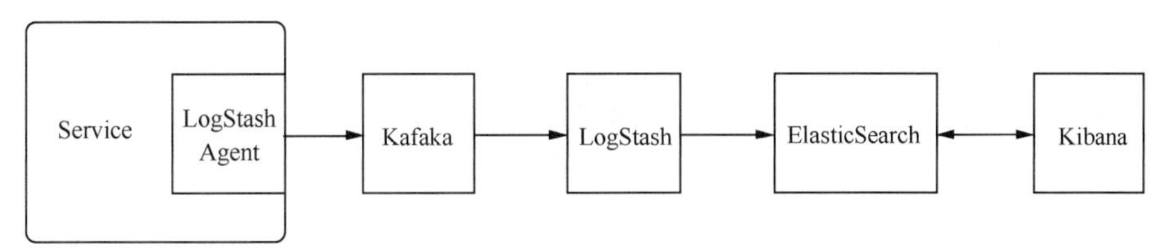

图 9-13 ELKK 方案的基本数据流向

- LogStash：开源的服务器端数据处理管道工具，用于度量数据的收集和解析。LogStash 可以同时从多个数据源提取数据，并对它们进行各种转换，然后发送到指定的目的地，其中最常见的就是 ElasticSearch。在实际应用中，为了避免在流量高峰时发往 ElasticSearch 的并发请求过多，要使用 Kafka 中转一下。LogStash 是基于 JRuby 开发的，虽然占用的系统资源稍微多了一些，但 LogStash 最大的优点在于插件丰富，可以满足开发者的大多数需求。这些插件可分为 3 类——输入插件、输出插件和过滤器插件。
- ElasticSearch（ES）：开源的基于 Apache Lucene 的高度可扩展的全文搜索和分析引擎，是 ELK 方案中的核心组件，用于存储度量数据和索引。ElasticSearch 可以快速、近实时地存储、搜索和分析海量数据，通常用作底层引擎技术，并为具有复杂要求和搜索功能的应用程序提供支持。
- Kibana：开源的分析和可视化平台，旨在与 ElasticSearch 协同工作，用于度量数据的分析和显示。有了 Kibana，你就可以查看、搜索 ElasticSearch 索引中存储的数据，与这些数据进行交互，并使用图表、表格、地图等可视化数据。Kibana 提供了非常简单的基于浏览器的界面，使我们能够快速创建和共享动态仪表盘，并实时显示 ElasticSearch 查询的变化。
- Kafka：一种高性能的消息队列系统，用于诊断数据的转储和分发。Kafka 实际上包含 ZooKeeper 和 Kafka 两个组件。为了便于管理 Kafka，你还可以安装 kafka-manager 以管理 Kafka 集群。

3. 其他方案

除 TIG、ELKK 这两种通用的主流方案之外，还有许多其他的方案。例如，对于 Java 应用程序，使用 JMX 技术可以将应用的关键信息展示到支持 JMX 的平台（例如 Circonus）上。

从上面的介绍中可以看出，诊断信息的可视化方案并不是 Netty 特有的，读者可以使用自己所在公司推荐的方案进行实践。

9.2.3 实战案例

我们已经了解了 Netty 的关键诊断信息以及常用的可视化方案。本节以实战案例为基础，展示如何收集并可视化这些诊断信息，例如显示当前连接有多少个。

1. 写一个统计处理程序

首先，写一个统计处理程序用于维护连接数，参见代码清单 9-5。

代码清单 9-5　统计处理程序

```
@ChannelHandler.Sharable
public class MetricsHandler extends ChannelDuplexHandler {
    private AtomicLong totalConnectionNumber = new AtomicLong();
    @Override
    public void channelActive(ChannelHandlerContext ctx) throws Exception {
        totalConnectionNumber.incrementAndGet();
        super.channelActive(ctx);
    }
    @Override
    public void channelInactive(ChannelHandlerContext ctx) throws Exception {
        totalConnectionNumber.decrementAndGet();
        super.channelInactive(ctx);
    }
}
```

上述代码的实现思路很简单。变量 totalConnectionNumber 用于记录连接数，并在新建连接时加 1，而在释放连接时减 1。

2. 将统计处理程序放到处理程序流水线中

统计处理程序必须放到处理程序流水线中才能生效，因此接下来要做的就是选择合适的位置，将这个统计处理程序放到处理程序流水线中，参见代码清单 9-6。

代码清单 9-6　添加统计处理程序到处理程序流水线中

```
MetricsHandler metricsHandler = new MetricsHandler();
serverBootstrap.childHandler(new ChannelInitializer<NioSocketChannel>() {
    @Override
    protected void initChannel(NioSocketChannel ch) throws Exception {
        ChannelPipeline pipeline = ch.pipeline();
        pipeline.addLast("metricHandler", metricsHandler);
    //省略其他非关键代码
 }
```

统计处理程序本身是可以共享的，因而只需要创建一次即可。在位置选择方面，由于统计的是连接信息，和业务处理无关，因此放在所有业务处理程序的最前面比较合适。

3. 选择可视化方案并输出统计信息

前两步完成后，我们就可以获取当前的连接信息了。此时，我们需要选择一种合适的可视化方案来显示连接数。ELKK 或 TIG 方案的部署依赖项比较多，讨论它们并非本书初衷，因此我们选择的是 JMX 方案。

JMX 方案可以通过直接调用 JDK 来实现，但实际上，我们也可以通过选择专业的库来简化实现。例如，要选择 dropwizard 的 metrics 作为实现支持库，请添加如下依赖项。

```
<dependency>
    <groupId>io.dropwizard.metrics</groupId>
    <artifactId>metrics-core</artifactId>
    <version>4.1.1</version>
</dependency>
<dependency>
    <groupId>io.dropwizard.metrics</groupId>
    <artifactId>metrics-jmx</artifactId>
    <version>4.1.1</version>
</dependency>
```

添加完相关依赖项之后，需要修改统计处理程序，将收集的信息汇报给 JMX，参见代码清单 9-7。

代码清单 9-7　汇报信息给 JMX

```
public class MetricsHandler extends ChannelDuplexHandler {
    private AtomicLong totalConnectionNumber = new AtomicLong();
    {
        MetricRegistry metricRegistry = new MetricRegistry();
        metricRegistry.register("totalConnectionNumber", new Gauge<Long>() {
            @Override
            public Long getValue() {
               return totalConnectionNumber.longValue();
            }
        });

        ConsoleReporter consoleReporter = ConsoleReporter.forRegistry(metricRegistry).build();
        consoleReporter.start(10, TimeUnit.SECONDS);

        JmxReporter jmxReporter = JmxReporter.forRegistry(metricRegistry).build();
        jmxReporter.start();
    }
//省略其他非关键代码
```

在上述代码中，consoleReporter 的作用是将连接数每隔 10s 定时输出，jmxReporter 的作用则是将上述信息展示给 JMX。

至此，我们实现了度量数据的可视化。运行服务器和客户端，测试一下效果。可以看到，服务器每隔 10s 就会输出一次连接数，如图 9-14 所示。

```
-- Gauges ----------------------------------------
totalConnectionNumber
             value = 1
```

图 9-14　服务器输出的连接数

另外，使用 JMX 信息查看器（jvisualvm、jmc 等）也可以查看连接数，如图 9-15 所示。

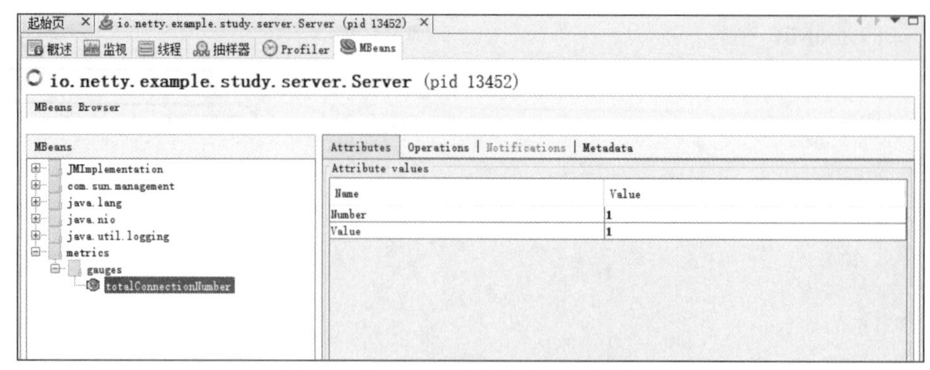

图 9-15　使用 JMX 信息查看器查看连接数

从图 9-15 中可以看到系统的当前连接数。当然，我们也可以使用 Circonus 等平台收集并展示 JMX 信息。

9.3 Netty 内存泄漏检测

我们刚刚介绍了 Netty 的日志框架、关键诊断信息及可视化方案。当产品级应用程序出现问题时，我们就可以使用它们进行故障排除，但此时显得有些晚了。实际上，Netty 自带了一些检测工具，这些工具可帮助我们在产品上线前发现一些典型的问题，如内存泄漏。接下来，我们学习一下 Netty 提供的内存泄漏检测工具。

在 Netty 应用程序中，我们一般会担心内存泄漏，因为 Netty 使用很多技术（如堆外内存、内存池等）来提高性能，以降低 GC（垃圾回收）频率和压力。然而，这些技术的使用会增加额外的风险。例如，当使用堆外内存时，我们将无法再依靠 GC 主动回收内存，而需要显式地释放资源。如果没有释放，就可能导致 OOM 问题。以上描述可能比较抽象，下面直接通过示例进行演示。在 Netty 中，当 ByteBuf 分配器位于堆外内存时，如下代码中的第一行将从“堆外”申请分配一块内存。在使用完这块内存后，如果忘记使用 release()方法（或 ReferenceCountUtil.release(buffer)方法）进行释放，这块内存就无法回收了。

```
ByteBuf buffer = ctx.alloc().buffer();
buffer.release()
```

另外，值得补充的是，内存泄漏不一定会带来问题。例如，只泄漏很小的一块内存并不会引起严重后果。但现实是，Netty 是用来构建通信层支撑的，随便一处内存泄漏都可能随着时间的推移更加严重。因此，我们一定要及早发现内存泄漏问题。

9.3.1　检测原理

了解完 Netty 中内存泄漏的含义之后，我们再来看看 Netty 提供的检测工具是如何检测出这种问题的。在直接解读源码之前，读者需要掌握一些基本的相关知识，如引用计数、弱引用等。

1. 引用计数

当考虑对象有没有发生内存泄漏时，等同于考虑如何评价历史上某个人物的功过是非。对于这种问题，我们往往采用计数的方式——有功加 1 分，有错减 1 分，然后根据计算结果对历史人物做出最终评价。我们可以采用类似的方式，为对象定义一个计数器，使用对象时加 1，不使用时减 1，然后根据计算结果判定对象最终是否处于正常状态（在正常状态下，要求计数结果为 0）。那么何时判断对象的最终状态呢？在使用过程中进行判断肯定毫无意义，应等到对对象进行垃圾回收之后再进行判断，就像评价历史人物的功过是非时，需要盖棺定论一样。那么何时进行垃圾回收呢？在讨论这个问题之前，我们需要了解另一个概念——弱引用。

2. 弱引用

在了解弱引用之前，你必须先了解强引用。为了方便解释，下面以保镖进行类比。

```
String 我是战斗英雄型强保镖 = new String(我是主人));
WeakReference<String> 我是爱写作的弱保镖 = new WeakReference<String>(new String(我是主人));
```

在上述代码中，第一行代码定义了强引用，第二行代码定义了弱引用。当爱写作的保镖（弱引用）守护主人（被引用对象）时，如果刺客（垃圾回收）来袭，主人必死（被垃圾回收掉）。同理，一个对象在没有被强引用时，一旦发生垃圾回收，这个对象必然会被系统收回，此时就是判断对象的引用计数结果的最佳时机。既然对象已经被收回了，怎么判断引用计数结果呢？我们需要在对象被收回后，仍能找出这个对象，这便用到了弱引用的一项自带功能。观察如下语句。

```
WeakReference<String> 我是爱写作的弱保镖 = new WeakReference<String>(new String(我是主
人)，我的小本本 ReferenceQueue);
```

当使用上述语句定义弱引用时，我们可以在构造器中放置 ReferenceQueue。如果弱引用指向的对象被收回，就把弱引用自身添加到 ReferenceQueue 中。反过来讲，如果弱引用出现在 ReferenceQueue 中，那就说明弱引用指向的对象已经被系统收回了。换句话说，我们已经可以“盖棺定论”了。

综上所述，内存泄漏的检测逻辑如下。

- 当申请资源时，例如，使用 ByteBuf buffer = ctx.alloc().buffer()申请堆外内存，将引用计数加 1，同时定义弱引用 DefaultResourceLeak 并将其添加到一个集合（#allLeaks）中。
- 当释放资源时，例如，使用 buffer.release()释放堆外内存，会将引用计数减 1。当减到 0 时，自动执行释放资源的操作，并将弱引用从之前创建的那个集合中移除。

综上所述，如果弱引用位于定义的集合中，就说明引用的对象没有被系统收回。那么什么时候判断弱引用在不在集合里呢？当引用的对象仍在使用时进行判断肯定不合适，必须等到对象被系统收回后再进行判断。结合前面介绍的内容，当弱引用指向的对象被系统收回时，将弱引用放到指定的 ReferenceQueue 中。因此，我们可以遍历 ReferenceQueue，只要其中有弱引用，就说明对象已经被系统回收了，此时就是判断弱引用在不在集合中的最佳时机。

下面结合 Netty 源码，解释内存泄漏的检测原理。

当申请 ByteBuf 时，会使用 AbstractByteBufAllocator#toLeakAwareBuffer(io.netty.buffer.ByteBuf)对申请的 ByteBuf 进行必要的封装和处理，参见代码清单 9-8。

代码清单 9-8　对申请的 ByteBuf 进行必要的封装和处理

```
protected static ByteBuf toLeakAwareBuffer(ByteBuf buf) {
    ResourceLeakTracker<ByteBuf> leak;
    switch (ResourceLeakDetector.getLevel()) {
        case SIMPLE:
            leak = AbstractByteBuf.leakDetector.track(buf);
            if (leak != null) {
               buf = new SimpleLeakAwareByteBuf(buf, leak);
            }
            break;
        case ADVANCED:
        case PARANOID:
            leak = AbstractByteBuf.leakDetector.track(buf);
            if (leak != null) {
               buf = new AdvancedLeakAwareByteBuf(buf, leak);
            }
            break;
        default:
            break;
    }
    return buf;
}
```

参考上述代码，Netty 会根据内存泄漏检测级别创建不同的 LeakAwareByteBuf。LeakAwareByteBuf 包含两个内部对象——ByteBuf 实体以及通过 AbstractByteBuf.leakDetector.track 创建的弱引用对象 DefaultResourceLeak。下面看看 DefaultResourceLeak 的构造器。

```
DefaultResourceLeak(Object referent, ReferenceQueue<Object> refQueue,
Set<DefaultResourceLeak<?>> allLeaks)
```

其中，referent 就是申请的 ByteBuf，refQueue 则是 ByteBuf 被垃圾回收时弱引用的存放位置。因此，当遍历 refQueue 时，只要能得到弱引用，就说明弱引用指向的对象被回收过了。那么如何判断出对象的引用计数结果为 0，进而判断已经正常释放了资源呢？依据就是判断弱引用出现在 allLeaks 这个集合中。检测的核心逻辑参见代码清单 9-9。

代码清单 9-9 内存泄漏检测的核心逻辑

```
private void reportLeak() {

    //检测和报告之前发生的内存泄漏
    for (;;) {
         //轮询 refQueue
         DefaultResourceLeak ref = (DefaultResourceLeak) refQueue.poll();
         if (ref == null) {
             break;
         }

         //判断内存泄漏有没有发生的关键——allLeaks.remove(this)的返回值?
         if (!ref.dispose()) {
             continue;
         }

         //汇报内存泄漏情况
         String records = ref.toString();
         if (reportedLeaks.putIfAbsent(records, Boolean.TRUE) == null) {
             if (records.isEmpty()) {
                 reportUntracedLeak(resourceType);
             } else {
                 reportTracedLeak(resourceType, records);
             }
         }
    }
}
```

如上述代码所示，判断内存泄漏是否发生的关键就是 allLeaks.remove(this)，allLeaks 的维护是和引用计数绑定在一起的。具体到代码层次，在申请 ByteBuf 时就会创建弱引用，弱引用会通过语句 allLeaks.add(this)将自身添加到 allLeaks 中；当释放申请的 ByteBuf 时，引用计数为 0，因此将从 allLeaks 移除弱引用。移除逻辑参见代码清单 9-10（DefaultResourceLeak#close()）。

代码清单 9-10 释放资源

```
@Override
public boolean close() {
    if (allLeaks.remove(this)) {
        //引用已从集合中移除，所以接下来会清理资源
        clear();
        headUpdater.set(this, null);
        return true;
    }
    return false;
}
```

上述移除逻辑的关键是 SimpleLeakAwareByteBuf#release(int)方法调用，参见代码清单 9-11。

代码清单 9-11　SimpleLeakAwareByteBuf#release

```
@Override
public boolean release(int decrement) {
    if (super.release(decrement)) {
        closeLeak();
        return true;
    }
    return false;
}

private void closeLeak() {
    boolean closed = leak.close(trackedByteBuf);
    assert closed;
}
```

9.3.2　检测的几个关键点

内存泄漏检测的基本原理比较复杂，很多细节无法一一阐述，因此下面分析几个要点。

1. 全样本检查还是抽样检查

在 Netty 中，内存泄漏检测不一定每次都触发，而可以根据级别进行控制。不同汇报级别对汇报样本产生的影响参见代码清单 9-12。

代码清单 9-12　不同汇报级别对汇报样本产生的影响

```
private DefaultResourceLeak track0(T obj) {
    Level level = ResourceLeakDetector.level;
    //在 DISABLED 级别，不汇报
    if (level == Level.DISABLED) {
        return null;
    }

    if (level.ordinal() < Level.PARANOID.ordinal()) {
        //若低于 PARANOID 级别，不是每次都跟踪，而是根据 samplingInterval 进行跟踪
        if ((PlatformDependent.threadLocalRandom().nextInt(samplingInterval)) == 0) {
            reportLeak();
            return new DefaultResourceLeak(obj, refQueue, allLeaks);
        }
        return null;
```

```
        }
        //PARANOID级别的都汇报
        reportLeak();
        return new DefaultResourceLeak(obj, refQueue, allLeaks);
    }
```

如上述代码所示，只有 PARANOID 级别的才每次都进行检查，ADVANCED 和 SIMPLE 级别的都根据抽样率（samplingInterval）进行抽样检查。级别则可以通过 JVM 参数（ResourceLeakDetector.Level）进行控制。

2. 触发检测的时机

内存泄漏检测并不是定时进行的，而是由申请 ByteBuf 的请求触发的。例如，AbstractByteBufAllocator#buffer 会调用 ResourceLeakDetector#track，而 ResourceLeakDetector#track 又会调用 reportLeak()方法进行检查。

3. 汇报信息的呈现

内存泄漏的汇报信息是以日志形式呈现的，参见代码清单 9-13。

代码清单 9-13　内存泄漏的汇报

```
private void reportLeak() {
    //省略其他非关键代码
     String records = ref.toString();
    if (reportedLeaks.putIfAbsent(records, Boolean.TRUE) == null) {
    if (records.isEmpty()) {
       reportUntracedLeak(resourceType);
    } else {
       reportTracedLeak(resourceType, records);
    }
}

protected void reportTracedLeak(String resourceType, String records) {
    logger.error(
            "LEAK: {}.release() was not called before it's garbage-collected. " +
            "See *****://netty.**/wiki/reference-counted-objects.html for more
            information.{}", resourceType, records);
}
```

如上述代码所示，直接使用 logger.error 可输出内存泄漏信息。其中，汇报信息由多个 Record 对象转换而来，Record 则继承自 Throwable。当发现存在内存泄漏时，直接创建 Record 对象以记录堆栈信息。当然，并不是所有情况都有记录，只有当检查级别为 SIMPLE 以上时，才会有记录，因为只有此时 ByteBuf 才会被封装成 AdvancedLeakAwareByteBuf，AdvancedLeakAwareByteBuf 提供了产生堆栈记录的方法，如下所示。

```
@Override
public ByteBuf retain(int increment) {
    leak.record();
    return super.retain(increment);
}
```

我们刚刚描述了 Netty 内存泄漏检测工具的一些实现细节。除此之外，还有很多细节值得发掘和研究，感兴趣的读者可查阅相关资料。

9.3.3　实战案例

通过前面的学习，我们了解了 Netty 自带的内存泄漏检测工具的检测原理，接下来就可以进行实践了。可惜，我们的案例程序目前没有泄漏内存的“点”，为了演示如何进行检测以及检测效果到底如何，下面故意添加泄漏内存的“点”。

找到核心业务层处理类 OrderServerProcessHandler 并在业务处理的第一行添加申请 ByteBuf 的操作，以添加泄漏内存的“点”，参见代码清单 9-14。

代码清单 9-14　为案例程序添加泄漏内存的“点”

```
@Slf4j
public class OrderServerProcessHandler extends SimpleChannelInboundHandler<RequestMessage> {
    @Override
    protected void channelRead0(ChannelHandlerContext ctx, RequestMessage requestMessage)
    throws Exception {
        ByteBuf buffer = ctx.alloc().buffer();//添加申请缓冲区的操作
        Operation operation = requestMessage.getMessageBody();
        //省略其他非关键代码
}
```

上述代码申请了 ByteBuf 而没有释放，申请的 ByteBuf 默认是由对象池分配的，这种“有借无还”的使用方式肯定存在内存泄漏问题。但是，内存泄漏只有在进行垃圾回收时才能检测到，所以必须使案例程序发生垃圾回收。为此，修改客户端程序，让客户端发送更多的消息，从而使服务器端的垃圾回收早点发生。例如，将客户端发送消息的次数从 1 改为 10 000。

```
for (int i = 0; i < 10000 ; i++) { //将 1 改为 10 000
    RequestMessage requestMessage = new RequestMessage(IdUtil.nextId(), new OrderOperation
    (1001, "tudou"));
    channelFuture.channel().writeAndFlush(requestMessage);
}
```

修改完之后，服务器端将处理更多的消息，因而就会更早地发生垃圾回收，以便我们检测内存泄漏。另外，我们还可以把日志级别改成 ERROR 以免报警信息被淹没。

完成上述工作后，分别运行服务器和客户端。不过，这一次千万不要忘记在启动服务器之前修改运行配置，也就是添加 JVM 参数-Dio.netty.leakDetection.level=PARANOID，参见图 9-16，因为只有这样才能将内存泄漏检测的概率调整到最大。

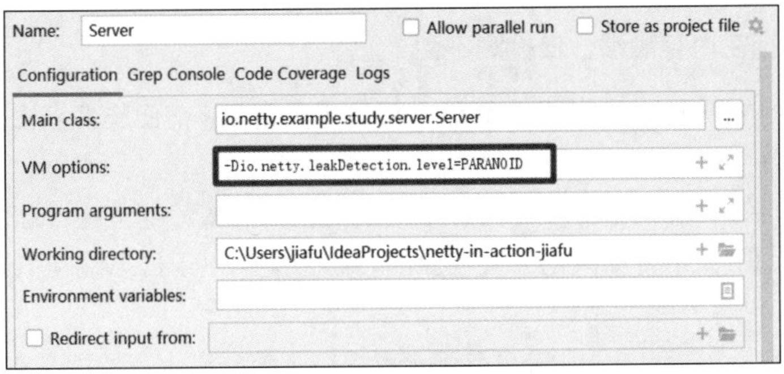

Name:	Server
Main class:	io.netty.example.study.server.Server
VM options:	-Dio.netty.leakDetection.level=PARANOID
Program arguments:	
Working directory:	C:\Users\jiafu\IdeaProjects\netty-in-action-jiafu
Environment variables:	
Redirect input from:	

图 9-16　开启内存泄漏检测

经过短暂运行后，我们就可以收到内存泄漏报告，如图 9-17 所示。

```
08:12:49 [worker-3-1] ResourceLeakDetector: LEAK: ByteBuf.release() was not called before it's garbage-collected. See https://netty
.io/wiki/reference-counted-objects.html for more information.
Recent access records:
Created at:
    io.netty.buffer.PooledByteBufAllocator.newDirectBuffer(PooledByteBufAllocator.java:349)
    io.netty.buffer.AbstractByteBufAllocator.directBuffer(AbstractByteBufAllocator.java:187)
    io.netty.buffer.AbstractByteBufAllocator.directBuffer(AbstractByteBufAllocator.java:173)
    io.netty.buffer.AbstractByteBufAllocator.buffer(AbstractByteBufAllocator.java:107)
    io.netty.example.study.server.handler.OrderServerProcessHandler.channelRead0(OrderServerProcessHandler.java:17)
    io.netty.example.study.server.handler.OrderServerProcessHandler.channelRead0(OrderServerProcessHandler.java:13)
    io.netty.channel.SimpleChannelInboundHandler.channelRead(SimpleChannelInboundHandler.java:105)
    io.netty.channel.AbstractChannelHandlerContext.invokeChannelRead(AbstractChannelHandlerContext.java:374)
    io.netty.channel.AbstractChannelHandlerContext.access$600(AbstractChannelHandlerContext.java:56)
    io.netty.channel.AbstractChannelHandlerContext$7.run(AbstractChannelHandlerContext.java:365)
    io.netty.util.concurrent.UnorderedThreadPoolEventExecutor$NonNotifyRunnable.run(UnorderedThreadPoolEventExecutor.java:277)
    java.util.concurrent.Executors$RunnableAdapter.call(Executors.java:511)
    java.util.concurrent.FutureTask.run(FutureTask.java:266)
    java.util.concurrent.ScheduledThreadPoolExecutor$ScheduledFutureTask.access$201(ScheduledThreadPoolExecutor.java:180)
```

图 9-17　收到的内存泄漏报告

图 9-16 不但报告了存在内存泄漏，而且清晰指明了泄漏内存的“点”。

通过实践可以看出，Netty 不但使用了许多高级技术，而且针对这些技术可能引入的风险提供了很多规避工具，请一定利用好这些工具。需要强调的是，在产品上线前，我们应该开启最高级别的检测以便能够快捷、准确地发现问题；而在产品上线后，尽量保持默认级别以防止产生过大的性能损耗。

9.4 常见疑问和实战易错点解析

在学习本章的过程中，读者可能会产生许多困惑，在实践中可能会掉入一些常见的陷阱。本节分析常见疑问和实战易错点。

9.4.1　常见疑问解析

读者产生的疑问大多集中于内存泄漏检测工具的使用方面，下面举例说明。

1. 程序明明存在内存泄漏，但检测不到

程序明明存在内存泄漏，但检测不到这个问题十分常见，前面也多多少少提到过，具体原因可能如下。

- 日志没有启用。在 Netty 中，内存泄漏的汇报需要依赖输出的日志，并且日志级别要求定义为 ERROR。如果出于某种原因日志不能输出或日志级别不够，那么即使汇报了，我们也看不到。
- 日志被淹没了。有内存泄漏并不意味着程序一定会终止，特别是在还没有导致 OOM 问题的时候，程序往往还能运行良好。此时，业务日志如果过多、过大，就可能淹没汇报的内存泄漏日志。
- 没有发生垃圾回收。要检测到内存泄漏，就必须发生垃圾回收；否则，内存泄漏根本检测不出来，仅仅启动了服务器而没有请求接入就属于这种情况。
- 检测级别过低。如果检测级别比较低，比如默认的 SIMPLE 级别，那么需要很长的时间才能检测到内存泄漏。如果使用的是 DISABLED 级别，那么完全检测不到内存泄漏。

2. 程序看起来没有释放资源，但检测不到内存泄漏

有时候，程序（例如，案例程序中的 OrderProtocolEncoder，参见代码清单 9-15）看起来确实没有显式地释放各种 ByteBuf。

代码清单 9-15　OrderProtocolEncoder

```
public class OrderProtocolEncoder extends MessageToMessageEncoder<ResponseMessage> {
    @Override
    protected void encode(ChannelHandlerContext ctx, ResponseMessage responseMessage,
          List<Object> out) throws Exception {
          ByteBuf buffer = ctx.alloc().buffer();
          responseMessage.encode(buffer);
          out.add(buffer);
    }
}
```

观察上述代码，可以看出，我们虽然申请了 ByteBuf，但并没有显式地释放。这种情况下会发生内存泄漏吗？答案是不会。那么资源会隐式释放吗？我们可以试图寻找释放资源的地方，如父类 MessageToMessageEncoder 中的某个地方，参见代码清单 9-16。

代码清单 9-16 父类 MessageToMessageEncoder 中的 write()方法

```
public void write(ChannelHandlerContext ctx, Object msg, ChannelPromise promise) throws
    Exception {
    CodecOutputList out = null;
    try {
        if (acceptOutboundMessage(msg)) {
            out = CodecOutputList.newInstance();
            @SuppressWarnings("unchecked")
            I cast = (I) msg;
            try {
                encode(ctx, cast, out);
            } finally {
                ReferenceCountUtil.release(cast);
            }
//省略其他非核心代码
```

上述代码中看起来负责隐式资源释放工作的是 finally 语句块中的 ReferenceCountUtil.release(cast)，但这里的 cast 是 ResponseMessage，执行 release()方法时，实际上没有做任何事情，参见代码清单 9-17。

代码清单 9-17 ReferenceCountUtil.release()方法的实现代码

```
public static boolean release(Object msg) {
    if (msg instanceof ReferenceCounted) {
        return ((ReferenceCounted) msg).release();
    }
    return false;
}
```

上述位置没有发生隐式释放，我们将需要进一步寻找其他地方。消息是通过处理程序进行传递的，既然这一级处理程序没有释放，那么会不会由下一级处理程序释放呢？不妨思考下一级处理程序 OrderFrameEncoder 中的 write()调用行为，请再次观察代码清单 9-16。此时，msg 将会变成 OrderProtocolEncoder 产生的 ByteBuf（由上一级处理程序临时存放在 out 中并传递过来）。因此，在执行完 encode()方法之后，当执行 finally 语句块中的 ReferenceCountUtil.release(cast)时，资源就被释放了。

总之，从逻辑上看，当前处理程序 OrderProtocolEncoder 产生的 ByteBuf 因为需要作为输出传递给下一级处理程序 OrderFrameEncoder，所以不应该在当前处理程序中释放，而应该由下一级处理程序释放。在案例程序中，下一级处理程序在得到 ByteBuf 并执行完 encode()方法后，ByteBuf 其实已经没有用了，于是它可以安全释放。

假设案例程序对于发送而言没有下一级处理程序（也就是没有封帧编码器），那么还能释放吗？当没有显式地定义下一级处理程序时，实际上下一级处理程序就是 HeaderContext。

HeaderContext 在最终写完数据后，也会释放 ByteBuf，如下所示（ChannelOutboundBuffer#remove）。

```
public boolean remove() {
    //省略其他非关键代码
    //回收"写"实体
    e.recycle();
    return true;
}
```

3. 是否存在 nioEventLoopGroup-1-1

假设没有为 NioEventLoopGroup 设置 ThreadFactory，那么在调试程序时就会发现 Boss NioEventLoopGroup 和 Worker NioEventLoopGroup 分别被命名为 nioEventLoopGroup-2-1 和 nioEventLoopGroup-3-1。这是否意味着存在 nioEventLoopGroup-1-1，如果存在，它的用途又是什么？

当没有显式指定 ThreadFactory 时，系统将使用默认的 DefaultThreadFactory，线程的命名参见代码清单 9-18。

代码清单 9-18　线程的命名

```
private final AtomicInteger nextId = new AtomicInteger();
public DefaultThreadFactory(Class<?> poolType, boolean daemon, int priority) {
    this(toPoolName(poolType), daemon, priority);
}

public DefaultThreadFactory(String poolName, boolean daemon, int priority, ThreadGroup
    threadGroup) {
    //省略其他非关键代码
    prefix = poolName + '-' + poolId.incrementAndGet() + '-';
}
public static String toPoolName(Class<?> poolType) {
    if(poolType == null) {
       throw new NullPointerException("poolType");
    }

    String poolName = StringUtil.simpleClassName(poolType);
    switch(poolName.length()) {
        case 0:
           return "unknown";
        case 1:
           return poolName.toLowerCase(Locale.US);
        default:
            if(Character.isUpperCase(poolName.charAt(0)) && Character.isLowerCase
            (poolName.charAt(1))) {
            return Character.toLowerCase(poolName.charAt(0)) + poolName.substring(1);
```

```
            } else {
                return poolName;
            }
        }
    }
```

从上述代码可以看出，poolId 是全局递增的，作为前缀的线程池名则可能不同。通过使用调试方式，我们发现 poolId 为 1 的线程池实际上是在定义 MultithreadEventExecutorGroup（NioEventLoopGroup 的父类）中的 terminationFuture 成员时引入的 GlobalEventExecutor，如下所示。

```
public abstract class MultithreadEventExecutorGroup extends AbstractEventExecutorGroup {
    //省略其他非核心代码
    private final Promise<?> terminationFuture = new DefaultPromise(GlobalEventExecutor.
        INSTANCE);
    //省略其他非核心代码
}
```

GlobalEventExecutor 的构造器如下。结合代码清单 9-18 可以看出，poolId 为 1 的线程池的名称实际上是 globalEventExecutor-1。

```
private GlobalEventExecutor() {
    scheduledTaskQueue().add(quietPeriodTask);
    threadFactory = ThreadExecutorMap.apply(new DefaultThreadFactory(
            DefaultThreadFactory.toPoolName(getClass()), false, Thread.NORM_PRIORITY,
            null), this);
}
```

GlobalEventExecutor 的作用是什么？从之前的代码可以看出，GlobalEventExecutor 被赋给了 terminationFuture，而 terminationFuture 就是一种 DefaultPromise。当设置 DefaultPromise 的状态（例如调用 setSuccess()方法）时，DefaultPromise 在内部会通过调用 notifyListeners()方法来通知注册的各种监听器，通知过程的具体执行则是由 executor()方法返回的 GlobalEventExecutor 来完成的，参见代码清单 9-19。由此可见，GlobalEventExecutor 的作用就是异步执行为 future 设置状态时的通知过程。

代码清单 9-19 DefaultPromise#notifyListeners()的实现

```
private void notifyListeners() {
    //terminationFuture 的 executor()返回 GlobalEventExecutor
    EventExecutor executor = executor();
    if (executor.inEventLoop()) {
      //省略其他非核心代码
    }
    safeExecute(executor, new Runnable() {
        @Override
        public void run() {
            notifyListenersNow();
```

```
        }
    });
}
```

总之，对于 Netty 而言，第一个线程池其实就是 globalEventExecutor-1-1，nioEventLoopGroup-1-1 实际上是不存在的。

9.4.2 常见实战易错点解析

对于诊断性优化而言，我们一般不会犯特别严重的错误，若运气好，即使不进行问题诊断，程序也能运行良好。在实践中，真正需要避免的是矫枉过正。

例如，有时候，为了易于定位问题，我们可能会不小心把日志级别统一改成 DEBUG，这会导致日志量过大，并对应用的性能产生严重影响。实际上，针对这种情况，我们不妨使用多个级别的日志处理程序。参见代码清单 9-20，我们可以在消息解码之前使用 DEBUG 级别的日志处理程序，而在消息解码之后使用 INFO 级别的日志处理程序。

代码清单 9-20 多级日志处理程序

```
LoggingHandler debugLogHandler = new LoggingHandler(LogLevel.DEBUG);
LoggingHandler infoLogHandler = new LoggingHandler(LogLevel.INFO);

serverBootstrap.childHandler(new ChannelInitializer<NioSocketChannel>() {
    @Override
    protected void initChannel(NioSocketChannel ch) throws Exception {
        ChannelPipeline pipeline = ch.pipeline();
        pipeline.addLast("debegLog", debugLogHandler);
        pipeline.addLast("frameDecoder", new OrderFrameDecoder());
        pipeline.addLast("frameEncoder", new OrderFrameEncoder());
        pipeline.addLast("protocolDecoder", new OrderProtocolDecoder());
        pipeline.addLast("protocolEncoder", new OrderProtocolEncoder());
        pipeline.addLast("infolog", infoLogHandler);
    //省略其他非关键代码
}
```

如上述代码所示，当需要更多的日志信息时，直接调整日志级别即可，这比单纯使用一个日志处理程序要灵活一些。

第10章 性能优化

第9章介绍了如何提高Netty程序的可诊断性，从而在产品上线之后甚至上线之前定位和排查可能存在的问题。不过，诊断性虽然很重要，但大多程序员可能更关心Netty本身的性能如何。对于I/O型业务，通过使用独立的业务线程池可以提高性能。那么除此之外，还有没有其他典型的性能优化措施可以实施？接下来，我们就详细探讨一番。

10.1 优化写数据的性能

在Netty的核心流程中与写数据相关的方法有如下3个。

- write(msg)：直接将待发送数据缓存到ChannelOutboundBuffer中。
- flush()：直接将之前缓存到ChannelOutboundBuffer中的数据发送出去。
- writeAndFlush()：先缓存，再立即发送，相当于将write(msg)和flush()合二为一。

在上述方法中，write()方法并没有真正将数据发送到远端，而是先缓存起来。flush()方法才真正写数据。不过在flush()方法执行之前，我们必须先执行write()方法，否则将无数据可发。因此，在实践中，使用了Netty的很多项目直接调用writeAndFlush()方法。服务器在返回数据时，也存在类似的情况。假设有3批数据要写出，实际执行情况如下。

```
发送第 1 批数据  ->  第 1 批数据入队
                                   ->  第 1 次执行 flush()方法：发送队列中的第 1 批数据
发送第 2 批数据  ->  第 2 批数据入队
                                   ->  第 2 次执行 flush()方法：发送队列中的第 2 批数据
发送第 3 批数据  ->  第 3 批数据入队
                                   ->  第 3 次执行 flush()方法：发送队列中的第 3 批数据
```

很明显，发送多少个数据，就会调用多少次flush()方法。我们之前在学习JDK的各种OutputStream（例如FileOutputStream）时，就知道存在如下最佳实践：若使用BufferedOutputStream

封装一些 OutputStream 类型，就可以尽量减少系统开销大的 write()系统调用。同理，对于 Netty 来说，如果频繁调用 flush()方法，系统开销会比较大。因此，Netty 作者也认为，要写数据应该尽可能限制调用 flush()方法以减少系统开销大的系统调用。不言而喻，我们需要优化之前写数据的方式，目标就是得到如下效果。

```
发送数据 1 -> 数据 1 入队
发送数据 2 -> 数据 2 入队
                          -> 第 1 次执行 flush()方法：发送队列中的数据 1 和数据 2
发送数据 3 -> 数据 3 入队
                          -> 第 2 次执行 flush()方法：发送队列中的数据 3
```

这不正是 Netty 提供的 write()和 flush()方法吗？还需要实现什么？实际上，真正的难点在于到底什么时候执行 flush()方法。若执行太晚，系统调用虽然少，但是响应延时会相应增加许多；若执行太早，就还会直接调用 writeAndFlush()方法，因而并没有减少多少系统调用。因此，flush()方法的执行时机才是真正需要权衡和解决的问题。幸运的是，面对这种需求，Netty 提供了一种通用的可插拔的解决方案——io.netty.handler.flush.FlushConsolidationHandler，下面我们进行具体解析。

10.1.1 源码解析

在具体解析 FlushConsolidationHandler 之前，我们先来了解背后的核心思想：使上一层的 flush()方法调用并不总是生效，只有符合一定条件才会真正调用 flush()方法。很明显，我们需要在 FlushConsolidationHandler 中重写原来的 flush()方法，使得只有符合条件才会调用真正的 flush()方法。关键代码如下。

```
@Override
public void flush(ChannelHandlerContext ctx) throws Exception {
    //condition 是调用 flush()方法时必须满足的条件
    if(condition){
        flushNow(ctx);
    }
}
```

在这里，需要满足的条件就是 flush()方法调用次数必须达到设定的值，用来控制 flush()方法调用次数的变量在 FlushConsolidationHandler 中被命名为 explicitFlushAfterFlushes。按照上述设计思路，我们便可以写出如下代码。

```
if (++flushPendingCount == explicitFlushAfterFlushes) {
    flushNow(ctx);
}
```

但是很明显，这里存在一个问题：假设写了 explicitFlushAfterFlushes 批数据，然后又额外多写了一批数据，那么最后一批数据就要等到后面的数据一起到来并且满足次数要求时才能调用 flush()方法，这样延时就会远超预期。这个问题如何解决呢？

实际上，channelReadComplete()会额外补一次 flush()调用以解决这个问题，参见代码清单 10-1。

代码清单 10-1 channelReadComplete()会额外补一次 flush()调用

```
@Override
public void channelReadComplete(ChannelHandlerContext ctx) throws Exception {
    //最后几批满足不了 flush 次数要求的数据需要立马刷新
    resetReadAndFlushIfNeeded(ctx);
    ctx.fireChannelReadComplete();
}

private void resetReadAndFlushIfNeeded(ChannelHandlerContext ctx) {
    readInProgress = false;
    flushIfNeeded(ctx);
}
```

上述做法之所以能够解决这个问题，原因就在于一般情况下，业务处理在进行 flush()调用以回送响应数据时，肯定处在执行 channelRead()的过程中，而系统直到 channelRead()执行完之后才会执行 channelReadComplete()。换言之，flush()调用一定发生在 channelReadComplete()之前，因此 channelReadComplete()可以帮助我们弥补这一次的 flush()调用。不熟悉 Netty 的读者可能会担心：如果在 channelReadComplete 中调用 flush()，那么是不是对每笔数据的写出都要调用 flush()呢？实际上，不是的。channelReadComplete()调用的次数肯定少于 channelRead()，因为一次读事件可能会读到或转换成多个数据对象。

FlushConsolidationHandler 所做的工作太简单了？实际上，上面考虑的仅仅是业务线程和 I/O 线程被复用的情况，当不再复用它们时，flush()调用很可能发生在 channelReadComplete()调用之后。特别是，对于 I/O 型业务，我们都会使用独立的业务线程池，此时，业务可能执行很久才会调用 flush()，而上一层触发的 channelReadComplete()早已触发过。此时，对于这种 flush()调用，要不要增强呢？这是由参数 consolidateWhenNoReadInProgress 控制的，为什么会是 consolidateWhenNoReadInProgress 呢？因为此时 channelReadComplete()已经完成，处于非读取状态。

如果选择对这种情况进行增强，那么一定会启用次数控制。此时落单的 flush()调用怎么办？肯定不能再由 channelReadComplete()弥补，而只能直接发送。不过，即使直接发送，也是可以进行优化的。你可以把 flush()调用作为任务提交给 EventLoop。这样既能保证执行，又放缓了速度，增加了合并机会，参见代码清单 10-2。

代码清单 10-2 consolidateWhenNoReadInProgress 中的 flush()增强逻辑

```
if (consolidateWhenNoReadInProgress)
{
    if (++flushPendingCount == explicitFlushAfterFlushes) {
       flushNow(ctx);
    }else {
```

```
            scheduleFlush(ctx);
        }
    } else{
        flushNow(ctx);
    }
    //提供优化机会——作为任务提交到 EventLoop 并执行
    private void scheduleFlush(final ChannelHandlerContext ctx) {
        if (nextScheduledFlush == null) {
            nextScheduledFlush = ctx.channel().eventLoop().submit(flushTask);
        }
    }
```

在上述代码中，flushTask 的定义如代码清单 10-3 所示。

代码清单 10-3 flushTask 的定义

```
flushTask = consolidateWhenNoReadInProgress ?
    new Runnable() {
        @Override
        public void run() {
            if (flushPendingCount > 0 && !readInProgress) {
                flushPendingCount = 0;
                ctx.flush();
                nextScheduledFlush = null;
            } //在其他情况下，等待读完成（read complete）时才执行 flush()
        }
    }
    : null;
```

在了解了 explicitFlushAfterFlushes 和 consolidateWhenNoReadInProgress 的含义之后，FlushConsolidationHandler 的实现就很容易理解，参见代码清单 10-4。

代码清单 10-4 FlushConsolidationHandler 的核心逻辑

```
public void flush(ChannelHandlerContext ctx) throws Exception {
    if (readInProgress) { //正在读的时候
        //数据每隔 explicitFlushAfterFlushes 次就批量写一次
        //最后一批次数不足怎么办? channelReadComplete（当 readInProgress 为 true 时，表明正在读，后
        //续必然调用此方法）会"补写"它们
        if (++flushPendingCount == explicitFlushAfterFlushes) {
            flushNow(ctx);
        }

      //以下所有代码适用于非复用情况——异步情况
    } else if (consolidateWhenNoReadInProgress) {
        //（在业务已经异步化的情况下）开启 consolidateWhenNoReadInProgress 时，优化 flush()调用
        //例如，虽然没有读请求了，但是内部忙得团团转，当还没有处理完时，还是会响应写请求
```

```
        //当达到阈值时，直接调用 flush()；否则，进行调度
        if (++flushPendingCount == explicitFlushAfterFlushes) {
            flushNow(ctx);
        } else {
            scheduleFlush(ctx);
        }
    } else {
        //(仅发生在业务异步化的情况下)未开启 consolidateWhenNoReadInProgress 时，直接调用 flush()
        flushNow(ctx);
    }
}
```

上述代码还用到了 readInProgress 标志。readInProgress 指明了当处于“读”数据状态时，对 flush()进行增强的收益最大，因为此时请求数据是集中到来的。readInProgress 的状态是由 channelRead()和 channelReadComplete()方法维护的，参见代码清单 10-5。

代码清单 10-5 维护 readInProgress 的状态

```
@Override
public void channelRead(ChannelHandlerContext ctx, Object msg) throws Exception {
    readInProgress = true;
    ctx.fireChannelRead(msg);
}
@Override
public void channelReadComplete(ChannelHandlerContext ctx) throws Exception {
    resetReadAndFlushIfNeeded(ctx);
    ctx.fireChannelReadComplete();
}

private void resetReadAndFlushIfNeeded(ChannelHandlerContext ctx) {
    readInProgress = false;
    flushIfNeeded(ctx);
}
```

如上述代码所示，当触发 channelRead 并且有数据需要读取时，readInProgress 为 true；channelReadComplete 用于标记读取是否完毕，并将 readInProgress 设置为 false。

上面对 FlushConsolidationHandler 的核心代码进行了逻辑解析。总的来说，核心思想就是减少 flush()调用次数，比如每 flush()调用多少次就合并成一次。但是，对于落单 flush()调用的处理，需要考虑的因素有很多：在同步情况下，直接使用 channelReadComplete 来“弥补”；而在异步情况下，要么立即发送，要么延缓发送，并看看是否有机会继续得到增强。

10.1.2 开源案例

前面介绍了进行写性能优化的必要性以及用于帮助我们完成这种优化的 FlushConsolidationHandler。

那么业界常见的开源软件有没有做过类似的优化呢？实际上，其中的很多虽然做过，但具体不是使用 FlushConsolidationHandler 来完成的。下面以 Cassandra 为例进行介绍。

Cassandra 没有使用 FlushConsolidationHandler 的原因主要有两个。

- 没来得及使用。FlushConsolidationHandler 直到 2016 年才添加到 Netty 中，而 Cassandra 的历史更悠久，因而没有来得及使用。
- FlushConsolidationHandler 存在缺陷。通过前面的介绍，我们得知对 flush()调用所做的控制依据的是 flush()调用次数是否达到设定的 explicitFlushAfterFlushes 值，而且在业务层使用独立线程实现并启用 consolidateWhenNoReadInProgress 时，不满足次数要求的 flush()调用会被当作任务提交到 NioEventLoop 中并执行。以上行为存在的问题是只控制了 flush()调用次数，而没有考虑要写的数据量，更没有考虑延时控制。假设 flush()调用次数未到，但“延时”很久，那么仍然不会调用 flush()。

综上所述，Cassandra 没有使用并且也用不上 FlushConsolidationHandler。不过，Cassandra 采用自己独有的方式对写吞吐量进行了提升，优化过程大体如下。

（1）获取 flusher。当需要写入数据时，以 Channel 绑定的 EventLoop 作为键查询 map（也就是 flusherLookup）以获取 flusher，若没有 flusher，就进行创建。以 EventLoop 作为键可以避免为每个套接字创建一个 flusher，参见代码清单 10-6。

代码清单 10-6　在 Cassandra 中写数据

```
private void flush(FlushItem item)
{
    EventLoop loop = item.ctx.channel().eventLoop();
    Flusher flusher = flusherLookup.get(loop);
    if (flusher == null)
    {
        Flusher alt = flusherLookup.putIfAbsent(loop, flusher = new Flusher(loop));
        if (alt != null)
            flusher = alt;
    }

    flusher.queued.add(item);
    flusher.start();
}
```

（2）缓存数据。找到 flusher 后，将数据存入 flusher 的队列中。

（3）发送数据。通过 flusher 的 start()方法启动 flusher，flusher 将定期轮询队列中的数据，并在满足以下 3 种情况时调用 flush()。

- 之前已经批量写了 3 次。
- 距离上一次批量发送已经超过 10μs。

❑ 已经有超过 50 条待发送消息。

具体逻辑参见代码清单 10-7。

代码清单 10-7 Cassandra 中的 flusher 执行过程

```
private static final class Flusher implements Runnable
{
    final EventLoop eventLoop;
    final ConcurrentLinkedQueue<FlushItem> queued = new ConcurrentLinkedQueue<>();
    final AtomicBoolean running = new AtomicBoolean(false);
    final HashSet<ChannelHandlerContext> channels = new HashSet<>();
    final List<FlushItem> flushed = new ArrayList<>();
    int runsSinceFlush = 0;
    int runsWithNoWork = 0;
    private Flusher(EventLoop eventLoop)
    {
        this.eventLoop = eventLoop;
    }
    void start()
    {
        if (!running.get() && running.compareAndSet(false, true))
        {
            this.eventLoop.execute(this);
        }
    }
    public void run()
    {
        boolean doneWork = false;
        FlushItem flush;
        while ( null != (flush = queued.poll()) )
        {
             channels.add(flush.ctx);
             flush.ctx.write(flush.response, flush.ctx.voidPromise());
             flushed.add(flush);
             doneWork = true;
        }

        runsSinceFlush++;

        if (!doneWork || runsSinceFlush > 2 || flushed.size() > 50)
        {
             for (ChannelHandlerContext channel : channels)
                  channel.flush();
             for (FlushItem item : flushed)
                  item.sourceFrame.release();
```

```
                channels.clear();
                flushed.clear();
                runsSinceFlush = 0;
            }

            if (doneWork)
            {
                runsWithNoWork = 0;
            }
            else
            {
                //要么重新调度，要么取消
                if (++runsWithNoWork > 5)
                {
                   running.set(false);
                   if (queued.isEmpty() || !running.compareAndSet(false, true))
                       return;
                }
            }
            eventLoop.schedule(this, 10000, TimeUnit.NANOSECONDS);
        }
    }
```

上述代码的逻辑较复杂，表 10-1 列出了 Cassandra 中的 flush()执行情况。

表 10-1　Cassandra 中的 flush()执行情况

运行时间						writedList.size()	runsSinceFlush	!doneWork: current run had no data	flush? !doneWork || runsSinceFlush > 2 || flushed.size() > 50	暂停 10ms
1μs	2μs	3μs	4μs	5μs	6μs					
y(data)						≤50	1	n	n	n
y(data)	y(data)					≤50	2	n	n	n
y(data)	y(data)	y(data)				≤50	3	n	y	n
y(data)						>50	1	n	y	n
y(data)	y(no data)					≤50	2	y	y	y
y(no data)						≤50	1	y	y	y
y(no data)	y(no data)					≤50	2	y	y	y
y(no data)	y(no data)	y(no data)	y(no data)	y(no data)	y(no data)	≤50	5	y	y	n(shutdown loop)

表 10-1 中列举的 flush()执行情况基本符合前面所讲的 3 个条件。另外，我们还观察到，

假设无数据被轮询到的情况出现多次，Cassandra 将关闭轮询以节约 CPU 资源。

另外，针对作为控制条件的 flush()调用次数，作者曾建议移除!doneWork 条件。

```
if (!doneWork || runsSinceFlush > 2 || flushed.size() > 50)
```

因为这样做只会增加一个循环周期（存在数据后，第二次将无数据），在减少一个无意义的循环周期之后（两次无数据），代码将清晰不少，毕竟使用 doneWork 参数来实现在 10μs 的暂停之后还有一个循环周期实在让人费解。

Cassandra 拒绝了这个建议，给出的回复如下。

It is not larger than 10μs vs larger than 20μs; *n* is not less than 10μs, and choosing between *n* and 2*n*; on some systems under high load *n* could be significantly greater than 10μs, perhaps 100μs, perhaps 1 ms; making it twice *n* is potentially worse than just adding 10μs. In general, this code is pretty critical to the behaviour of the system. The current behaviour was chosen somewhat arbitrarily by me, but it has been fairly thoroughly tested. With sufficient testing a different arbitrary behavior would be fine.

从回复可以看出，充分测试与否是衡量是否需要做出改变的关键因素。不管如何，Cassandra 对 flush()调用所做的增强值得借鉴，因为 Cassandra 不仅考虑了数据量，还考虑了延时，FlushConsolidationHandler 并不具备这一点。

10.1.3 实战案例

通过学习，我们可以对案例程序进行写优化，具体到实现层次，可以照抄 Cassandra 的实现，这可以保证在延时的情况下减少 flush()调用次数。但是作为演示案例，这里不演示如何照搬代码，毕竟 Cassandra 的这部分代码具有通用性，不需要额外修改什么。下面我们直接演示如何使用 FlushConsolidationHandler 实现类似的优化效果。

说是演示，其实就是写一些代码而已。创建 FlushConsolidationHandler 实例并将其添加到处理程序流水线中，参见代码清单 10-8。

代码清单 10-8 创建 FlushConsolidationHandler 实例并将其添加到处理程序流水线中

```
serverBootstrap.childHandler(new ChannelInitializer<NioSocketChannel>() {
    @Override
    protected void initChannel(NioSocketChannel ch) throws Exception {
          ChannelPipeline pipeline = ch.pipeline();
          //省略其他非关键代码
          pipeline.addLast("flushEnhance", new FlushConsolidationHandler(10, true));
          //省略其他非关键代码
    }
});
```

这里有两个容易疏忽的地方。

FlushConsolidationHandler 应该处于 Channel 级别。FlushConsolidationHandler 无法在 Channel 之间共享，这一点从成员变量 readInProgress 是否能共享可以看出：当一个 Channel 有数据需要读取（channelRead）时，readInProgress 变成 true，如果 readInProgress 被共享，那就可能被另外一个 Channel 的读取完成操作（channelReadComplete）改回 false。这样，readInProgress 将变得全无规律可循，根本无法准确减少 flush()调用次数。因此，readInProgress 不能共享，宿主 FlushConsolidationHandler 自然也不能共享，要使用，就必须为每个 Channel 创建一个单独的 FlushConsolidationHandler 实例。在这方面，Netty 远没有 Cassandra 做得好，Cassandra 只会为每个 NioEventLoop 绑定一个 flusher，实现相同效果所使用的对象实例更少。

FlushConsolidationHandler 应放置在处理程序流水线中靠前的位置。考虑一下极端情况，如果将 FlushConsolidationHandler 放置到处理程序流水线的后面，甚至放置到业务层处理程序的后面，那么业务层中的 flush()调用将无法使用 FlushConsolidationHandler 的 flush()方法，等于 flush()方法不起作用。那么为什么越往前放越好呢？因为实际上，除业务层处理程序之外，其他处理程序也可能触发写操作，例如后面提到的授权处理程序，发送错误的授权请求信息在到达核心业务层之前就会被授权处理程序处理并返回响应数据。这些处理程序都会调用 flush()。正因为如此，FlushConsolidationHandler 越往前放置，自然就能够增强更多的 flush()。

10.2 使用 Native NIO

10.1 节解析了提高 Netty 程序性能的方式之一——优化数据的写操作，除此之外，使项目支持 Native NIO 是另一种提高 Netty 程序性能的有效方式。

实际上，第 5 章就简单提到过 Netty 的 Native NIO 支持（参见表 10-2）。第 5 章通过对比 Epoll 的 Native NIO 实现与通用实现的区别简单讨论了一下 Native NIO 的优势，那么 Netty 到底是如何支持 Native NIO 实现的？下面进行详细说明。

表 10-2　Netty 的 Native NIO 支持

Linux Native	MacOS / BSD Native
EpollEventLoopGroup	KQueueEventLoopGroup
EpollEventLoop	KQueueEventLoop
EpollServerSocketChannel	KQueueServerSocketChannel
EpollSocketChannel	KQueueSocketChannel

10.2.1　源码解析

下面以 Epoll 的 Native NIO 实现为例，介绍背后的核心实现思路。为了帮助读者了解 Native

NIO 实现，我们可以将其与通用的 NIO 实现进行比较。下面不妨以 NIO 编程的关键步骤作为切入点对它们进行比较。

1. 创建 Selector

对于 Epoll 的 Native NIO 实现，实际上已经不存在 Selector 了，而是在 EpollEventLoop 构造器中创建 Epoll 句柄，参见代码清单 10-9。

代码清单 10-9　创建 Epoll 句柄

```
EpollEventLoop(EventLoopGroup parent, Executor executor, int maxEvents,
            SelectStrategy strategy, RejectedExecutionHandler rejectedExecutionHandler,
            EventLoopTaskQueueFactory queueFactory) {
              //省略非关键代码
              this.epollFd = epollFd = Native.newEpollCreate();
}
```

在上述代码中，Native.newEpollCreate()方法最终会调用 Native 实现（参见 netty_epoll_native.c 中的 netty_epoll_native_epollCreate）。

```
if (epoll_create1) {
    efd = epoll_create1(EPOLL_CLOEXEC);
} else {
    efd = epoll_create(126);
}
```

从 Native 实现可以看出，最终调用的是如下两个方法之一。

```
int epoll_create(int size);
int epoll_create1(int flags);
```

2. 注册 Channel

连接建立后，还需要完成的另一项工作就是注册。虽然会调用 SingleThreadEventLoop#register(io.netty.channel.Channel)方法，但最终实现不同。Epoll 的 Native NIO 最终调用的是 AbstractEpollChannel#doRegister 方法，事件注册方法参见代码清单 10-10（EpollEventLoop#add）。

代码清单 10-10　Epoll 的 Native NIO 中的事件注册方法

```
void add(AbstractEpollChannel ch) throws IOException {
    //省略其他非关键代码
    int fd = ch.socket.intValue();
    Native.epollCtlAdd(epollFd.intValue(), fd, ch.flags);
    ch.activeFlags = ch.flags;
    AbstractEpollChannel old = channels.put(fd, ch);
    //省略其他非关键代码
}
```

在上述代码中，最重要的语句是 Native.epollCtlAdd(epollFd.intValue(), fd, ch.flags)，这条语句最终执行的其实是如下 Native 实现，作用是注册相关事件到之前创建的 epfd（在这里是 epollFd 句柄）中。

```
int epoll_ctl(int epfd, int op, int fd, struct epoll_event *event);
```

epoll_ctl()方法有 4 个参数。

第 1 个参数是 epoll_create()或 epoll_create1()的返回值。

第 2 个参数表示动作，主要包括以下 3 种。

- EPOLL_CTL_ADD：注册新的 fd 到 epfd 中。
- EPOLL_CTL_MOD：修改已经注册的 fd 的监听事件。
- EPOLL_CTL_DEL：从 epfd 中删除 fd。

第 3 个参数是需要监听的 fd。

第 4 个参数是需要监听的事件类型，比较常见的事件类型如下。

- EPOLLIN：对应的文件描述符可以读。
- EPOLLOUT：对应的文件描述符可以写。
- EPOLLPRI：对应的文件描述符有紧急数据可读。
- EPOLLERR：对应的文件描述符发生错误。
- EPOLLHUP：对应的文件描述符被挂断。
- EPOLLET：将 EPOLL 设为边缘触发（Edge Triggered）模式。

3. 轮询 Selector

类似于 Selector 的轮询事件，Epoll 通过死循环找出发生的事件，参见代码清单 10-11（EpollEventLoop#run）。

代码清单 10-11　Epoll 通过死循环找出发生的事件

```
protected void run() {
    long timerFdDeadline = Long.MAX_VALUE;
    for (;;) {
        try {
            processPendingChannelFlags();
            int strategy = selectStrategy.calculateStrategy(selectNowSupplier, hasTasks());
            switch (strategy) {
            //省略其他非关键代码
                case SelectStrategy.SELECT:
                    strategy = epollWait();
            //省略其他非关键代码
            }
            //省略其他非关键代码
            if (processReady(events, strategy)) {
```

```
                timerFdDeadline = Long.MAX_VALUE;
            }
            //省略其他非关键代码
        }

    }
}
```

其中，找出就绪事件的最关键方法是 epollWait()，如下所示。

```
private int epollWait() throws IOException {
    return Native.epollWait(epollFd, events, hasTasks());
}
```

而 epollWait()方法最终调用的 Native 方法如下。

```
int epoll_wait(int epfd, struct epoll_event * events, int maxevents, int timeout);
```

上述 Native 方法的作用类似于 select()调用，等待事件的产生，然后将事件汇总到 events 参数中。

4. 处理事件

有了刚刚收集到的事件（EpollEventArray），你就可以使用 processReady()方法处理这些事件了，参见代码清单 10-12（EpollEventLoop#processReady）。

代码清单 10-12 处理事件

```
private boolean processReady(EpollEventArray events, int ready) {
    boolean timerFired = false;
    for (int i = 0; i < ready; ++i) {
        final int fd = events.fd(i);
        if (fd == eventFd.intValue()) {
        } else if (fd == timerFd.intValue()) {
            timerFired = true;
        } else {
            final long ev = events.events(i);
            AbstractEpollChannel ch = channels.get(fd);
            if (ch != null) {
                AbstractEpollUnsafe unsafe = (AbstractEpollUnsafe) ch.unsafe();
                if ((ev & (Native.EPOLLERR | Native.EPOLLOUT)) != 0) {
                    unsafe.epollOutReady();
                }
                if ((ev & (Native.EPOLLERR | Native.EPOLLIN)) != 0) {
                    unsafe.epollInReady();
                }
                if ((ev & Native.EPOLLRDHUP) != 0) {
                    unsafe.epollRdHupReady();
                }
            } else {
```

```
                    try {
                        Native.epollCtlDel(epollFd.intValue(), fd);
                    } catch (IOException ignore) {

                    }
                }
            }
        }
        return timerFired;
    }
```

例如，当请求数据到来时，就使用 unsafe.epollInReady()进行处理，但最终读取数据时执行的是如下方法。

```
ssize_t read(int filedes, void* buf, size_t nbytes)
```

综上所述，Epoll 的 Native NIO 实现从根本上仍通过 JNI 技术直接调用与 Epoll 相关的 API 来进行编程，处理过程和围绕 Selector 的 NIO 通用实现十分类似。

10.2.2 实战案例

前面介绍了 Netty 的 Native 支持，结合第 5 章提到的项目案例，我们对 Native 有了更深入的理解。接下来，我们以案例程序为例，演示如何通过改造使其支持 Epoll 的 Native NIO 实现。

1. 修改代码

首先，对照服务器端代码，改造案例程序以支持 Epoll 的 Native NIO 实现，参见代码清单 10-13。

代码清单 10-13 改造案例程序以支持 Epoll 的 Native NIO 实现

```
boolean isEpollAvailable = Epoll.isAvailable();
//boss group
MultithreadEventLoopGroup bossGroup = isEpollAvailable ? new EpollEventLoopGroup(0, new
DefaultThreadFactory("boss")): new NioEventLoopGroup(0, new DefaultThreadFactory("boss"));
//worker group
MultithreadEventLoopGroup workGroup = isEpollAvailable? new EpollEventLoopGroup(0, new
DefaultThreadFactory("worker")):new NioEventLoopGroup(0, new DefaultThreadFactory("worker"));
serverBootstrap.group(bossGroup, workGroup);
//Channel
serverBootstrap.channel(isEpollAvailable? EpollServerSocketChannel.class:
NioServerSocketChannel.class);
```

我们应该提前使用 Epoll.isAvailable()判断条件是否具备，如果条件具备，就使用 Epoll 相关的类。注意，我们不仅要修改 group，还要修改对应的 Channel。

2. 准备 Native 库

接下来，准备平台需要的 Native 库。实际上，Netty 已经准备了一个 Native 库并放在 Jar 中，打开 Jar 就可以看到这个 Native 库，如图 10-1 所示。

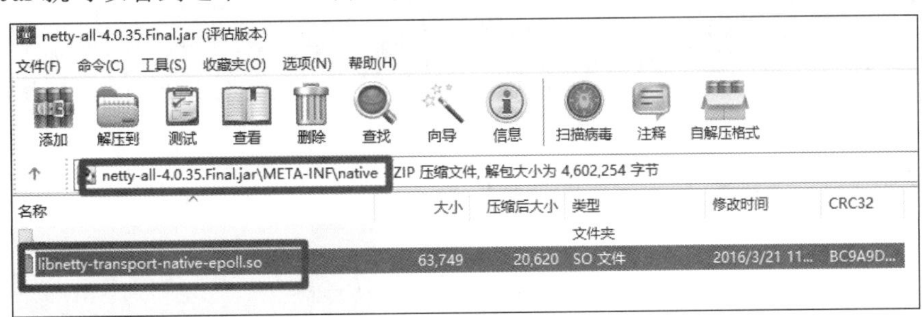

图 10-1　Netty 自带的 Native 库

图 10-1 所示的 Native 库（libnetty-transport-native-epoll.so）恰好可以用于 64 位的 Linux 平台，因此可以直接将其复制到 Linux 操作系统的/lib 目录中，从而使 Netty 顺利加载这个 Native 库。

3. 进行测试

将案例程序打包成可执行 Jar，直接使用 java -jar example.jar 命令运行案例程序（为便于观察，在运行前可以把日志级别调整成 DEBUG），随后查看相关日志以确定是否加载了 Native 库，如图 10-2 所示。

```
Dec 29, 2020 7:00:14 AM io.netty.util.internal.NativeLibraryLoader <clinit>
FINE: -Dio.netty.native.workdir: /tmp (io.netty.tmpdir)
Dec 29, 2020 7:00:14 AM io.netty.util.internal.NativeLibraryLoader <clinit>
FINE: -Dio.netty.native.deleteLibAfterLoading: true
Dec 29, 2020 7:00:14 AM io.netty.util.internal.NativeLibraryLoader <clinit>
FINE: -Dio.netty.native.tryPatchShadedId: true
Dec 29, 2020 7:00:14 AM io.netty.util.internal.NativeLibraryLoader loadLibrary
FINE: Successfully loaded the library netty_transport_native_epoll_x86_64
Dec 29, 2020 7:00:14 AM io.netty.util.NetUtil <clinit>
FINE: -Djava.net.preferIPv4Stack: false
```

图 10-2　确定是否加载了指定的 Native 库

可以看到，服务器已经启动并且可以正常工作，功能与 NIO 的通用实现并没有什么不同。

10.3 常见疑问分析

在学习本章的过程中，读者产生的疑问大多集中于 Netty 的 Native 支持方面，下面举例说明。

10.3.1 Native 库的加载顺序

初次使用 Netty Native NIO 时，我们经常会犯加载 Native 库方面的错误，如图 10-3 所示。

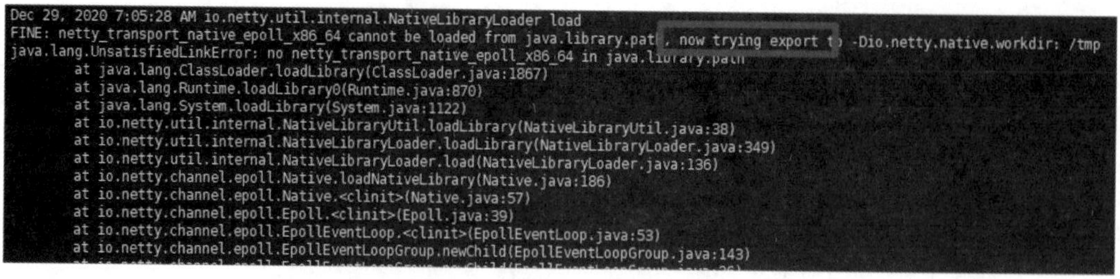

```
Dec 29, 2020 7:05:28 AM io.netty.util.internal.NativeLibraryLoader load
FINE: netty_transport_native_epoll_x86_64 cannot be loaded from java.library.path, now trying export to -Dio.netty.native.workdir: /tmp
java.lang.UnsatisfiedLinkError: no netty_transport_native_epoll_x86_64 in java.library.path
        at java.lang.ClassLoader.loadLibrary(ClassLoader.java:1867)
        at java.lang.Runtime.loadLibrary0(Runtime.java:870)
        at java.lang.System.loadLibrary(System.java:1122)
        at io.netty.util.internal.NativeLibraryUtil.loadLibrary(NativeLibraryUtil.java:38)
        at io.netty.util.internal.NativeLibraryLoader.loadLibrary(NativeLibraryLoader.java:349)
        at io.netty.util.internal.NativeLibraryLoader.load(NativeLibraryLoader.java:136)
        at io.netty.channel.epoll.Native.loadNativeLibrary(Native.java:186)
        at io.netty.channel.epoll.Native.<clinit>(Native.java:57)
        at io.netty.channel.epoll.Epoll.<clinit>(Epoll.java:39)
        at io.netty.channel.epoll.EpollEventLoop.<clinit>(EpollEventLoop.java:53)
        at io.netty.channel.epoll.EpollEventLoopGroup.newChild(EpollEventLoopGroup.java:143)
```

图 10-3　加载 Native 库时出错

从中可以看出，系统对 Native 库的加载似乎进行了多种尝试，那么 Native 库到底是如何加载的？

首先，找到加载 Native 库的地方，参见代码清单 10-14。

代码清单 10-14　Native 库的加载入口

```
public final class Native {
    static {
        try {
            //通过执行一项轻量级操作，测试 Native 库是否加载过了，如果加载过了，就不用重复加载了
            offsetofEpollData();
        } catch (UnsatisfiedLinkError ignore) {
            //遇到 UnsatisfiedLinkError 异常，说明这个库之前没有加载过，所以需要加载
            loadNativeLibrary();
        }
        Socket.initialize();
    //省略其他非关键代码
  }
```

如上述代码所示，在初始化时，系统会通过执行轻量级操作 offsetofEpollData，测试 Native 库是否加载过了。如果操作执行成功，就说明 Native 库已经加载过了；而当操作执行失败时，就会尝试加载 Native 库，也就是调用 loadNativeLibrary()方法，这个方法的实现参见代码清单 10-15。

代码清单 10-15　对加载 Native 库进行多种尝试

```
private static void loadNativeLibrary() {
    //省略其他非关键代码
    String staticLibName = "netty_transport_native_epoll";
    String sharedLibName = staticLibName + '_' + PlatformDependent.normalizedArch();
    ClassLoader cl = PlatformDependent.getClassLoader(Native.class);
    try {
        NativeLibraryLoader.load(sharedLibName, cl);
    } catch (UnsatisfiedLinkError e1) {
```

```
        try {
            NativeLibraryLoader.load(staticLibName, cl);
            logger.debug("Failed to load {}", sharedLibName, e1);
        } catch (UnsatisfiedLinkError e2) {
            ThrowableUtil.addSuppressed(e1, e2);
            throw e1;
        }
    }
}
```

从上述代码可以看出，这里尝试了两种Native库——static库和shared库。对于每种Native库的加载，请参考NativeLibraryLoader.load()方法，这个方法的实现代码比较多，下面直接选取其中比较关键的代码段进行解析。具体加载过程如下。

（1）通过调用loadLibrary()方法，从java.library.path中使用相对路径加载库。如果加载完，就直接返回。

```
loadLibrary(loader, name, false);
```

（2）从Netty的Jar包中加载库。通过如下URL，我们可以获取Jar包中位于META-INF/native/目录的Native库。

```
String libname = System.mapLibraryName(name);
String path = NATIVE_RESOURCE_HOME + libname;
URL url;
if (loader == null) {
    url = ClassLoader.getSystemResource(path);
} else {
    url = loader.getResource(path);
}
```

但是，上述代码中的URL并不能直接加载，而需要把URL指向的库导出到目录（由-Dio.netty.native.workdir指定）中。导出后，再通过下面的语句，尝试使用临时文件的绝对路径进行加载。

```
loadLibrary(loader, tmpFile.getPath(), true);
```

从上述Native库的加载逻辑中可以看出，Netty提供了多种加载路径和方法，非常灵活。

10.3.2 check volume for noexec flag 的含义

在加载Netty库时，我们可能会遇到如下错误。

```
INFO: /tmp/libnetty_transport_native_epoll_x86_64778803670063366509.so exists but cannot
be executed even when execute permissions set; check volume for "noexec" flag; use
-Dio.netty.native.workdir=[path] to set native working directory separately.
```

这种错误的含义是什么？

这种错误同样与Native库的加载有关。先找到抛出这种错误的相关代码，参见代码清单 10-16。

代码清单 10-16　NativeLibraryLoader#load 的部分代码

```
//省略其他非关键代码
loadLibrary(loader, tmpFile.getPath(), true);
} catch (UnsatisfiedLinkError e) {
    try {
        if (tmpFile != null && tmpFile.isFile() && tmpFile.canRead() &&
            !NoexecVolumeDetector.canExecuteExecutable(tmpFile)) {
            //当出现这个错误时，若主动设置过 io.netty.native.workdir，错误消息会让人容易理解一些
            //如果不进行设置，使用的将是临时目录，这可能会让人觉得莫名其妙
            logger.info(
                  "{} exists but cannot be executed even when execute permissions set; " +
                  "check volume for \"noexec\" flag; use -D{}=[path] " +
                  "to set native working directory separately.",
                   tmpFile.getPath(), "io.netty.native.workdir");
        }
    }
```

如上述代码所示，这是加载导出后的 Native 库失败时产生的错误。问题的关键在于，导出的临时文件本身存在并且可读，只是放错了位置——那个目录没有可执行权限。

找到原因之后，就很容易解决这个问题。使用错误日志提供的解决方法就行。要么指定其他拥有可执行权限的目录，要么授予当前参数 io.netty.native.workdir 指定目录的可执行权限。

第 11 章　系 统 增 强

Netty 应用有了卓越的性能之后，就可以轻松地完成各种纷繁复杂的任务，但这并不意味着 Netty 本身能够“海纳百川”。如果不加限制地使用系统，任务的完成将占用更多资源甚至拖垮系统，所以本章将从高低水位线、流量控制、空闲监测三个角度阐述如何增强系统，使系统更健壮。

11.1 Netty 高低水位线保护

这里的高低水位线主要针对 Netty 的写数据操作而言，因为数据是先放入临时缓存，而后才发送的。当缓存的数据过多来不及发送出去时，势必导致 OOM 问题。因此，我们需要设置高低水位线来保护系统。

实际上，这是所有系统采用类似的写数据操作时都会面临的问题，具体原因有如下几种。

- 上游发送太快，任务重。
- 自身原因，比如处理慢/不发或发得慢、流量控制等。
- 网速慢，网络卡顿。
- 下游处理速度慢，无法及时读取和接收数据，触发流量控制，导致发送端发送速度减慢甚至停止。

以上因素都将导致进（读取速度）大于出（写入速度）。为此，我们可以引入高低水位线来设置阈值以帮助我们识别“警戒情况”。当出现“警戒情况”时，就采取相应的措施，例如将后面待写的数据丢弃或转存到其他地方。

11.1.1　源码解析

我们首先来看看 Netty 高低水位线的源码。核心逻辑就是比较待写数据的累积量与水位线，根据比较结果修改“可写状态”。

“待写数据的累积量”的详细定义可参考 ChannelOutboundBuffer 中的成员属性 totalPendingSize，如代码清单 11-1 所示。

代码清单 11-1　定义待写数据的累积量

```
public final class ChannelOutboundBuffer {
    private volatile long totalPendingSize;
    private static final AtomicLongFieldUpdater<ChannelOutboundBuffer> TOTAL_PENDING_
        SIZE_UPDATER =AtomicLongFieldUpdater.newUpdater(ChannelOutboundBuffer.class,
        "totalPendingSize");
     //省略其他非关键代码
}
```

当调用 write()方法写数据时，待写数据的累积量（totalPendingSize）会增加，同时系统会额外进行一次检查，检查是否超过高水位线 channel.config().getWriteBufferHighWaterMark()，具体逻辑参见代码清单 11-2。

代码清单 11-2　在写数据时检查是否超过高水位线的具体逻辑

```
public void addMessage(Object msg, int size, ChannelPromise promise) {
    Entry entry = Entry.newInstance(msg, size, total(msg), promise);
    //省略其他非关键代码
    incrementPendingOutboundBytes(entry.pendingSize, false);
}
private void incrementPendingOutboundBytes(long size, boolean invokeLater) {
    if (size == 0) {
        return;
    }
    long newWriteBufferSize = TOTAL_PENDING_SIZE_UPDATER.addAndGet(this, size);
    //判断待发送数据的大小是否高于高水位线
    if (newWriteBufferSize > channel.config().getWriteBufferHighWaterMark()) {
        setUnwritable(invokeLater);
    }
}
```

如果超过高水位线，就通过调用 setUnwritable()方法设置可写状态为不可写，也就是设置状态位 ChannelOutboundBuffer#unwritable 为 false。

将数据“写出”后，我们就可以移除它们，使用数据本身的 remove()方法可以减少待写数据的大小（totalPendingSize）。同时与低水位线（channel.config().getWriteBufferLowWaterMark()）进行比较，如果低于低水位线，就恢复状态位 ChannelOutboundBuffer#unwritable 为 true，参见代码清单 11-3。

代码清单 11-3 写出数据后比较低水位线

```
public boolean remove() {
    Entry e = flushedEntry;
    //省略其他非关键代码
    removeEntry(e);

    if (!e.cancelled) {
    //省略其他非关键代码
        decrementPendingOutboundBytes(size, false, true);
    }
    //省略其他非关键代码
}

private void decrementPendingOutboundBytes(long size, boolean invokeLater, boolean
    notifyWritability) {
    if (size == 0) {
        return;
    }

    long newWriteBufferSize = TOTAL_PENDING_SIZE_UPDATER.addAndGet(this, -size);
    if (notifyWritability && newWriteBufferSize < channel.config().
        getWriteBufferLowWaterMark()) {
        setWritable(invokeLater);
    }
}
```

通过判断状态位 ChannelOutboundBuffer#unwritable 是否为 true，开发者可以决定是否据此对写操作进行处理。这个状态位的值可通过调用 AbstractChannel#isWritable 方法来获取。

11.1.2 开源案例

通过对第 8 章的学习，我们已经知道 Netty 有默认的高低水位线，因此大多开源软件不需要再专门进行设置。不过，Cassandra 显式地设置了高低水位线，参见代码清单 11-4。

代码清单 11-4 Server#start 中的高低水位线设置

```
//配置服务器
ServerBootstrap bootstrap = new ServerBootstrap().channel(useEpoll ?
    EpollServerSocketChannel.class : NioServerSocketChannel.class)
        .childOption(ChannelOption.TCP_NODELAY, true)
        //省略其他非关键代码
        .childOption(ChannelOption.WRITE_BUFFER_HIGH_WATER_MARK, 32 * 1024)
        .childOption(ChannelOption.WRITE_BUFFER_LOW_WATER_MARK, 8 * 1024);
```

如上述代码所示，Cassandra 设置高水位线与低水位线分别为 32KB 和 8KB。实际上，

Cassandra 并没有使用状态位 ChannelOutboundBuffer#unwritable 来判断数据是否可写，示例参见代码清单 11-5。这种情况等同于没有设置水位线。

代码清单 11-5 Cassandra 的写数据示例

```
org.apache.cassandra.transport.Message.Dispatcher.Flusher#run
public void run()
{

    boolean doneWork = false;
    FlushItem flush;
    while ( null != (flush = queued.poll()) )
    {
        channels.add(flush.ctx);
        flush.ctx.write(flush.response, flush.ctx.voidPromise());
        flushed.add(flush);
        doneWork = true;
    }
    //省略其他非关键代码
}
```

11.1.3 实战案例

在介绍完相关知识点之后，接下来我们通过实战案例来演示如何使用高低水位线保护系统。

1. 设置高低水位线

首先，我们需要为案例程序设置高低水位线。但是，如前所述，假设没有对此进行设置，那么 Netty 会采用默认的高低水位线，详情可参考 DefaultChannelConfig。

```
private volatile WriteBufferWaterMark writeBufferWaterMark = WriteBufferWaterMark.DEFAULT;
```

其中，WriteBufferWaterMark.DEFAULT 指定的高低水位线分别为 64KB 和 32KB。如果你对默认值不满意，可以使用如下语句进行设置。

```
serverBootstrap.childOption(NioChannelOption.WRITE_BUFFER_WATER_MARK,
    new WriteBufferWaterMark(32 * 1024, 64 * 1024));
```

需要注意的是，在设置高低水位线时，只能使用 childOption()方法，容易与之混淆的 Option()方法仅服务于 ServerSocketChannel，而 ServerSocketChannel 不支持写操作，只支持读操作（接收连接），因而不存在高低水位线设置问题。

2. 记录可写状态的变化

设置完高低水位线之后，其实对系统并没有产生任何变化。我们可以写一个处理程序，也可以在已有的处理程序中添加方法以记录可写状态的变化，我们可以参考一下 LoggingHandler#channelWritabilityChanged 的实现代码，如代码清单 11-6 所示。

代码清单 11-6 LoggingHandler#channelWritabilityChanged 的实现代码

```
@Override
public void channelWritabilityChanged(ChannelHandlerContext ctx) throws Exception {
    if (logger.isEnabled(internalLevel)) {
        logger.log(internalLevel, format(ctx, "WRITABILITY CHANGED"));
    }
    ctx.fireChannelWritabilityChanged();
}
```

3. 完善代码保护系统

有了高低水位线，也有了警告日志，我们就可以指明 Channel 的读写状态是否发生了改变。但是，如果没有修改业务程序就直接利用，相当于只有警告日志而没有采用措施，系统最终还会崩溃。因此，我们需要修改案例程序以应对高低水位线，参见代码清单 11-7。

代码清单 11-7 修改案例程序以应对高低水位线

```
@Slf4j
public class OrderServerProcessHandler extends SimpleChannelInboundHandler<RequestMessage> {
    @Override
    protected void channelRead0(ChannelHandlerContext ctx, RequestMessage requestMessage)
        throws Exception {
        ResponseMessage responseMessage = new ResponseMessage();
        //省略其他非关键代码
        if (ctx.channel().isActive() && ctx.channel().isWritable()) {
            ctx.writeAndFlush(responseMessage);
        } else {
            log.error("not writable now, message dropped");
        }
    }
}
```

如上述代码所示，当服务器发出响应消息时，不再直接调用 writeAndFlush()，而是通过调用 ctx.channel().isWritable()提前判断可写状态。当不可写时，直接丢弃消息以避免因消息处理不过来发生“严重堆积”。

执行完以上操作后，我们就可以增强案例程序以避免写数据引发的 OOM 问题。

11.2 Netty 流量控制保护

前面介绍了如何通过设置高低水位线来保护系统，保护的途径是合理处理待写数据以避免 OOM 问题。即使采取了这样的措施，也仍不能保证万无一失。很多时候，上游的服务器会发送海量数据，虽然系统不至于产生 OOM 问题，但是响应时间会无限延长，服务质量将随之“降级”。因此，我们还需要对输入进行流量控制。本节将要讨论的就是在 Netty 应用中如何对流量进行控制。

在学习如何控制流量之前，我们有必要梳理一下流量控制（或简称流控）的必要性。

- ❑ 有意为之：如网盘限速，对于普通用户，限制下载速度；但对于付费用户，级别越高，限速越少。
- ❑ 无可奈何：如景点限流，如图 11-1 所示，当客流高峰来临时，不得不对人流进行限制，以防止旅游景点不堪重负。

图 11-1　景点限流

由此可见，限流不仅可以保护系统，还是一种常见需求。

11.2.1　源码解析

Netty 中的流量控制可划分为 3 种级别，如图 11-2 所示。

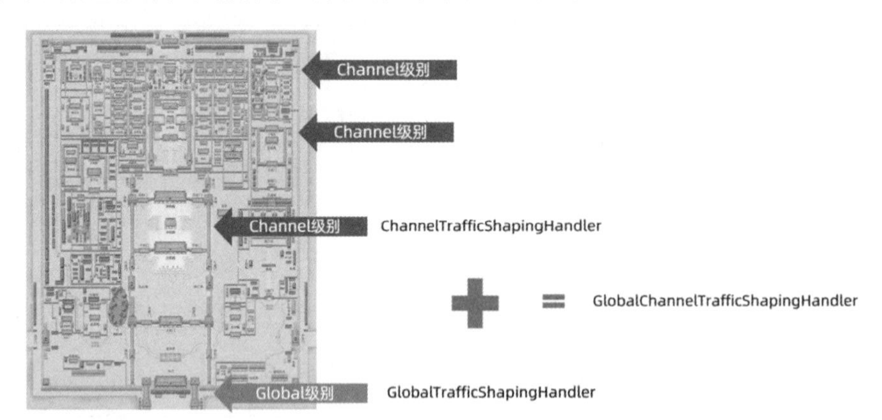

图 11-2　Netty 中的流量控制

- ❑ Channel 级别相当于景点内部小景点的人流控制，往往设置在小景点的入口处，对应 Netty 中的 ChannelTrafficShapingHandler。
- ❑ Global 级别相当于整个景区的人流控制，通常设置在景区大门位置，对应 Netty 中的 GlobalTrafficShapingHandler。
- ❑ Global + Channel 级别相当于同时启用 Global 级别和 Channel 级别，对应 Netty 中的 GlobalChannelTrafficShapingHandler。

下面以 GlobalTrafficShapingHandler 为例介绍 Netty 如何进行流量控制。GlobalTraffic

ShapingHandler 包含读流控和写流控两种。这里先介绍读流控，核心代码参见代码清单 11-8。

代码清单 11-8 读流控的实现

```
@Override
public void channelRead(final ChannelHandlerContext ctx, final Object msg) throws
    Exception {
    //如果 Handler 放错了位置，可能导致接收的不是 ByteBuf，就直接跳过
    long size = calculateSize(msg);
    long now = TrafficCounter.milliSecondFromNano();
    //如果数据不是 ByteBuf，计算出的 size 是-1，那么不进行流量控制，因此 Handler 的位置很重要
    if (size > 0) {
        //计算为了满足限流的要求而需要停止读的时间
        long wait = trafficCounter.readTimeToWait(size, readLimit, maxTime, now);
        wait = checkWaitReadTime(ctx, wait, now);
        if (wait >= MINIMAL_WAIT) {  //默认最短 10ms
            Channel channel = ctx.channel();
            ChannelConfig config = channel.config();
            if (logger.isDebugEnabled()) {
                logger.debug("Read suspend: " + wait + ':' + config.isAutoRead() + ':'
                        + isHandlerActive(ctx));
            }
            if (config.isAutoRead() && isHandlerActive(ctx)) {
                //设置自动读的标记，并且移除"读"功能
                config.setAutoRead(false);
                channel.attr(READ_SUSPENDED).set(true);
                //提交一个任务以重新开启读功能，如果创建过这个任务，就重复利用以免重复创建
                Attribute<Runnable> attr = channel.attr(REOPEN_TASK);
                Runnable reopenTask = attr.get();
                if (reopenTask == null) {
                    reopenTask = new ReopenReadTimerTask(ctx);
                    attr.set(reopenTask);
                }

                //在等待了指定的时间后，重新打开"读"功能
                ctx.executor().schedule(reopenTask, wait, TimeUnit.MILLISECONDS);
                if (logger.isDebugEnabled()) {
                    logger.debug("Suspend final status => " + config.isAutoRead() + ':'
                            + isHandlerActive(ctx) + " will reopened at: " + wait);
                }
            }
        }
    }
    informReadOperation(ctx, now);
    //放行当前数据
    ctx.fireChannelRead(msg);
}
```

如上述代码所示，根据 trafficCounter（负责定时统计，在初始化处理器时就启动）并结合当前读取的数据大小来评估需要流控多久。如果需要流控的时间长于允许的最小值，就进行流控；反之，直接通过 ctx.fireChannelRead(msg)读当前数据。

假设需要进行流控，那么可以直接调用 config.setAutoRead(false)以移除读事件监听并调度一个任务（ReopenReadTimerTask），在等待指定的“流控时间”后重新打开读事件监听。实际上，在移除读事件监听时，最终调用的是 AbstractNioChannel.AbstractNioUnsafe#removeReadOp，参见代码清单 11-9。

代码清单 11-9　移除读事件监听

```
protected final void removeReadOp() {
    SelectionKey key = selectionKey();
    if (!key.isValid()) {
        return;
    }
    int interestOps = key.interestOps();
    if ((interestOps & readInterestOp) != 0) {
        //移除 readInterestOp 事件监听
        key.interestOps(interestOps & ~readInterestOp);
    }
}
```

通过上面的介绍可以看出，读流控在本质上相当于取消读事件监听，使读缓存区变满，触发流控，然后促使发送端的写缓存区慢慢变满，以至于写不进去，最终不得不丢弃数据或推迟发送。

写流控如何实现呢？如果你熟悉 NIO 编程，那么肯定知道开发人员一般不会监听写事件。因为一旦监听写事件，只要 Channel 能写进去，就会一直触发。既然正常情况下不存在监听写事件这种事情，就不存在通过取消写监听事件来进行写流控这种方法。那么写流控应该怎么实现呢？下面通过代码清单 11-10（AbstractTrafficShapingHandler#write）进行分析。

代码清单 11-10　写流控的实现

```
@Override
public void write(final ChannelHandlerContext ctx, final Object msg, final ChannelPromise
    promise) throws Exception {
    long size = calculateSize(msg);
    long now = TrafficCounter.milliSecondFromNano();
    if (size > 0) {
        //计算为了满足写流控的要求而需要等待的毫秒数
        long wait = trafficCounter.writeTimeToWait(size, writeLimit, maxTime, now);
        if (wait >= MINIMAL_WAIT) {
            if (logger.isDebugEnabled()) {
```

```
                logger.debug("Write suspend: " + wait + ':' + ctx.channel().config().
                    isAutoRead() + ':' + isHandlerActive(ctx));
            }
            submitWrite(ctx, msg, size, wait, now, promise);
            return;
        }
    }
    //注意，delay 参数为 0，表示不等待
    submitWrite(ctx, msg, size, 0, now, promise);
}
```

如上述代码所示，思路和读流控的大体相同，根据 trafficCounter、当前想要写入的数据大小、写流量限制（writeLimit）等变量，计算出等待时间 wait。如果 wait 为 0 或小于最短允许等待时间 MINIMAL_WAIT，就直接执行 submitWrite()方法并指定 delay 参数为 0，从而写当前数据；如果需要进行流控（需要等待的时间长于 MINIMAL_WAIT），那就按指定的等待时间 wait 进行流控。流控也是通过执行 submitWrite()实现的，不过传递的 delay 参数不再是 0，而是大于 0 的等待时间 wait。submitWrite()方法的实现如代码清单 11-11 所示。

代码清单 11-11　submitWrite()方法的实现

```
@Override
void submitWrite(final ChannelHandlerContext ctx, final Object msg,
              final long size, final long writedelay, final long now,
              final ChannelPromise promise) {
    //根据 Channel 的 key，获取对应的保存了延时数据的队列，若没有队列，就进行创建
    Channel channel = ctx.channel();
    Integer key = channel.hashCode();
    PerChannel perChannel = channelQueues.get(key);
    if (perChannel == null) {
        perChannel = getOrSetPerChannel(ctx);
    }
    final ToSend newToSend;
    long delay = writedelay;
    boolean globalSizeExceeded = false;
    //写操作需要通过 synchronization 来避免并发乱序
    synchronized (perChannel) {
        //判断是否进行延迟，如果不需要且队列中没有数据，就直接发送
        //如果队列中有数据，那么即使不需要延迟，也要将数据入队，因为需要保持一定的顺序
        if (writedelay == 0 && perChannel.messagesQueue.isEmpty()) {
            trafficCounter.bytesRealWriteFlowControl(size);
            ctx.write(msg, promise);
            perChannel.lastWriteTimestamp = now;
            return;
        }
```

```
            //如果延迟时间过长，则最多等待 15s（maxTime）
            if (delay > maxTime && now + delay - perChannel.lastWriteTimestamp > maxTime) {
                delay = maxTime;
            }

            //数据进入队列
            newToSend = new ToSend(delay + now, msg, size, promise);
            //不管什么情况，都直接入队，因此可能产生 OOM 问题。后面需要根据队列的情况，改变可写标记位
            perChannel.messagesQueue.addLast(newToSend);
            perChannel.queueSize += size;
            //queueSize 代表 Channel 级别的队列，queuesSize 代表 Global 级别的队列
            queuesSize.addAndGet(size);


            //判断 Channel 级别的队列大小是否超标抑或需要停留的时间过长，如果超标或需要停留很长的时间，就设置
            //writable 为 false，提醒上面的 Handler 不要再写了
            checkWriteSuspend(ctx, delay, perChannel.queueSize);
            //判断 Global 级别的队列大小（将所有队列加在一起的结果）是否超标
            if (queuesSize.get() > maxGlobalWriteSize) {
                globalSizeExceeded = true;
            }
        }
        if (globalSizeExceeded) {
            setUserDefinedWritability(ctx, false);
        }

        //调度一个任务，在等待了指定的延时时间后重新将数据写出
        final long futureNow = newToSend.relativeTimeAction;
        final PerChannel forSchedule = perChannel;
        ctx.executor().schedule(new Runnable() {
            @Override
            public void run() {
                sendAllValid(ctx, forSchedule, futureNow);
            }
        }, delay, TimeUnit.MILLISECONDS);
    }
```

从上述代码可以看出，写流控在本质上相当于将待写数据存放到队列中，在等待一定的时间后，再通过 sendAllValid()方法写数据，这一点和读流控完全不同，读流控是通过移除读监听事件来进行流控的。

11.2.2　实战案例

在对 Netty 中的流量控制有了一定的了解之后，我们就可以通过实战案例来学习如何为应

用添加流量控制功能了。

1. 选择流控处理器

Netty 已经提供了 3 种不同级别的流控处理程序，因此我们不需要再另行实现，直接基于自己的需求从中选择一种即可。例如，假设需要进行系统级别的流控且读写要求流量控制在 10MB/s 之内，为了满足系统级别的流控，我们可以直接选用 GlobalTrafficShapingHandler，但需要留意自己选用的流控处理程序本身能否在所有连接中共享。具体细节可参考如下说明。

- ChannelTrafficShapingHandler：不可同享。
- GlobalTrafficShapingHandler：支持共享。
- GlobalChannelTrafficShapingHandler：必须通过共享方式使用。

接下来，构建 GlobalTrafficShapingHandler，以满足上面的需求，代码如下。

```
NioEventLoopGroup eventLoopGroupForTrafficShaping = new NioEventLoopGroup(0, new
   DefaultThreadFactory("TS"));

//流控
GlobalTrafficShapingHandler globalTrafficShapingHandler = new GlobalTrafficShaping-
    Handler(eventLoopGroupForTrafficShaping, 10 * 1024 * 1024, 10 * 1024 * 1024);
```

GlobalTrafficShapingHandler 的构建器最多涉及 5 个参数，如下所示。

```
public GlobalTrafficShapingHandler(ScheduledExecutorService executor, long writeLimit,
    long readLimit, long checkInterval, long maxTime) {
    super(writeLimit, readLimit, checkInterval, maxTime);
    createGlobalTrafficCounter(executor);
}
```

- executor 参数用来指定流量计算任务的执行器，如果设置这个参数为 work group 或 boss group，就可以让任务处理与 I/O 事件处理共享同一个线程池。当然，我们一般不会这么做，而是定义独立的执行器。
- writeLimit 参数用来指定写的控制是多少，单位是字节每秒，设置为 0 时表示关闭写流控。
- readLimit 参数用来指定读的控制是多少，单位是字节每秒，设置为 0 时表示关闭读流控。
- checkInterval 参数用来指定时间间隔，流量计算将按指定的时间间隔（默认为 1s）进行统计。
- maxTime 参数用来指定流控的最长时间，默认为 15s。结合最短流控时间可知，流控时间将介于 10ms（MINIMAL_WAIT）～15s（maxTime）。

2. 添加流控处理程序到处理程序流水线中

在选择并构建流控处理程序之后，直接将其添加到处理程序流水线中即可，参见代码清单 11-12。

代码清单 11-12　添加流控处理程序到处理程序流水线中

```
serverBootstrap.childHandler(new ChannelInitializer<NioSocketChannel>() {
    @Override
    protected void initChannel(NioSocketChannel ch) throws Exception {
        ChannelPipeline pipeline = ch.pipeline();
        //省略其他非关键代码
        pipeline.addLast("tsHandler", globalTrafficShapingHandler);

        pipeline.addLast("frameDecoder", new OrderFrameDecoder());
        pipeline.addLast("frameEncoder", new OrderFrameEncoder());
        //省略其他非关键代码
 }
```

注意流控的位置。具体来说，读流控应该放在具体的业务处理之前，如果放错了位置，将起不到任何流控效果。

另外，流控处理程序只处理有大小的消息，没有大小的消息将被直接发送，而有大小的消息只能是 ByteBuf 或 ByteBufHolder 类型（参见代码清单 11-13）。如果流控处理程序放错了位置，那么传递过来的消息可能是业务对象而非字节流，因而它们将被直接发送。

代码清单 11-13　AbstractTrafficShapingHandler#calculateSize

```
protected long calculateSize(Object msg) {
    if (msg instanceof ByteBuf) {
        return ((ByteBuf) msg).readableBytes();
    }
    if (msg instanceof ByteBufHolder) {
        return ((ByteBufHolder) msg).content().readableBytes();
    }
    return -1;
}
```

执行完以上操作后，我们便成功为案例程序实施了流量控制，读者可以进行测试，实际体验一下流控效果，这里不再赘述。

11.3 Netty 空闲监测防护

在了解空闲（idle）监测之前，我们需要先了解一下 keepalive，因为它们两者往往同时出现且相互关联。

keepalive 是一种存活监测机制。为什么需要这种机制呢？仍以饭店场景进行类比。客户打电话订餐，电话通了，在陈述了订餐需求之后，客户说着说着就不讲话了（可能忘记挂机了、出去办事抑或线路出现故障等）。此时，接电话的店员会一直拿着电话等待吗？一般不会，而是询问“您还在吗”？等对方很久没有应答，店员才会挂机。这种确认机制就是 keepalive。表 11-1 对电话订餐与服务器应用进行了类比。

表 11-1 对比电话订餐与服务器应用

电话订餐	服务器应用
电话线路	数据连接（TCP 连接）
交谈的话语	数据
通话双方	数据的发送方和接收方

电话订餐与服务器应用中的要素之间存在一一对应关系。据此，我们再来类比一下为什么需要 keepalive。keepalive 存在的必要性参考表 11-2，电话订餐过程中有可能出现多种意外情况，比如对方临时着急走开，对方虽然在却很忙，还有一种情况就是出现线路故障。服务器应用也存在类似的情形，如对端异常崩溃、处理不过来、不可达等。因此，我们需要使用 keepalive 来处理这些问题。假设没有 keepalive，在电话订餐场景中，线路如果一直被占用，势必耽误其他人订餐；而在服务器应用中，则势必出现连接已损坏但仍在盲目维护的情况，并且以后使用损坏的连接时也会直接报错。

表 11-2 keepalive 存在的必要性

	电话订餐	服务器应用
需要 keepalive 的场景	对方着急临时走开	对端异常崩溃
	对方虽然在却很忙，并且不知道什么时候忙完	对端虽在却处理不过来
	出现电话线路故障	对端虽在却不可达
没有 keepalive 的后果	线路占用，耽误其他人订餐	连接已损坏，但是还在盲目维持，下次使用时，应用会直接报错

综上所述，keepalive 对于服务器应用是必需的，就像店员在电话订餐场景中需要询问“您还在吗？”一样。

那么如何设计 keepalive 呢？以 TCP keepalive 为例，所有需要 keepalive 的情况都存在共同的特征，即出现的概率较低。因此，在设计 keepalive 时，keepalive 不需要很频繁，尤其在判断连接是否已损坏时，必须谨慎，不要武断。下面以 TCP keepalive 为例，验证我们刚才所讲的原则。TCP keepalive 包含如下 3 个关键参数。

```
# sysctl -a|grep tcp_keepalive
net.ipv4.tcp_keepalive_time = 7200
net.ipv4.tcp_keepalive_intvl = 75
net.ipv4.tcp_keepalive_probes = 9
```

第一个参数用来指定多久（这里设置为 7200s）没有数据时才做一次检测，而一次检测可能需要对连接包探测多次才能下结论；第二个参数用来指定每隔多久（这里设置为 75s）发送一次探测包；第三个参数用来指定探测次数，这里设置为 9，表示直到 9 个探测包没有确认才会认为连接失效。根据上述配置，一个失效的连接最多可能需要 2 小时 11 分钟才能被甄别出来。

另外，keepalive 往往设计在多层，比如为传输层和应用层同时应用 keepalive。原因主要有以下几点。

- 协议分层。每一层的关注点都不同，传输层关注的是通与不通，而应用层关注的是服务是否可用。以电话订餐为例，电话通了并不代表有人接；同样，服务器连接上了也不一定意味着提供服务，例如，服务不过来就是一种典型情况。
- TCP keepalive 默认是关闭的。即使 TCP keepalive 开启，数据在经过路由等中转设备时也可能会出现丢弃情况。
- 保活时间很长。如前所述，检查出一个失效的连接可能需要两个多小时。虽然这个时间可以改，但是会牵一发而动全身，影响系统中的所有应用。

我们用大量的篇幅讨论了 keepalive，那么空闲监测又是什么？仍以电话点餐为例，当对方不再讲话时，店员是否会马上询问“您还在吗”？一般不会，店员会等一段时间，在这段时间内看看对方还会不会讲话，这其实就是空闲监测。如果对方仍没有讲话，那就可以认定对方可能存在问题（处于空闲状态），店员可以选择再次询问（执行 keepalive）或直接挂机（相当于关闭连接）。

从以上描述可以看出，空闲监测只负责诊断而已，诊断后做出的不同行为决定了空闲检测的用途。常见的行为包含以下两种。

- 发送 keepalive。这种行为一般是为了配合 keepalive 减少探测消息。传统的 keepalive 设计可能会直接定时发送一条 keepalive 消息，实际上没有必要这么做。因为正常情况下都会有业务数据传输，系统完全可以感知连接的状态。我们可以用空闲监测配合 keepalive，只有在空闲监测认为系统空闲时才发送 keepalive 消息，如此一来，keepalive 消息就会少很多。
- 直接关闭连接。这种行为往往是为了快速释放损坏的、恶意的、很久不用的连接，让系统时刻保持最好的状态，但是这种设计也存在一些缺点。例如，当客户端因为空闲了一段时间而断开连接后，重新发起的第一个请求将需要重新进行连接。

在实际工作中，我们往往将上述两种行为结合起来。例如，按需保活，保证不空闲，如果空闲，就关闭连接。

11.3.1 源码解析

下面我们具体看一下 Netty 是如何对空闲监测进行支持的。实际上，Netty 对空闲监测提供的支持都是围绕 IdleStateHandler 处理程序来实现的。空闲监测本身又可以细分为如下 3 类。

- 读空闲监测：监测一定时间内有没有数据被读取。
- 写空闲监测：监测一定时间内有没有数据被写出。
- 读写空闲监测：同时满足以上两个条件，在一定时间内，数据的读写都没有发生。

这 3 种空闲监测可分别通过 IdleStateHandler 的不同参数来控制，如下所示。

```
public IdleStateHandler(
      int readerIdleTimeSeconds,
      int writerIdleTimeSeconds,
      int allIdleTimeSeconds) {
         this(readerIdleTimeSeconds, writerIdleTimeSeconds, allIdleTimeSeconds,
              TimeUnit.SECONDS);
}
```

若传入的构造器参数大于 0，表明开启空闲监测；若小于或等于 0，表明关闭空闲监测。由于这 3 种空闲监测的实现方式类似，因此下面以读空闲监测为例介绍空闲监测的实现机制。

IdleStateHandler 维护的属性成员 lastReadTime 记录了读操作上一次发生的时间。每执行完一次读操作，就更新 lastReadTime，参见代码清单 11-14。

代码清单 11-14 更新 lastReadTime

```
private long lastReadTime;

@Override
public void channelReadComplete(ChannelHandlerContext ctx) throws Exception {
    if ((readerIdleTimeNanos > 0 || allIdleTimeNanos > 0) && reading) {
        lastReadTime = ticksInNanos();
        reading = false;
    }
    ctx.fireChannelReadComplete();
}
```

除需要使用 lastReadTime 记录读操作的执行时间之外，我们还需要使用一个定时任务来判断读操作的执行时间是否已经达到空闲标准，这个定时任务在连接建立后就应该立刻列入规划，参见代码清单 11-15。

代码清单 11-15 对空闲监测任务进行规划

```
@Override
public void channelRegistered(ChannelHandlerContext ctx) throws Exception {
    if (ctx.channel().isActive()) {
        initialize(ctx);
    }
    super.channelRegistered(ctx);
}

@Override
public void channelActive(ChannelHandlerContext ctx) throws Exception {
    initialize(ctx);
    super.channelActive(ctx);
}
```

```
private void initialize(ChannelHandlerContext ctx) {
    //省略其他非关键代码
    lastReadTime = lastWriteTime = ticksInNanos();
    if (readerIdleTimeNanos > 0) {
        readerIdleTimeout = schedule(ctx, new ReaderIdleTimeoutTask(ctx),
                readerIdleTimeNanos, TimeUnit.NANOSECONDS);
    }
    //省略其他非关键代码
}
```

如上述代码所示，ReaderIdleTimeoutTask 就是用来判断是否空闲的那个任务，这个任务的执行细节如代码清单 11-16 所示。

代码清单 11-16　ReaderIdleTimeoutTask 的执行细节

```
@Override
protected void run(ChannelHandlerContext ctx) {
    long nextDelay = readerIdleTimeNanos;
    if (!reading) {
        //判断是否空闲的关键
        nextDelay -= ticksInNanos() - lastReadTime;
    }
    if (nextDelay <= 0) {
        //若空闲，需要设置一个新任务来检查以后是否空闲
        readerIdleTimeout = schedule(ctx, this, readerIdleTimeNanos, TimeUnit.NANOSECONDS);
        boolean first = firstReaderIdleEvent;
        //firstReaderIdleEvent 在下一次读操作到来之前，第一次空闲之后，空闲事件可能被触发多次
        firstReaderIdleEvent = false;
        try {
            IdleStateEvent event = newIdleStateEvent(IdleState.READER_IDLE, first);
            channelIdle(ctx, event);
        } catch (Throwable t) {
            ctx.fireExceptionCaught(t);
        }
    } else {
        //重新安排监测任务，时间为 nextdelay
        readerIdleTimeout = schedule(ctx, this, nextDelay, TimeUnit.NANOSECONDS);
    }
}

protected IdleStateEvent newIdleStateEvent(IdleState state, boolean first) {
    switch (state) {
        case ALL_IDLE:
            return first ? IdleStateEvent.FIRST_ALL_IDLE_STATE_EVENT : IdleStateEvent.ALL_
                IDLE_STATE_EVENT;
        case READER_IDLE:
```

```
            return first ? IdleStateEvent.FIRST_READER_IDLE_STATE_EVENT : IdleStateEvent
                .READER_IDLE_STATE_EVENT;
        case WRITER_IDLE:
            return first ? IdleStateEvent.FIRST_WRITER_IDLE_STATE_EVENT : IdleStateEvent
                .WRITER_IDLE_STATE_EVENT;
        default:
            throw new IllegalArgumentException("Unhandled: state=" + state + ", first="
                + first);
    }
}
```

通过上述代码，我们可以看出 ReaderIdleTimeoutTask 的关键实现逻辑如下。

ReaderIdleTimeoutTask 会比较空闲时间和上次读操作的时间（lastReadTime）。如果发现超过一定时间仍没有读数据操作发生，就判定为“空闲”，因而抛出 IdleStateEvent。另外，不管是否空闲，都会重新调度 ReaderIdleTimeoutTask，从而继续进行下一次检查。

读空闲监测抛出的事件分为两种——第一次发生的 IdleStateEvent.FIRST_READER_IDLE_STATE_EVENT 和非第一次发生的 IdleStateEvent.READER_IDLE_STATE_EVENT。当第一次进行空闲监测时，会抛出 FIRST_READER_IDLE_STATE_EVENT；假设下一次读取数据需要等很久，其间又发生了空闲监测，因此肯定会监测到空闲情况，此时抛出的就是 READER_IDLE_STATE_EVENT。从实现上看，读空闲监测抛出的事件属于哪一种通过标志位 firstReaderIdleEvent 进行控制，当有数据读取时，这个标志位会重置为 true，如下所示（IdleStateHandler#channelRead）。

```
@Override
public void channelRead(ChannelHandlerContext ctx, Object msg) throws Exception {
    if (readerIdleTimeNanos > 0 || allIdleTimeNanos > 0) {
        reading = true;
        firstReaderIdleEvent = firstAllIdleEvent = true;
    }
    ctx.fireChannelRead(msg);
}
```

上述代码展示了读空闲监测的核心逻辑。写空闲监测和读空闲监测的核心逻辑大体相同。唯一需要注意的是，写时间（lastWriteTime）的更新不是执行 write()方法时触发的，而是通过监听器进行实现的，这个监听器只在写完成后触发，参见代码清单 11-17。

代码清单 11-17　写时间的更新时机

```
@Override
public void write(ChannelHandlerContext ctx, Object msg, ChannelPromise promise) throws
    Exception {
    if (writerIdleTimeNanos > 0 || allIdleTimeNanos > 0) {
        ctx.write(msg, promise.unvoid()).addListener(writeListener);
    } else {
        ctx.write(msg, promise);
    }
}
```

```
    private final ChannelFutureListener writeListener = new ChannelFutureListener() {
        @Override
        public void operationComplete(ChannelFuture future) throws Exception {
            lastWriteTime = ticksInNanos();
            firstWriterIdleEvent = firstAllIdleEvent = true;
        }
    };
```

上面展示了 Netty 是如何支持空闲监测的。此外，还有很多细节无法一一展示，感兴趣的读者可以查阅 Netty 源码并进行深入解析。

11.3.2　开源案例

接下来，我们借鉴一下其他开源软件是如何进行流量控制的。以 Dubbo 为例，参见代码清单 11-18（org.apache.dubbo.remoting.transport.netty4.NettyServer#doOpen）。

代码清单 11-18　Dubbo 中空闲监测处理程序的使用方法

```
int idleTimeout = UrlUtils.getIdleTimeout(getUrl());
ch.pipeline()
        .addLast("decoder", adapter.getDecoder())
        .addLast("encoder", adapter.getEncoder())
        .addLast("server-idle-handler", new IdleStateHandler(0, 0, idleTimeout,ILLISECONDS))
        .addLast("handler", nettyServerHandler);
```

从上述代码可以看出，Dubbo 开启了读写空闲监测，从而在指定的时间内监测到底有没有数据被读取或写出。其中，空闲超时时间的计算方法可参考代码清单 11-19。空闲超时时间默认为“心跳”间隔时间的 3 倍，以保证足够容忍偶尔的网络错误。

代码清单 11-19　空闲超时时间的计算方法

```
public class UrlUtils {
    public static int getIdleTimeout(URL url) {
        int heartBeat = getHeartbeat(url);
        int idleTimeout = url.getParameter(Constants.HEARTBEAT_TIMEOUT_KEY, heartBeat * 3);
        if (idleTimeout < heartBeat * 2) {
            throw new IllegalStateException("idleTimeout < heartbeatInterval * 2");
        }
        return idleTimeout;
    }

    public static int getHeartbeat(URL url) {
        return url.getParameter(Constants.HEARTBEAT_KEY, Constants.DEFAULT_HEARTBEAT);
    }
}
```

空闲事件的处理则由 NettyServerHandler 负责，参见代码清单 11-20（org.apache.dubbo.remoting.transport.netty4.NettyServerHandler#userEventTriggered）。

代码清单 11-20　空闲事件的处理方法

```
@Override
public void userEventTriggered(ChannelHandlerContext ctx, Object evt) throws Exception {
    //若服务器在空闲超时时间内没有接收到任何"心跳"消息，就直接关闭连接
    if (evt instanceof IdleStateEvent) {
        NettyChannel channel = NettyChannel.getOrAddChannel(ctx.channel(), url, handler);
        try {
            logger.info("IdleStateEvent triggered, close channel " + channel);
            channel.close();
        } finally {
            NettyChannel.removeChannelIfDisconnected(ctx.channel());
        }
    }
    super.userEventTriggered(ctx, evt);
}
```

一旦 Dubbo 检测到空闲，就会直接断开连接。

11.3.3 实战案例

借鉴完其他开源软件之后，下面我们结合实战案例学习如何利用好空闲监测。不妨先设定如下小的目标：如果客户端连接了 10s 都没有数据，服务器就主动断开连接。为了实现这个目标，我们需要执行如下步骤。

（1）定义空闲监测处理程序。

（2）添加空闲监测处理程序到处理程序流水线中。

（3）测试并修改客户端。

1. 定义空闲监测处理程序

首先，我们需要定义一个空闲监测处理程序，由服务器界定何时为空闲状态以及空闲后应该如何处理。围绕既定目标，我们选择并定义一个空闲监测处理程序，空闲允许时间为 10s，参见代码清单 11-21。

代码清单 11-21　在案例程序的服务器端定义空闲监测处理程序

```
public class ServerIdleCheckHandler extends IdleStateHandler {
    public ServerIdleCheckHandler() {
        super(10, 0, 0, TimeUnit.SECONDS);
    }
```

```
    @Override
    protected void channelIdle(ChannelHandlerContext ctx, IdleStateEvent evt) throws
        Exception {
        if (evt == IdleStateEvent.FIRST_READER_IDLE_STATE_EVENT) {
            log.info("idle check happen, so close the connection");
            ctx.close();
            return;
        }
        super.channelIdle(ctx, evt);
    }
}
```

如上述代码所示，这个空闲监测处理程序还提供了 IdleStateEvent 的处理方法——断开连接。

2. 添加空闲检测处理程序到处理程序流水线中

将刚才定义的空闲监测处理程序添加到服务器端的处理程序流水线中，参见代码清单 11-22。

代码清单 11-22　将空闲监测处理程序添加到服务器端的处理程序流水线中

```
serverBootstrap.childHandler(new ChannelInitializer<NioSocketChannel>() {
    @Override
    protected void initChannel(NioSocketChannel ch) throws Exception {
        ChannelPipeline pipeline = ch.pipeline();
        //省略其他非关键代码
        pipeline.addLast("idleHandler", new ServerIdleCheckHandler());
        pipeline.addLast("frameDecoder", new OrderFrameDecoder());
        pipeline.addLast("frameEncoder", new OrderFrameEncoder());
        pipeline.addLast("protocolDecoder", new OrderProtocolDecoder());
        pipeline.addLast("protocolEncoder", new OrderProtocolEncoder());
        //省略其他非关键代码
    }
});
```

如上述代码所示，在添加空闲监测处理程序时，需要注意以下两个细节。

- 空闲监测处理程序的位置。空闲监测处理程序必须位于数据解码之前，以免因为后面可能发生的解码失败而无法到达。
- 空闲监测处理程序中的成员变量本身不能共享。例如，用于记录最后一次读操作发生时间的 lastReadTime 无法在所有连接中共享。

3. 测试并修改客户端

执行完以上操作后，我们便完成了对服务器的修改。最后，启动服务器并运行客户端，客户端发送完请求后，如果过了 10s 还不发送数据，服务器就会关闭连接，如图 11-3 所示。

```
20:14:47 [worker-3-1] AbstractInternalLogger: [id: 0x5aa2a3ab, L:/127.0.0.1:8090 - R:/127.0.0.1:63117] READ COMPLETE
20:14:47 [worker-3-1] AbstractInternalLogger: [id: 0x5aa2a3ab, L:/127.0.0.1:8090 - R:/127.0.0.1:63117] WRITE: Message
 (version=1, opCode=1, streamId=1), messageBody=AuthOperationResult(passAuth=true))
20:14:47 [worker-3-1] AbstractInternalLogger: [id: 0x5aa2a3ab, L:/127.0.0.1:8090 - R:/127.0.0.1:63117] FLUSH
20:14:50 [business-4-2] OrderOperation: order's executing complete
20:14:50 [worker-3-1] AbstractInternalLogger: [id: 0x5aa2a3ab, L:/127.0.0.1:8090 - R:/127.0.0.1:63117] WRITE: Message
 (version=1, opCode=3, streamId=2), messageBody=OrderOperationResult(tableId=1001, dish=tudou, complete=true))
20:14:50 [worker-3-1] AbstractInternalLogger: [id: 0x5aa2a3ab, L:/127.0.0.1:8090 - R:/127.0.0.1:63117] FLUSH
20:14:57 [worker-3-1] ServerIdleCheckHandler: idle check happen, so close the connection
20:14:57 [worker-3-1] AbstractInternalLogger: [id: 0x5aa2a3ab, L:/127.0.0.1:8090 ! R:/127.0.0.1:63117] INACTIVE
20:14:57 [worker-3-1] AbstractInternalLogger: [id: 0x5aa2a3ab, L:/127.0.0.1:8090 ! R:/127.0.0.1:63117] UNREGISTERED
```

图 11-3　服务器关闭连接

为了让客户端适应这种空闲监测，使连接即使没有数据传输也不会断开，要为客户端定义 keepalive 处理程序和空闲监测处理程序，参见代码清单 11-23。

代码清单 11-23　为案例程序的客户端定义空闲监测处理程序和 keepalive 处理程序

```
public class ClientIdleCheckHandler extends IdleStateHandler {
    public ClientIdleCheckHandler() {super(0, 5, 0);}
}

@Slf4j
@ChannelHandler.Sharable
public class KeepaliveHandler extends ChannelInboundHandlerAdapter {

    @Override
    public void userEventTriggered(ChannelHandlerContext ctx, Object evt) throws Exception {
        if (evt == IdleStateEvent.FIRST_WRITER_IDLE_STATE_EVENT) {
            log.info("write idle happen. so need to send keepalive to keep connection
                not closed by server");
            KeepaliveOperation keepaliveOperation = new KeepaliveOperation();
            RequestMessage requestMessage = new RequestMessage(IdUtil.nextId(),
                keepaliveOperation);
            ctx.writeAndFlush(requestMessage);
        }
        super.userEventTriggered(ctx, evt);
    }
}
```

如上述代码所示，空闲监测每发现有 5s（保证短于服务器端的读空闲监测定义的时间，比如 10s）时间没有数据发送时就会触发空闲事件，keepalive 处理程序在接收到空闲事件后，随即发送 keepalive 请求，从而保证连接不被服务器关闭。

相应地，我们为客户端定义的 keepalive 处理程序和空闲监测处理程序也需要添加到客户端的处理程序流水线中，参见代码清单 11-24。

代码清单 11-24　将 keepalive 处理程序和空闲监测处理程序添加到客户端的处理程序流水线中

```
bootstrap.handler(new ChannelInitializer<NioSocketChannel>() {
    @Override
    protected void initChannel(NioSocketChannel ch) throws Exception {
```

```
            ChannelPipeline pipeline = ch.pipeline();
            pipeline.addLast(new ClientIdleCheckHandler());
            pipeline.addLast(new OrderFrameDecoder());
            pipeline.addLast(new OrderFrameEncoder());
            pipeline.addLast(new OrderProtocolEncoder());
            pipeline.addLast(new OrderProtocolDecoder());
            pipeline.addLast(loggingHandler);
            pipeline.addLast(keepaliveHandler);
        }
    });
```

与服务器端类似，对于客户端，也要注意处理程序的添加位置。例如，keepalive 处理程序应该放到编码器之后，以保证发送的数据能够进行编码。经过上述修改之后，即使客户端长达 5s 时间没有发送业务请求数据给服务器，服务器也不会断开连接。

11.4 常见疑问解析

在学习和实际应用本章介绍的相关知识时，读者相对会比较轻松。然而，比较细心、喜欢刨根问底的读者可能仍会产生一些困扰，下面举例说明。

11.4.1　HTTP Keep-Alive 和 keepalive 之间的区别

HTTP Keep-Alive 指的是在 HTTP 应用中对长连接和短连接做出的选择：当携带 Connection:Keep-Alive 时表示选择长连接；而当携带 Connection:Close 时表示选择短连接。另外，在 HTTP 1.1 中，默认选择的是长连接，因而不需要显式地携带 Connection:Keep-Alive。

综上所述，HTTP Keep-Alive 和本章讨论的 keepalive 并不是一回事，本章讨论的 keepalive 是一种保活机制。

11.4.2　IdleStateHandler 中 observeOutput 的功能

11.3.1 节简单分析了空闲监测是如何实现的，其中提到，写时间（lastWriteTime）的更新是通过写操作完成后触发的监听器来实现的。假设我们正在写某个很大的文件，由于网络延迟或对方尚未来得及处理，我们并没有彻底完成写操作，但是一直处于写的过程之中。此时，忽略写的过程而直接判断连接是否写空闲并不十分合理。为此，IdleStateHandler 引入了 observeOutput 来处理这种情况，observeOutput 的使用方法参见代码清单 11-25。

代码清单 11-25　observeOutput 的使用方法

```
protected void run(ChannelHandlerContext ctx) {
        //省略部分非核心代码
```

```
        //当检测到 lastWriteTime 已经超出空闲时间时，返回
          if (hasOutputChanged(ctx, first)) {
             return;
          }
        //直接抛出空闲事件
          IdleStateEvent event = newIdleStateEvent(IdleState.WRITER_IDLE, first);
          channelIdle(ctx, event);
        //省略部分非核心代码
}

//其中的 hasOutputChanged 用来判断是否有内容正在尝试写出
private boolean hasOutputChanged(ChannelHandlerContext ctx, boolean first) {
    if (observeOutput) {
        //省略其他非核心代码
        ChannelOutboundBuffer buf = unsafe.outboundBuffer();

        if (buf != null) {
            int messageHashCode = System.identityHashCode(buf.current());
            long pendingWriteBytes = buf.totalPendingWriteBytes();

            if (messageHashCode != lastMessageHashCode || pendingWriteBytes !=
                lastPendingWriteBytes) {
                    lastMessageHashCode = messageHashCode;
                    lastPendingWriteBytes = pendingWriteBytes;

                    if (!first) {
                    return true;
                    }
            }

            long flushProgress = buf.currentProgress();
            if (flushProgress != lastFlushProgress) {
                lastFlushProgress = flushProgress;

                if (!first) {
                    return true;
                }
            }
        }
    }
    return false;
}
```

如上述代码所示，启动 observeOutput 标志位之后，当写数据时，即使写操作没有完成，但只要有进度、有意图，就算写数据发生了。

11.4.3 FileRegion 的发送受高低水位线控制吗

除发送 ByteBuf 之外，Netty 还可以直接发送 FileRegion。当使用 FileRegion 传输文件时，FileRegion 的发送受高低水位线的控制吗？答案是受控制，控制机制参见代码清单 11-26（AbstractChannel. AbstractUnsafe#write）。

代码清单 11-26　使用 FileRegion 传输文件时的控制机制

```
@Override
public final void write(Object msg, ChannelPromise promise) {
    ChannelOutboundBuffer outboundBuffer = this.outboundBuffer;
    //省略其他非核心代码
    int size;
    try {
        msg = filterOutboundMessage(msg);
        size = pipeline.estimatorHandle().size(msg);
        if (size < 0) {
            size = 0;
        }
    } catch (Throwable t) {
        //省略其他非核心代码:
    }

    //调用 incrementPendingOutboundBytes(entry.pendingSize, false)
    outboundBuffer.addMessage(msg, size, promise);
}

public void addMessage(Object msg, int size, ChannelPromise promise) {
    Entry entry = Entry.newInstance(msg, size, total(msg), promise);
    //省略其他非核心代码
    incrementPendingOutboundBytes(entry.pendingSize, false);
}
```

在上述代码中，pipeline.estimatorHandle().size(msg)负责计算数据的大小，计算方法参考 DefaultMessageSizeEstimator，如代码清单 11-27 所示。当使用 FileRegion 传输文件时，返回的数据大小为 0。

代码清单 11-27　DefaultMessageSizeEstimator 的实现代码

```
public final class DefaultMessageSizeEstimator implements MessageSizeEstimator {

    private static final class HandleImpl implements Handle {
        private final int unknownSize;
```

```
        private HandleImpl(int unknownSize) {
            this.unknownSize = unknownSize;
        }

        @Override
        public int size(Object msg) {
            if (msg instanceof ByteBuf) {
                return ((ByteBuf) msg).readableBytes();
            }
            if (msg instanceof ByteBufHolder) {
                return ((ByteBufHolder) msg).content().readableBytes();
            }
            if (msg instanceof FileRegion) {
                return 0;
            }
            return unknownSize;
        }
    }

}
```

但实际上，用于调整累积的待发送数据量的 incrementPendingOutboundBytes 方法调整的数据大小并非 DefaultMessageSizeEstimator 计算的内容本身的大小（此时为 0），而是 Entry.pendingSize。

Entry.pendingSize 的计算参见代码清单 11-28。

代码清单 11-28　Entry.pendingSize 的计算

```
static final class Entry {
    //省略其他非关键代码
    private final Handle<Entry> handle;
    Entry next;
    Object msg;
    ByteBuffer[] bufs;
    ByteBuffer buf;
    ChannelPromise promise;
    long progress;
    long total;
    int pendingSize;
    int count = -1;
    boolean cancelled;

    static Entry newInstance(Object msg, int size, long total, ChannelPromise promise) {
        Entry entry = RECYCLER.get();
        entry.msg = msg;
        entry.pendingSize = size + CHANNEL_OUTBOUND_BUFFER_ENTRY_OVERHEAD;
        entry.total = total;
```

```
        entry.promise = promise;
        return entry;
    }
  //省略其他非关键代码
}
```

在上述代码中，pendingSize 是 size 和 CHANNEL_OUTBOUND_BUFFER_ENTRY_OVERHEAD（96 字节）之和。毕竟对于内存占用量的计算而言，size 代表的传输内容本身的大小并不能完全代表占用的内存大小，我们还必须考虑用于封装传输内容的 Entry 对象本身的空间占用情况（CHANNEL_OUTBOUND_BUFFER_ENTRY_OVERHEAD）。CHANNEL_OUTBOUND_BUFFER_ENTRY_OVERHEAD 的计算可参考如下代码，这里把 Entry 对象的所有属性成员也考虑在内了，它们在 64 位的 JVM 中默认占用 96 字节。

```
// 假设使用 64 位 JVM:
//  - 16 字节对象头（object header）
//  - 8 字节引用（reference）字段
//  - 2 字节 long 字段
//  - 2 字节 int 字段
//  - 1 字节 boolean 字段
//  - 补齐（padding）
static final int CHANNEL_OUTBOUND_BUFFER_ENTRY_OVERHEAD =
    SystemPropertyUtil.getInt("io.netty.transport.outboundBufferEntrySizeOverhead", 96);
```

综上所述，对于 FileRegion 来说，因为前面计算的数据大小为 0，所以 pendingSize 为 96 字节。由此可见，FileRegion 是受高低水位线控制的，只不过由于采用文件形式，因此在计算方面并没有考虑文件本身的大小（使用 NIO 传输文件时不需要加载到内存中），而只考虑了用于封装 FileRegion 的待写对象 Entry 的内存占用情况。

第 12 章　安全性提升

安全是计算机领域不可或缺的重要组成部分，随着社会生活与互联网不断融合，小到水、电、燃气缴费，大到购车、置业，都可以在互联网上进行。不言而喻，网上交易涉及的资金、个人用户信息等都需要通过计算机安全来保障。Netty 自然也充分考虑了安全需求。值得一提的是，安全固然重要，但在本质上，安全仍属于基本功能之外的扩展性需求。因此在早期，虽然 Netty 在安全性方面虽然内置了基本的 SSL 支持，但是其他安全保证措施需要使用者自行实现。随着用户越来越多，大家发现诸如黑白名单、自定义授权等诸多安全性措施其实都包含共同的诉求，实现方式有一定的相似性。

因需而变，时至今日，Netty 内置了很多不同类型的安全性支持，同时在基于安全性的相关编码方面基本形成了统一的范式。从本章开始，我们将梳理和剖析 Netty 在安全性保障方面的相关源码实现，并想办法应用到案例程序中，从而让读者能够轻松地构建出更安全的应用。

12.1 黑白名单

黑白名单是实现信息安全保障的粗糙但有效的方式，而且离我们也不远。比如，我们的邮箱可能经常收到一些广告邮件，当不胜其烦时，可直接在收件页面上单击“拒收”按钮（见图 12-1），这其实就是对黑名单的一种应用。再比如，在微信中，我们经常会通过设置不看某些好友的朋友圈，或者不让某些好友看自己的朋友圈，这些其实都是黑名

图 12-1　黑名单应用之邮件拒收

单的常见应用。

白名单刚好相反——只放行规则允许的请求。例如，智能手机的应用市场里有很多能破解 Wi-Fi 密码从而让使用者“蹭网”的应用，带宽有限的家庭对于这种“蹭网”行为深恶痛绝，但是很难将这些“蹭网”者一一添加到路由器的黑名单中，毕竟这些“蹭网”者不固定。为了解决这个问题，我们可以设置白名单，仅允许家庭成员联网，其他人一概拒绝。

综上所述，黑白名单是一种简单、高效并常见的安全性保障措施，几乎适用于所有领域，不同的只是名单的类型。例如，刚才提到的黑名单过滤的是邮箱地址、微信账号，而白名单过滤的是硬件地址。对于 Netty 应用而言，我们也可以通过设置不同类型的黑白名单来保障安全；但是对于 Netty 自身而言，由于工作在传输层，因此 Netty“天然”能够过滤的名单其实就是用户的 IP 地址。接下来，我们从源码角度分析 Netty 是如何支持黑白名单的。

12.1.1　源码分析

在具体分析 Netty 源码之前，我们先解决如何判断一台主机是否和“自己”处于同一“阵营”（是敌还是友）的问题。这是实施安全性措施时必须解决的基本问题之一，也是理解 Netty 如何支持黑白名单的关键。在计算机领域，这个问题其实很简单。主机的 IP 地址可以划分成网络位和主机位（见图 12-2）。网络位相当于组织的 ID，主机位则相当于 PC 的 ID，这样我们直接通过查看网络位是否相同就可以判断对方主机是敌还是友。

怎么才能知道网络位是多少呢？图 12-2 实际上已经给出了答案，可以通过查看子网掩码来计算网络位的长度，但是在实际工作中，我们看到的 IP 地址往往并不附带子网掩码，怎么办呢？

在互联网发展的早期，网络位实际上是固定的，并且是 8 的倍数，并且由此衍生出 5 类 IP 地址，分别为 A 类、B 类、C 类、D 类、E 类。其中，最常用的是 A、B、C 三类（见图 12-3）。另外，D 类和 E 类地址属于特殊地址，没有网络号和主机号之分，分别用于多播地址和保留地址，这里不再赘述。以用于大型网络的 A 类地址为例，第 1 字节（也就是前 8 位）就是网络位。当给出 A 类地址而不给出子网掩码时，这实际上已经“暗示”了默认的网络位数——8。因此，当拿到没有提供子网掩码的 IP 地址时，我们可以根据取值范围（以 A 类地址为例，A 类地址要求第 1 位必须为 0，所以取值范围为 1.0.0.0～127.255.255.25）判断出 IP 地址是哪类地址，从而得知网络位是多少。正因为如此，我们有时会省略子网掩码。

网络位　　　　主机位

IP地址：11000000.10101000.00000001.00000001

子网掩码：11111111.11111111.11111111.00000000

图 12-2　IP 地址的网络位与主机位

网络	格式	子网掩码
A类	network.node.node.node	255.0.0.0
B类	network.network.node.node	255.255.0.0
C类	network.network.network.node	255.255.255.0

图 12-3　常用的 A、B、C 三类 IP 地址

当然，网络位的这种划分方式（以字节为单位）以及基于这种划分方式的 IP 地址分类太

过粗略了，以至于经常出现以下问题。

- 假设我们所在的组织只有 10 台机器，但为了标识它们属于同一网络，我们必须申请一个 C 类地址，而一个 C 类地址包含 256 个 IP 地址，这明显太浪费了。
- 假设我们所在的组织有 500 台机器，为了避免浪费，我们不会申请 B 类地址，而申请两个 C 类地址，那么两个 C 类地址有没有办法表示成单个网络呢？

上面这两个问题在本质上仍是 IP 资源利用问题。根本原因在于传统的 IP 地址划分方式太粗略了。后来，为了解决这个问题，网络位的划分更细了：不再受传统 IP 地址类别的束缚（要求网络位是 8 的倍数），网络位可以占用任意位数，从而有效节约了 IP 资源，并由此衍生出无分类域间路由（Classless Inter-Domain Routing，CIDR）的概念。从此以后，IP 地址除原有的子网掩码表示法之外，还有 CIDR 表示法。例如，子网掩码为 255.255.0.0 的地址 172.16.0.0 可以表示成 172.16.0.0/16，其中，16 就是网络位的位数，CIDR 表示法与子网掩码的对应关系可参考图 12-4。从中可以看出，网络位的划分已经不再局限于 8 的倍数。

子网掩码	CIDR值
255.0.0.0	/8
255.128.0.0	/9
255.192.0.0	/10

图 12-4　IP 地址的 CIDR 表示法与子网掩码的对应关系

总之，观察得到的 IP 地址，如果标识了子网掩码或者采用的是 CIDR 表示法，那么可以很轻松地算出网络位并判断网络号，从而进一步判断出是否属于同一网络；如果直接给出 IP 地址而没有其他任何信息，那么只能反查 IP 地址到底属于哪一类，从而进一步做出判断。

梳理完思路后，我们再从源码角度具体分析一下 Netty 是如何支持黑白名单的。

Netty 的黑白名单控制是通过 RuleBasedIpFilter 实现的。顾名思义，RuleBasedIpFilter 是基于规则和 IP 地址的过滤器，其继承结构如图 12-5 所示。从中可以看出，RuleBasedIpFilter 也是 ChannelInboundHander，用于处理“进入”事件。在 Netty 中，“进入”事件的处理主要有两种——数据的读取和连接的创建。对于黑白名单而言，“进入”事件是指连接的创建。

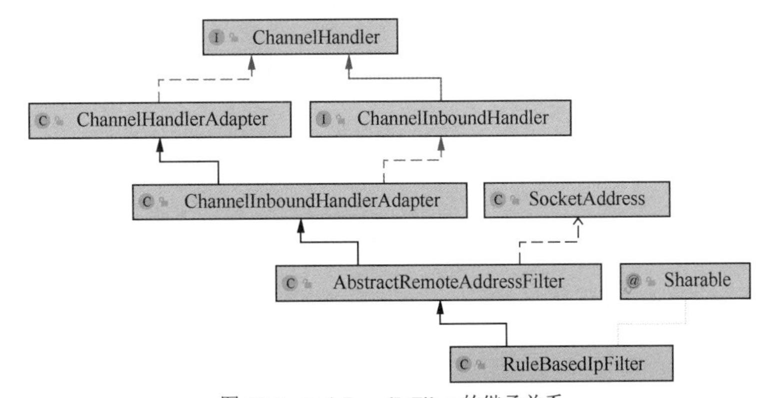

图 12-5　RuleBasedIpFilter 的继承关系

至于具体是如何处理的，我们可以通过 RuleBasedIpFilter 的父类 AbstractRemoteAddressFilter

来查看背后的核心逻辑。另外，从继承关系和名称也可以看出，这里使用的是设计模式中的模板模式：AbstractRemoteAddressFilter 提供了骨架实现，子类 RuleBasedIpFilter 则实现了抽象方法 AbstractRemoteAddressFilter#accept 以决定如何判断合法性。

下面我们看看骨架实现的核心逻辑。连接请求建立后，就会触发处理程序流水线的 fireChannelActive 方法，并调用我们在 AbstractRemoteAddressFilter 中重写的 channelActive 方法。channelActive 方法会调用 handleNewChannel 方法，从而判断是否符合规则：如果符合，就放行（换言之，不进行任何处理）；如果不符合，就直接通过 ctx.close 方法关闭已经建好的连接。代码及解析参见代码清单 12-1，逻辑并不复杂。值得一提的是，语句 ctx.pipeline().remove(this)蕴含了如下技巧：对于黑白名单等安全性检查，只需要执行一次就可以了，一旦连接“审核通过”后，安全检查处理程序就可以从处理程序流水线中移除了，从而及时释放占用的内存，缩短调用栈。

代码清单 12-1 AbstractRemoteAddressFilter

```
@Override
public void channelActive(ChannelHandlerContext ctx) throws Exception {
    if (!handleNewChannel(ctx)) {
        throw new IllegalStateException("cannot determine to accept or reject a channel:
          " + ctx.channel());
    } else {
        ctx.fireChannelActive();
    }
}
//判断连接的远程地址是否符合需求，若不符合就断开

private boolean handleNewChannel(ChannelHandlerContext ctx) throws Exception {
    T remoteAddress = (T) ctx.channel().remoteAddress();
    //当远程地址无法获取时，返回 false，channelActive 会抛出异常，指示无法判断时是接受还是拒绝连接
    if (remoteAddress == null) {
        return false;
    }
    //连接是否合法只需要判断一次，所以一旦进入处理就可以移除这个处理程序
    ctx.pipeline().remove(this);
    //判断是否接受这个地址
    if (accept(ctx, remoteAddress)) {
        //当连接符合要求时，执行 channelAccepted 方法，但该方法当前不做任何事情
        channelAccepted(ctx, remoteAddress);
    } else {
        //当连接不符合要求时，断开连接
        ChannelFuture rejectedFuture = channelRejected(ctx, remoteAddress);
        if (rejectedFuture != null) {
            rejectedFuture.addListener(ChannelFutureListener.CLOSE);
        } else {
            //关闭连接
```

```
            ctx.close();
        }
    }
    return true;
}
```

如何判断是否符合规则呢？对于黑白名单的控制，具体实现已经委托给子类 RuleBasedIpFilter。RuleBasedIpFilter 的实现也非常简单，参见代码清单 12-2。RuleBasedIpFilter 支持多条规则（IpFilterRule，参见代码清单 12-3），每条规则可通过实现 matches 方法来判断父类传递过来的、想要校验的地址 InetSocketAddress（也就是请求连接的远程地址）是否匹配当前规则。如果匹配不上，则不做任何处理（不断开连接）；如果匹配上，就可以观察指定的过滤策略（IpFilterRuleType）。接受（IpFilterRuleType.ACCEPT）策略相当于放行白名单，拒绝策略（IpFilterRuleType.REJECT）相当于拦截黑名单。

代码清单 12-2　RuleBasedIpFilter 的实现

```
public class RuleBasedIpFilter extends AbstractRemoteAddressFilter<InetSocketAddress> {
    private final IpFilterRule[] rules;
    public RuleBasedIpFilter(IpFilterRule... rules) {
        if (rules == null) {
            throw new NullPointerException("rules");
        }
        this.rules = rules;
    }
    @Override
protected boolean accept(ChannelHandlerContext ctx, InetSocketAddress remoteAddress)
    throws Exception {
        for (IpFilterRule rule : rules) {
            if (rule == null) {
                break;
            }
            //如果规则匹配上了，就观察规则指定的策略
            if (rule.matches(remoteAddress)) {
                return rule.ruleType() == IpFilterRuleType.ACCEPT;
            }
        }
        return true;
    }
}
```

代码清单 12-3　IpFilterRule

```
public interface IpFilterRule {
    //判断远程地址是否符合规则
    boolean matches(InetSocketAddress remoteAddress);
```

```
    //如果规则匹配上了,指明是拒绝(IpFilterRuleType.REJECT)还是接受(IpFilterRuleType.ACCEPT)
    IpFilterRuleType ruleType();
}
```

我们再来具体看看 IpFilterRule 是如何匹配远程连接地址的。IpFilterRule 有 3 个子类——IpSubnetFilterRule、Ip4SubnetFilterRule 和 Ip6SubnetFilterRule。从名称就可以推断出这 3 个子类之间的区别和联系：IpSubnetFilterRule 是通用的，其他两个分别针对 IPv4 和 IPv6。在最新版本中，由于 Ip4SubnetFilterRule 和 Ip6SubnetFilterRule 已经改成内部类并使用 private 修饰符进行了限定，因此即使知道具体的 IP 地址类型，也不能直接使用，而只能使用更通用的 IpSubnetFilterRule。其实这样更方便了，因为我们不再需要关心 IP 地址的类型。IpSubnetFilterRule 可以根据传入的 IP 地址，分别使用其他两个子类。接下来，我们以 Ip4SubnetFilterRule（详细代码参见代码清单 12-4）为例，看看匹配主机地址的关键是什么。

代码清单 12-4　Ip4SubnetFilterRule

```
private static final class Ip4SubnetFilterRule implements IpFilterRule {
    private final int networkAddress;
    private final int subnetMask;
    private final IpFilterRuleType ruleType;

    private Ip4SubnetFilterRule(Inet4Address ipAddress, int cidrPrefix, IpFilterRuleType
     ruleType) {
        //省略若干代码
        //根据 cidrPrefix 的值计算所在网络的子网掩码
        subnetMask = prefixToSubnetMask(cidrPrefix);
        //根据子网掩码计算网络号
        networkAddress = ipToInt(ipAddress) & subnetMask;
        this.ruleType = ruleType;
    }

    @Override
    public boolean matches(InetSocketAddress remoteAddress) {
        final InetAddress inetAddress = remoteAddress.getAddress();
        if (inetAddress instanceof Inet4Address) {
            int ipAddress = ipToInt((Inet4Address) inetAddress);
            //根据所在网络的子网掩码，计算网络号，然后与所在网络的网络号进行匹配
            return (ipAddress & subnetMask) == networkAddress;
        }
        return false;
    }

   @Override
   public IpFilterRuleType ruleType() {
       return ruleType;
   }
```

```
    private static int ipToInt(Inet4Address ipAddress) {
        byte[] octets = ipAddress.getAddress();
        assert octets.length == 4;

        return (octets[0] & 0xff) << 24 |
               (octets[1] & 0xff) << 16 |
               (octets[2] & 0xff) << 8 |
               octets[3] & 0xff;
    }
    //将网络位的长度（cidrPrefix）转换为子网掩码
    private static int prefixToSubnetMask(int cidrPrefix) {
        return (int) ((-1L << 32 - cidrPrefix) & 0xffffffff);
    }
```

从上述代码可以看出，语句(ipAddress & subnetMask) == networkAddress 是判断主机地址是否匹配的关键，也就是判断远程连接过来的 IP 地址的网络号（可通过对 IP 地址与子网掩码执行&操作获得）与匹配规则指定的网络号（可由构造参数 ipAddress 和 cidrPrefix 计算得出）是否相等。其中，子网掩码（subnetMask）是由 CIDR 表示法中字符“/”后面的数字（网络位的长度，在 Netty 中被命名为 cidrPrefix 参数）转换而来的，这与我们前面提到的子网掩码表示法和 CIDR 表示法可以互换是一致的。如此看来，参数 ipAddress 的作用仅仅是配合 cidrPrefix 计算出网络位，因而在设置时十分自由，该参数不一定非要是某个特定机器的 IP 地址，只要机器在同一网络中即可。

12.1.2 实战案例

理解完源码实现后，下面通过实战案例学习如何使用 Netty 实现黑白名单控制。首先，确定一下目标——为案例程序添加黑名单功能，从而拦截本机地址发起的连接。具体步骤如下。

（1）明确想要指定的规则。

（2）使用规则构建处理程序。

（3）测试。

1. 明确想要指定的规则

我们的目标是拦截本机地址发起的连接。提到本机地址，大多数情况下，我们立马想到的肯定是环回地址。为了验证这一点，我们可以直接在本机上同时启动案例程序的服务器端和客户端，并查看与连接相关的日志。

```
08:16:07 [boss-1-1] AbstractInternalLogger: [id: 0x352c3ac0, L:/0:0:0:0:0:0:0:0:8090]
         READ: [id: 0x5e0d49ec, L:/127.0.0.1:8090 - R:/127.0.0.1:49825]
08:16:07 [boss-1-1] AbstractInternalLogger: [id: 0x352c3ac0, L:/0:0:0:0:0:0:0:0:8090]
         READ COMPLETE
08:16:07 [worker-3-1] AbstractInternalLogger: [id: 0x5e0d49ec, L:/127.0.0.1:8090 -
         R:/127.0.0.1:49825] REGISTERED
```

```
08:16:07 [worker-3-1] AbstractInternalLogger: [id: 0x5e0d49ec, L:/127.0.0.1:8090 -
         R:/127.0.0.1:49825] ACTIVE
```

从中可以看出，本机发起的连接请求地址确实是环回地址 127.0.0.1。由于环回地址本身属于 A 类地址，而 A 类地址的前 8 位为网段号（若使用 CIDR 表示法，可以表示为 127.0.0.1/8）；因此，我们可以使用语句 new IpSubnetFilterRule("127.0.0.1", 8, IpFilterRuleType.REJECT)来新建规则。

2. 使用规则构建处理程序

参见代码清单 12-5，我们可以使用刚才新建的规则构建处理程序 RuleBasedIpFilter，然后放到处理程序流水线中。由于处理程序 RuleBasedIpFilter 是线程安全的，并且已被标记成@Sharable，因此我们完全可以将其当作全局处理程序使用（让多个连接使用同一个处理程序），从而避免为每个连接创建冗余的处理程序。另外，安全性处理程序应该尽量放到处理程序流水线中靠前的位置，这样才能起到“护城河”的作用，使保护范围更大、更有效。

代码清单 12-5　构建和使用处理程序

```java
RuleBasedIpFilter ruleBasedIpFilter = new RuleBasedIpFilter(ipSubnetFilterRule);
serverBootstrap.childHandler(new ChannelInitializer<NioSocketChannel>() {
    @Override
    protected void initChannel(NioSocketChannel ch) throws Exception {
        ChannelPipeline pipeline = ch.pipeline();
        pipeline.addLast("debegLog", debugLogHandler);
        pipeline.addLast("ipFilter", ruleBasedIpFilter);
        //推荐上面那种方式，而不推荐下面这种方式
        //pipeline.addLast("ipFilter", new RuleBasedIpFilter(ipSubnetFilterRule)
```

如上述代码所示，RuleBasedIpFilter 只创建一次。

3. 测试

重新运行服务器端和客户端，我们发现连接建立后，立马就断开了（INACTIVE），这符合我们的预期。

```
08:45:52 [boss-1-1] AbstractInternalLogger: [id: 0x84003402, L:/0:0:0:0:0:0:0:0:8090]
READ: [id: 0x5288ae5a, L:/127.0.0.1:8090 - R:/127.0.0.1:61551]
08:45:52 [boss-1-1] AbstractInternalLogger: [id: 0x84003402, L:/0:0:0:0:0:0:0:0:8090]
         READ COMPLETE
08:45:52 [worker-3-1] AbstractInternalLogger: [id: 0x5288ae5a, L:/127.0.0.1:8090 !
         R:/127.0.0.1:61551] REGISTERED
08:45:52 [worker-3-1] AbstractInternalLogger: [id: 0x5288ae5a, L:/127.0.0.1:8090 !
         R:/127.0.0.1:61551] INACTIVE
08:45:52 [worker-3-1] AbstractInternalLogger: [id: 0x5288ae5a, L:/127.0.0.1:8090 !
         R:/127.0.0.1:61551] UNREGISTERED
```

执行完以上 3 个步骤后，我们便实现了最开始制定的目标——为案例程序添加黑名单功能，从而拦截本机地址发起的连接。可以看出，代码不多，这充分展示了 Netty 的易用性。

12.1.3 业界案例

业界的大多数开源软件并没有直接使用 Netty 的黑白名单功能，因为大多数服务器部署在内网中，可以直接通过路由器来拦截非法请求。即使直接面对“客户”，也可以通过宿主机提供的防火墙功能来实现类似的效果。

不过，不少开源软件使用了（或完全由自己构建了）黑白名单所在包 ipfilter 提供的另一项功能——控制连接数量。这项功能主要由 UniqueIpFilter（同样继承自“骨架”抽象类 AbstractRemoteAddressFilter）提供支持。顾名思义，UniqueIpFilter 的功能就是控制对一台主机（准确地说是一个 IP 地址）只允许有一个连接，其代码实现参见代码清单 12-6。

代码清单 12-6 UniqueIpFilter

```
public class UniqueIpFilter extends AbstractRemoteAddressFilter<InetSocketAddress> {
    private final Set<InetAddress> connected = new ConcurrentSet<InetAddress>();

    @Override
    protected boolean accept(ChannelHandlerContext ctx, InetSocketAddress remoteAddress)
        throws Exception {
        final InetAddress remoteIp = remoteAddress.getAddress();
        //判断这个 IP 地址有没有连接过
        if (!connected.add(remoteIp)) {
            return false;
        } else {
            //当连接关闭时，从 connected 中移除远程主机的 IP 地址
            ctx.channel().closeFuture().addListener(new ChannelFutureListener() {
                @Override
                public void operationComplete(ChannelFuture future) throws Exception {
                    connected.remove(remoteIp);
                }
            });
            return true;
        }
    }
}
```

通过以上代码，我们大致弄清了实现思路。

（1）构建一个全局集合（set），每当连接建立时，就将远程 IP 地址放进这个集合。

（2）新的连接建立后，尝试将连接放进集合（connected.add(remoteIp)）。如果操作失败，就说明远程 IP 地址之前已经建立过连接了，于是断开连接；如果操作成功，就维持连接。

不过，这容易让人产生疑问。什么时候从集合中移除远程 IP 地址呢？若不移除，集合会随着所连接 IP 地址的不同而无限膨胀，最终引发 OOM（内存崩溃）问题。带着这个疑问，我们发现代码中存在语句 ctx.channel().closeFuture().addListener()。很明显，连接断开会触发回调，从而导致移除对应的 IP 地址，这就避免了集合只增不减带来的问题。

在上述思路的指引下，UniqueIpFilter 实现了对一个 IP 地址只允许有一个连接的精准控制，避免了合法用户恶意进行更多的连接。如前所述，很多开源软件直接使用或自定义了类似的保护功能。例如，Cassandra 就提供了用于连接控制的 ConnectionLimitHandler，这个处理程序实现了很多功能，参见代码清单 12-7。

代码清单 12-7　Cassandra 的 ConnectionLimitHandler

```
final class ConnectionLimitHandler extends ChannelInboundHandlerAdapter
{
    private final ConcurrentMap<InetAddress, AtomicLong> connectionsPerClient = new
        ConcurrentHashMap<>();
    private final AtomicLong counter = new AtomicLong(0);
    @Override
    public void channelActive(ChannelHandlerContext ctx) throws Exception
    {
        final long count = counter.incrementAndGet();
        long limit = DatabaseDescriptor.getNativeTransportMaxConcurrentConnections();
        if (count > limit)
        {
            ctx.close();//如果当前连接超出连接数量的限制，就关闭连接
        }
        else
        {
            long perIpLimit = DatabaseDescriptor.getNativeTransportMaxConcurrentConnect
                ionsPerIp();
            if (perIpLimit > 0)
            {
                InetAddress address = ((InetSocketAddress) ctx.channel().remoteAddress()).
                    getAddress();
                //获取与当前地址绑定的连接数量计数器
                AtomicLong perIpCount = connectionsPerClient.get(address);
                if (perIpCount == null)
                {
                    perIpCount = new AtomicLong(0);

                    AtomicLong old = connectionsPerClient.putIfAbsent(address, perIpCount);
                    if (old != null)
                    {
                        perIpCount = old;
                    }
                }
```

```
                if (perIpCount.incrementAndGet() > perIpLimit)
                {
                    ctx.close(); //如果单个 IP 地址连接的数量超出配置，就关闭连接
                    return;
                }
            }
            ctx.fireChannelActive();
        }
    }
    //省略其他资源清理代码
}
```

通过上述代码，我们得知，Cassandra 提供了如下两项配置来控制连接的数量。

- MaxConcurrentConnections：用于控制连接的总数。如果当前连接的数量已经大于这个阈值，就关闭这个连接。
- MaxConcurrentConnectionsPerIp：用于控制单个 IP 连接的总数。如果单个 IP 建立的连接数量已经大于这个阈值，那么也会关闭当前新建的连接。

通过与 Netty 内置的 UniqueIpFilter 进行比较，可以看出，Cassandra 更灵活一些——因为 Cassandra 采用配置的方式，允许为一台主机创建多个连接（数量可配置），同时提供的支持更多一些，比如能够控制系统的连接总数等，这些值得我们借鉴。

通过学习，我们了解了 Netty 的黑白名单、连接控制等安全性保障功能。在实现上，采用的方式都是使用建立连接后触发的 channelActive 方法来检查连接是否符合安全性要求。具体而言，黑白名单的作用是判断连接的远程主机 IP 地址是否符合需求；连接控制的作用是判断远程主机是否已经连接，抑或判断连接的总数是否超出设定的阈值。这些功能都得益于 Netty 良好的扩展性设计，具有可插拔的特点。在实际应用中，我们还可以实现更丰富、更强大的功能。例如，对于黑白名单，我们可以自动识别非法请求的 IP 地址并将它们拉入黑名单，效果类似于动态黑名单。总之，我们所做的工作都会让 Netty 应用更智能、更安全。

12.2 自定义授权

12.1 节介绍了如何使用黑白名单来增强 Netty 应用的安全性。但是，假设我们在 Netty 应用之前部署了负载均衡器等设备，用户在通过这类设备和应用做连接时，“呈现”的客户端 IP 地址将是相同的。在这种情况下，我们就无法再使用黑白名单这种基于 IP 地址的方式来保障安全了。此时，我们可以通过对用户（也就是客户端程序）进行认证和授权来保障安全。最常见的方式就像登录邮箱一样，提供用户名和密码，然后由邮箱服务器进行检查以确保用户的合法性。Netty 并没有内置这种功能，因为认证的核心取决于认证的方式。为此，我们需要自定义授权方式。

12.2.1　实战案例

接下来，我们通过实战案例来演示如何使用自定义的授权保护系统。从大体上，这可以通过以下几个基本步骤来加以实施。

（1）定义授权请求信息和授权结果信息。

（2）定义授权方式。

（3）实现授权处理程序。

（4）添加授权处理程序到处理程序流水线中。

1. 定义授权请求信息和授权结果信息

一般而言，授权信息与业务信息会使用相同的数据结构，这样在编解码信息时将会十分便捷。例如，参见代码清单 12-8 中定义的授权请求信息和授权结果信息。其中，授权请求信息中包含两个字段——userName 和 password（分别表示用户名和密码）；授权结果信息中只有 passAuth 字段，用于表明是否通过了授权。

代码清单 12-8　案例程序中与授权相关的对象

```
public class AuthOperation extends Operation {
    private final String userName;
    private final String password;
}

@Data
public class AuthOperationResult extends OperationResult {
    private final boolean passAuth;
}
```

2. 定义授权方式

有了用户名和密码之后，我们就可以对它们进行校验了，不同的系统会采用不同的方式。例如，比较常见的方式是将用户名和密码存储到数据库中，校验就是与数据库中的这些信息进行核对。在这里，具体是如何授权的并不是我们研究的重点。下面我们直接采用最简单的方式进行演示。如果用户名是 admin，就允许；否则，拒绝，参见代码清单 12-9。

代码清单 12-9　授权处理过程

```
public class AuthOperation extends Operation {
    private final String userName;
    private final String password;
    @Override
    public AuthOperationResult execute() {
```

```
        if ("admin".equalsIgnoreCase(this.userName)) {
            AuthOperationResult orderResponse = new AuthOperationResult(true);
            return orderResponse;
        }
        return new AuthOperationResult(false);
    }
}
```

3. 实现授权处理程序

有了授权信息和授权方式，我们就可以在业务层的处理程序中执行授权过程了。但是，为了符合单一职责原则，我们可以通过实现独立的授权处理程序来完成授权过程，参见代码清单 12-10。

代码清单 12-10 实现授权处理程序

```
@Slf4j
@ChannelHandler.Sharable
public class AuthHandler extends SimpleChannelInboundHandler<RequestMessage> {

    @Override
    protected void channelRead0(ChannelHandlerContext ctx, RequestMessage msg) throws
        Exception {
        try {
            Operation operation = msg.getMessageBody();
            if (operation instanceof AuthOperation) {
                AuthOperation authOperation = (AuthOperation) operation;
                AuthOperationResult authOperationResult = authOperation.execute();
                if (authOperationResult.isPassAuth()) {
                    log.info("pass auth");
                } else {
                    log.error("fail to auth");
                    ctx.close();
                }
            } else {
                log.error("expect first msg is auth");
                ctx.close();
            }
        } catch (Exception e) {
            log.error("exception happen for: " + e.getMessage(), e);
            ctx.close();
        } finally {
            ctx.pipeline().remove(this);
        }

    }
}
```

上述代码的核心逻辑简单易懂，如下细节的处理值得思考。

- 当授权失败时，直接使用 ctx.close()关闭连接。
- 当授权成功时，除给出正确的响应外，还可以将授权处理器从处理程序流水线中移除（调用 ctx.pipeline().remove(this)）。因为授权已通过，所以不需要进行二次校验。
- 当处理程序处理消息时，第一个请求必须是授权请求。如果不是，就断开连接。

4. 添加授权处理程序到处理程序流水线中

有了授权处理程序之后，添加到处理程序流水线中后，它才能生效，参见代码清单 12-11。

代码清单 12-11　添加授权处理程序到处理程序流水器中

```
AuthHandler authHandler = new AuthHandler();

serverBootstrap.childHandler(new ChannelInitializer<NioSocketChannel>() {
    @Override
    protected void initChannel(NioSocketChannel ch) throws Exception {

        ChannelPipeline pipeline = ch.pipeline();
         //省略其他非关键代码
        pipeline.addLast("frameDecoder", new OrderFrameDecoder());
        pipeline.addLast("frameEncoder", new OrderFrameEncoder());

        pipeline.addLast("protocolDecoder", new OrderProtocolDecoder());
        pipeline.addLast("protocolEncoder", new OrderProtocolEncoder());

        //省略其他非关键代码
        pipeline.addLast("auth", authHandler);

        pipeline.addLast(businessGroup, new OrderServerProcessHandler());
    }
});
```

这里也有一些实现细节需要注意。

- 授权处理程序的位置。授权处理程序应该放在处理业务层之前，否则信息在业务层提前被处理。同时，授权处理程序应该放在消息解码器之后，否则，对于未解码信息，不符合授权处理程序要求的接收类型（RequestMessage）会被“跳过”。
- 授权处理程序是否共享。这里的授权处理程序是可以共享的，因为不存在线程安全问题，只需要初始化一次即可。

现在，客户端需要在建立连接之后、发送业务请求之前发送授权请求信息，以便通过授权；如果使用错误的用户信息或者发送的第一条信息不是授权信息，连接就会断开。

12.2.2 业界案例

我们已经展示了如何自定义授权，那么业界的大多数开源软件又是怎么实现自定义授权的？下面仍以 Cassandra 为例，相对而言，Cassandra 的授权功能更丰富一些。

1. 支持多种授权方式

假设在 12.2.1 节所示的实战案例中，我们想要支持另一种授权方式，该如何做呢？我们可以借鉴 Cassandra 的做法。Cassandra 默认使用的认证类是 AllowAllAuthenticator，如果要求客户端提供认证凭证，那么可以使用 PasswordAuthenticator。当切换认证类时，只需要修改配置文件 cassandra.yaml 中的 authenticator 配置项即可，例如，修改成 authenticator:PasswordAuthenticator。

那么客户端怎么才能知道服务器端当前使用的是何种授权方式，进而为自己选用合适的授权方式呢？实际上，客户端可以直接发送 StartupMessage 请求，服务器在接收到上述请求后，就会告诉客户端自己当前采用的是什么授权方式。

如代码清单 12-12 所示，Cassandra 服务器端将通过对 StartupMessage 进行处理来告诉客户端自己采用了何种授权方式，客户端立即采用对应的授权方式发送后续消息。

代码清单 12-12　StartupMessage#execute

```
public Message.Response execute(QueryState state, long queryStartNanoTime)
{
//省略其他非关键代码
if (DatabaseDescriptor.getAuthenticator().requireAuthentication())
    return new AuthenticateMessage(DatabaseDescriptor.getAuthenticator().getClass().getName());
else
    return new ReadyMessage();
//省略其他非关键代码
}
```

2. 独特的授权处理方式

对于授权失败情形，我们在实战案例中采用的处理方式是直接断开连接，但 Cassandra 不是这么处理的，而是将此作为普通的请求进行处理并返回响应，但返回的是异常响应，参见代码清单 12-13。

代码清单 12-13　CredentialsMessage#execute

```
public Message.Response execute(QueryState state, long queryStartNanoTime)
{
    try
    {
```

```
        AuthenticatedUser user = DatabaseDescriptor.getAuthenticator().legacyAuthenticate
            (credentials);
        state.getClientState().login(user);
        AuthMetrics.instance.markSuccess();
    }
    catch (AuthenticationException e)
    {
        AuthMetrics.instance.markFailure();
        return ErrorMessage.fromException(e);
    }

    return new ReadyMessage();
}
```

客户端在收到服务器发来的异常响应后，就会抛出异常，导致无法执行后续操作。

假设 Cassandra 用户没有获得授权，连接也没有断开，那么继续发送消息，或者如果没有获得授权就直接发送查询类型的 CQL 并执行，会出现什么情况呢？

实际上，连接建立后，Cassandra 会为每个连接绑定 ServerConnection 属性，参见代码清单 12-14。

代码清单 12-14　为每个连接绑定 ServerConnection 属性

```
Attribute<Connection> attrConn = ctx.channel().attr(Connection.attributeKey);
Connection connection = attrConn.get();
if (connection == null)
{
    //创建连接，并把连接作为属性存储起来
    connection = factory.newConnection(ctx.channel(), version);
    attrConn.set(connection);
}
```

ServerConnection 属性的 state 记录了 Channel 的状态（刚刚建立、通过授权等），后续的消息请求在处理之前都会校验一下状态，参见代码清单 12-15。

代码清单 12-15　消息请求在处理之前都会校验一下状态

```
public QueryState validateNewMessage(Message.Type type, ProtocolVersion version, int
    streamId)
    {
    switch (state)
    {
        case UNINITIALIZED:
            if (type != Message.Type.STARTUP && type != Message.Type.OPTIONS)
                throw new ProtocolException(String.format("Unexpected message %s, expecting
                    STARTUP or OPTIONS", type));
            break;
        case AUTHENTICATION:
```

```
            //查看消息类型是 V1 的 CREDENTIALS 还是 V2 的 SASL
            if (type != Message.Type.AUTH_RESPONSE && type != Message.Type.CREDENTIALS)
                throw new ProtocolException(String.format("Unexpected message %s, expecting
                    %s", type, version == ProtocolVersion.V1 ? "CREDENTIALS" :
                    "SASL_RESPONSE"));
            break;
        case READY:
            if (type == Message.Type.STARTUP)
                throw new ProtocolException("Unexpected message STARTUP, the connection
                    is already initialized");
            break;
        default:
            throw new AssertionError();
    }
    return getQueryState(streamId);
}
```

如上述代码所示，当需要授权时，如果没有通过授权就立即发送消息，将会抛出异常。

总之，比较 12.2.1 节的实战案例和 Cassandra 对自定义授权的实现，我们发现实现思路完全不同。对于前者，没有获得授权就直接断开；对于后者，授权失败后允许重新尝试。在授权的处理方面，对于前者，单独创建授权处理器；对于后者，把授权的处理方式作为特殊业务放置进业务处理程序。这两种实现思路各有利弊，我们可以根据具体情况进行选择。

12.3 SSL 加密

前面介绍了两种用来提升系统安全性的措施：一种是对连接的来源进行黑白名单控制；另一种是对连接进行授权。那么此时系统是否已经万无一失？并不是，黑客如果能进入谈系统并抓包传输的数据，就可以解出数据中含有的敏感信息。为此，我们需要引入 SSL 以保护传输的信息。

12.3.1 理解 SSL 的本质

什么是 SSL？从定义上看，SSL 协议在传输层之上封装了应用层数据，能够在不修改应用层协议的前提下提供安全保障。另外，我们还经常听到另一个类似的词语——TLS（传输层安全），TLS 在本质上是更安全的升级版 SSL。仅仅从定义上，我们或许仍然不明白 SSL 是什么。为了方便理解，我们抓取 HTTP 请求中的一个包，如图 12-6 所示。

在图 12-6 中，Content Type 指明了这是一个数据包，这个数据包的内容为 Encrypted Application Data（也就是加密后的数据）。因此，SSL 的本质就是首先对应用层数据进行加密，然后再传输。

那么 SSL 是如何完成加密的？说起来比较抽象，不妨看一下模拟的聊天记录，如图 12-7 所示。

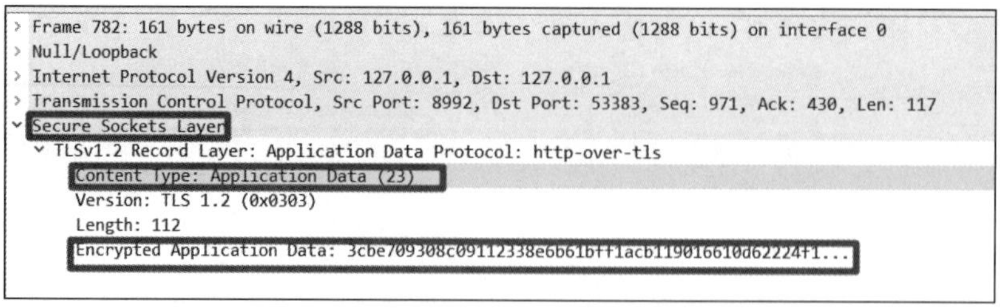

```
> Frame 782: 161 bytes on wire (1288 bits), 161 bytes captured (1288 bits) on interface 0
> Null/Loopback
> Internet Protocol Version 4, Src: 127.0.0.1, Dst: 127.0.0.1
> Transmission Control Protocol, Src Port: 8992, Dst Port: 53383, Seq: 971, Ack: 430, Len: 117
v Secure Sockets Layer
  v TLSv1.2 Record Layer: Application Data Protocol: http-over-tls
      Content Type: Application Data (23)
      Version: TLS 1.2 (0x0303)
      Length: 112
      Encrypted Application Data: 3cbe709308c09112338e6b61bff1acb119016610d62224f1...
```

图 12-6　SSL 抓包示例

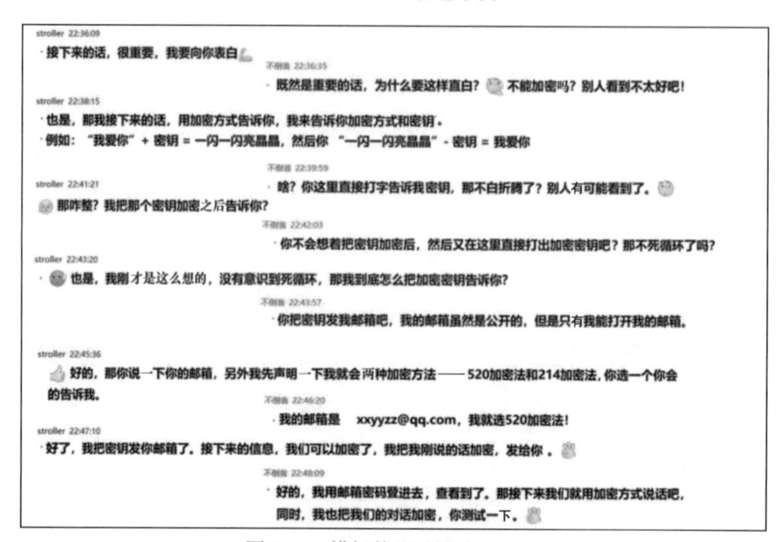

图 12-7　模拟的聊天记录（一）

经过一段时间的"聊天"之后，再来看看后续发生的故事，如图 12-8 所示。

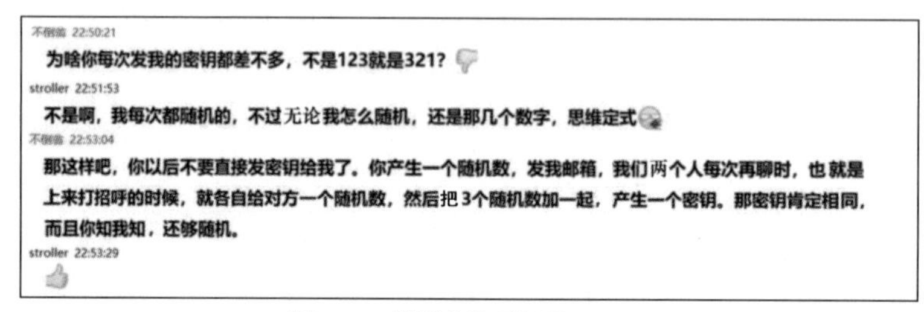

图 12-8　模拟的聊天记录（二）

上述聊天内容如果可以当作剧本，就可以与 SSL 中的要素一一对应。

- 表白内容的加密：对称加密方式。
- 对称加密密钥的传递：非对称加密方式。其中公钥对应邮箱，私钥对应邮箱密码。
- 对称加密密钥的产生：基于 3 个随机数一起产生。其中，Stroller 打招呼时携带随机数（ClientHello），不倒翁打招呼时携带随机数（ServerHello），Stroller 产生并发送给不倒翁的预主密钥——采用发邮件的形式（非对称加密方式）进行传递。

读者对此可能产生如下困惑。

- 为什么对聊天内容采用对称加密而不采用非对称加密呢？因为前者效率高。
- 公钥存放在哪里？公钥（邮箱地址）存放在证书（有效证件）中，类似于身份证、工牌卡等。
- 如何获取证书？自己制作或购买。

在与模拟的聊天记录进行对照之后，我们梳理一下 SSL 的基本流程，如图 12-9 所示。

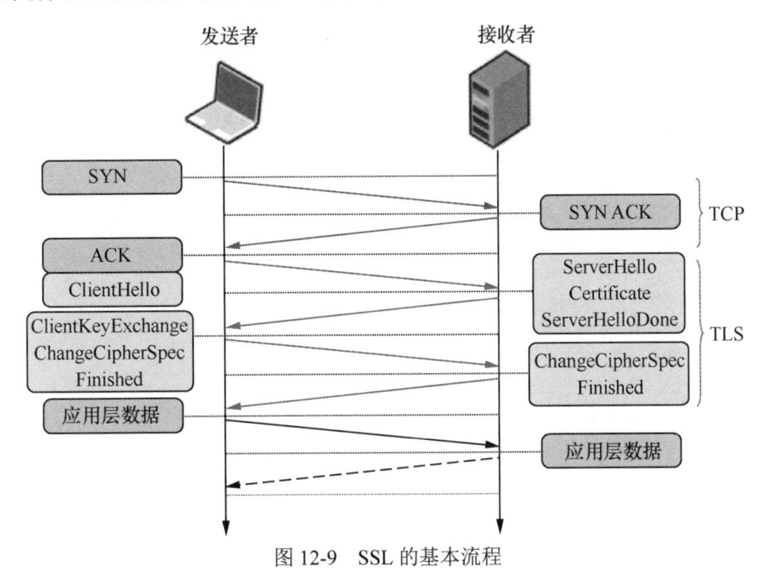

图 12-9　SSL 的基本流程

其中，首先通过刚开始的 3 步（TCP 3 次握手）创建连接，然后通过中间的 4 步协商出加密密钥和加解密方法，最后使用加解密方法传输数据。具体每一步要做的工作这里不再赘述。

12.3.2　源码解析

在了解了 SSL 之后，我们再来看看 Netty 是如何对 SSL 提供支持的。在本质上，Netty 对 SSL 的支持是通过 SslHandler 实现的，如图 12-10 所示。

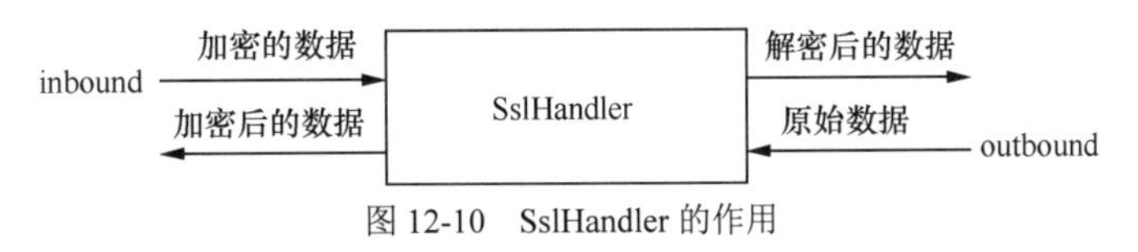

图 12-10　SslHandler 的作用

SslHandler 负责数据的加密和解密。下面以客户端为例，对照 Netty 源码解析其中的几个关键步骤。

1. 发起握手

连接建立后，就立马触发 SslHandler 的 channelActive 方法。如果当前处于“客户端”模式，就发起“握手”，参见代码清单 12-16。

代码清单 12-16　发起“握手”

```
/**
 * SslHandler运行在客户端时，一旦建立连接就发起"握手"
 */
@Override
public void channelActive(final ChannelHandlerContext ctx) throws Exception {
    if (!startTls) {
        startHandshakeProcessing();
    }
    ctx.fireChannelActive();
}

private void startHandshakeProcessing() {
    if (!handshakeStarted) {
        handshakeStarted = true;
        if (engine.getUseClientMode()) {
            handshake();
        }
        applyHandshakeTimeout();
    }
}
```

在上述代码中，实际执行的是 javax.net.ssl.SSLEngine#beginHandshake 接口方法，这个接口方法有不同的实现版本，比如 JDK 中的 sun.security.ssl.SSLEngineImpl#beginHandshake。

2. 对发送的数据进行加密

在通过“握手”得到与加密相关的信息之后，即可对发送的信息进行加密，具体逻辑参见代码清单 12-17。

代码清单 12-17　对发送的信息进行加密

```
private SslHandlerCoalescingBufferQueue pendingUnencryptedWrites;

@Override
public void write(final ChannelHandlerContext ctx, Object msg, ChannelPromise promise)
    throws Exception {
    //省略非关键代码
    pendingUnencryptedWrites.add((ByteBuf) msg, promise);
}

@Override
public void flush(ChannelHandlerContext ctx) throws Exception {
```

```
    //省略非关键代码
    wrapAndFlush(ctx);
}

private void wrapAndFlush(ChannelHandlerContext ctx) throws SSLException {
    try {
        //省略非关键代码
        wrap(ctx, false);
    } finally {
        forceFlush(ctx);
    }
}

private void forceFlush(ChannelHandlerContext ctx) {
    //省略非关键代码
    ctx.flush();
}
```

从上述代码可以看出，在写（write）消息时会将消息存入 pendingUnencryptedWrites；而在发出（flush）消息时，会从 pendingUnencryptedWrites 中将消息取出来，先加密后发送。加密相当于调用 wrap 方法，最终执行的是 javax.net.ssl.SSLEngine#wrap(java.nio.ByteBuffer[], java.nio.ByteBuffer)。

3. 对接收的数据进行解密

在处理响应时，我们可以通过调用 SslHandler#decode 方法（ByteToMessageDecoder#channelRead 调用）来对接收的消息进行解密，参见代码清单 12-18。

代码清单 12-18　对接收的消息进行解密

```
@Override
protected void decode(ChannelHandlerContext ctx, ByteBuf in, List<Object> out) throws
    SSLException {
    if (processTask) {
        return;
    }
    if (jdkCompatibilityMode) {
        decodeJdkCompatible(ctx, in);
    } else {
        decodeNonJdkCompatible(ctx, in);
    }
}
private void decodeJdkCompatible(ChannelHandlerContext ctx, ByteBuf in) throws
    NotSslRecordException {
    //省略非关键代码
    packetLength = getEncryptedPacketLength(in, in.readerIndex());
```

```
        int bytesConsumed = unwrap(ctx, in, in.readerIndex(), packetLength);
    }
```

如上述代码所示，解密相当于调用 unwrap 方法，但最终执行的是 javax.net.ssl.SSLEngine#unwrap(java.nio.ByteBuffer, java.nio.ByteBuffer)。

总之，Netty 最终要靠 javax.net.ssl.SSLEngine 来实现对 SSL 的支持。javax.net.ssl.SSLEngine 包括握手（beginHandshake 方法）、加密（wrap 方法）和解密（unwrap 方法）这 3 项核心功能。

12.3.3　实战案例

接下来，我们通过使案例程序支持单向认证的 SSL 来演示如何使用 SSL。

1. 准备服务器端证书

首先，准备服务器端证书，正规做法是购买。由于这里仅仅是为了演示，因此我们直接使用“自签”证书进行演示，这种“自签”证书可通过执行如下语句来生成。

```
SelfSignedCertificate selfSignedCertificate = new SelfSignedCertificate();
log.info("certificate position:" + selfSignedCertificate.certificate().toString());
```

在这里，我们还输出了所生成的自签证书的位置，从而方便后续在客户端导入与使用。

2. 在服务器端启用 SSL 功能

有了证书，我们就可以在服务器端启用 SSL 功能，参见代码清单 12-19。

代码清单 12-19　在服务器端启用 SSL 功能

```
SslContext sslContext = SslContextBuilder.forServer(selfSignedCertificate.certificate(),
    selfSignedCertificate.privateKey()).build();

serverBootstrap.childHandler(new ChannelInitializer<NioSocketChannel>() {
    @Override protected void initChannel(NioSocketChannel ch) throws Exception {

        ChannelPipeline pipeline = ch.pipeline();
        //省略其他非关键代码

        pipeline.addLast("ssl", sslContext.newHandler(ch.alloc()));

        pipeline.addLast("frameDecoder", new OrderFrameDecoder());
        pipeline.addLast("frameEncoder", new OrderFrameEncoder());
         //省略其他非关键代码

    }
});
```

如上述代码所示，因为 SSL 的本质就是加解密数据，所以我们必须注意 SSL 处理程序的位置，以确保服务器在收到请求字节流之后立即进行解密，并且在回送响应字节流之前立即进行加密。

3. 为客户端导入证书

完成服务器端的 SSL 设置后，我们还需要对客户端进行处理。具体而言，使用如下命令安装证书。

```
keytool -import -aliasNetty-keystore "C:\Program Files (x86)\Java\jdk1.8.0_191\jre\
lib\security\cacerts" -file "C:\Users\jiafu\AppData\Local\Temp\keyutil_example.com_
3094218827613930787.crt" -storepass changeit
```

C:\Users\jiafu\AppData\Local\Temp\keyutil_example.com_3094218827613930787.crt 是证书的保存位置；-storepass 选项用来指定默认的密码（此处为 changeit），如果没有改过，保持不变即可。

4. 在客户端启用 SSL 功能

为客户端导入证书后，接下来需要在客户端启用 SSL 功能，参见代码清单 12-20。

代码清单 12-20 在客户端启用 SSL 功能

```
SslContextBuilder sslContextBuilder = SslContextBuilder.forClient();

SslContext sslContext = sslContextBuilder.build();

bootstrap.handler(new ChannelInitializer<NioSocketChannel>() {
    @Override
    protected void initChannel(NioSocketChannel ch) throws Exception {
        ChannelPipeline pipeline = ch.pipeline();

        //省略其他非关键代码
        pipeline.addLast(sslContext.newHandler(ch.alloc()));

        pipeline.addLast(new OrderFrameDecoder());
        pipeline.addLast(new OrderFrameEncoder());
        //省略其他非关键代码

    }
});
```

执行完以上所有操作后，我们就完成了 SSL 的配置。运行服务器和客户端，案例程序可以运行正常，观察抓取的包，我们发现其中的内容都加密了，无法直接看到。

当然，我们可以使用证书对内容进行解密，核对请求以及响应。读者可以自行尝试，这里不再赘述。

12.3.4 业界案例

使用 SSL 其实远比实现 SSL 简单，下面我们看看业界的大多数开源软件是怎么做的。这里以 Cassandra 为例，演示它们是如何支持 SSL 的，参见代码清单 12-21。

代码清单 12-21 在 Cassandra 中使用 SSL

```
private static class SecureInitializer extends AbstractSecureIntializer
{
    public SecureInitializer(Server server, EncryptionOptions encryptionOptions)
    {
        super(server, encryptionOptions);
    }

    protected void initChannel(Channel channel) throws Exception
    {
        SslHandler sslHandler = createSslHandler();
        super.initChannel(channel);
        channel.pipeline().addFirst("ssl", sslHandler);
    }
}
```

从上述代码可以看出，Cassandra 其实会创建一个 SSL 处理程序，然后将其添加到处理程序流水线中。SSL 处理程序的创建过程参见代码清单 12-22。

代码清单 12-22 创建 SSL 处理程序

```
protected abstract static class AbstractSecureIntializer extends Initializer
{
    private final SSLContext sslContext;
    private final EncryptionOptions encryptionOptions;

    protected AbstractSecureIntializer(Server server, EncryptionOptions encryptionOptions)
    {
        super(server);
        this.encryptionOptions = encryptionOptions;
        try
        {
            this.sslContext = SSLFactory.createSSLContext(encryptionOptions,
                                encryptionOptions.require_client_auth);
        }
        catch (IOException e)
        {
            throw new RuntimeException("Failed to setup secure pipeline", e);
        }
    }
```

```
    protected final SslHandler createSslHandler()
    {
        SSLEngine sslEngine = sslContext.createSSLEngine();
        sslEngine.setUseClientMode(false);
        String[] suites = SSLFactory.filterCipherSuites(sslEngine.getSupportedCipherSuites(),
                        encryptionOptions.cipher_suites);
        sslEngine.setEnabledCipherSuites(suites);
        sslEngine.setNeedClientAuth(encryptionOptions.require_client_auth);
        return new SslHandler(sslEngine);
    }
}
```

上述代码虽然不够齐全，但从中可以看出，Cassandra 对 SSL 的控制是通过参数 encryptionOptions 实现的，其中的关键是 SSLFactory#createSSLContext 方法，该方法的实现方式参见代码清单 12-23。

代码清单 12-23　createSSLContext 方法的实现方式

```
public static SSLContext createSSLContext(EncryptionOptions options, boolean
   buildTruststore) throws IOException
{
    InputStream tsf = null;
    InputStream ksf = null;
    SSLContext ctx;
    try
    {
        ctx = SSLContext.getInstance(options.protocol);
        TrustManager[] trustManagers = null;

        if(buildTruststore)
        {
            tsf = Files.newInputStream(Paths.get(options.truststore));
            TrustManagerFactory tmf = TrustManagerFactory.getInstance(options.algorithm);
            KeyStore ts = KeyStore.getInstance(options.store_type);
            ts.load(tsf, options.truststore_password.toCharArray());
            tmf.init(ts);
            trustManagers = tmf.getTrustManagers();
        }

        ksf = Files.newInputStream(Paths.get((options.keystore)));
        KeyManagerFactory kmf = KeyManagerFactory.getInstance(options.algorithm);
        KeyStore ks = KeyStore.getInstance(options.store_type);
        ks.load(ksf, options.keystore_password.toCharArray());
        if (!checkedExpiry)
        {
            for (Enumeration<String> aliases = ks.aliases(); aliases.hasMoreElements(); )
            {
                String alias = aliases.nextElement();
                if (ks.getCertificate(alias).getType().equals("X.509"))
                {
```

```
                        Date expires = ((X509Certificate) ks.getCertificate(alias)).getNotAfter();
                        if (expires.before(new Date()))
                            logger.warn("Certificate for {} expired on {}", alias, expires);
                    }
                }
                checkedExpiry = true;
            }
            kmf.init(ks, options.keystore_password.toCharArray());
            ctx.init(kmf.getKeyManagers(), trustManagers, null);
        }
        //省略其他非核心代码
         return ctx;
    }
```

如上述代码所示，SSLContext 的创建依赖很多参数。我们可以通过如下成员属性观察一下大体配置。

```
    public String keystore = "conf/.keystore";
    public String keystore_password = "cassandra";
    public String truststore = "conf/.truststore";
    public String truststore_password = "cassandra";
    public String[] cipher_suites = ((SSLSocketFactory)SSLSocketFactory.getDefault())
        .getDefaultCipherSuites();
    public String protocol = "TLS";
    public String algorithm = "SunX509";
    public String store_type = "JKS";
    public boolean require_client_auth = false;
    public boolean require_endpoint_verification = false;
```

从 Cassandra 对 SSL 的使用过程可以看出，SSL 的使用并不复杂，难点在于理解和掌握各种 SSL 参数的设置。

12.4 常见疑问解析

在学习和实际应用本章介绍的相关知识时，我们相对会比较轻松。然而，比较细心、喜欢刨根问底的读者可能仍会产生一些疑惑，下面举例说明。

12.4.1　如何设置 IpSubnetFilterRule 的 ipAddress

这个问题之前提到过，这里再次强调一下。从 Netty 源码的实现逻辑看，ipAddress 可以是同一网段内的任意地址，因为其作用仅仅是配合网络位（cidrPrefix）计算出网络号，所以主机号具体是什么并不重要。

既然如此，为什么还有那么多人对此感到困惑呢？因为 ipAddress 的设置太过自由了。一旦没了约定（例如，只能设置为某个具体的值），我们就可能产生疑惑，地址 A 也行，地址 B

也行，那么到底需要符合什么规则呢？因为缺乏底气，所以我们才会感到困惑。

12.4.2 如何精确拦截连接地址

在 12.3.3 节的实战案例中，我们拦截了地址 127.0.0.1，但实际上，我们也会拦截地址 127.0.0.2，因为网络位（cidrPrefix）被设置成了 8 位。那么如何精确拦截某个地址呢？例如，只拦截地址 127.0.0.1。以上需求可以直接通过创建处理程序来实现。不过，我们也可以继续使用本章介绍的 RuleBasedIpFilter，只需要大胆地将网络位设置为 32 位即可，这样做其实是将整个地址作为网路位以满足需求。

```
IpSubnetFilterRule ipSubnetFilterRule = new IpSubnetFilterRule("127.0.0.1", 32,
    IpFilterRuleType.REJECT);
```

另外，当使用这种“大胆”的方式完成目标时，我们可以通过调试来核实网络号是否已经就是 IP 地址且已经匹配上了。通过进行调试，我们可以看到子网掩码变成了−1（见图 12-11），并且最终只能精确匹配地址 127.0.0.1。

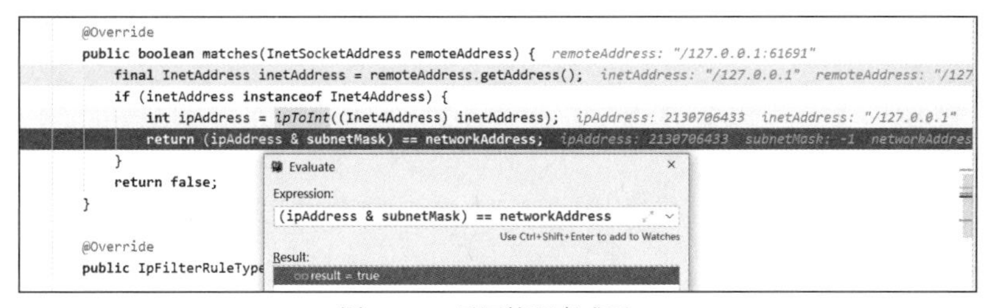

图 12-11 子网掩码变成了−1

12.4.3 我们可以在创建连接时进行连接控制吗

我们可以在创建连接时进行连接控制吗？答案是不可以，因为建立连接涉及 TCP 的 3 次握手过程，但是对于 Netty 而言，这个过程是无法涉足并进行控制的。因此，只有在建立连接之后才能对连接进行控制，这个结论可以从 Netty 用于接受连接请求的关键代码中得到验证（参见代码清单 12-24）。

代码清单 12-24 接受连接请求

```
public static SocketChannel accept(final ServerSocketChannel serverSocketChannel)
    throws IOException {
    try {
        return AccessController.doPrivileged(new PrivilegedExceptionAction<SocketChannel>() {
            @Override
            public SocketChannel run() throws IOException {
                //接受客户端的连接请求
                return serverSocketChannel.accept();
            }
        });
```

```
        } catch (PrivilegedActionException e) {
            throw (IOException) e.getCause();
        }
    }
```

如上述代码所示，语句 return serverSocketChannel.accept()用来接受连接请求并创建 Channel。很明显，这条语句无法植入更多的逻辑控制。

12.4.4 OptionalSslHandler 的用途和实现方法

OptionalSslHandler 相当于一种自适应的 SSL 处理程序。当在服务器端使用 OptionalSslHandler 时，意味着服务器端可以同时支持 SSL 连接和非 SSL 连接，核心思路参见代码清单 12-25。

代码清单 12-25 OptionalSslHandler 的核心思路

```
    public class OptionalSslHandler extends ByteToMessageDecoder {
        private final SslContext sslContext;
        public OptionalSslHandler(SslContext sslContext) {
            this.sslContext = ObjectUtil.checkNotNull(sslContext, "sslContext");
    }

        @Override
        protected void decode(ChannelHandlerContext context, ByteBuf in, List<Object> out)
            throws Exception {
            if (in.readableBytes() < SslUtils.SSL_RECORD_HEADER_LENGTH) {
                return;
            }
            if (SslHandler.isEncrypted(in)) {
                handleSsl(context);
            } else {
                handleNonSsl(context);
            }
        }

        private void handleSsl(ChannelHandlerContext context) {
            SslHandler sslHandler = null;
            try {
                sslHandler = newSslHandler(context, sslContext);
                context.pipeline().replace(this, newSslHandlerName(), sslHandler);
                sslHandler = null;
            } finally {
                 //省略非关键代码
            }
        }

        private void handleNonSsl(ChannelHandlerContext context) {
            ChannelHandler handler = newNonSslHandler(context);
```

```
        if (handler != null) {
            context.pipeline().replace(this, newNonSslHandlerName(), handler);
        } else {
            context.pipeline().remove(this);
        }
    }
```

如上述代码所示，核心思路就是判断前 5 字节是不是 SSL 请求，具体的判断逻辑参见代码清单 12-26。

代码清单 12-26 判断逻辑

```
public static boolean isEncrypted(ByteBuf buffer) {
    if (buffer.readableBytes() < SslUtils.SSL_RECORD_HEADER_LENGTH) {
        throw new IllegalArgumentException(
          "buffer must have at least " + SslUtils.SSL_RECORD_HEADER_LENGTH + " readable bytes");
    }
    return getEncryptedPacketLength(buffer, buffer.readerIndex()) != SslUtils.NOT_ENCRYPTED;
}
```

为什么仅仅通过判断前 5 字节就能看出是不是 SSL 请求？观察图 12-12，我们具体看一下前 5 字节都包括哪些内容。

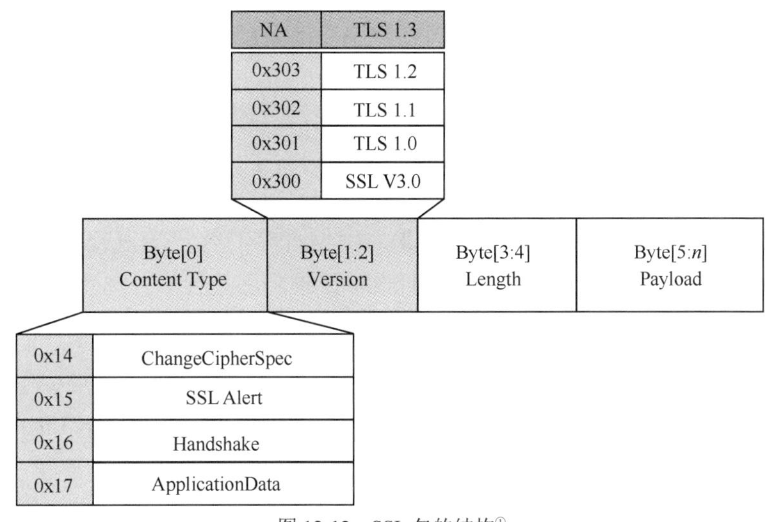

图 12-12 SSL 包的结构[①]

对于 SSL 连接而言，第 1 个请求的前 5 字节包含的是 3 个固定的字段［内容类型（Content Type）、版本（Version）和长度（Length）］。因此，只要前 5 字节符合这 3 个基本字段的取值范围，基本上就可以断定它是 SSL 请求。

① 图片源自 researchgate 网站。

第 13 章　可用性提升

我们已经从安全性、可靠性等不同维度对案例程序进行了增强，实现了从演示级别向产品级别的转变。但客观地讲，距离实现用户“爱用”的目标还相差很远。特别是，客户端使用起来还不很便捷。例如，在使用客户端发出请求后，虽然确实输出了响应日志，但实际上我们往往不会通过日志来查看响应，而是希望在请求发出以后，能够一对一地获取返回结果。正因为如此，本章将从可用性的角度对我们的案例程序进行提升。

13.1 使用响应分发进行优化

我们首先来学习一下如何使用响应分发来对案例程序的客户端进行优化，使其更便于使用。在具体介绍改进措施之前，我们必须澄清一下需求到底是什么，从而有的放矢。

13.1.1 改进需求分析

之前提到过，案例程序的客户端目前还不能立即得到请求的响应结果，下面我们具体看看原因。如下代码与请求的发出有关。

```
RequestMessage requestMessage = new RequestMessage(IdUtil.nextId(), new OrderOperation
    (1001, "tudou"));
ChannelFuture channelFuture = channel.writeAndFlush(requestMessage);
```

从上述代码可以看出，当通过执行 writeAndFlush 方法发出请求时，返回的是一个 ChannelFuture，这个 ChannelFuture 的返回值是 Void 类型，ChannelFuture 仅用来表示消息的发送情况（成功还是失败），参见代码清单 13-1。

代码清单 13-1 使用写数据操作的最终结果更新 ChannelFuture

```
private int doWriteInternal(ChannelOutboundBuffer in, Object msg) throws Exception {
    if (msg instanceof ByteBuf) {
        ByteBuf buf = (ByteBuf) msg;
        if (!buf.isReadable()) {
            in.remove(); //调用 ChannelOutboundBuffer#safeSuccesssafeSuccess(promise)
            return 0;
        }

        final int localFlushedAmount = doWriteBytes(buf);
        if (localFlushedAmount > 0) {
            in.progress(localFlushedAmount);
            if (!buf.isReadable()) {
                in.remove(); //调用ChannelOutboundBuffer#safeSuccesssafeSuccess(promise)

            }
            return 1;
        }
    }
//省略非关键代码
}
```

如上述代码所示，如果数据写出成功，就从 ChannelOutboundBuffer 中移除待发送数据。在移除时，我们可通过调用 ChannelOutboundBuffer#safeSuccesssafeSuccess(promise)来设置“结果”，其中，promise 就是返回的 ChannelFuture，所以这与是否接收到响应无关。

案例程序的客户端代码并不能直接从方法的返回值中得到结果，而只能从中获知数据是否发送成功。要查看响应，我们就只能访问日志了，这很不方便。为此，我们需要改变这种状况，以便能够直接从“方法”中得到响应结果。

13.1.2 改进策略的分析并应用

针对上述需求，我们可以尝试将请求和响应对应起来，然后返回。为此，我们很可能想到一种实现方式，这种方式类似于 HTTP 1.x 版本中的请求-响应处理方式。当我们发出一条请求后，返回的响应正好对应这条请求。但是，这种方式将会面临如下问题：客户端有可能一次性发出很多请求，而服务器对于不同请求的处理速度不同，这会导致响应无法与请求一一对应。为了解决这个难题，在使用同一个连接发出请求后，我们必须等服务器返回响应后才能发出下一个请求，如图 13-1（a）所示。

很明显，这种方式虽然实现了请求和响应的一一对应，但效率并不高。如果要一次发出多个请求，就必须建立多个连接。我们真正想要得到的是图 13-1（b）所示的效果：不仅能够获取响应，还可以随便发送请求（而不需要按序发送请求）。这就需要引入响应分发。这里我们不再解释太多的概念，直接阐述设计思路。

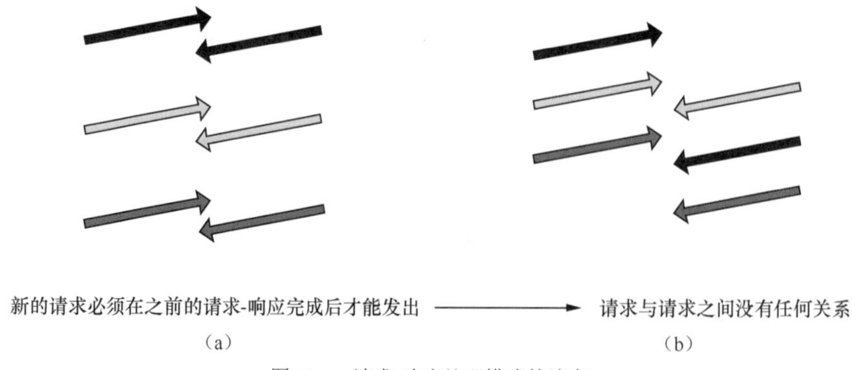

图 13-1　请求-响应处理模式的演变

1. 定义 ID

为了让请求和响应能够对应起来，我们需要在它们之间建立对应关系。图 13-1（a）所示的模式在本质上是按接收时间进行对应的，明显对请求的发送顺序有依赖。因此，我们需要定义 ID 来进行对应。我们可以在案例程序的请求格式中引入 ID，这里命名为 streamId，如图 13-2 所示。

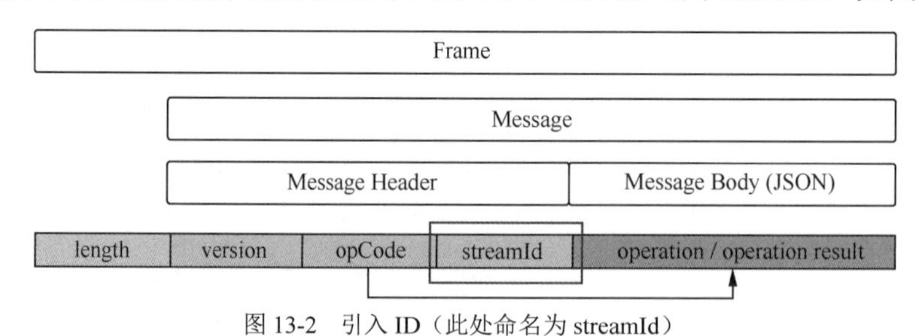

图 13-2　引入 ID（此处命名为 streamId）

实际上，ID 之前已经在 MessageHeader 中定义过了，参见代码清单 13-2。

代码清单 13-2　streamId 在 MessageHeader 中已经定义过了

```
@Data
public class MessageHeader {
    private int version = 1;
    private int opCode;
    private long streamId;
}
```

2. 围绕 ID，存储结果

如前所述，streamId 早就定义过了，但是案例程序的客户端并没有呈现出我们想要的效果，原因就在于我们并没有围绕 ID 做一些事情。有了 ID 后，我们就可以通过图 13-3 所示的方式来实现请求和响应的解耦式“对应”。

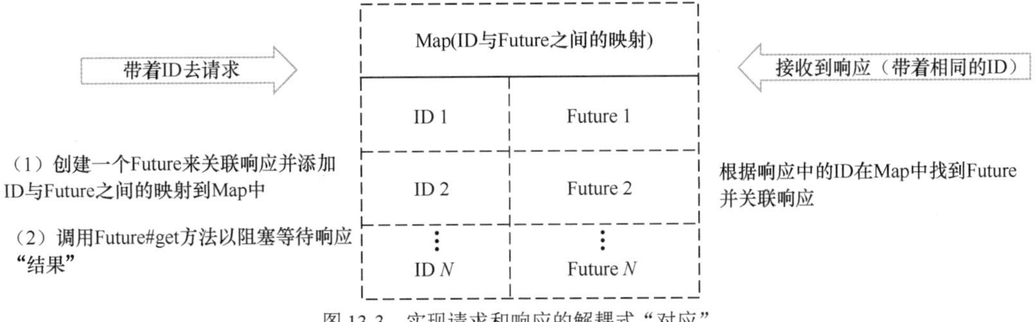

图 13-3 实现请求和响应的解耦式“对应”

其中包括如下两项核心操作。

- 客户端发送请求后，创建 Future 以存储结果，然后把 ID 和 Future 之间的关系记录到 Map 中，执行 Future.get()方法以阻塞等待响应“结果”。
- 客户端接收到响应后，根据响应的 ID 从 Map 中找到 Future，然后执行 set()方法以绑定响应。此项操作需要我们定义“响应分发”处理程序，其关键代码参见代码清单 13-3。

代码清单 13-3 “响应分发”处理程序的关键代码

```
public class ResponseDispatcherHandler extends SimpleChannelInboundHandler<ResponseMessage>
{

    private RequestPendingCenter requestPendingCenter;

    public ResponseDispatcherHandler(RequestPendingCenter requestPendingCenter) {
        this.requestPendingCenter = requestPendingCenter;
    }

    @Override
    protected void channelRead0(ChannelHandlerContext ctx, ResponseMessage responseMessage)
        throws Exception {
            requestPendingCenter.set(responseMessage.getMessageHeader().getStreamId(),
                responseMessage.getMessageBody());
    }
}
```

在上述代码中，成员 RequestPendingCenter 负责维护 ID 和 Future 之间的关系，同时提供根据 ID 找到 Future 并设置“响应”的方法，参见代码清单 13-4。

代码清单 13-4 RequestPendingCenter 的实现代码

```
public class RequestPendingCenter {
```

```
    private Map<Long, OperationResultFuture> map = new ConcurrentHashMap<>();

    public void add(Long streamId, OperationResultFuture future) {
        this.map.put(streamId, future);
    }

    public void set(Long streamId, OperationResult operationResult) {
       OperationResultFuture operationResultFuture = this.map.get(streamId);
        if (operationResultFuture != null) {
            operationResultFuture.setSuccess(operationResult);
            this.map.remove(streamId);
        }
    }
}
```

在上述代码中，set()方法负责拿到响应后，根据响应中的 ID 与对应请求的 Future 进行绑定。绑定一旦完成，我们就可以从 Map 中移除 ID 了（因为已经完成任务了）。

那么在客户端如何使用“响应分发”机制呢？如前所述，创建 Future（此处创建的 OperationResultFuture 直接继承自 DefaultPromise<OperationResult>）并与请求的 ID 一块绑定到 RequestPendingCenter，参见代码清单 13-5。

代码清单 13-5　在客户端使用“响应分发”机制

```
long streamId = IdUtil.nextId();
//创建 ID 并与请求关联
RequestMessage requestMessage = new RequestMessage(
        streamId, new OrderOperation(1001, "tudou"));
//创建 Future 以存储响应结果
OperationResultFuture operationResultFuture = new OperationResultFuture();
//将 ID 与 Future 之间的对应关系存储到响应中
requestPendingCenter.add(streamId, operationResultFuture);
//发出请求
channelFuture.channel().writeAndFlush(requestMessage);
//通过 Future 获取响应结果，也就是 operationResult
OperationResult operationResult = operationResultFuture.get();
System.out.println(operationResult);
```

如上述代码所示，发出请求后，使用 operationResultFuture.get()方法即可获取对应的响应结果，而不再需要查看日志。根据上述设计思路和实现方法，我们便可以利用“响应分发”机制对案例程序的可用性进行提升。

13.2 使用代理技术进行优化

对于客户端实现来说，当响应多个客户端类型的请求时，明显冗余代码太多（参见代码清单 13-5)。为此，我们可以对代码进行封装和整理。在完成重构后，我们发现客户端有可能面临更多的“灵活性”需求，下面就介绍整理后的代码以及可能存在的改进需求在什么地方。

13.2.1 改进需求分析

为了使封装更简单易用，我们可以对代码稍加整理，定义代码清单 13-6 所示的异步接口。

代码清单 13-6 异步接口的定义

```
public interface AsyncOperationable {
    OperationResultFuture<OrderOperationResult> order(OrderOperation operation) ;
    OperationResultFuture<QueryOrderOperationResult> queryOrder(QueryOrderOperation
       queryOrderOperation);
}
```

上述代码仅仅定义了接口方法 order 和 queryOrder。接下来，实现 AsyncOperationable 接口，参见代码清单 13-7。

代码清单 13-7 AsyncOperationable 接口的实现代码

```
/**
 * 仅作为案例演示，缺乏授权、SSL 等常见功能
 **/
public class AsyncClient implements AsyncOperationable {

    private RequestPendingCenter requestPendingCenter;
    private Channel channel;

    AsyncClient(String serverAddress, int serverPort){
        this.requestPendingCenter = new RequestPendingCenter();
        Bootstrap bootstrap = new Bootstrap();
        initialBootstrap(bootstrap, requestPendingCenter);
        ChannelFuture channelFuture = null;
        try {
            channelFuture = bootstrap.connect(serverAddress, serverPort).sync();
        } catch (InterruptedException e) {
            throw new RuntimeException(e);
        }
        this.channel = channelFuture.channel();
    }

   private void initialBootstrap(Bootstrap bootstrap, RequestPendingCenter
      requestPendingCenter) {
      //省略非关键代码
   }
```

```
    @Override
    public OperationResultFuture<OrderOperationResult> order(OrderOperation operation) {
        return getOrderOperationResult(operation);
    }

    private <T extends OperationResult> OperationResultFuture<T> getOrderOperationResult
        (Operation operation){
        long streamId = IdUtil.nextId();
        RequestMessage requestMessage = new RequestMessage(streamId, operation);
        OperationResultFuture<T> operationResultFuture = new OperationResultFuture();
        requestPendingCenter.add(streamId, operationResultFuture);
        this.channel.writeAndFlush(requestMessage);
        return operationResultFuture;
    }

    @Override
    public OperationResultFuture<QueryOrderOperationResult> queryOrder(QueryOrderOperation
        queryOrderOperation){
        return getOrderOperationResult(queryOrderOperation);
    }
}
```

封装完之后，客户端在使用时便捷了很多，参见代码清单 13-8。

代码清单 13-8　AsyncClient 的使用方法

```
AsyncClient asyncClient = new AsyncClient("127.0.0.1", 8090);
OperationResultFuture<OrderOperationResult> future = asyncClient.order(new OrderOperation
    (1001, "tudou"));
OrderOperationResult orderOperationResult = future.get();
System.out.println(orderOperationResul);
```

我们发现，返回的所有结果都是 Future，这提供了很大的灵活性。例如，用户既能够永久阻塞（使用 future.get()）结果的获取，也能够在一定的时间内阻塞（使用 future.get(5, TimeUnit.SECONDS)）结果的获取。但是，对于一些客户端用户来说，这种灵活性往往是多余的，因为他们可能更倾向于直接返回“真正的结果”，而不是返回 Future。换言之，他们希望使用同步的 SyncClient，从而使所有的客户端操作都返回真正的结果，避免出现冗余的 future.get()或 future.get(5, TimeUnit.SECONDS)。SyncClient 的 SyncOperationable 接口的定义参见代码清单 13-9。

代码清单 13-9　SyncOperationable 接口的定义

```
public interface SyncOperationable {
    OrderOperationResult order(OrderOperation operation) ;
    KeepaliveOperationResult keepalive(KeepaliveOperation operation);
}
```

下面实现 SyncOperationable 接口，进而实现 SyncClient，参见代码清单 13-10。

代码清单 13-10　实现 SyncClient

```
public class SyncClient implements SyncOperationable {
    private AsyncClient asyncClient;
    private SyncClient(String serverAddress, int serverPort) throws SSLException,
        InterruptedException {
            this.asyncClient = new AsyncClient(serverAddress, serverPort);
    }

    @Override
    public OrderOperationResult order(OrderOperation operation) {
        try {
            return asyncClient.order(operation).get(5, TimeUnit.SECONDS);
        } catch (Exception e) {
            throw new RuntimeException(e);
        }
    };

    @Override
    public  KeepaliveOperationResult keepalive(KeepaliveOperation operation) {
        try {
            return asyncClient.keepalive(operation).get(5, TimeUnit.SECONDS);
        } catch (Exception e) {
            throw new RuntimeException(e);
        }
    }

}
```

如上述代码所示，封装完之后，客户端使用起来更便捷了，参见代码清单 13-11。仔细分析上述代码就会发现，虽然测试结果符合我们的要求，但是很明显，order 和 keepalive 方法有大量重复的代码——每次都要调用 AsyncClient 中对应的方法，而且随着所支持方法（操作）的增加而不断增多，所以很明显，这些代码需要进行优化。

代码清单 13-11　使用 SyncClient

```
SyncClient syncClient = new SyncClient("127.0.0.1", 8090);
OrderOperationResult orderOperationResult = syncClient.order(new OrderOperation(1001,
    "tudou"));
System.out.println(orderOperationResult);
```

13.2.2　改进策略的分析及应用

在明确了改进目标之后，接下来，我们开始实施。我们可以直接使用代理技术对客户端进行优化，参见代码清单 13-12。

代码清单 13-12　使用代理技术优化客户端

```
public class FullClient{

    @Getter
    private AsyncOperationable asyncOperation;
    @Getter
    private SyncOperationable syncOperation;

    private FullClient(String serverAddress, int serverPort) {
        this.asyncOperation = new AsyncClient(serverAddress, serverPort);
        this.syncOperation = createSyncOperation(asyncOperation);
    }

    private SyncOperationable createSyncOperation(AsyncOperationable asyncOperation) {
        return (SyncOperationable) Proxy.newProxyInstance(asyncOperation.getClass()
            .getClassLoader(), new Class[]{SyncOperationable.class},
            new InvocationHandler() {
                    @Override
                    public Object invoke(Object proxy, Method method, Object[] args) throws
                        Throwable {
                        Method methodForAsync = asyncOperation.getClass().getMethod(method
                            .getName(), method.getParameterTypes());
                        OperationResultFuture operationResultFuture = (OperationResultFuture)
                            methodForAsync.invoke(asyncOperation, args);
                        return operationResultFuture.get(5, TimeUnit.SECONDS);
                    }
            }
    );
}
```

上述代码虽然复杂了一些，但解决了代码“重复”的问题，采用的方法就是通过代理来完成任务的委派。在这里，需要注意以下两点。

- 保证同步接口和异步接口的方法名以及参数是一致的，否则就找不到对应的方法来执行。
- 在实践中，我们可以根据方法和参数来缓存方法的获取，但这不是本节的重点。

在使用代理后，开发人员就可以十分轻松地实现所有接口方法的同步化。代码清单 13-13 展示了兼容同步和异步方式的客户端应如何使用。

代码清单 13-13　使用兼容同步和异步方式的客户端

```
FullClient fullClient = new FullClient("127.0.0.1", 8090);
//使用异步客户端
```

```
AsyncOperationable asyncClient = fullClient.asyncOperation;
OperationResultFuture<OrderOperationResult> future = asyncClient.order(new OrderOperation
    (1001, "tudou"));
System.out.println(future.get(5, TimeUnit.SECONDS));
//使用同步客户端
SyncOperationable syncOperationable = fullClient.syncOperation;
OrderOperationResult result = syncOperationable.order(new OrderOperation(1002, "tudou"));
System.out.println(result)
```

可以看出，案例程序的客户端更强大了，我们使用最少的实现代码同时提供了客户端的同步版和异步版，从而满足了不同用户的需求。

13.3 使用响应式编程进行优化

在得到同步版和异步版的客户端之后，客户端看似已经满足了所有需求。但实际上，有时候客户端应用本身的一些依赖项是支持 Reactive 模式的，例如 Redis 等。因此，我们可以对客户端继续进行优化，提供 Reactive 客户端，这样不仅可以提升系统的吞吐量，还可以丰富用户的使用体验。

13.3.1　改进需求分析

实际上，我们的案例程序并没有任何类似于 Redis 的强依赖项，所执行的业务都是直接输出日志而已。因此，读者可能难以体会 Reactive 客户端到底有什么优势。下面补充一些场景，从而说明响应式编程（又称反应式编程）的推动力到底在什么地方。

假设案例程序的客户端需要查询个人信息，但存储了个人信息的数据集比较大。以往，服务器都先完成对所有数据的收集，然后一次性将它们返回给客户端，如图 13-4（a）所示。

图 13-4　传统处理模式与典型 Reactive 模式之间的区别

于是客户端需要等很久，同时在服务器端收集所有数据的过程中，服务器线程也将一直被占用。然而，如果服务器和客户端支持 Reactive 模式，客户端将无须等待，如图 13-4（b）所示，数据就绪后，异步发出响应即可。很明显，对于单个请求而言，服务器本身的响应时间并没有变长，但整个系统的吞吐量得到了有效提升。

另外，有些应用可能查询的不是固定大小的数据集，而是一直在动态增加的数据集，例如我们在“直播”平台中经常见到的消息通知。对于这种情况，明显无法一次性完成请求和响应，所以我们可以借助 Reactive 模式中的“反应流”，将数据逐段地异步返回给客户端，再由客户端分别加以呈现。

另外，即使数据集是固定的，我们有时候可能也想控制返回给客户端的数据传输速率，而不是一次性强推给客户端。

13.3.2　改进策略的分析及应用

为了满足刚才提到的各种需求，直接引入响应式编程即可。不过，现在支持响应式编程的组件并不多。就数据库而言，仅支持 Redis、MongoDB 等有限的数据库。响应式编程目前支持最多的是 Web 层，也就是 Spring Boot WebFlux。如果客户端依赖的组件本身不支持 Reactive 模式，我们将无法充分发挥响应式编程的优势。

我们的案例程序并不依赖 Reactive 项目，同时也没有什么太大的数据集，因此下面仅仅通过改写代码来演示响应式编程的一般步骤供大家参考。

1. 添加 Reactive 的相关依赖项

首先，我们需要将 Reactive 的相关依赖项添加到 pom.xml 配置文件中，参见代码清单 13-14。

代码清单 13-14　在 pom.xml 配置文件中添加 Reactive 的相关依赖项

```
<dependency>
    <groupId>io.projectreactor</groupId>
    <artifactId>reactor-core</artifactId>
    <version>3.3.10.RELEASE</version>
</dependency>
<dependency>
    <groupId>io.reactivex</groupId>
    <artifactId>rxjava</artifactId>
    <version>1.3.8</version>
    <optional>true</optional>
</dependency>
```

2. 定义并实现 Reactive 客户端

接下来，我们定义 Reactive 风格的接口，参见代码清单 13-15，返回值的类型一般为 Mono 或 Flux。

代码清单 13-15　定义 Reactive 风格的接口

```
public interface ReactiveOperationable {
```

```
    Mono<OrderOperationResult> order(OrderOperation orderOperation) ;
    Mono<QueryOrderOperationResult> queryOrder(QueryOrderOperation queryOrderOperation);

}
```

定义完 Reactive 风格的接口后，接下来就需要实现这种接口。实际上，如前所述，之所以使用 Reactive 风格，是因为这里使用的数据库等依赖项本身是支持 Reactive 模式的。对于案例程序来说，由于业务操作并不支持 Reactive 模式，因此这里仅仅模拟了实现效果。例如，我们可以在进行 Reactive 接口调用时，直接使用非 Reactive 的方法调用，参见代码清单 13-16。

代码清单 13-16　模拟 Reactive 风格的客户端

```
public class ReactiveClient implements ReactiveOperationable{

    private SyncOperationable syncOperationable;
    ReactiveClient(SyncOperationable syncOperationable){
        this.syncOperationable = syncOperationable;
    }

    @Override
    public Mono<OrderOperationResult> order(OrderOperation orderOperation) {
        return Mono.just(this.syncOperationable.order(orderOperation));
    }

    @Override
    public Mono<QueryOrderOperationResult> queryOrder(QueryOrderOperation queryOrder
        Operation) {
        return Mono.just(this.syncOperationable.queryOrder(queryOrderOperation));
    }
}
```

为了简单易用，我们可以将 Reactive 风格的客户端封装到前面实现的 FullClient 中，参见代码清单 13-17。

代码清单 13-17　封装 Reactive 风格的客户端到 FullClient 中

```
public class FullClient {

    @Getter
    private AsyncOperationable asyncOperation;
    @Getter
    private SyncOperationable syncOperation;
    @Getter
    private ReactiveOperationable reactiveOperation;

    private FullClient(String serverAddress, int serverPort) {
```

```
        this.asyncOperation = new AsyncClient(serverAddress, serverPort);
        this.syncOperation = createSyncOperation(asyncOperation);
        this.reactiveOperation = new ReactiveClient(this.syncOperation);
    }
    //省略其他非关键代码
}
```

3. 测试 Reactive 客户端的效果

最后，测试一下 Reactive 客户端，参见代码清单 13-18。很明显，我们可以利用 Mono 和 Flux，充分发挥响应式编程带来的优势了。

代码清单 13-18　测试 Reactive 客户端

```
public static void main(String[] args) throws Exception {
    FullClient fullClient = new FullClient("127.0.0.1", 8090);
    ReactiveOperationable reactiveOperation = fullClient.reactiveOperation;
    Mono<OrderOperationResult> mono = reactiveOperation.order(new OrderOperation(1003,
      "tudou"));
    mono.subscribe(orderOperationResult -> System.out.println(orderOperationResult));
}
```

总之，执行完以上操作后，我们便实现了 Reactive 风格的客户端。结合之前所做的优化，我们一共得到 3 种不同风格的客户端，从而满足了不同用户的多种需求。

第三部分　拓展

第 14 章　基于 Netty 构建 UDP 应用

第 15 章　基于 Netty 构建 HTTP 应用

第 16 章　Netty 对文件应用的支持

第 17 章　Netty 的另类特性

第 18 章　Netty 编程思想

第 14 章　基于 Netty 构建 UDP 应用

本书之前介绍的技术大多局限于 TCP 应用，我们很少提及 UDP 应用，因此，我们尚不知晓如何使用 Netty 构建 UDP 应用。UDP 虽然不常见，但毕竟与 TCP 一样，都是传输层的重要协议。本章将系统介绍 Netty 为 UDP 提供的支持，并通过将案例程序改成 UDP 应用的形式，使读者对 UDP 编程有所了解。

14.1 解析 Netty 对 UDP 编程提供的支持

首先，我们概览一下 Netty 对 UDP 编程的支持情况，参见表 14-1。

表 14-1　Netty 对 UDP 编程的支持情况

实现	I/O 模式			
	BIO/OIO（弃用）	NIO		
		通用型	Linux 系统专用型	Mac 系统专用型
Group	OioEventLoopGroup	NioEventLoopGroup	EpollEventLoopGroup	KQueueEventLoopGroup
Channel	OioDatagramChannel	NioDatagramChannel	EpollDatagramChannel	KQueueDatagramChannel

情况与 TCP 编程其实非常类似。

- Netty 并不推荐 BIO/OIO 实现。
- NIO 有多种实现，比如通用型实现以及针对 Linux 系统和 Mac 系统的专用型实现。

下面以 Netty 对 NIO 通用型实现的支持为例，介绍 Netty 对 UDP 编程是如何进行支持的。基本的处理流程与 TCP 完全一样。

1. 创建 Selector

UDP 使用的是 NioEventLoopGroup，所以 Selector 的创建与 TCP 其实是一样的，参见代

码清单 14-1（NioEventLoopGroup 构造器），它们都使用 SelectorProvider.provider()来创建 Selector。

代码清单 14-1 创建 Selector

```
public NioEventLoopGroup(int nThreads, ThreadFactory threadFactory) {
    this(nThreads, threadFactory, SelectorProvider.provider());
}
```

2. 创建 Channel

当使用 Netty 进行 UDP 编程时，通过 bootstrap.channel(NioDatagramChannel.class)指定使用 UDP NIO 来创建 Channel。然后，与 TCP 类似，这种指定方式也使用 ReflectiveChannelFactory 通过反射方式创建 NioDatagramChannel 实例，NioDatagramChannel 实例则会创建 DatagramChannel 实例，DatagramChannel 才是 UDP 最终想要的 Channel，参见代码清单 14-2。

代码清单 14-2 通过 NioDatagramChannel 创建 DatagramChannel

```
private static final SelectorProvider DEFAULT_SELECTOR_PROVIDER = SelectorProvider.provider();

public NioDatagramChannel() {
    this(newSocket(DEFAULT_SELECTOR_PROVIDER));
}
private static DatagramChannel newSocket(SelectorProvider provider) {
    try {
        return provider.openDatagramChannel();
    } catch (IOException e) {
        throw new ChannelException("Failed to open a socket.", e);
    }
}
```

上述代码看起来比较简单，直接使用 provider.openDatagramChannel()创建 DatagramChannel。但实际上，这已经进行了优化。

在日常编码中，为了获取 DatagramChannel，你可能会直接使用 DatagramChannel.open()。查看 DatagramChannel.open()的实现代码，你就会发现最后调用的是 SelectorProvider.provider().openDatagramChannel()，如下所示。

```
public static DatagramChannel open() throws IOException {
    return SelectorProvider.provider().openDatagramChannel();
}
```

SelectorProvider.provider()使用了锁的实现，并且实际上每次执行结果（provider）都是相同的，参见代码清单 14-3。

代码清单 14-3　SelectorProvider.provider()使用了锁的实现

```
public static SelectorProvider provider() {
    synchronized (lock) {
        if (provider != null)
            return provider;
        return AccessController.doPrivileged(
            new PrivilegedAction<SelectorProvider>() {
                public SelectorProvider run() {
                        if (loadProviderFromProperty())
                            return provider;
                        if (loadProviderAsService())
                            return provider;
                        provider = sun.nio.ch.DefaultSelectorProvider.create();
                        return provider;
                }
            });
    }
}
```

Netty 提供的实现和 JDK 实现粗略看起来好像完全一样。但区别在于，Netty 相当于提前执行了 SelectorProvider.provider()并把结果存储到常量 DEFAULT_SELECTOR_PROVIDER 中。这样当创建 DatagramChannel 时，就不会再执行 SelectorProvider.provider()，而是直接调用 provider. openDatagramChannel()，从而减少锁的影响，提高效率。

3. 注册 Channel

与创建TCP应用相同，注册Channel的方法参见io.netty.channel.nio.AbstractNioChannel#doRegister。

4. 处理事件

要处理事件，参见 io.netty.channel.nio.NioEventLoop#run。首先监听感兴趣的事件，然后进行处理。主要流程和 TCP 编程并无区别，真正的区别在于具体的实现不同。例如，对于消息的读取和写出，就与 TCP 编程完全不同，参见代码清单 14-4。

代码清单 14-4　UDP 的数据读写（NioDatagramChannel）

```
@Override
protected int doReadMessages(List<Object> buf) throws Exception {
    //省略非关键代码
    InetSocketAddress remoteAddress = (InetSocketAddress) ch.receive(nioData);
    //省略非关键代码
    //将读取的数据转换为 DatagramPacket 并存储起来
    buf.add(new DatagramPacket(data.writerIndex(data.writerIndex() + allocHandle.
        lastBytesRead()),localAddress(), remoteAddress));
```

```
        //省略非关键代码
    }

    @Override
    protected boolean doWriteMessage(Object msg, ChannelOutboundBuffer in) throws Exception {
        //省略非关键代码

        if (remoteAddress != null) {
            writtenBytes = javaChannel().send(nioData, remoteAddress);
        } else {
            writtenBytes = javaChannel().write(nioData);
        }

        //省略非关键代码

    }
```

从上述代码可以看出，数据操作最终调用的仍是最原始的一些方法。

```
java.nio.channels.DatagramChannel#receive
java.nio.channels.DatagramChannel#write
java.nio.channels.DatagramChannel#send
```

通过解析 UDP 编程的关键流程可以看出，其实 UDP 实现和 TCP 实现使用的是同一个框架，非常灵活。另外，需要额外提醒的是，从用户使用角度看，UDP 实现和 TCP 实现之间的关键区别是 UDP 实现没有 ServerBootStrap。因为 UDP 实现只有一种 Channel —— DatagramChannel，而不像 TCP 实现那样划分为 ServerSocketChannel 和 SocketChannel，因而不管是服务器还是客户端，使用的都是 BootStrap。另外，服务器和客户端在使用的 Channel 上没有本质上的区别，使用的都是 DatagramChannel，只是服务器通常将之绑定到固定的端口，而客户端不需要如此。

14.2 服务器实现

我们已经了解了 Netty 对 UDP 编程是如何进行支持的。“纸上得来终觉浅”，是时候进行实战了——将我们的案例程序转换为基于 UDP 版本。本节先介绍如何实现 UDP 服务器。

14.2.1 实现请求解码器

为了将数据转换为业务层请求，我们需要实现请求解码器，参见代码清单 14-5。

代码清单 14-5 实现请求解码器

```
public class ProtocolDecoder extends MessageToMessageDecoder<DatagramPacket> {
```

```
    @Override
    protected void decode(ChannelHandlerContext ctx, DatagramPacket datagramPacket,
        List<Object> out) throws Exception {
        RequestMessage requestMessage = new RequestMessage();
        requestMessage.decode(datagramPacket.content());

        UdpRequest udpRequest = new UdpRequest();
        udpRequest.setRequestMessage(requestMessage);
        udpRequest.setSender(datagramPacket.sender());

        out.add(udpRequest);
    }
}
```

如上述代码所示，ProtocolDecoder 继承自 MessageToMessageDecoder，负责将 UDP 包转换为业务请求 UdpRequest，参见代码清单 14-6。为了后续将响应数据送回，还需要将 UDP 包的地址记录到请求中，方便后续回送响应时取出来，作为响应地址使用。

代码清单 14-6　UdpRequest 的定义

```
@Data
public class UdpRequest {
    private RequestMessage requestMessage;
    private InetSocketAddress sender;
}
```

这里需要额外提醒的是，对于 UDP 编程，最开始的解码器处理对象已经不是 ByteBuf 了，而是 DatagramPacket。这可以通过查询数据读取代码（参见代码清单 14-4）来进行验证，其中包含如下语句。

```
buf.add(new DatagramPacket(data.writerIndex(data.writerIndex() + allocHandle.lastBytesRead())
```

14.2.2　实现业务处理程序

一旦有了处理程序传递过来的业务请求（UdpRequest）之后，就处理请求并生成响应（UdpResponse），最后发送出去，参见代码清单 14-7。

代码清单 14-7　实现业务处理程序

```
public class UdpServerBusinessHandler extends SimpleChannelInboundHandler<UdpRequest> {

    @Override
    protected void channelRead0(ChannelHandlerContext ctx, UdpRequest udpRequest) throws
        Exception {
        RequestMessage requestMessage = udpRequest.getRequestMessage();
        Operation operation = requestMessage.getMessageBody();
```

```
        OperationResult operationResult = operation.execute();

        ResponseMessage responseMessage = new ResponseMessage();
        responseMessage.setMessageHeader(requestMessage.getMessageHeader());
        responseMessage.setMessageBody(operationResult);

        UdpResponse udpResponse = new UdpResponse();
        udpResponse.setResponseMessage(responseMessage);
        udpResponse.setReceiver(udpRequest.getSender());

        ctx.channel().writeAndFlush(udpResponse);
    }
}
```

其中，UdpResponse 的定义参见代码清单 14-8。

代码清单 14-8 UdpResponse 的定义

```
@Data
public class UdpResponse {
    private ResponseMessage responseMessage;
    private InetSocketAddress receiver;
}
```

14.2.3 实现响应编码器

接下来，实现响应编码器（参见代码清单 14-9），用于将 UdpResponse 转换为 UDP 包 DatagramPacket。

代码清单 14-9 实现响应编码器

```
public class ProtocolEncoder extends MessageToMessageEncoder<UdpResponse> {

    @Override
    protected void encode(ChannelHandlerContext ctx, UdpResponse udpResponse , List
        <Object> out) throws Exception {
        ByteBuf buffer = ctx.alloc().buffer();
        udpResponse.getResponseMessage().encode(buffer);
        DatagramPacket datagramPacket = new DatagramPacket(buffer, udpResponse.getReceiver());
        out.add(datagramPacket);
    }
}
```

14.2.4 构建 UDP 服务器

一旦有了业务解码器、业务处理器和业务编码器，就构建 UDP 服务器，参见代码清单 14-10。

代码清单 14-10　构建 UDP 服务器

```java
Bootstrap bootstrap = new Bootstrap();
bootstrap.group(new NioEventLoopGroup());
bootstrap.channel(NioDatagramChannel.class);
final LoggingHandler loggingHandler = new LoggingHandler(LogLevel.INFO);
bootstrap.handler(new ChannelInitializer<NioDatagramChannel>() {
    @Override
    protected void initChannel(NioDatagramChannel ch) throws Exception {
        ch.pipeline().addLast(loggingHandler);
        ch.pipeline().addLast(new ProtocolDecoder());
        ch.pipeline().addLast(new ProtocolEncoder());
        ch.pipeline().addLast(new UdpServerBusinessHandler());
    }
});

bootstrap.bind(8090).sync().channel().closeFuture().await();
```

构建好 UDP 服务器之后，运行 UDP 服务器，观察一下启动效果。

从图 14-1 可以看出，UDP 服务器启动起来了，并且正在监听我们绑定的端口 8090。

```
"C:\Program Files (x86)\Java\jdk1.8.0_191\bin\java.exe" ...
15:20:36 [nioEventLoopGroup-2-1] AbstractInternalLogger: [id: 0x350fa925] REGISTERED
15:20:36 [nioEventLoopGroup-2-1] AbstractInternalLogger: [id: 0x350fa925] BIND: 0.0.0.0/0.0.0.0:8090
15:20:36 [nioEventLoopGroup-2-1] AbstractInternalLogger: [id: 0x350fa925, L:/0:0:0:0:0:0:0:0:8090] ACTIVE
```

图 14-1　UDP 服务器的启动效果

14.3 客户端实现

运行 UDP 服务器后，我们还需要实现 UDP 客户端以验证之前实现的 UDP 服务器的功能是否正常。UDP 客户端的实现有多种，比如基于 Netty 的 NIO 客户端、OIO 客户端以及基于 JDK 的客户端。

14.3.1 基于 Netty 的 NIO 客户端

使用基于 Netty 的 NIO UDP 编程可以实现 NIO 类型的客户端，具体风格和实现 UDP 服务器时是一样的，步骤也基本相似。

1. 实现请求编码器

首先，实现请求编码器，将请求封装成 DatagramPacket，参见代码清单 14-11。

代码清单 14-11 实现请求编码器

```
public class ProtocolEncoder extends MessageToMessageEncoder<RequestMessage> {

    @Override
    protected void encode(ChannelHandlerContext ctx, RequestMessage msg, List<Object>
        out) throws Exception {
        ByteBuf buffer = ctx.alloc().buffer();
        msg.encode(buffer);
        DatagramPacket datagramPacket = new DatagramPacket(buffer, (InetSocketAddress)
            ctx.channel().remoteAddress());
        out.add(datagramPacket);
    }
}
```

2. 实现响应解码器

发送完请求后，客户端就会得到响应。对于响应，客户端需要实现响应解码器以解析结果，参见代码清单 14-12。

代码清单 14-12 实现响应解码器

```
public class ProtocolDecoder extends MessageToMessageDecoder<DatagramPacket> {

    @Override
    protected void decode(ChannelHandlerContext ctx, DatagramPacket msg, List<Object>
        out) throws Exception {
        ResponseMessage responseMessage = new ResponseMessage();
        responseMessage.decode(msg.content());
        out.add(responseMessage);
    }
}
```

3. 实现业务处理程序

在使用响应解码器对结果进行解析之后，我们便得到了 ResponseMessage。此时，我们可以创建业务层处理程序来实现一定的逻辑，例如，就像 TCP 服务器那样，将响应和请求一一对应起来。当然，如何处理已经不是本节讨论的重点。接下来，我们实现一个简单的业务处理程序，作用是仅输出一行日志，用以指明收到的信息，参见代码清单 14-13。

代码清单 14-13 实现业务处理程序

```
@Slf4j
public class ClientBusinessHandler extends SimpleChannelInboundHandler<ResponseMessage> {
```

```
    @Override
    protected void channelRead0(ChannelHandlerContext ctx, ResponseMessage msg) throws
        Exception {
        log.info("received: {}", msg.getMessageBody());
    }
}
```

如上述代码所示，我们的业务处理程序继承自 SimpleChannelInboundHandler，这里不需要再转换什么消息，仅仅处理消息即可。

4. 构建 UDP 客户端

同样，有了请求编码器、响应解码器和业务处理程序之后，我们就可以构建 UDP 客户端了，参见代码清单 14-14。

代码清单 14-14　构建 UDP 客户端

```
public static void main(String[] args) throws InterruptedException, ExecutionException {
    Bootstrap bootstrap = new Bootstrap();
    bootstrap.group(new NioEventLoopGroup());
    bootstrap.channel(NioDatagramChannel.class);
    final LoggingHandler loggingHandler = new LoggingHandler(LogLevel.INFO);
    bootstrap.handler(new ChannelInitializer<NioDatagramChannel>() {
        @Override
        protected void initChannel(NioDatagramChannel ch) throws Exception {
            ch.pipeline().addLast(loggingHandler);
            ch.pipeline().addLast(new ProtocolDecoder());
            ch.pipeline().addLast(new ProtocolEncoder());
            ch.pipeline().addLast(new ClientBusineesHandler());
        }
    });

    ChannelFuture channelFuture = bootstrap.connect("127.0.0.1", 8090);
    channelFuture.sync();

    //发送请求
    RequestMessage requestMessage = new RequestMessage(IdUtil.nextId(), new OrderOperation
        (1001, "tudou"));
ChannelFuture channelFuture1 = channelFuture.channel().writeAndFlush(requestMessage);
channelFuture1.get();
}
```

运行 UDP 客户端，测试一下效果，如图 14-2 所示。

如图 14-2 所示，UDP 客户端启动后，就会和 UDP 服务器进行连接，并以 UDP 包的形式发出请求，服务器将给出响应并输出到控制台。

```
15:53:12 [nioEventLoopGroup-2-1] AbstractInternalLogger: [id: 0x022a801a] REGISTERED
15:53:12 [nioEventLoopGroup-2-1] AbstractInternalLogger: [id: 0x022a801a] CONNECT: /127.0.0.1:8090
15:53:12 [nioEventLoopGroup-2-1] AbstractInternalLogger: [id: 0x022a801a, L:/127.0.0.1:50290 - R:/127.0.0.1:8090] ACTIVE
15:53:12 [nioEventLoopGroup-2-1] AbstractInternalLogger: [id: 0x022a801a, L:/127.0.0.1:50290 - R:/127.0.0.1:8090] WRITE: DatagramPacket(=>
 /127.0.0.1:8090, PooledUnsafeDirectByteBuf(ridx: 0, widx: 47, cap: 256)), 47B
         +-------------------------------------------------+
         |  0  1  2  3  4  5  6  7  8  9  a  b  c  d  e  f |
+--------+-------------------------------------------------+----------------+
|00000000| 00 00 00 01 00 00 00 00 00 00 00 01 00 00 00 03 |................|
|00000010| 7b 22 74 61 62 6c 65 49 64 22 3a 31 30 30 31 2c |{"tableId":1001,|
|00000020| 22 64 69 73 68 22 3a 22 74 75 64 6f 75 22 7d    |"dish":"tudou"} |
+--------+-------------------------------------------------+----------------+
15:53:12 [nioEventLoopGroup-2-1] AbstractInternalLogger: [id: 0x022a801a, L:/127.0.0.1:50290 - R:/127.0.0.1:8090] FLUSH
15:53:15 [nioEventLoopGroup-2-1] AbstractInternalLogger: [id: 0x022a801a, L:/127.0.0.1:50290 - R:/127.0.0.1:8090] READ: DatagramPacket(/127.0.0
.1:8090 => /127.0.0.1:50290, PooledUnsafeDirectByteBuf(ridx: 0, widx: 63, cap: 2048)), 63B
         +-------------------------------------------------+
         |  0  1  2  3  4  5  6  7  8  9  a  b  c  d  e  f |
+--------+-------------------------------------------------+----------------+
|00000000| 00 00 00 01 00 00 00 00 00 00 00 01 00 00 00 03 |................|
|00000010| 7b 22 74 61 62 6c 65 49 64 22 3a 31 30 30 31 2c |{"tableId":1001,|
|00000020| 22 64 69 73 68 22 3a 22 74 75 64 6f 75 22 2c 22 |"dish":"tudou","|
|00000030| 63 6f 6d 70 6c 65 74 65 22 3a 74 72 75 65 7d    |complete":true} |
+--------+-------------------------------------------------+----------------+
15:53:15 [nioEventLoopGroup-2-1] ClientBusineesHandler: received: OrderOperationResult(tableId=1001, dish=tudou, complete=true)
15:53:15 [nioEventLoopGroup-2-1] AbstractInternalLogger: [id: 0x022a801a, L:/127.0.0.1:50290 - R:/127.0.0.1:8090] READ COMPLETE
```

图 14-2 测试 UDP 客户端

14.3.2 基于 Netty 的 OIO 客户端

我们已经利用 Netty 实现了 NIO 版本的 UDP 客户端。但有时，我们还想实现 OIO 版本的 UDP 客户端。对于这种需求，如果使用 Netty，只需要修改几行代码就可以了，参见代码清单 14-15。

代码清单 14-15 OIO 版本的 UDP 客户端

```
Bootstrap bootstrap = new Bootstrap();
bootstrap.group(new OioEventLoopGroup());
bootstrap.channel(OioDatagramChannel.class);
final LoggingHandler loggingHandler = new LoggingHandler(LogLevel.INFO);
bootstrap.handler(new ChannelInitializer<OioDatagramChannel>() {
    @Override
    protected void initChannel(OioDatagramChannel ch) throws Exception {
        ch.pipeline().addLast(loggingHandler);
        ch.pipeline().addLast(new ProtocolDecoder());
        ch.pipeline().addLast(new ProtocolEncoder());
        ch.pipeline().addLast(new ClientBusineesHandler());
    }
});

ChannelFuture channelFuture = bootstrap.connect("127.0.0.1", 8090);
channelFuture.sync();
```

如上述代码所示，相比之前的版本（参见代码清单 14-14），将所有以 Nio 为前缀的类改为以 Oio 为前缀即可。例如，NioEventLoopGroup 将被改成 OioEventLoopGroup，NioDatagramChannel 将被改成 OioDatagramChannel，等等。

14.3.3 基于 JDK 的客户端

实际上，我们也可以完全不依赖 Netty，而是直接基于 JDK 来实现客户端，这样或许能更简单一些，参见代码清单 14-16。

代码清单 14-16　直接基于 JDK 的 UDP 客户端

```
DatagramSocket datagramSocket = new DatagramSocket();
datagramSocket.setSoTimeout(10000);

//连接服务器
datagramSocket.connect(InetAddress.getByName("localhost"), 8090);

//发送请求
RequestMessage requestMessage = new RequestMessage(IdUtil.nextId(), new OrderOperation
    (1001, "tudou"));
byte[] data = convertToBytes(requestMessage);
DatagramPacket sendPacket = new DatagramPacket(data, data.length);
datagramSocket.send(sendPacket);

//接收响应
byte[] buffer = new byte[2048];
DatagramPacket  receivedPacket = new DatagramPacket(buffer, buffer.length);
datagramSocket.receive(receivedPacket);

ResponseMessage responseMessage = convertToResponse(receivedPacket);
log.info(responseMessage.toString());

//断开连接
datagramSocket.disconnect();
```

需要注意的是，这里的连接和断开连接仅仅为了记忆与清除远程服务器的地址，而并非真正地连接和释放连接，后面我们将详细论述。

前面介绍的这 3 种类型的客户端实现的风格并不完全相同，但功能是一样的。从受欢迎程度上讲，基于 Netty 的 NIO 客户端更受青睐，毕竟采用的是 NIO 编程，而且可扩展性较好。

14.4 扩展知识

通过实现上述 UDP 服务器和 UDP 客户端，我们发现 UDP 编程相比 TCP 编程要简单得多。在实际编码中，很多细节其实可以采用多种方式来处理。例如，设置目标地址就有两种常见方式。另外，关于 UDP 编程，我们经常听到“UDP 广播”等术语，它们又该如何实现呢？这些可以作为 UDP 编程的扩展知识来了解。

14.4.1 目标地址的两种常见设置方式

UDP 包的发送地址主要有以下两种设置方式。

- 在 DatagramPacket 中指定，如下所示。

```
DatagramPacket packet = new DatagramPacket(data, data.length,
InetAddress.getByName("localhost"), 8090);
datagramSocket.send(packet);
```

- 在调用 DatagramSocket 的 connect()方法时指定，如下所示。

```
datagramSocket.connect(InetAddress.getByName("localhost"), 8090);
DatagramPacket packet = new DatagramPacket(data, data.length);
datagramSocket.send(packet);
```

下面以传统的阻塞式 UDP 编程为例，介绍这两种设置方式有何区别。当通过调用 connect()方法设置目标地址时，并不是真正进行连接（同样，调用 disconnect()方法时也不是真正断开连接，而仅仅清除客户端记录的远程服务器地址和端口号）。因为 UDP 不是面向连接的，所以 connect()方法只会替我们设置 localAddress 和 remoteAddress。如果没有为数据包显式地设置远程地址，我们设置数据包的远程地址为 connect()方法指定的地址（参见代码清单 14-17），然后就可以将数据包发送出去了。

代码清单 14-17　在 java.net.DatagramSocket#send 中设置远程地址

```
packetAddress = p.getAddress();
   if (packetAddress == null) {
       p.setAddress(connectedAddress);
       p.setPort(connectedPort);
   } else if ((!packetAddress.equals(connectedAddress)) ||
       p.getPort() != connectedPort) {
             throw new IllegalArgumentException("connected address and packet address
                differ");
   }
```

从上述代码可以看出，假设 DatagramPacket 本身既指定了远程地址，又使用 connect()方法连接了另一个地址，当这两个地址不一致时，就会抛出 IllegalArgumentException 异常，如图 14-3 所示。

```
"C:\Program Files (x86)\Java\jdk1.8.0_191\bin\java.exe" ...
Exception in thread "main" java.lang.IllegalArgumentException: connected address and packet address differ
    at java.net.DatagramSocket.send(DatagramSocket.java:684)
    at io.netty.example.study.udp.client.jdk.JdkUdpClient.main(JdkUdpClient.java:33)
```

图 14-3　当指定的远程地址和连接的地址不一致时抛出的异常

若不但没有通过连接没有指明地址，而且在构建 DatagramPacket 时没有指定远程地址，会如何呢？很明显，代码也会报错，参见代码清单 14-18，当地址（p.getAddress()）为 null 时，将抛出空指针异常。

代码清单 14-18　DualStackPlainDatagramSocketImpl#send

```
protected void send(DatagramPacket p) throws IOException {
    int nativefd = checkAndReturnNativeFD();
```

```
    if (p == null)
        throw new NullPointerException("null packet");
    if (p.getAddress() == null ||p.getData() ==null)
        throw new NullPointerException("null address || null buffer");
    socketSend(nativefd, p.getData(), p.getOffset(), p.getLength(),
        p.getAddress(), p.getPort(), connected);
}
```

对于上面这两种地址设置方式，到底应该如何选择呢？不妨遵从以下原则：如果发送目标是固定的，那么应该使用 connect()方法进行设置，这样后续所有数据包就不用再指定地址，因而效率比较高；如果发送目标不是固定的，那就不能使用 connect()方法固定，而应该在数据包中指定远程连接地址。

14.4.2 UDP 包的发送方式

在 Netty 中，UDP 包的发送有两种方式，参见代码清单 14-19（摘自 NioDatagramChannel #doWriteMessage）。

代码清单 14-19 UDP 包的发送

```
@Override
protected boolean doWriteMessage(Object msg, ChannelOutboundBuffer in) throws Exception {
    final SocketAddress remoteAddress;
    final ByteBuf data;
    if (msg instanceof AddressedEnvelope) {
        @SuppressWarnings("unchecked") AddressedEnvelope<ByteBuf, SocketAddress> envelope =
            (AddressedEnvelope<ByteBuf, SocketAddress>) msg;
        remoteAddress = envelope.recipient();
        data = envelope.content();
    } else {
        data = (ByteBuf) msg;
        remoteAddress = null;
    }
    final int dataLen = data.readableBytes();
    if (dataLen == 0) {
        return true;
    }

    final ByteBuffer nioData = data.nioBufferCount() == 1 ? data.internalNioBuffer
        (data.readerIndex(), dataLen): data.nioBuffer(data.readerIndex(), dataLen);
    final int writtenBytes;
    if (remoteAddress != null) {
        writtenBytes = javaChannel().send(nioData, remoteAddress);
    } else {
```

```
        writtenBytes = javaChannel().write(nioData);
    }
    return writtenBytes > 0;
}
```

很明显，在涉及写操作时，Netty 主要支持两种方式：要么写 AddressedEnvelope，例如 Netty 的 DatagramPacket；要么写具体的 ByteBuf。其中，第二种方式似乎超出了我们的想象，但实际上，这反倒应该是我们最期待的方式，毕竟这两种方式最终都是通过字节流进行网络传输的。

那么使用第二种方式有没有什么要求呢？当然有，在写之前必须调用 connect()方法指明远程地址，否则会直接报错，毕竟 ByteBuf 传输的是 UDP 数据包的具体内容，而不像 DatagramPacket 那样可以包含地址。因此，我们必须在进行连接时指定地址，具体的检查逻辑参见代码清单 14-20。

代码清单 14-20　sun.nio.ch.DatagramChannelImpl#write(java.nio.ByteBuffer)

```
public int write(ByteBuffer var1) throws IOException {
    if (var1 == null) {
        throw new NullPointerException();
    } else {
        synchronized(this.writeLock) {
            synchronized(this.stateLock) {
                this.ensureOpen();
                if (!this.isConnected()) {
                    throw new NotYetConnectedException();
                }
            }
```

如上述代码所示，当直接写 ByteBuf 时，如果处于非连接状态（之前没有执行过 connect 方法），就会抛出 NotYetConnectedException 异常。

第二种方式应该如何使用呢？我们可以定义一个以 ByteBuf 为输出的编码器，如 UdpClientHandlerWithByteBufDirectly，用它替代原来的编码器 ProtocolEncoder，参见代码清单 14-21。

代码清单 14-21　转换为 ByteBuf 的应用层编码器

```
public class UdpClientHandlerWithByteBufDirectly extends MessageToMessageEncoder
    <RequestMessage> {
    @Override
    protected void encode(ChannelHandlerContext ctx, RequestMessage msg, List<Object>
        out) throws Exception {
        ByteBuf buffer = ctx.alloc().buffer();
        msg.encode(buffer);
        out.add(buffer);
    }
}
```

在替换了应用层编码器之后，程序依然能够运行成功，这从侧面反映了 Netty 支持两种数据发送方式。

14.4.3　UDP 广播及支持

前面讨论的 UDP 编程的接收地址都是固定的（如 192.168.88.10）。如果接收地址是广播地址（如 192.168.88.255），就说明使用的是 UDP 广播方式。不言而喻，UDP 广播可以通过广播地址将 UDP 包发送给广播域的多台主机。

为了支持 UDP 广播，一般只需要完成两项操作——将 UDP 包的接收地址改成广播地址，设置 SO_BROADCAST 选项。这个选项的作用参见图 14-4 中的注释。

```
/**
 * Sets SO_BROADCAST for a socket. This option enables and disables
 * the ability of the process to send broadcast messages. It is supported
 * for only datagram sockets and only on networks that support
 * the concept of a broadcast message (e.g. Ethernet, token ring, etc.),
 * and it is set by default for DatagramSockets.
 * @since 1.4
 */

@Native public final static int SO_BROADCAST = 0x0020;
```

图 14-4　SO_BROADCAST 选项的作用

实际上，Windows 10 平台不需要开启 SO_BROADCAST 也可以广播信息。不过，我们仍建议设置一下，因为某些平台可能会为了防止用户输错广播地址而采取保护措施，比如必须显式地设置为 true 才允许发送消息，否则报错。另外，SO_BROADCAST 选项只对 UDP 有效，对 TCP 无效。

14.5 常见易错点

在使用 Netty 进行 UDP 编程时，我们经常会犯一些典型的错误，下面举例说明。

14.5.1　误用 JDK 的 DatagramPacket

在构建 UDP 服务器和 UDP 客户端时，初学者很容易误用 DatagramPacket。例如，他们可能会写出代码清单 14-22 所示的客户端编码器。

代码清单 14-22　误用 DatagramPacket 编写的客户端编码器

```
import java.net.DatagramPacket;
//省略其他非关键代码
```

```
public class WrongUdpClientHandler extends MessageToMessageEncoder<RequestMessage> {
    @Override
    protected void encode(ChannelHandlerContext ctx, RequestMessage msg, List<Object>
        out) throws Exception {
        ByteBuf buffer = ctx.alloc().buffer();
        try {
            msg.encode(buffer);
            byte[] bytes = ByteBufUtil.getBytes(buffer);
            DatagramPacket datagramPacket = new DatagramPacket(bytes, bytes.length);
            out.add(datagramPacket);
        }finally{
            buffer.release();
        }
    }
}
```

在实践中，初学者很容易犯这样的错误，并且如果不仔细看，要发现这种错误并不容易。因为很多人可能并不知道 Netty 提供了同名的 DatagramPacket（io.netty.channel.socket. DatagramPacket），想当然地直接将自己的信息封装成 JDK 中的 java.net.DatagramPacket。所以程序运行后就会报错，产生的异常信息如图 14-5 所示。

图 14-5 在 Netty 中直接写入 JDK 的 DatagramPacket 时产生的异常信息

对于图 14-5 所示的“类型不支持”错误，我们之前也见到过，在写信息时（通过 DefaultChannelPipeline.HeadContext#write 方法完成），不支持信息的类型。实际上，基于 Netty 的 NIO UDP 编程只支持 DatagramPacket、AddressedEnvelope <ByteBuf, SocketAddress>和 ByteBuf 这 3 种类型。其中，DatagramPacket 继承自 AddressedEnvelope，如图 14-6 所示。

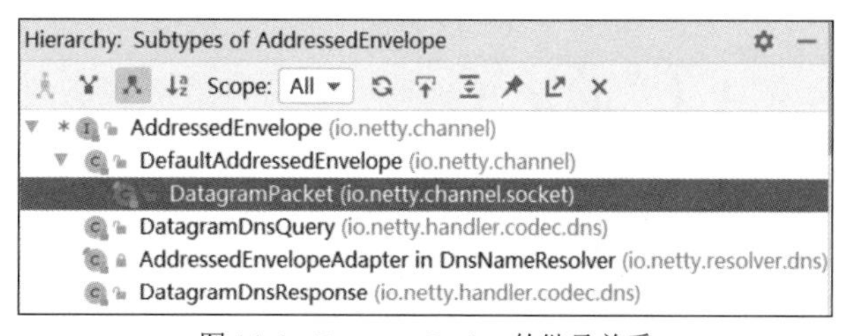

图 14-6 DatagramPacket 的继承关系

那么 Netty 的 DatagramPacket 和 JDK 的 DatagramPacket 之间到底有什么区别呢？从父类

AddressedEnvelope 的名称也可以看出，Netty 的 DatagramPacket 可以封装地址。AddressedEnvelope 的接口方法参见代码清单 14-23。

代码清单 14-23　AddressedEnvelope 的接口方法

```
public interface AddressedEnvelope<M, A extends SocketAddress> extends ReferenceCounted {
    M content();
    A sender();
    A recipient();
    //省略非关键代码
}
```

上述代码中，sender 为发送者地址，这是 JDK 的 DatagramPacket 都无法进行设置的信息。

14.5.2　误用 ctx.channel().remoteAddress()作为目标地址

在 UDP 服务器端，当需要将请求的处理结果发送回 UDP 客户端时，一般会怎么做呢？如果你对 UDP 编程不够了解而对 Netty 有些熟悉，那么可能会写出代码清单 14-24 所示的编码器：先产生 DatagramPacket 并把远程地址设置为 ctx.channel().remoteAddress()，再期待后续的发送操作能完成对 DatagramPacket 的传输。

代码清单 14-24　错误的远程地址设置

```
public class ProtocolEncoder extends MessageToMessageEncoder<UdpResponse> {

    @Override
    protected void encode(ChannelHandlerContext ctx, UdpResponse udpResponse , List
        <Object> out) throws Exception {
        ByteBuf buffer = ctx.alloc().buffer();
        udpResponse.getResponseMessage().encode(buffer);

        DatagramPacket datagramPacket = new DatagramPacket(buffer, (InetSocketAddress)
            ctx.channel().remoteAddress());

        out.add(datagramPacket);
    }
}
```

实际上，我们已经掉入陷阱。下面对代码进行调试，看看 ctx.channel().remoteAddress()到底是什么。观察图 14-7 所示的调试界面，可以看出远程地址为 null。程序运行后将报错。为什么远程地址会是 null 呢？UDP 是非面向连接的协议，因此默认的远程地址实际为 null。那么有没有可能返回地址呢？如果可能，返回的又是什么地址？实际上，只有执行过 connect()方法，远程地址才会变为非 null，值就是 connect()方法指定的地址。

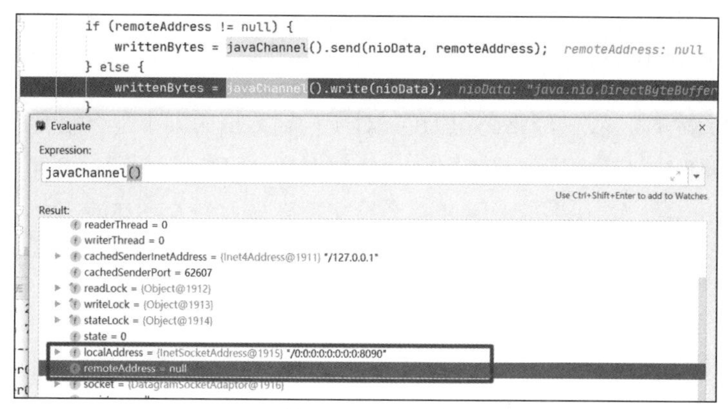

图 14-7　调试界面

正因为如此，当希望 ctx.channel().remoteAddress()返回正确的地址时，就需要执行 connect()方法以指定请求的客户端地址。但是，客户端往往不止一个地址，这些地址也不相同，每次通过执行 connect()时来指定地址并不合适。不言而喻，作为服务器，使用 ctx.channel().remoteAddress()获取响应地址并非最佳方式。

那么到底应该怎么获取地址呢？实际上非常简单，直接从远程发送的数据包中获取地址即可。在 Netty 中，地址可通过 io.netty.channel.socket.DatagramPacket#sender 来获取。另外，我们还可以抓取 UDP 包，从而核实 UDP 包中确实包含源地址和目标地址，如图 14-8 所示。

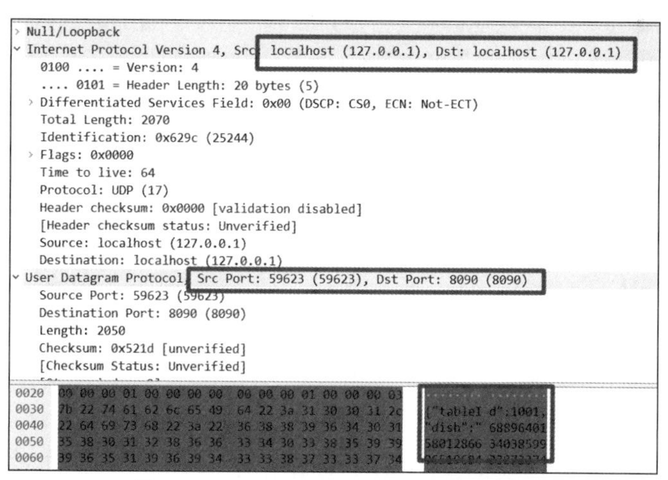

图 14-8　UDP 包确实包含源地址和目标地址

但需要说明的是，在接收数据包时我们才能知道在发送响应时必须指定的远程地址，而发送响应时与最开始接收数据包时的处理程序可能已相距甚远。因此，我们需要将地址以对象的方式传递到用于发送响应的处理程序。

14.5.3　发送的数据内容过多

在进行 UDP 编程时，我们经常忘记 UDP 对所传输数据的大小是有限制的。UDP 数据报文包括头部和数据两部分，其中头部长度固定，而数据部分可变。从图 14-9 可以看出，头部用来指定报文的 Length 字段为 16 字节，因此整个报文长度最大为 65 535 字节；实际的数据部分还需要减去头部部分，也就是 65 507 字节[由“65 535 字节−20 字节（IP 头）−8 字节（UDP 头）”计算得出]。

<table>
<tr><th>Offsets</th><th>Octet</th><th colspan="8">0</th><th colspan="8">1</th><th colspan="8">2</th><th colspan="8">3</th></tr>
<tr><th>Octet</th><th>Bit</th><td>0</td><td>1</td><td>2</td><td>3</td><td>4</td><td>5</td><td>6</td><td>7</td><td>8</td><td>9</td><td>10</td><td>11</td><td>12</td><td>13</td><td>14</td><td>15</td><td>16</td><td>17</td><td>18</td><td>19</td><td>20</td><td>21</td><td>22</td><td>23</td><td>24</td><td>25</td><td>26</td><td>27</td><td>28</td><td>29</td><td>30</td><td>31</td></tr>
<tr><th>0</th><td>0</td><td colspan="16">Source port</td><td colspan="16">Destination port</td></tr>
<tr><th>4</th><td>32</td><td colspan="16">Length</td><td colspan="16">Checksum</td></tr>
</table>

图 14-9　UDP 包头的结构

当直接基于 JDK 进行 UDP 编程时，使用 sendto()函数发送数据。如果发送的数据内容大于 65 507 字节，sendto()函数就会报错，如图 14-10 所示。

```
Exception in thread "main" java.net.SocketException: The message is larger than the maximum supported by the underlying transport: Datagram send
 failed
    at java.net.DualStackPlainDatagramSocketImpl.socketSend(Native Method)
    at java.net.DualStackPlainDatagramSocketImpl.send(DualStackPlainDatagramSocketImpl.java:136)
    at java.net.DatagramSocket.send(DatagramSocket.java:693)
    at io.netty.example.study.udp.client.jdk.JdkUdpClient.main(JdkUdpClient.java:36)
```

图 14-10　当发送的数据内容过多时将会报错

但是，当使用 Netty 时，默认能够接收的 UDP 包更小。例如，若修改案例程序，发送 3000 字节左右的数据，服务器就会报错（见图 14-11）。3000 字节明显少于 65 507 字节，为什么处理不了？数据包丢了还是 Netty 本身对此有限制？

```
|000007e0| 32 30 30 39 39 39 31 37 33 30 37 33 31 39 33 31 |2009991730731931|
|000007f0| 33 35 37 32 38 34 32 35 35 30 38 37 30 39 39 32 |3572842550870992|
+--------+-------------------------------------------------+----------------+
09:39:25 [nioEventLoopGroup-2-1] DefaultChannelPipeline: An exceptionCaught() event was fired, and it reached at the tail of the pipeline. It
 usually means the last handler in the pipeline did not handle the exception.
io.netty.handler.codec.DecoderException: com.google.gson.JsonSyntaxException: com.google.gson.stream.MalformedJsonException: Unterminated string
 at line 1 column 2033 path $.dish
    at io.netty.handler.codec.MessageToMessageDecoder.channelRead(MessageToMessageDecoder.java:98)
    at io.netty.channel.AbstractChannelHandlerContext.invokeChannelRead(AbstractChannelHandlerContext.java:374)
    at io.netty.channel.AbstractChannelHandlerContext.invokeChannelRead(AbstractChannelHandlerContext.java:360)
    at io.netty.channel.AbstractChannelHandlerContext.fireChannelRead(AbstractChannelHandlerContext.java:352)
    at io.netty.handler.logging.LoggingHandler.channelRead(LoggingHandler.java:241)
```

图 14-11　发送 3000 字节的数据时服务器也会报错

仔细观察图 14-11，这里提示我们 JSON 解析出错了，出错的原因在于数据不符合 JSON 格式——消息没有以“}”结尾。换言之，消息本身被“截取”了。当我们通过 Wireshark 抓包来定位问题时，却看到消息都是完整传输的，因此很明显，数据不是在传输过程中丢失的，而是由于 Netty 只处理了部分数据。

下面对程序进行调试，并继续定位问题的具体原因。观察图 14-12，Netty 使用 NioDatagram

Channel#doReadMessages 来读取 UDP 消息，与 TCP 不同的是，读取时使用的不再是 TCP 的 ByteBuf 自适应分配器，而使用固定大小的 FixedRecvByteBufAllocator。

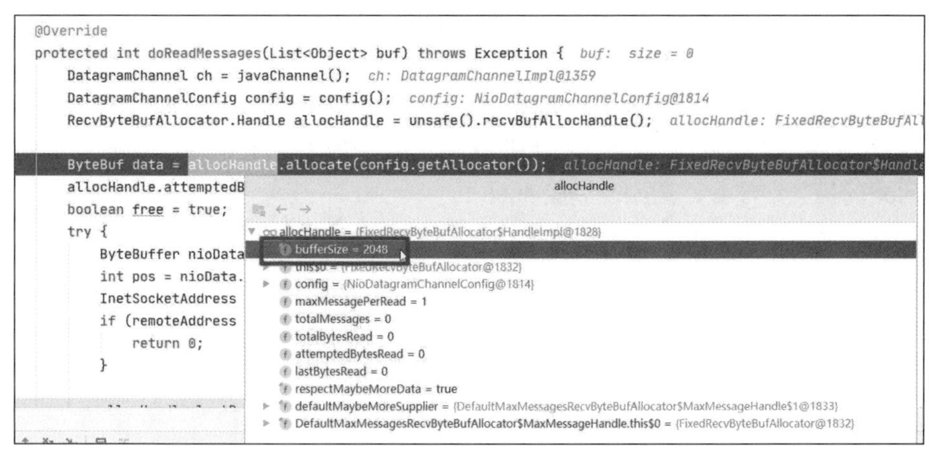

图 14-12 对 UDP 包的读取进行调试

FixedRecvByteBufAllocator 的构建方式参见代码清单 14-25。

代码清单 14-25 FixedRecvByteBufAllocator 的构建方式

```
public class DefaultDatagramChannelConfig extends DefaultChannelConfig implements
    DatagramChannelConfig {
    private static final InternalLogger logger = InternalLoggerFactory.getInstance
        (DefaultDatagramChannelConfig.class);

    private final DatagramSocket javaSocket;
    private volatile boolean activeOnOpen;

    /**
     * 创建一个新的实例
     */
    public DefaultDatagramChannelConfig(DatagramChannel channel, DatagramSocket
        javaSocket) {
        super(channel, new FixedRecvByteBufAllocator(2048));
        if (javaSocket == null) {
            throw new NullPointerException("javaSocket");
        }
        this.javaSocket = javaSocket;
    }
```

上述代码构建了 FixedRecvByteBufAllocator，并且指定最大字节数为 2048，超出最大字节数的所有内容都将被丢弃。具体如何丢弃呢？查看 java.nio.channels.DatagramChannel#receive（java.nio.ByteBuffer）方法，当内容超出 ByteBuf 的限制时，将只接收部分数据。

那么为什么将最大字节数设置为 2048 而不是 65 507 呢？前面介绍过 MTU 的概念。虽然传输层（UDP）允许传输 64 KB 左右的数据，但是数据链路层不允许。例如，每个以太网帧最小为 64 字节，最大不能超过 1518 字节。当传输的内容超出上述限制时，就对数据进行分组，而 UDP 传输本来就是不可靠的，如果还要进行分组，那将变得更不可靠，因此我们不建议使用 UDP 传输更大的数据。

当然，这并不是说超过 2048 字节的数据传输一定会失败。为了测试，修改 FixedRecvByteBufAllocator 的最大字节数，例如，改成 5000。

```
bootstrap.option(ChannelOption.RCVBUF_ALLOCATOR, new FixedRecvByteBufAllocator(5000))
```

运行程序，看看能否测试通过，结果如图 14-13 所示。

```
|000007d0| 37 36 31 37 32 38 34 38 35 31 38 31 30 39 38 33 |7617284851810983|
|000007e0| 34 35 32 35 34 36 32 38 33 31 37 33 35 37 31 35 |4525462831735715|
|000007f0| 38 34 32 36 31 33 33 37 30 33 30 31 31 30 34 30 |8426133703011040|
|00000800| 31 37 30 38 32 36 30 38 34 37 34 32 32 33 37 31 |1708260847422371|
|00000810| 35 38 36 39 30 32 35 33 32 31 37 36 30 36 36 39 |5869025321760669|
|00000820| 22 2c 22 63 6f 6d 70 6c 65 74 65 22 3a 74 72 75 |","complete":tru|
|00000830| 65 7d                                           |e}              |
+--------+-------------------------------------------------+----------------+
10:55:13 [nioEventLoopGroup-2-1] AbstractInternalLogger: [id: 0x68a99675, L:/0:0:0:0:0:0:0:0:8090] FLUSH
10:55:13 [nioEventLoopGroup-2-1] AbstractInternalLogger: [id: 0x68a99675, L:/0:0:0:0:0:0:0:0:8090] READ COMPLETE
```

图 14-13　运行结果

从图 14-13 可以看出，Netty 服务器已经收到并且能够读取完整的 UDP 包，而不是只截取部分数据。

14.5.4　误解客户端执行绑定操作的意义

很多有关 UDP 编程的资料在描述客户端执行绑定操作的意义时，很容易让人理解为一旦绑定某个端口，那么对于客户端在进行连接后获取的 Channel 来说，数据发送方的发送端口也将固定为绑定的端口。这完全是误解，下面修改案例程序并进行测试。

```
bootstrap.bind(50000).sync();
bootstrap.connect("127.0.0.1", 8090).sync();
```

启动客户端，日志如下。

```
15:23:55 [nioEventLoopGroup-2-1] AbstractInternalLogger: [id: 0xd6d0c39b] REGISTERED
15:23:55 [nioEventLoopGroup-2-1] AbstractInternalLogger: [id: 0xd6d0c39b] BIND: 0.0.
        0.0/0.0.0.0:50000
15:23:55 [nioEventLoopGroup-2-1] AbstractInternalLogger: [id: 0xd6d0c39b, L:/0:0:0:
        0:0:0:0:0:50000] ACTIVE
15:23:55 [nioEventLoopGroup-2-2] AbstractInternalLogger: [id: 0x3f095cbc] REGISTERED
15:23:55 [nioEventLoopGroup-2-2] AbstractInternalLogger: [id: 0x3f095cbc] CONNECT: /
        127.0.0.1:8090
15:23:55 [nioEventLoopGroup-2-2] AbstractInternalLogger: [id: 0x3f095cbc, L:/127.0.
        0.1:63634 - R:/127.0.0.1:8090] ACTIVE
```

这里产生了两个毫无关联的 Channel：一个用于监听绑定端口 50000；另一个用于监听随

机的可用端口（如上述日志中显示的端口 63634）。这两个 Channel 都可以用来发送数据包，因为它们都可以获取自己的 channel()方法，从而执行数据发送操作，参见代码清单 14-26。

代码清单 14-26 通过执行绑定和连接来获取 Channel

```
//绑定后获取 Channel 以发送数据
ChannelFuture bindFuture = bootstrap.bind(50000);
bindFuture.sync();
Channel channelForBind = bindFuture.channel();
channelForBind.write(data)
//连接后获取 Channel 以发送数据
ChannelFuture connectFuture = bootstrap.connect("127.0.0.1", 8090);
connectFuture.sync();
Channel channelForConnect = connectFuture.channel();
channelForConnect.write(data)
```

需要注意的是，如果通过绑定的方式来发送数据，那么在组装 DatagramPacket 时，需要显式地指定接收地址，原因参见 14.4 节。

一般而言，不需要在客户端执行绑定操作时绑定到固定的端口，而是直接进行连接。这样在发送数据时使用的将是 ID 为 0x3f095cbc 的 Channel，详见如下日志。

```
[nioEventLoopGroup-2-2] AbstractInternalLogger: [id: 0x3f095cbc, L:/127.0.0.1:63634
- R:/127.0.0.1:8090] WRITE: DatagramPacket(=> /127.0.0.1:8090, PooledUnsafeDirectByteBuf
(ridx: 0, widx: 51, cap: 256)), 51B
```

如果坚持使用绑定操作产生的 Channel 来发送数据，那么产生的日志将如下所示。

```
[nioEventLoopGroup-2-1] AbstractInternalLogger: [id: 0xd6d0c39b, L:/0:0:0:0:0:0:0:0:
50000] WRITE: DatagramPacket(=> /127.0.0.1:8090, PooledUnsafeDirectByteBuf(ridx: 0,
widx: 51, cap: 256)), 51B
```

总之，bind()和 connect()方法都会产生互不关联的 Channel，所有这些 Channel 都可以用来发送数据，区别仅在于源端口是否固定而已。

第15章　基于 Netty 构建 HTTP 应用

第 14 章介绍了如何基于 Netty 构建 UDP 应用，不管是 UDP 应用还是之前的 TCP 应用，它们都直接基于构建在传输层之上的自定义协议（应用层协议），就像 Dubbo 使用的 Dubbo 协议一样。在这些自定义的应用层协议中，有的具有“普适性”，后来发展得很好，并逐步演变成广泛使用的协议，例如我们常说的 HTTP、DNS 协议、FTP 等。对于这些协议，Netty 为它们提供了很好的支持，毕竟除业务逻辑本身之外，构建同一类型协议的应用需要做的很多开发工作是相似的。本章以 HTTP 为例，详细分析 Netty 是如何对应用层协议提供支持的。

15.1 解析 Netty 是如何支持 HTTP 服务的

使用 Netty 构建网络应用很简单，仅仅使用简单几行代码就可实现对 HTTP 服务的支持。下面我们稍微深入地了解一下 Netty 对 HTTP 服务提供的支持。回顾第 1 章给出的示例代码，参见代码清单 15-1。

代码清单 15-1　HTTP 应用案例之服务器端

```
public final class HttpHelloWorldServer {

    public static void main(String[] args) throws Exception {
        EventLoopGroup bossGroup = new NioEventLoopGroup(1);
        EventLoopGroup workerGroup = new NioEventLoopGroup();
        try {
            ServerBootstrap b = new ServerBootstrap();
            b.group(bossGroup, workerGroup)
             .channel(NioServerSocketChannel.class)
             .handler(new LoggingHandler(LogLevel.INFO))
             .childHandler(new ChannelInitializer() {
```

```
                @Override
                protected void initChannel(Channel ch) throws Exception {
                    ChannelPipeline p = ch.pipeline();
                    p.addLast(new HttpServerCodec());
                    p.addLast(new HttpServerExpectContinueHandler());
                    p.addLast(new HttpHelloWorldServerHandler());
                }
            });

            Channel ch = b.bind(8080).sync().channel();
            System.err.println("Open your web browser and navigate to " +
                    "http://127.0.0.1:8080");

            ch.closeFuture().sync();
        } finally {
            bossGroup.shutdownGracefully();
            workerGroup.shutdownGracefully();
        }
    }
```

从上述代码可以看出，使用 Netty 构建 HTTP 服务确实不难，唯一的区别在于使用的处理程序不同而已。通过进一步分析，我们发现，实际上，除业务层的 HttpHelloWorldServerHandler 之外，其他处理程序十分类似。

15.1.1 编解码器 HttpServerCodec

HttpServerCodec 包含 HttpServerRequestDecoder 和 HttpServerResponseEncoder 两个核心的编解码类。顾名思义，它们的用途十分清晰。例如，HttpServerRequestDecoder 用于将 HTTP 请求的字节流转换为 HttpRequest 对象。在以往的实践中，我们一般通过使用两个独立的编解码器来完成请求的解码和响应的编码，如下所示。

```
p.addLast(new HttpRequestDecoder());
p.addLast(new HttpResponseEncoder());
```

然而，在这里，我们可以使用如下语句。

```
p.addLast(new HttpServerCodec());
```

这样做不仅使代码看起来更简洁，还能带来如下潜在的好处：不再需要考虑如何“对齐”同一类型的编解码器在处理器流水线中的位置。

我们再来看看这种方式是如何实现的，HttpServerCodec 继承自 CombinedChannelDuplexHandler。CombinedChannelDuplexHandler 的关键实现代码参见代码清单 15-2。

代码清单 15-2 CombinedChannelDuplexHandler 的关键实现代码

```
private DelegatingChannelHandlerContext inboundCtx;
private DelegatingChannelHandlerContext outboundCtx;
```

```
    private I inboundHandler;
    private O outboundHandler;

    protected final void init(I inboundHandler, O outboundHandler) {
        this.inboundHandler = inboundHandler;
        this.outboundHandler = outboundHandler;
    }

    @Override
    public void channelRead(ChannelHandlerContext ctx, Object msg) throws Exception {
        assert ctx == inboundCtx.ctx;
        if (!inboundCtx.removed) {
            inboundHandler.channelRead(inboundCtx, msg);
        } else {
            inboundCtx.fireChannelRead(msg);
        }
    }

    @Override
    public void write(ChannelHandlerContext ctx, Object msg, ChannelPromise promise) throws
        Exception {
        if (!outboundCtx.removed) {
            outboundHandler.write(outboundCtx, msg, promise);
        } else {
            outboundCtx.write(msg, promise);
        }
    }
```

从上述代码可以看出，CombinedChannelDuplexHandler 的实现比较简单，其中包含两个处理程序：读操作被委托给成员 inboundHandler，写操作被委托给成员 outboundHandler。

下面解释一下为什么需要 inboundCtx 和 outboundCtx。它们对应的分别是读处理程序和写处理程序。假设只需要移除其中一个处理程序，那么我们可以使用单独的 Context 来记录“移除与否”。inboundCtx 和 outboundCtx 都是 DelegatingChannelHandlerContext，并且会在添加 CombinedChannelDuplexHandler 时初始化，参见代码清单 15-3。

代码清单 15-3　创建 inboundCtx 和 outboundCtx 方法

```
    @Override
    public void handlerAdded(ChannelHandlerContext ctx) throws Exception {
        //省略其他非关键代码
        outboundCtx = new DelegatingChannelHandlerContext(ctx, outboundHandler);
        inboundCtx = new DelegatingChannelHandlerContext(ctx, inboundHandler);
        //省略其他非关键代码
    }
```

DelegatingChannelHandlerContext 的定义参见代码清单 15-4。

代码清单 15-4　DelegatingChannelHandlerContext 的定义

```
private static class DelegatingChannelHandlerContext implements ChannelHandlerContext {

    private final ChannelHandlerContext ctx;
    private final ChannelHandler handler;
    boolean removed;
    //省略其他非关键代码
}
```

当移除写处理程序时，Netty 会更改与之对应的 Context 的 removed 标记位，参见代码清单 15-5。

代码清单 15-5　移除读处理程序或写处理程序

```
public final void removeInboundHandler() {
    checkAdded();
    //修改 inboundCtx 的 remove 标记位为 false
    inboundCtx.remove();
}

public final void removeOutboundHandler() {
    checkAdded();
    //修改 outboundCtx 的 remove 标记位为 false
    outboundCtx.remove();
}
```

处理程序被移除后，removed 标记位将变为 false。当再次执行读操作或写操作时，就将它们直接传给下一级处理程序并进行处理，参见代码清单 15-2。

CombinedChannelDuplexHandler 的具体实现可从它的子类中找出。例如，你在 HttpServerCodec 的构造器（参见代码清单 15-6）中就可以看到之前提到的 HttpServerRequestDecoder 和 HttpServerResponseEncoder，它们分别对应请求和响应。换言之，其中一个将作为 inboundHandler，另一个则作为 outboundHandler。

代码清单 15-6　HttpServerCodec 的构造器

```
public HttpServerCodec() {
    this(4096, 8192, 8192);
}

/**
 * 创建一个 HTTP 编解码器，在构造器中分别指明编码器和解码器
 */
public HttpServerCodec(int maxInitialLineLength, int maxHeaderSize, int maxChunkSize) {
```

```
    init(new HttpServerRequestDecoder(4096, 8192, 8192),
         new HttpServerResponseEncoder());
}
```

上面展示了 HttpServerCodec 的基本实现和功能。从中可以看出，HttpServerCodec 正是通过组合 HttpRequestDecoder 和 HttpServerResponseEncoder 完成了 HTTP 请求/响应的编解码。

15.1.2　ExpectContinue 处理程序 HttpServerExpectContinueHandler

在学习 ExpectContinue 处理程序 HttpServerExpectContinueHandler 之前，我们需要先了解一下 HTTP 的 Expect:100-Continue 标头，详见 RFC 2616 的 8.2.3 节。

下面举一个简单的例子。假设我们想要发送一个 HTTP 请求，并且这个 HTTP 请求的正文（body）很大。例如，如果上传一个超大的文件，而文件内容其实已经超出服务器的限制（假设服务器只允许上传最大 1GB 的文件），那么服务器最终将拒绝这个 HTTP 请求，并返回一个错误码。但是，有些服务器其实非常“吃亏”：付出了很大“努力”来完全接收文件，直到最后才发现文件内容超出限制。服务器完全可以在接收标头之后、接收正文之前这个间歇，根据 Content-Length 这个标头提前获悉后续的正文有多大。如果后续的正文过大，不再读正文，而是直接拒绝请求即可。但问题是，如果客户端不管不顾，发完标头（header）就直接发正文（body），那么服务器仍需要接收整个正文。此时，唯一的好处是客户端可以提前收到错误响应。由此可以看出，要完美地解决这个问题，客户端和服务器端必须协同工作才行。于是，Expect:100-Continue 机制被引入，那么这种机制是如何发挥作用的呢？参考如下步骤。

（1）客户端发送标头并询问服务器。在客户端发送的所有标头中，有一个十分特殊的标头，就是 Expect:100-Continue，用于询问服务器是否接收请求。

（2）服务器发现了 Expect:100-Continue，于是提前根据接收到的标头（比如 Content-Length）对文件大小进行判断。如果同意进行接收，就返回 100-Continue 状态码；如果拒绝，就返回一个错误码。

（3）客户端在收到 100-Continue 状态码后，开始发送正文；如果没有收到，就不再发送正文，从而避免不必要的带宽和资源消耗。

为了进一步解释 Expect:100-Continue 机制，我们先来观察一下客户端的实现，参见代码清单 15-7。

代码清单 15-7　org.apache.http.protocol.HttpRequestExecutor#doSendRequest

```
protected HttpResponse doSendRequest(
        final HttpRequest request,
        final HttpClientConnection conn,
        final HttpContext context) throws IOException, HttpException {
    //省略其他非关键代码
    HttpResponse response = null;
```

```
    //发送 header
    conn.sendRequestHeader(request);
    if (request instanceof HttpEntityEnclosingRequest) {

        boolean sendentity = true;
        final ProtocolVersion ver =
           request.getRequestLine().getProtocolVersion();
        if (((HttpEntityEnclosingRequest) request).expectContinue() &&
            !ver.lessEquals(HttpVersion.HTTP_1_0)) {
            conn.flush();
            //参考 RFC 2616 的 8.2.3 节的建议，无须一直等待响应码 100，等待超时后直接发送正文
            if (conn.isResponseAvailable(this.waitForContinue)) {
                response = conn.receiveResponseHeader();
                if (canResponseHaveBody(request, response)) {
                    conn.receiveResponseEntity(response);
                }
                final int status = response.getStatusLine().getStatusCode();
                if (status < 200) {
                    if (status != HttpStatus.SC_CONTINUE) {
                        //当返回 100 之外的响应码时，直接抛出异常，不再发送正文，让请求失败
                        throw new ProtocolException(
                              "Unexpected response: " + response.getStatusLine());
                    }
                    //丢弃响应码为 100 的响应
                    response = null;
                } else {
                    sendentity = false;
                }
            }
        }
       if (sendentity) {
           //直接发送正文
           conn.sendRequestEntity((HttpEntityEnclosingRequest) request);
       }
    }
    conn.flush();
    context.setAttribute(HttpCoreContext.HTTP_REQ_SENT, Boolean.TRUE);
    return response;
}
```

通过观察上述代码，我们梳理出如下实现要点。

- 当服务器允许处理时，会返回两个响应：首先是针对客户端发送 Expect:100-Continue 标头进行询问的响应（100 响应码），表示接收；其次是针对正文的响应（如 201 响应码）。对于使用客户端的用户而言，HTTP 传输都是“一来一回”的。因此，在进行实现时，客户端对 100 响应码采取的处理方式是直接丢弃而不做任何处理，100 响应码的作用仅仅相当于如下信令：通知客户端可以发送正文了，发送正文后，服

务器最终向用户发出的是针对正文的响应。

- 假设在发完标头（其中包含 Expect:100-Continue）之后，在一定时间（Apache 客户端默认为 3s）内没有任何响应，那么应该直接发送正文。原因在于服务器端可能根本不支持这种逻辑，并因此一直处于等待读取正文的状态。

由上可知，Expect:100-Continue 机制很有用，那么 Netty 是如何支持这种机制的呢？关键就在于 HttpServerExpectContinueHandler，参见代码清单 15-8。

代码清单 15-8　HttpServerExpectContinueHandler 的核心实现代码

```
public class HttpServerExpectContinueHandler extends ChannelInboundHandlerAdapter {
    //响应码为 417 的响应的定义
    private static final FullHttpResponse EXPECTATION_FAILED = new DefaultFullHttpResponse
       (HTTP_1_1, HttpResponseStatus.EXPECTATION_FAILED, Unpooled.EMPTY_BUFFER);
    //响应码为 100 的响应的定义
    private static final FullHttpResponse ACCEPT = new DefaultFullHttpResponse(
        HTTP_1_1, CONTINUE, Unpooled.EMPTY_BUFFER);

    //省略其他非关键代码

    /**
     * 默认实现，接受请求，返回响应码 100，如果想拒绝请求，那么需要修改代码或在子类中重写方法的实现以返回 null
     */
    protected HttpResponse acceptMessage(@SuppressWarnings("unused") HttpRequest request) {
        return ACCEPT.retainedDuplicate();
    }

    /**
     * 返回响应码 417
     */
    protected HttpResponse rejectResponse(@SuppressWarnings("unused") HttpRequest request) {
        return EXPECTATION_FAILED.retainedDuplicate();
    }

    @Override
    public void channelRead(ChannelHandlerContext ctx, Object msg) throws Exception {
        if (msg instanceof HttpRequest) {
            HttpRequest req = (HttpRequest) msg;
            //判断请求是否携带 Expect:100-Continue 标头
            if (HttpUtil.is100ContinueExpected(req)) {
                HttpResponse accept = acceptMessage(req);//判断是否接受请求
                if (accept == null) {
                    //当 accept 为 null 时，表示拒绝，以 417 响应码拒绝请求
                    HttpResponse rejection = rejectResponse(req);
                    ReferenceCountUtil.release(msg);
                    ctx.writeAndFlush(rejection).addListener(ChannelFutureListener.CLOSE_
```

```
                    ON_FAILURE);
                return;
            }
            //返回 100 响应码，表示接受请求
            ctx.writeAndFlush(accept).addListener(ChannelFutureListener.CLOSE_ON_FAILURE);
            req.headers().remove(HttpHeaderNames.EXPECT);
        }
    }
    super.channelRead(ctx, msg);
  }
}
```

从上述代码可以看出，HttpServerExpectContinueHandler 的实现非常简单，默认对所有的请求直接返回“接受”消息，可见它所做的只是为了支持带有 Expect:100-Continue 标头的请求而已，使发送 Expect:100-Continue 标头的客户端不用再等待。在实践中，我们可以自定义判断标准以决定是否接收。

在上述代码中，需要注意的是 HttpUtil#is100ContinueExpected 方法，这个方法除判断标头之外，还判断 HTTP 版本，参见代码清单 15-9。

代码清单 15-9　HttpUtil#is100ContinueExpected 的实现代码

```
public static boolean is100ContinueExpected(HttpMessage message) {
    return isExpectHeaderValid(message) && message.headers().contains(HttpHeaderNames
        .EXPECT,HttpHeaderValues.CONTINUE, true);
}

private static boolean isExpectHeaderValid(final HttpMessage message) {
    /*
     *Expect:100-continue 仅适应于请求且要求 HTTP 协议为 1.1 及以上版本
     */
    return message instanceof HttpRequest &&
           message.protocolVersion().compareTo(HttpVersion.HTTP_1_1) >= 0;
}
```

从上述代码可以看出，只有 HTTP 1.1 以上版本才能支持此项功能。

15.1.3 请求合并器 HttpObjectAggregator

HTTP 请求在被 HttpServerExpectContinueHandler 接收后，将进入业务层的 HttpHello WorldServerHandler，这个处理程序比较简单，核心代码参见代码清单 15-10。

代码清单 15-10　HttpHelloWorldServerHandler 的核心实现

```
@Override
public void channelRead0(ChannelHandlerContext ctx, HttpObject msg) {
```

```
    if (msg instanceof HttpRequest) {
        HttpRequest req = (HttpRequest) msg;
        boolean keepAlive = HttpUtil.isKeepAlive(req);
        FullHttpResponse response = new DefaultFullHttpResponse(req.protocolVersion(), OK,
          Unpooled.wrappedBuffer(new byte[]{ 'H', 'e', 'l', 'l', 'o', ' ', 'W', 'o',
          'r', 'l', 'd' }));
        response.headers()
                .set(CONTENT_TYPE, TEXT_PLAIN)
                .setInt(CONTENT_LENGTH, response.content().readableBytes());
        //省略其他非核心代码
        ChannelFuture f = ctx.write(response);
        if (!keepAlive) {
            f.addListener(ChannelFutureListener.CLOSE);
        }
    }
```

一旦有了这个处理程序和前面讨论的那些处理程序，就将它们组合起来以搭建简易的 HTTP 服务器，测试效果见第 1 章，对于任何 HTTP 请求，服务器都将返回 helloworld。假设不是直接在浏览器中输入 URL 并回车（请求不带正文），而是使用 Postman 等工具发送带正文的请求（见图 15-1），结果会如何呢？

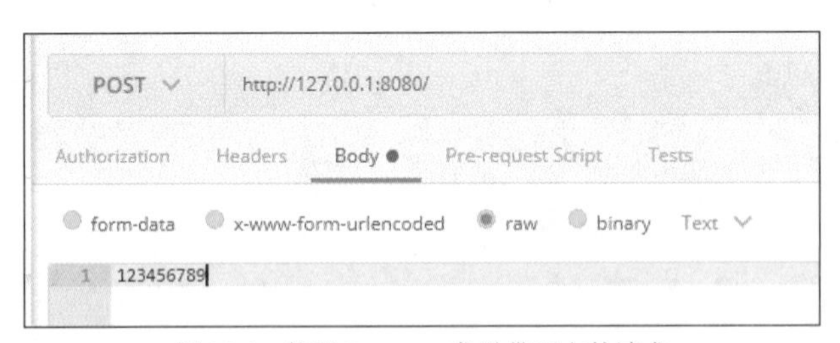

图 15-1　使用 Postman 发送带正文的请求

显然，结果是一样的。但是，假设需要返回的是请求中携带的正文（如图 15-1 中的 123456789）而非固定的 helloworld，那么我们突然感觉有些无所适从了。参考如下代码，当请求（msg）是 HttpRequest 时，HttpRequest 并不包含正文部分，而仅包含 method、url、header 等非正文部分。

```
@Override
public void channelRead0(ChannelHandlerContext ctx, HttpObject msg) {
    if (msg instanceof HttpRequest) {
        HttpRequest req = (HttpRequest) msg;
        //省略非关键代码
    }
}
```

通过进一步调试，我们发现后面还会有消息发送过来。换言之，后面的正文是作为另一种 msg 呈现的，如图 15-2 所示。

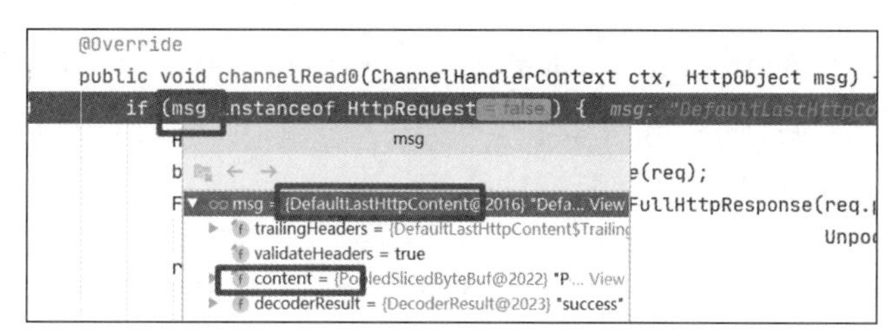

图 15-2　HTTP 请求的正文部分被接收了

这种 msg 的类型是 DefaultLastHttpContent，里面包含了我们发送的正文，而最开始接收的 HttpRequest 并不包含正文。所有初学者都容易误认为 HttpRequest 就已经包含正文。产生这种误解的根本原因在于认为 HTTP 请求的标头和正文是一次性处理完的。为了消除这种误解，我们需要回溯到 HttpRequestDecoder，看看结果到底是什么。

实际上，HttpRequestDecoder 继承自 HttpObjectDecoder，它的核心就是使用“数据读取状态机”完成信息的读取和转换，例如，最基本的一定是先读标头，再读正文，更多状态参见代码清单 15-11。

代码清单 15-11　HTTP 请求的数据读取状态机

```
private enum State {
    SKIP_CONTROL_CHARS,
    READ_INITIAL,
    READ_HEADER,
    READ_VARIABLE_LENGTH_CONTENT,
    READ_FIXED_LENGTH_CONTENT,
    READ_CHUNK_SIZE,
    READ_CHUNKED_CONTENT,
    READ_CHUNK_DELIMITER,
    READ_CHUNK_FOOTER,
    BAD_MESSAGE,
    UPGRADED
}
```

有了数据读取状态机，请求的读取过程基本就是状态之间的切换，如图 15-3 所示。

在图 15-3 中，分支 READ_HEADER 所要执行的操作就是读取标头。正文则根据情况处于不同的状态，例如，chunked 编码方式下的正文就和使用 Content Length 指定大小时的正文处于不同的状态。这里我们不再一一解析细节，而仅仅查看能最终返回响应信息的一些状态处理过程。

1. 在读取标头时程序会返回信息

参见代码清单 15-12，假设 HTTP 请求带正文，并且使用 Content Length（此时大于 0）方式承载内容，那么调用 readHeaders(buffer)时将会返回状态 State.READ_FIXED_LENGTH_CONTENT。

等切换到这个状态时，程序就会进入 default 分支，从而将前面已经读取标头的信息（message 变量）返回。通过查询 message 的创建代码可知，请求是 DefaultHttpRequest，其中确实包含除正文外的其他信息（此时正文还没有被读取）。

```
@Override
protected void decode(ChannelHandlerContext ctx, ByteBuf buffer, List<Object> out) {
    if (resetRequested) {...}

    switch (currentState) {
    case SKIP_CONTROL_CHARS: {...}
    case READ_INITIAL: try {...} catch (Exception e) {...}
    case READ_HEADER: try {...} catch (Exception e) {...}
    case READ_VARIABLE_LENGTH_CONTENT: {...}
    case READ_FIXED_LENGTH_CONTENT: {...}
    case READ_CHUNK_SIZE: try {...} catch (Exception e) {...}
    case READ_CHUNKED_CONTENT: {...}
    case READ_CHUNK_DELIMITER: {...}
    case READ_CHUNK_FOOTER: try {...} catch (Exception e) {...}
    case BAD_MESSAGE: {...}
    case UPGRADED: {...}
    }
}
```

图 15-3　HTTP 请求的读取过程

代码清单 15-12　HttpObjectDecoder 中的 READ_HEADER 分支

```
case READ_HEADER: try {
    //读取标头到message对象中，然后获取下一个状态
    State nextState = readHeaders(buffer);
    if (nextState == null) {
        return;
    }
    currentState = nextState;
    switch (nextState) {
    case SKIP_CONTROL_CHARS:
        //当没有内容时的处理方式
        out.add(message);
        out.add(LastHttpContent.EMPTY_LAST_CONTENT);
        resetNow();
        return;
    case READ_CHUNK_SIZE:
        if (!chunkedSupported) {
            throw new IllegalArgumentException("Chunked messages not supported");
        }
        //chunked传输方式，这里先添加HttpMessage，后开始使用HttpChunks
        out.add(message);
        return;
    default:

        long contentLength = contentLength();
        if (contentLength == 0 || contentLength == -1 && isDecodingRequest()) {
            out.add(message);
```

```
                out.add(LastHttpContent.EMPTY_LAST_CONTENT);
                resetNow();
                return;
            }

            assert nextState == State.READ_FIXED_LENGTH_CONTENT ||
                    nextState == State.READ_VARIABLE_LENGTH_CONTENT;

            out.add(message);

            if (nextState == State.READ_FIXED_LENGTH_CONTENT) {
                //假设下一个状态是 State.READ_FIXED_LENGTH_CONTENT，则设置 chunkSize 为 contentLength
                chunkSize = contentLength;
            }
            return;
        }
    } catch (Exception e) {
        out.add(invalidMessage(buffer, e));
        return;
    }
```

上述代码中的 readHeaders 方法决定了下一个状态是什么。具体可根据请求返回不同的状态，参见代码清单 15-13。

代码清单 15-13　HttpObjectDecoder 中的 readHeaders 方法

```
private State readHeaders(ByteBuf buffer) {
    //省略其他非关键代码，读取所有标头到 message 对象中
    State nextState;
    if (isContentAlwaysEmpty(message)) {
        HttpUtil.setTransferEncodingChunked(message, false);
        nextState = State.SKIP_CONTROL_CHARS;
    } else if (HttpUtil.isTransferEncodingChunked(message)) {
        nextState = State.READ_CHUNK_SIZE;
    } else if (contentLength() >= 0) {
        nextState = State.READ_FIXED_LENGTH_CONTENT;
    } else {
        nextState = State.READ_VARIABLE_LENGTH_CONTENT;
    }
    return nextState;
}
```

2. 在读取正文时程序也会返回信息

下面仍以使用 Content Length 指定正文大小的 HTTP 请求处理为例，参见代码清单 15-14。

代码清单 15-14　在 HttpObjectDecoder 中读取固定大小的正文

```
case READ_FIXED_LENGTH_CONTENT: {
    int readLimit = buffer.readableBytes();

    if (readLimit == 0) {
        return;
    }
    //maxChunkSize 由 HttpObjectDecoder 的构造器参数指定，默认为 8KB，用于限制每次读取的数据大小
    int toRead = Math.min(readLimit, maxChunkSize);
    if (toRead > chunkSize) {
        toRead = (int) chunkSize;
    }
    ByteBuf content = buffer.readRetainedSlice(toRead);
    //chunkSize 就是代码清单 15-13 中的 contentLength
    chunkSize -= toRead;
    if (chunkSize == 0) {
        //若 chunkSize 等于 0，说明数据一次就读完了，直接使用 DefaultLastHttpContent
        out.add(new DefaultLastHttpContent(content, validateHeaders));
        resetNow();
    } else {
        out.add(new DefaultHttpContent(content));
    }
    return;
}
```

通过观察上述代码，我们梳理出如下实现要点。

- 假设内容（请求中的正文）较多，那么数据将不可避免地被分成多个 8KB 大小的 DefaultHttpContent，最终以 DefaultLastHttpContent 收尾。另外，当网络拥堵时，数据也可能被分成多个 DefaultHttpContent，只是不一定会有 8KB 那么大。
- 假设网络状态良好，并且文件的内容小于 maxChunkSize，那么数据一次就可以读完，并返回两个数据对象——DefaultHttpContent 和 DefaultLastHttpContent。

这种场景（HTTP 请求中包含正文）中 HTTP 读取操作可能返回的对象参见表 15-1。表 15-1 还给出了不包含正文的 HTTP 请求可能返回的对象，这里不再赘述。

表 15-1　使用 HttpRequestDecoder 读取 HTTP 请求时的返回对象

类别	HttpMessage（非正文内容）method/version/url/header	HttpContent（正文内容）
带正文的 HTTP 请求解析出的对象	DefaultHttpRequest	DefaultHttpContent（1～n 个，但最后一个是 DefaultLastHttpContent，DefaultLastHttpContent 还是 LastHttpContent 的实现类）
不带正文的 HTTP 请求解析出的对象	DefaultHttpRequest	LastHttpContent（EMPTY_LAST_CONTENT 实例，不带内容）

如表 15-1 所示，包含正文的 HTTP 请求至少会被分成正文部分和非正文部分。前面介绍的示例实际上仅仅处理了非正文部分（DefaultHttpRequest），而没有关心后面的正文部分（DefaultHttpContent）。然而，在大多数情况下，我们仍需要关心正文部分，而且有时候我们并不想将它们分开处理。此时，我们可以使用另外一个处理程序——HttpObjectAggregator。简而言之，HttpObjectAggregator 要做的就是将标头和正文合并为一个对象，这个对象将包含所有的信息，从而更便于处理。

核心思想如下：HttpObjectAggregator 继承自 MessageAggregator，MessageAggregator 则对信息进行了聚合。那么什么时候开始聚合，什么时候又结束聚合呢？参见代码清单 15-15，在开始接收数据时创建对象，当后续数据来临时追加信息，直到识别出最后追加的数据，结束聚合。信息的开始部分、中间部分和结束部分可以通过对象的类型来判断。

代码清单 15-15　MessageAggregator 聚合中的关键代码

```
@Override
protected void decode(final ChannelHandlerContext ctx, I msg, List<Object> out) throws
    Exception {
    if (isStartMessage(msg)) {
        //省略其他非关键代码
        S m = (S) msg;
        //省略其他非关键代码
        CompositeByteBuf content =
            ctx.alloc().compositeBuffer(maxCumulationBufferComponents);
        if (m instanceof ByteBufHolder) {
            appendPartialContent(content, ((ByteBufHolder) m).content());
        }
        currentMessage = beginAggregation(m, content);
    } else if (isContentMessage(msg)) {
        //省略其他非关键代码
        CompositeByteBuf content = (CompositeByteBuf) currentMessage.content();
        final C m = (C) msg;
        //省略其他非关键代码
        //追加内容
        appendPartialContent(content, m.content());
        //通过子类的实现额外追加一些信息，例如尾随的标头
        aggregate(currentMessage, m);

        final boolean last;
        {
            //省略其他非关键代码
            last = isLastContentMessage(m);
        }

        if (last) {
```

```
                finishAggregation0(currentMessage);
                //结束
                out.add(currentMessage);
                currentMessage = null;
            }
        } else {
            throw new MessageAggregationException();
        }
    }
```

我们可从代码清单 15-16 中找到对应聚合操作的 3 种信息类型判断。

代码清单 15-16　HttpObjectAggregator 中的 3 种信息类型判断

```
@Override
protected boolean isStartMessage(HttpObject msg) throws Exception {
    return msg instanceof HttpMessage;
}

@Override
protected boolean isContentMessage(HttpObject msg) throws Exception {
    return msg instanceof HttpContent;
}

@Override
protected boolean isLastContentMessage(HttpContent msg) throws Exception {
    return msg instanceof LastHttpContent;
}
```

如上述代码所示，HttpMessage 类型信息（非正文部分）的来临表示可以开始聚合了；HttpContent 类型消息（正文部分）的来临表示有信息需要追加；而当 HttpContent 对象同时是 LastHttpContent 类型时，就说明这已经是最后的信息了，结束聚合。我们最终得到的是 AggregatedFullHttpMessage，AggregatedFullHttpMessage 是 FullHttpMessage 的实现类。

HttpObjectAggregator 的实现要点如下。

- HttpObjectAggregator 是解码器，因为其基类继承自 MessageToMessageDecoder，而 MessageToMessageDecoder 仅仅对信息进行了转换，不涉及任何业务处理。
- HttpObjectAggregator 在执行聚合时使用的是 CompositeByteBuf，参见代码清单 15-17。CompositeByteBuf 会将信息的缓冲区组合到一起，而非复制到数组中。

代码清单 15-17　HttpObjectAggregator 使用 CompositeByteBuf 执行聚合

```
private static void appendPartialContent(CompositeByteBuf content, ByteBuf partialContent){
    if (partialContent.isReadable()) {
        content.addComponent(true, partialContent.retain());
    }
}
```

那么如何使用 HttpObjectAggregator 来解决前面的需求呢（发送的请求中带正文，而响应会将请求中的正文原样返回）？参见代码清单 15-18，先将 HttpObjectAggregator 添加到处理程序流水线中。

代码清单 15-18　HttpObjectAggregator 的使用方法

```
p.addLast(new HttpServerCodec());
// p.addLast(new HttpServerExpectContinueHandler());
p.addLast(new HttpObjectAggregator(65535));
p.addLast(new HttpHelloWorldServerHandler());
```

如上述代码所示，HttpObjectAggregator 的构造器参数已被设置为 65 535。如果请求的正文大于 65 535 字节，将抛出 TooLongFrameException 异常。下面在 HttpHelloWorldServerHandler 中修改具体的处理过程，参见代码清单 15-19。

代码清单 15-19　在 HttpHelloWorldServerHandler 中修改具体的处理过程

```
if (msg instanceof FullHttpMessage) {
    FullHttpMessage req = (FullHttpMessage) msg;
    FullHttpResponse response = new DefaultFullHttpResponse(req.protocolVersion(), OK,
        req.content().copy());
```

如上述代码所示，如果消息是 FullHttpMessage 类型（HttpObjectAggregator 聚合后返回的类型），就取出正文后原样返回。

15.1.4　其他常用的 HTTP 处理程序

Netty 提供了很多实用的 HTTP 处理程序（大多位于 io.netty.handler.codec.http 包中）来帮助我们处理各种各样的问题，参见表 15-2。在实践中，我们可以根据具体情况进行选择。

表 15-2　Netty 提供的 HTTP 处理程序

处理程序	功能
HttpServerKeepAliveHandler	对连接进行管理
CorsHandler	对跨域攻击进行防范
HttpContentCompressor HttpContentDecompressor	对 HTTP 消息的正文部分进行压缩和解压缩
HttpServerUpgradeHandler	对协议切换进行支持，例如，从 HTTP 1.x 切换到 HTTP 2.0

需要说明的是，另外还存在一些 HTTP 处理程序（位于其他的包中），比如 io.netty.handler.ssl.SslHandler。

15.2 开源软件如何使用 Netty 构建 HTTP 服务

通过对 HTTP 应用案例的关键处理程序进行解析，我们了解了 Netty 是如何支持 HTTP 服务的。但毕竟只是演示，在真实的实践过程中，也这样构建 HTTP 服务吗？接下来，我们就来看看业界常见的两款开源软件是如何使用 Netty 构建 HTTP 服务的。

15.2.1 Hadoop 如何使用 Netty 构建 Web Hdfs

在介绍 Hadoop 如何使用 Netty 构建 Web Hdfs 之前，我们首先需要对 Web Hdfs 有一定的了解。

1. Web Hdfs

图 15-4 展示了 Web Hdfs 具体是如何使用的。

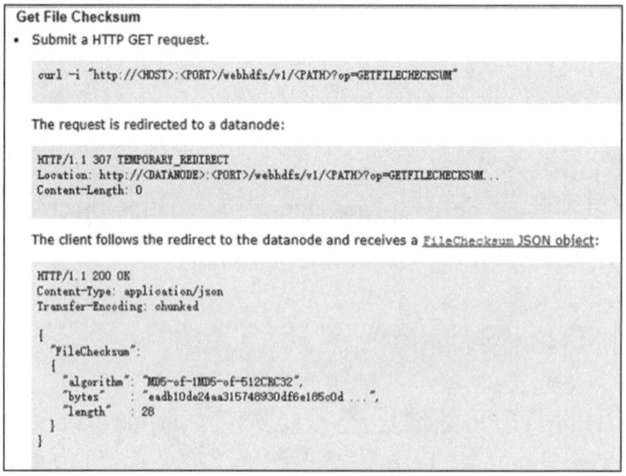

Get File Checksum

- Submit a HTTP GET request.

```
curl -i "http://<HOST>:<PORT>/webhdfs/v1/<PATH>?op=GETFILECHECKSUM"
```

The request is redirected to a datanode:

```
HTTP/1.1 307 TEMPORARY_REDIRECT
Location: http://<DATANODE>:<PORT>/webhdfs/v1/<PATH>?op=GETFILECHECKSUM...
Content-Length: 0
```

The client follows the redirect to the datanode and receives a FileChecksum JSON object:

```
HTTP/1.1 200 OK
Content-Type: application/json
Transfer-Encoding: chunked

{
  "FileChecksum":
  {
    "algorithm": "MD5-of-1MD5-of-512CRC32",
    "bytes"    : "eadb10de24aa315748930df6e185c0d ...",
    "length"   : 28
  }
}
```

图 15-4　Web Hdfs 的使用方法

观察图 15-4，使用 URL 就可以获取文件的校验和信息。由此可见，Web Hdfs 是一种常见的、使用 HTTP 的后台服务器。

2. 关键点分析

在了解了 Web Hdfs 的功能和用法之后，我们再来看看 Hadoop 如何使用 Netty 构建 HTTP 服务器，参见代码清单 15-20。

代码清单 15-20　Hadoop 使用 Netty 构建 HTTP 服务器的过程

```
public DatanodeHttpServer(final Configuration conf,final DataNode datanode,
final ServerSocketChannel externalHttpChannel)
```

```
    throws IOException {
        //省略其他非关键代码
        final ChannelHandler[] handlers = getFilterHandlers(conf);

        if (policy.isHttpsEnabled()) {
            this.sslFactory = new SSLFactory(SSLFactory.Mode.SERVER, conf);
            try {
                sslFactory.init();
            } catch (GeneralSecurityException e) {
                throw new IOException(e);
            }
            this.httpsServer = new ServerBootstrap().group(bossGroup, workerGroup)
                .channel(NioServerSocketChannel.class)
                .childHandler(new ChannelInitializer<SocketChannel>() {
                    @Override
                    protected void initChannel(SocketChannel ch) throws Exception {
                    ChannelPipeline p = ch.pipeline();
                    p.addLast(
                        new SslHandler(sslFactory.createSSLEngine()),
                        new HttpRequestDecoder(),
                        new HttpResponseEncoder());
                    if (handlers != null) {
                        for (ChannelHandler c : handlers) {
                        p.addLast(c);
                    }
                }
                p.addLast(
                    new ChunkedWriteHandler(),
                    new URLDispatcher(jettyAddr, conf, confForCreate));
                }
            });
        } else {
         this.httpsServer = null;
         this.sslFactory = null;
        }
    }
```

在上述代码中，Hadoop 使用两个 NioEventLoopGroup 分别作为 bossGroup 和 workerGroup，这说明采用的是 NIO 编程，并且使用的是 Reactor 主从多线程模式。上述代码的主体就是处理程序流水线的构建，其中最核心的是如下 4 个处理程序。

- SslHandler：用于支持 HTTPS。
- HttpRequestDecoder/HttpResponseEncoder：负责请求/响应的编解码。
- ChunkedWriteHandler：用于支持将大的响应（正文部分很大）分成多个块来传输。
- URLDispatcher：负责 HTTP 请求的具体业务处理。

一旦构建完处理程序流水线，就绑定地址并启动 Web Hdfs 服务器了。

可以看出，Web Hdfs 服务器的构建相比普通的自定义 TCP 服务器以及前面介绍的 HTTP 服务器并没有多大的差别，只是处理程序不同而已。当然，除上面那 4 个核心的处理程序之外，Hadoop 还构建了很多 Filter 类型的处理程序，例如 RestCsrfPreventionFilterHandler，这些处理程序都存储在 handlers 成员变量中。由于前面已经重点介绍了一些处理程序，因此接下来我们只介绍前面没有提及的如下两个核心处理程序——URLDispatcher 和 ChunkedWriteHandler。

1）URLDispatcher

如前所述，URLDispatcher 负责 HTTP 请求的具体业务处理，参见代码清单 15-21。URLDispatcher 继承自 SimpleChannelInboundHandler，除作为处理程序之外，URLDispatcher 还可用于判断路径是不是以 webhdfs 开头。如果路径以 webhdfs 开头，就采用另一个处理程序（WebHdfsHandler）进行处理。

代码清单 15-21　使用 URLDispatcher 处理 HTTP 请求的核心逻辑

```
class URLDispatcher extends SimpleChannelInboundHandler<HttpRequest> {

    //省略其他非关键代码
    @Override
    protected void channelRead0(ChannelHandlerContext ctx, HttpRequest req)
        throws Exception {
            String uri = req.getUri();
            ChannelPipeline p = ctx.pipeline();
            if (uri.startsWith(WEBHDFS_PREFIX)) {
                WebHdfsHandler h = new WebHdfsHandler(conf, confForCreate);
                p.replace(this, WebHdfsHandler.class.getSimpleName(), h);
                h.channelRead0(ctx, req);
            } else {
                SimpleHttpProxyHandler h = new SimpleHttpProxyHandler(proxyHost);
                p.replace(this, SimpleHttpProxyHandler.class.getSimpleName(), h);
                h.channelRead0(ctx, req);
            }
        }
}
```

观察前面的图 15-1 中所示的 HTTP 请求，它明显会进入 WebHdfsHandler，WebHdfsHandler 的核心逻辑如代码清单 15-22 所示。

代码清单 15-22　WebHdfsHandler 的核心逻辑

```
@Override
public void channelRead0(final ChannelHandlerContext ctx, final HttpRequest req) throws
    Exception {
    QueryStringDecoder queryString = new QueryStringDecoder(req.getUri());
```

```
        params = new ParameterParser(queryString, conf);
        //省略其他非关键代码
        handle(ctx, req);
        //省略其他非关键代码
    }

    public void handle(ChannelHandlerContext ctx, HttpRequest req)
        throws IOException, URISyntaxException {
        String op = params.op();
        HttpMethod method = req.getMethod();
        if (PutOpParam.Op.CREATE.name().equalsIgnoreCase(op) && method == PUT) {
            onCreate(ctx);
            //省略其他分支
        } else if(GetOpParam.Op.GETFILECHECKSUM.name().equalsIgnoreCase(op) && method == GET) {
            onGetFileChecksum(ctx);
        } else {
            throw new IllegalArgumentException("Invalid operation " + op);
        }
    }
```

从上述代码可以看出，WebHdfsHandler 会根据 HTTP 请求的 parameter 和 method 来定位想要执行的逻辑。以获取文件校验和信息的接口为例，参数是 GETFILECHECKSUM 方法，使用的 method 是 get，有了这些关键信息，我们就可以定位到具体的业务逻辑——onGetFileChecksum()方法。onGetFileChecksum()方法的实现代码参见代码清单 15-23。

代码清单 15-23　onGetFileChecksum()方法的实现代码

```
    private void onGetFileChecksum(ChannelHandlerContext ctx) throws IOException {
        MD5MD5CRC32FileChecksum checksum = null;
        //省略其他非关键代码
        checksum = dfsclient.getFileChecksum(path, Long.MAX_VALUE);
        //省略其他非关键代码
        final byte[] js =   JsonUtil.toJsonString(checksum).getBytes(StandardCharsets.UTF_8);
        resp = new DefaultFullHttpResponse(HTTP_1_1, OK, Unpooled.wrappedBuffer(js));

        resp.headers().set(CONTENT_TYPE, APPLICATION_JSON_UTF8);
        resp.headers().set(CONTENT_LENGTH, js.length);
        resp.headers().set(CONNECTION, CLOSE);
        ctx.writeAndFlush(resp).addListener(ChannelFutureListener.CLOSE);
    }
```

如上述代码所示，onGetFileChecksum()方法的执行过程就是通过 dfsclient 获取校验和信息，然后将得到的校验和信息序列化成 JSON 字节流，构建出 DefaultFullHttpResponse，最后通过 ctx.writeAndFlush 将信息发送回去。

2）ChunkedWriteHandler

接下来，我们看看 Hadoop 是如何使用 ChunkedWriteHandler 的。ChunkedWriteHandler 是

一种通用处理程序，常用于文件内容的传输，第 16 章将对其进行详细介绍，这里只简单介绍其功能和基本用法。

ChunkedWriteHandler 的基本功能是什么？参见代码清单 15-24，当需要（通过 onOpen()方法）打开文件时，返回的正文是文件的内容，而文件的内容可能很大，因此我们最好将文件分块传输。ChunkedWriteHandler 的基本功能就是对文件进行分块。那么具体如何使用呢？ChunkedWriteHandle 要求所写出对象的类型必须是 ChunkedInput，例如代码清单 15-24 中的 ChunkedStream。而如果像 onGetFileChecksum 那样使用 DefaultFullHttpResponse 类型的对象，那么不会经过 ChunkedWriteHandler。

代码清单 15-24　使用 onOpen()方法写出 ChunkedStream 类型的对象

```
private void onOpen(ChannelHandlerContext ctx) throws IOException {
    final String nnId = params.namenodeId();
    final int bufferSize = params.bufferSize();
    final long offset = params.offset();
    final long length = params.length();

    resp = new DefaultHttpResponse(HTTP_1_1, OK);
    HttpHeaders headers = resp.headers();
    //省略其他部分标头的设置代码
    headers.set(CONTENT_TYPE, APPLICATION_OCTET_STREAM);
    headers.set(CONNECTION, CLOSE);

    final DFSClient dfsclient = newDfsClient(nnId, conf);
    HdfsDataInputStream in = dfsclient.createWrappedInputStream(
        dfsclient.open(path, bufferSize, true));
    in.seek(offset);

    long contentLength = in.getVisibleLength() - offset;
    if (length >= 0) {
        contentLength = Math.min(contentLength, length);
    }
    final InputStream data;
    if (contentLength >= 0) {
        headers.set(CONTENT_LENGTH, contentLength);
        data = new LimitInputStream(in, contentLength);
    } else {
        data = in;
    }

    ctx.write(resp);
    ctx.writeAndFlush(new ChunkedStream(data) {
        @Override
```

```
            public void close() throws Exception {
                super.close();
                dfsclient.close();
            }
        }).addListener(ChannelFutureListener.CLOSE);
    }
```

在发送正文（ChunkedStream）之前，标头部分也被发送出去了，参见上述代码中的 ctx.write (resp)。其中，resp 不包含正文部分，虽然里面确实包含了 Content Length 字段。

15.2.2 WebFlux 如何基于 Netty 构建 Web 服务

在介绍 WebFlux 如何基于 Netty 构建 Web 服务之前，我们首先简单了解一下 WebFlux。

1. WebFlux

下面通过一个简单的实例来介绍 WebFlux。完成这个实例需要执行如下操作。

1）添加 WebFlux 的相关依赖项

spring-boot-starter-webflux 是必需的依赖项，spring-boot-starter-web 则是传统 Web 项目的依赖项，两者较相似，在使用时一定要注意区分，参见代码清单 15-25。

代码清单 15-25　WebFlux 的相关依赖项

```
<dependencies>
      <dependency>
          <groupId>org.springframework.boot</groupId>
          <artifactId>spring-boot-starter-webflux</artifactId>
      </dependency>

      <!--
      <dependency>
          <groupId>org.springframework.boot</groupId>
          <artifactId>spring-boot-starter-web</artifactId>
      </dependency>
      -->
</dependencies>
```

2）编写控制层

既可以使用 Reactive 风格，也可以使用传统风格来编写控制层，这两种风格都支持，参见代码清单 15-26。

代码清单 15-26　编写控制层

```
@RestController
public class HelloWorldController
```

```
{
    //Reactive 风格
    @RequestMapping("/hi")
    public String hello()
    {
        return "hi";
    }
    //传统风格
    @RequestMapping("/hello")
    public Mono<String> helloWord(){
       return Mono.just("hello");
    }
}
```

3）启动程序

控制层编写完之后，程序还没有启动。我们需要编写 main()方法以启动程序，参见代码清单 15-27。

代码清单 15-27　启动程序

```
@SpringBootApplication
public class WebfluxApplication {
    public static void main(String[] args) {
        SpringApplication.run(WebfluxApplication.class, args);
    }
}
```

程序启动后，查看启动日志，如图 15-5 所示。

```
main] c.e.w.learningweflux.WebfluxApplication   : Starting WebfluxApplication on JIAFU-5AZPT with
flux\target\classes started by jiafu in C:\Users\jiafu\IdeaProjects\learningweflux)
main] c.e.w.learningweflux.WebfluxApplication   : No active profile set, falling back to default

main] o.s.b.web.embedded.netty.NettyWebServer   : Netty started on port(s): 8080
main] c.e.w.learningweflux.WebfluxApplication   : Started WebfluxApplication in 3.423 seconds
```

图 15-5　查看启动日志

从图 15-5 可以看出，WebFlux 直接基于 Netty 构建。

综上所述，WebFlux 和我们常见的 Web 服务大体一样，区别仅仅在于依赖项不同而已。实际上，WebFlux 也可以不基于 Netty，只需要修改依赖项即可，这里不再赘述。

2. 关键点分析

通过前面的介绍，我们得知 WebFlux 默认可直接基于 Netty 使用，并且可以当作普通的非反应式 Web 服务。那么 WebFlux 到底是如何构建的呢？抛开 Web 服务的相关知识和框架，我们只需要关心 WebFlux 是如何使用 Netty 来构建 HTTP 服务的。

翻阅 WebFlux 的源代码，从中可以看出，WebFlux 的构建都是配置化的，并且比较零散。但是，基本的构建和前面介绍的 HTTP 服务完全一致，区别仅仅在于处理程序流水线中的处理程序并不完全相同而已。

观察图 15-6（代码摘自 BootstrapHandlers.BootstrapInitializerHandler#initChannel），WebFlux 为连接创建的处理程序流水线主要包括两部分：Http1Initializer（其中，1 表示支持的 HTTP 版本），用于完成大多数处理程序的添加；ChannelOperations#addReactiveBridge，用于完成业务处理程序 ChannelOperationsHandler 的添加。

```
@Override
protected void initChannel(Channel ch) {  ch: "[id: 0x5a5c7877, L:/0:0:0:0:0:0:0:1:8080 - R:
    if (pipeline != null) {
        for (PipelineConfiguration pipelineConfiguration : pipeline) {  pipelineConfiguratio
            pipelineConfiguration.consumer.accept(listener, ch);  pipelineConfiguration: Boo
        }
    }          + {HttpServerBind$Http1Initializer@4888}

    ChannelOperations.addReactiveBridge(ch, opsFactory, listener);

    if (log.isDebugEnabled()) {
        log.debug(format(ch, msg: "Initialized pipeline {}"), ch.pipeline().toString());
    }
}
```

图 15-6　WebFlux 在初始化连接时的处理程序流水线

执行后，我们就可以得到一条完整的流水线，例如：

```
DefaultChannelPipeline{(reactor.left.httpCodec =
   io.netty.handler.codec.http.HttpServerCodec), (reactor.left.httpTrafficHandler =
   reactor.netty.http.server.HttpTrafficHandler), (reactor.right.reactiveBridge =
   reactor.netty.channel.ChannelOperationsHandler)}
```

其中，HttpServerCodec 是最核心的编解码器，这和其他 HTTP 服务的构建完全一样；HttpTrafficHandler 负责连接的维护；ChannelOperationsHandler 是具体的业务处理程序，负责进行具体的业务实现。实际上，除这些编解码器之外，还有一些可选的编解码器，它们可根据配置情况有选择地进行添加。WebFlux HTTP 1.1 服务器的部分实现代码参见代码清单 15-28。

代码清单 15-28　WebFlux HTTP 1.1 服务器的部分构建代码

```
static final class Http1Initializer implements BiConsumer<ConnectionObserver, Channel>
{
    @Override
    public void accept(ConnectionObserver listener, Channel channel) {
        ChannelPipeline p = channel.pipeline();

        p.addLast(NettyPipeline.HttpCodec, new HttpServerCodec(line, header, chunk,
            validate, buffer));
```

```
            if (ACCESS_LOG) {
                p.addLast(NettyPipeline.AccessLogHandler, new AccessLogHandler());
            }

            boolean alwaysCompress = compressPredicate == null && minCompressionSize == 0;

            if (alwaysCompress) {
                p.addLast(NettyPipeline.CompressionHandler,
                    new SimpleCompressionHandler());
            }

          p.addLast(NettyPipeline.HttpTrafficHandler, new HttpTrafficHandler(listener,
            forwardedHeaderHandler, compressPredicate, cookieEncoder, cookieDecoder));

            //省略其他非关键代码
            p.addAfter(NettyPipeline.HttpTrafficHandler, NettyPipeline.HttpMetricsHandler,
                new HttpServerMetricsHandler((HttpServerMetricsRecorder) channelMetricsRecorder,
                uriTagValue));

        }
}
```

从上述代码可以看出，SimpleCompressionHandler（继承自 HttpContentCompressor）、AccessLogHandler 和 HttpServerMetricsHandler 等都是可选的处理程序，下面从中选择两个进行简单介绍。

1）AccessLogHandler

AccessLogHandler 提供的功能就是输出访问日志，其实现代码参见代码清单 15-29。

代码清单 15-29　AccessLogHandler 的实现代码

```
final class AccessLogHandler extends ChannelDuplexHandler {
    AccessLog accessLog = new AccessLog();
    @Override
    public void channelRead(ChannelHandlerContext ctx, Object msg) {
        if (msg instanceof HttpRequest) {
            final HttpRequest request = (HttpRequest) msg;
            final SocketChannel channel = (SocketChannel) ctx.channel();

            accessLog = new AccessLog()
                .address(channel.remoteAddress().getHostString())
                .port(channel.localAddress().getPort())
                .method(request.method().name())
                .uri(request.uri())
                .protocol(request.protocolVersion().text());
        }
        ctx.fireChannelRead(msg);
    }
```

```
    public void write(ChannelHandlerContext ctx, Object msg, ChannelPromise promise) {
        //省略其他非关键代码
        if (msg instanceof LastHttpContent) {
        accessLog.increaseContentLength(((LastHttpContent) msg).content().readableBytes());
        ctx.write(msg, promise.unvoid())
          .addListener(future -> {
              if (future.isSuccess()) {
                  accessLog.log();
              }
          });
        return;
      }
      //省略其他非关键代码
}
```

如上述代码所示，AccessLogHandler 的功能比较简单：当请求来临时，创建 AccessLog 以初始化基本信息；等响应发送完之后，再输出包含记录了各种信息的 AccessLog。

2）HttpServerMetricsHandler

HttpServerMetricsHandler 负责记录一些度量的关键信息，其实现代码参见代码清单 15-30（仅保留 dataReceivedTime 的计算、存储方法为例）。

代码清单 15-30　HttpServerMetricsHandler 的实现代码

```
final class HttpServerMetricsHandler extends ChannelDuplexHandler {

    long dataReceived;
    long dataSent;
    long dataReceivedTime;
    long dataSentTime;

    final HttpServerMetricsRecorder recorder;
    final Function<String, String> uriTagValue;

    HttpServerMetricsHandler(HttpServerMetricsRecorder recorder, @Nullable Function<String,
       String> uriTagValue) {
         this.recorder = recorder;
         this.uriTagValue = uriTagValue;
    }
    //省略其他非关键代码
    @Override
    public void channelRead(ChannelHandlerContext ctx, Object msg) {
        if (msg instanceof HttpRequest) {
            dataReceivedTime = System.nanoTime();
        }
        //省略其他非关键代码
```

```
        if (msg instanceof LastHttpContent) {
            //省略其他非关键代码
            recorder.recordDataReceivedTime(path, method, Duration.ofNanos(System.nanoTime()
              - dataReceivedTime));
        }
          dataReceived = 0;
        }

        ctx.fireChannelRead(msg);
    }
}
```

如上述代码所示，HttpServerMetricsHandler 主要记录了 dataReceived、dataSent、dataReceivedTime、dataSentTime 这 4 项关键信息。这些信息最终将记录在 HttpServerMetricsRecorder 中以便后续使用。

总之，使用 Netty 构建 HTTP 服务无非就是选取一些通用的 HTTP 处理程序，然后实现自己的业务处理程序并添加到处理程序流水线中就可以了。

15.3 将案例程序改造为 HTTP 应用

接下来，我们学以致用，简单演示一下如何将案例程序改造为 HTTP 应用，改造后的效果如图 15-7 所示。

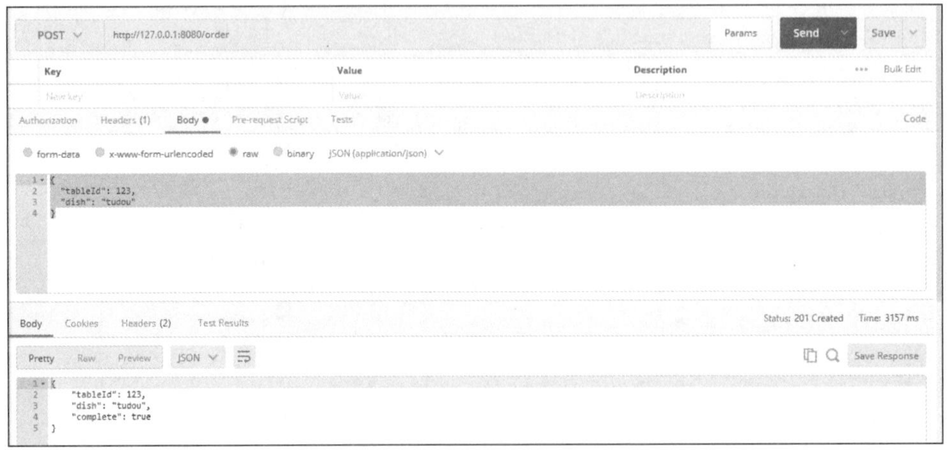

图 15-7　HTTP 版的案例程序

观察图 15-7，使用 Postman 工具发送点餐请求后（路径为 http://127.0.0.1:8080/order，正文为 JSON 格式的点餐数据），服务器便能够完成处理并返回正确的响应。接下来，详细介绍案例程序的改造过程。

15.3.1 完成业务处理程序

请参考代码清单 15-31 来完成业务处理程序。

代码清单 15-31 HTTP 版案例程序的业务处理程序

```
@Slf4j
public class BusinessHandler extends SimpleChannelInboundHandler<FullHttpRequest> {
    @Override
    protected void channelRead0(ChannelHandlerContext ctx, FullHttpRequest fullHttpRequest)
    throws Exception {
    if(isOrderRequest(fullHttpRequest)){
        OrderOperation orderOperation = decodeRequestBodyAsObject(fullHttpRequest);
        OrderOperationResult orderOperationResult = orderOperation.execute();
        ByteBuf buffer = generateJsonAsResponseBody(ctx, orderOperationResult);
        DefaultFullHttpResponse msg = new DefaultFullHttpResponse(HttpVersion.HTTP_
            1_1, HttpResponseStatus.CREATED, buffer);

        msg.headers().add(HttpHeaderNames.CONTENT_TYPE, HttpHeaderValues.APPLICATION_
            JSON);
        msg.headers().add(HttpHeaderNames.CONTENT_LENGTH, buffer.readableBytes());

        ctx.writeAndFlush(msg);
    }else{
        DefaultFullHttpResponse msg = new DefaultFullHttpResponse(HttpVersion.HTTP_
            1_1, HttpResponseStatus.NOT_FOUND);
        ctx.writeAndFlush(msg);
    }
   }

   private boolean isOrderRequest(FullHttpRequest fullHttpRequest) {
        return HttpMethod.POST.equals(fullHttpRequest.method()) && "/order".equalsIgnoreCase
            (fullHttpRequest.uri());
   }

   private OrderOperation decodeRequestBodyAsObject(FullHttpRequest fullHttpRequest) {
        ByteBuf content = fullHttpRequest.content();
        byte[] bytes = ByteBufUtil.getBytes(content);
        return JsonUtil.fromJson(bytes, OrderOperation.class);
   }

   private ByteBuf generateJsonAsResponseBody(ChannelHandlerContext ctx,
        OrderOperationResult orderOperationResult) {
        byte[] resultBytes  = JsonUtil.toJsonBytes(orderOperationResult);
        ByteBuf buffer = ctx.alloc().buffer();
        buffer.writeBytes(resultBytes);
```

```
        return buffer;
    }
}
```

如上述代码所示，业务处理程序的核心流程就是根据提供的路径和方法定位需要执行的操作，例如点餐操作，然后执行操作，最后将执行结果封装成 DefaultFullHttpResponse 并发送回去。当然，请不要忘记在发送前设置 CONTENT_TYPE 和 CONTENT_LENGTH 这两个标头。

15.3.2　组合处理程序以搭建 HTTP 服务器

有了业务层处理程序，以及 Netty 自带的 HTTP 编解码器，就搭建 HTTP 服务器（参见代码清单 15-32）。当然，处理程序也可以与 HttpObjectAggregator 配合起来使用，这样处理起来更方便，并且可以避免关联请求的非正文部分（如 header、url、version 等）和正文部分。

代码清单 15-32　搭建 HTTP 服务器

```
public class Server {

    public static void main(String[] args) throws Exception {
        EventLoopGroup bossGroup = new NioEventLoopGroup(1);
        EventLoopGroup workerGroup = new NioEventLoopGroup();
        try {
            ServerBootstrap b = new ServerBootstrap();
            b.group(bossGroup, workerGroup)
                    .channel(NioServerSocketChannel.class)
                    .handler(new LoggingHandler(LogLevel.INFO))
                    .childHandler(new ChannelInitializer() {
                        @Override
                        protected void initChannel(Channel ch) throws Exception {
                            ChannelPipeline p = ch.pipeline();
                            p.addLast(new HttpServerCodec());
                            p.addLast(new HttpObjectAggregator(65535));
                            p.addLast(new BusinessHandler());
                        }
                    });

            Channel ch = b.bind(8080).sync().channel();
            ch.closeFuture().sync();
        } finally {
            bossGroup.shutdownGracefully();
            workerGroup.shutdownGracefully();
        }
    }
}
```

改造完之后，案例程序就能够支持 HTTP 形式的点餐操作了，并且在和客户端集成时将更方便。

15.4 常见疑问解析

在使用 Netty 进行 HTTP 编程时，细心、喜欢刨根问底的读者可能会产生一些疑惑，下面举例说明。

15.4.1 HttpServerExpectContinueHandler 和 HttpObjectAggregator 能否共存

在学习本章的过程中，有的读者可能产生如下疑问：在代码清单 15-18（展示了如何使用 HttpObjectAggregator）中为什么要注释掉 HttpServerExpectContinueHandler？因为当带 Expect 标头的请求到达这个处理程序且服务器返回 100 响应码后，请求数据就不会往下传递了，所以就无法被 HttpObjectAggregator 收集到。

```
@Override
public void channelRead(ChannelHandlerContext ctx, Object msg) throws Exception {
    if (msg instanceof HttpRequest) {

        HttpRequest req = (HttpRequest) msg;

        if (HttpUtil.is100ContinueExpected(req)) {
            HttpResponse accept = acceptMessage(req);

            if (accept == null) {
                //不接受这个请求，直接拒绝
                HttpResponse rejection = rejectResponse(req);
                ReferenceCountUtil.release(msg);
                ctx.writeAndFlush(rejection).addListener(ChannelFutureListener.
                        CLOSE_ON_FAILURE);
                return;
            }

            ctx.writeAndFlush(accept).addListener(ChannelFutureListener.CLOSE_ON_FAILURE);
            req.headers().remove(HttpHeaderNames.EXPECT);
        }
    }
    super.channelRead(ctx, msg);
}
```

另外，HttpObjectAggregator 本身也能处理 ExpectContinue（参考代码清单 15-33），而且实现得更好（在 HttpObjectAggregator 中，引入的 maxContentLength 用于判断内容的大小，从而辅

助你决定当前请求能否通过，而 HttpServerExpectContinueHandler 默认允许所有请求通过）。因此，HttpObjectAggregator 不再需要与 HttpServerExpectContinueHandler 同时存在。

代码清单 15-33　使用 HttpObjectAggregator#continueResponse 处理 ExpectContinue

```
private static Object continueResponse(HttpMessage start, int maxContentLength,
    ChannelPipeline pipeline) {
    if (HttpUtil.isUnsupportedExpectation(start)) {
        //当 expect 标头的值并非 100-continue 时返回 417 响应码
        pipeline.fireUserEventTriggered(HttpExpectationFailedEvent.INSTANCE);
        return EXPECTATION_FAILED.retainedDuplicate();
    } else if (HttpUtil.is100ContinueExpected(start)) {
        //请求内容符合要求，返回 CONTINUE
        if (getContentLength(start, -1L) <= maxContentLength) {
            return CONTINUE.retainedDuplicate();
        }
        //请求内容过大，返回 413 响应码
        pipeline.fireUserEventTriggered(HttpExpectationFailedEvent.INSTANCE);
        return TOO_LARGE.retainedDuplicate();
    }

    return null;
}
```

15.4.2　何时需要写 LastHttpContent

服务器回送的响应数据有各种各样的写法。有些案例会在发出数据后显式地写入一个 LastHttpContent 类型的对象，例如 LastHttpContent.EMPTY_LAST_CONTENT。那么到底何时需要写 LastHttpContent？在对此进行分析之前，我们首先需要弄清楚 LastHttpContent 是用来干什么的。实际上，LastHttpContent 的作用与数据的最终编码有关。换言之，LastHttpContent 与 HttpObjectEncoder 有关。LastHttpContent 的作用如下。

- 标记请求已完成，编码状态可以切换了。HTTP 消息是通过状态机来实现的，先解析标头，再解析正文；而响应的编码也是通过状态机来实现的，先编码标头，后编码正文。然而，同一个 Channel 使用的是同一个编码器，编码器在处理完一个响应后，接着会处理这个 Channel 的下一个响应。如果在编码并发送完当前响应正文后，把下一个响应的标头当作正文进行编码肯定不合适。因此，这里需要使用一个对象来通知我们当前响应已经结束了，从而可以切换状态了，LastHttpContent 的作用就在于此，代码如下所示。

```
if (msg instanceof LastHttpContent) {
    state = ST_INIT;
}
```

- 对于 chunked 传输方式，标记结束，以添加一些额外信息。参见代码清单 15-34，在

HttpObjectEncoder#encodeChunkedContent 中，当发现某消息已经是最后一条信息时，就再添加一些额外信息，比如可能存在尾部的标头（trailing header）。那么尾部的标头是什么样的？普通的标头、正文发出去后，我们有时可能需要动态产生一些标头，比如用于正文完整性校验等，因此就可以将尾随的标头在请求结束时发出去，如图 15-8 所示。

代码清单 15-34　在标记结束后添加一些额外信息

```
private void encodeChunkedContent(ChannelHandlerContext ctx, Object msg, long content
    Length, List<Object> out) {
    if (contentLength > 0) {
        //以 chunked 方式传输的内容
    }

    if (msg instanceof LastHttpContent) {
        HttpHeaders headers = ((LastHttpContent) msg).trailingHeaders();
        if (headers.isEmpty()) {
            out.add(ZERO_CRLF_CRLF_BUF.duplicate());
        } else {
            ByteBuf buf = ctx.alloc().buffer((int) trailersEncodedSizeAccumulator);
            ByteBufUtil.writeMediumBE(buf, ZERO_CRLF_MEDIUM);
            encodeHeaders(headers, buf);
            ByteBufUtil.writeShortBE(buf, CRLF_SHORT);
            trailersEncodedSizeAccumulator = TRAILERS_WEIGHT_NEW *
                padSizeForAccumulation(buf.readableBytes()) +
                TRAILERS_WEIGHT_HISTORICAL * trailersEncodedSizeAccumulator;
            out.add(buf);
        }
    }
    //省略其他非关键代码
}
```

```
1  HTTP/1.1 200 OK
2  Content-Type: text/plain
3  Transfer-Encoding: chunked
4  Trailer: Expires
5
6  7\r\n
7  Mozilla\r\n
8  9\r\n
9  Developer\r\n
10 7\r\n
11 Network\r\n
12 0\r\n
13 Expires: Wed, 21 Oct 2015 07:28:00 GMT\r\n
14 \r\n
```

图 15-8　存在尾随的标头

综合来看，LastHttpContent 是很有存在价值的，但是为什么我们在示例中没有看到 LastHttpContent 呢？实际上，对于以下几种情况，确实不需要使用 LastHttpContent。

- 要写的数据本身就是 LastHttpContent 实现类。回顾之前的示例，我们要写的

DefaultFullHttpResponse 本身就是 LastHttpContent 的一种实现类。但是若不仔细观察，我们往往误以为没有写 LastHttpContent。

- 一写完数据就关闭连接。细心的读者可能会发现，在 Hadoop 通过执行 onOpen()方法写出数据的过程中，我们也没有看到 LastHttpContent，参见代码清单 15-35。代码清单 15-35 中的 ChannelFutureListener.CLOSE 表示发出数据后，就直接把连接关闭，因此我们根本不需要关心编码器处于什么状态（对于后续所有请求都需要重新建立连接）。

代码清单 15-35 Hadoop 写出数据的过程

```
ctx.writeAndFlush(new ChunkedStream(data) {
     @Override
     public void close() throws Exception {
         super.close();
         dfsclient.close();
     }
 }).addListener(ChannelFutureListener.CLOSE);
```

- LastHttpContent 已在内部实现中补写完毕。在其他的一些实践中，我们可能会看到如下写法，这种写法不需要我们显式地写最后一个标记。

```
ctx.writeAndFlush(new HttpChunkedInput(new ChunkedFile(raf, 0, fileLength, 8192)),
    ctx.newProgressivePromise());
```

原因就在于 HttpChunkedInput 会在最后一次分块时返回 LastHttpContent.EMPTY_LAST_CONTENT，具体过程参见代码清单 15-36。

代码清单 15-36 HttpChunkedInput#readChunk 最后返回的对象

```
@Override
private final LastHttpContent lastHttpContent;

public HttpChunkedInput(ChunkedInput<ByteBuf> input) {
    this.input = input;
    lastHttpContent = LastHttpContent.EMPTY_LAST_CONTENT;
}

public HttpContent readChunk(ByteBufAllocator allocator) throws Exception {
    if (input.isEndOfInput()) {
        if (sentLastChunk) {
            return null;
        } else {
            //读完后，获取的最后一块是 LastHttpContent.EMPTY_LAST_CONTENT
            sentLastChunk = true;
            return lastHttpContent;
```

```
            }
        } else {
            ByteBuf buf = input.readChunk(allocator);
            if (buf == null) {
                return null;
            }
            return new DefaultHttpContent(buf);
        }
    }
```

综上所述，除非发完响应就不需要连接了，否则一般需要 LastHttpContent。有时候，我们之所以没有看到 LastHttpContent，原因有可能在于响应对象是 LastHttpContent 的子类，也可能因为采用了一些特殊写法，LastHttpContent 在代码内部隐式写出而不易被发现。

15.4.3 HttpChunkedInput 必须与 transfer-encoding:chunked 绑定在一起吗

HttpChunkedInput 必须与 transfer-encoding:chunked 绑定在一起吗？不一定，当使用 HttpChunkedInput 传输数据时，不指定 transfer-encoding:chunked 也是可以的。因为 HttpChunkedInput 只将内容分成多个 DefaultHttpContent 进行传输而已，其间并没有添加或修改任何额外信息；而当使用 chunked 方式传输数据时，也只给每块内容额外添加了内容长度等信息。因此，HttpChunkedInput 中的注释（参见代码清单 15-37）不够严谨，导致我们误以为不能以 content length 方式传输数据。

代码清单 15-37　HttpChunkedInput 中的注释

```
A ChunkedInput that fetches data chunk by chunk for use with HTTP chunked transfers.
Each chunk from the input data will be wrapped within a HttpContent. At the end of the
input data, LastHttpContent will be written.
Ensure that your HTTP response header contains Transfer-Encoding: chunked.
public void messageReceived(ChannelHandlerContext ctx, FullHttpRequest request) throws
    Exception {
      HttpResponse response = new DefaultHttpResponse(HTTP_1_1, OK);
      response.headers().set(TRANSFER_ENCODING, CHUNKED);
      ctx.write(response);

      HttpContentChunkedInput httpChunkWriter = new HttpChunkedInput(
          new ChunkedFile("/tmp/myfile.txt"));
      ChannelFuture sendFileFuture = ctx.write(httpChunkWriter);
 }
```

当然，如果数据都按块发送，那么这肯定是用来应对很长的正文的情况。此时，我们一般使用 transfer-encoding:chunked 来通知客户端，这样客户端就可以对此进行一些优化，比如先向用户展示部分已接收的“块”。而当单纯使用 HttpChunkedInput 却不绑定这个标头时，客户端根本无法觉察可优化的条件满足了。

15.4.4　其他流行框架如何根据请求定位到处理位置

当使用 Spring Boot 开发 Web 应用程序时，我们并没有采用前面 Hadoop 构建 HTTP 服务器时使用的编码风格（其中有很多根据路径和 if-else 语句来定位执行的分支的方法），而采用代码清单 15-38 所示的常见编码风格。

代码清单 15-38　常见的 Spring Boot 编码风格

```
@RequestMapping(path = "test1", method = RequestMethod.GET)
@ResponseBody
public String test1(){
    return "test1";
};
```

那么 Spring Boot 在内部是如何实现的呢？核心就在于 DispatcherServlet，当 HTTP 请求来临时，具体都是由 DispatcherServlet 处理的。当初始化 DispatcherServlet 时，会初始化其中的列表成员 HandlerMapping，这个列表成员有很多种类型，其中一种是 RequestMappingHandlerMapping。当启动 Spring Boot 时，Spring 会扫描（通过使用 AbstractHandlerMethodMapping #detectHandlerMethods）所有的控制层方法。一旦 Spring 发现含@RequestMapping 注解的方法，就添加相应的信息（RequestMappingInfo）到 RequestMappingHandlerMapping 中，如图 15-9 所示。

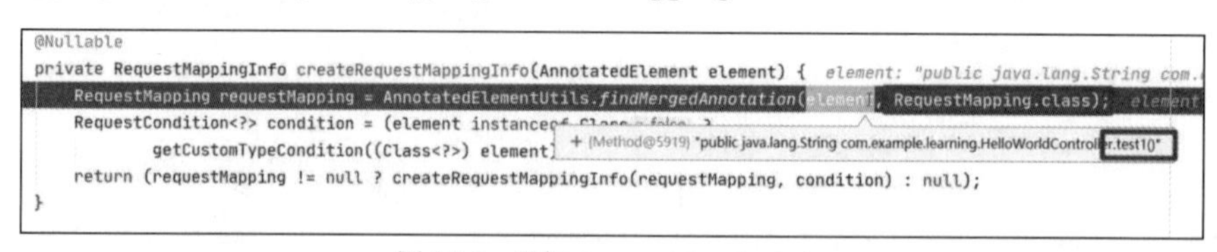

图 15-9　添加 RequestMappingInfo

最终构建出来的 RequestMappingHandlerMapping 如图 15-10 所示。

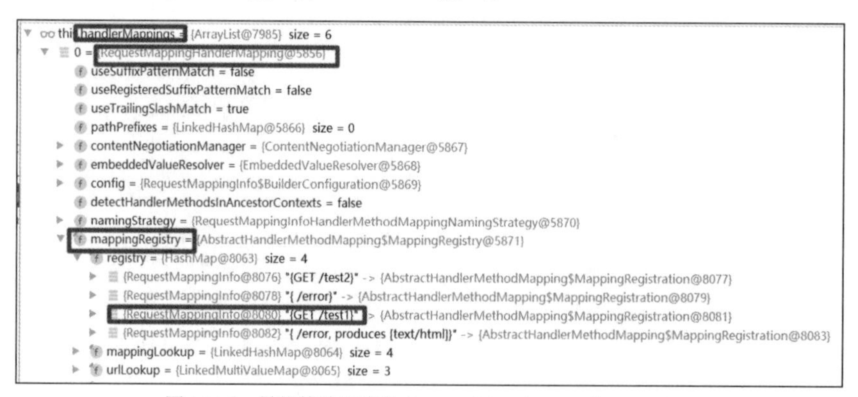

图 15-10　最终构建出来的 RequestMappingHandlerMapping

由图 15-10 可知，RequestMappingHandlerMapping 中的 mappingRegistry 包含了所有请求

与处理方法的对应关系。

当请求来临时，处理过程就变成先从映射中查找执行方法，然后执行即可，参见代码清单 15-39（DispatcherServlet#doDispatch）。

代码清单 15-39 DispatcherServlet#doDispatch 的实现代码

```
protected void doDispatch(HttpServletRequest request, HttpServletResponse response)
    throws Exception {
    HttpServletRequest processedRequest = request;
    HandlerExecutionChain mappedHandler = null;
        //省略其他非核心代码
        mappedHandler = getHandler(processedRequest);
        //省略其他非核心代码
        mv = ha.handle(processedRequest, response, mappedHandler.getHandler());
        //省略其他非核心代码
}

protected HandlerExecutionChain getHandler(HttpServletRequest request) throws Exception {
    if (this.handlerMappings != null) {
        for (HandlerMapping mapping : this.handlerMappings) {
             HandlerExecutionChain handler = mapping.getHandler(request);
             if (handler != null) {
                 return handler;
             }
        }
    }
    return null;
}
```

第 16 章　Netty 对文件应用的支持

前面的章节不仅介绍了如何使用 Netty 实现基于 TCP 和 UDP 等传输协议的服务，而且重点介绍了 Netty 对 HTTP 应用是如何进行支持的。实际上，这些都是按照协议进行划分的。但是，如果按照功能进行划分，我们将得到更多类型的应用，如文件服务器、多媒体服务器、消息服务器等。在所有这些服务器中，文件服务器最流行。不言而喻，文件应用涉及的处理都是围绕文件操作进行的，如上传、下载、获取文件信息等，那么 Netty 对文件应用是如何进行支持的呢？本章就详细探讨这些内容。

16.1 FileRegion

Netty 对文件应用的支持主要是通过 FileRegion 来实现的，那么 FileRegion 是什么？FileRegion 与文件又有什么区别？在 Netty 的 API 文档中，我们可以找到 FileRegion 的描述，如下所示。

A region of a file that is sent via a Channel which supports zero-copy file transfer.

翻译过来就是：FileRegion 是一个文件区域，它可以通过 Channel 发送且支持零复制特性。从上述定义中，我们可以看出 FileRegion 的如下两个关键信息。

- FileRegion 可以通过 Channel 来发送文件，并且支持零复制的文件传输。
- FileRegion 支持仅传输文件的部分内容。

上面的描述理解起来可能还是有些抽象。FileRegion 实际上就是接口，因此我们可以通过其唯一的实现类 DefaultFileRegion（不考虑测试包中的实现类）来体会 FileRegion 的含义，该类的实现代码参见代码清单 16-1。

代码清单 16-1　DefaultFileRegion 的实现代码

```
public class DefaultFileRegion extends AbstractReferenceCounted implements FileRegion {
```

```
    private final File f;
    private final long position;
    private final long count;
    private long transferred;
    private FileChannel file;

    @Override
    public long transferTo(WritableByteChannel target, long position) throws IOException {
        long count = this.count - position;
        //省略其他非关键代码
        //调用 open()方法以确保 file 被初始化一次
        open();
        //调用 JDK 方法 FileChannel#transferTo
        long written = file.transferTo(this.position + position, count, target);
        if (written > 0) {
            transferred += written;
        } else if (written == 0) {
            validate(this, position);
        }
        return written;
    }

    public void open() throws IOException {
        if (!isOpen() && refCnt() > 0) {
            file = new RandomAccessFile(f, "r").getChannel();
        }
    }

}
```

从上述代码我们可以解析出 DefaultFileRegion 的如下关键实现信息。

- DefaultFileRegion 对文件（file）进行了封装，并且最终在执行 transferTo 方法以写出文件的内容时，必须确保调用 open()方法以获取要使用的 FileChannel，获取方法参见语句 new RandomAccessFile(f, "r").getChannel()。
- FileChannel 本身支持文件的部分传输，并且支持零复制，传输时使用的是 transferTo()方法，这个方法的定义如下。

```
public abstract long transferTo(long position, long count, WritableByteChannel target)
```

其中，position 和 count 表明可以只传输文件的部分内容。

通过分析相关注释和代码可知，FileRegion 在本质上就是文件，其中记录了当前的位置（position）信息，从而可以将文件的内容划分成两部分——已发送部分和未发送部分。有了 FileRegion，Netty 就可以实现对文件发送的支持了。

16.1.1 Netty 如何支持 FileRegion

通过前面的介绍，相信读者对 FileRegion 已经有了一定的了解。而 Netty 对文件应用的关键支持主要就是通过支持 FileRegion 实现的，具体参见代码清单 16-2（AbstractNioByteChannel#doWriteInternal）。

代码清单 16-2　AbstractNioByteChannel 支持发送 FileRegion 类型的数据

```
private int doWriteInternal(ChannelOutboundBuffer in, Object msg) throws Exception {
    if (msg instanceof ByteBuf) {
        //省略其他非关键代码
    } else if (msg instanceof FileRegion) {
        //支持 FileRegion
        FileRegion region = (FileRegion) msg;
        if (region.transferred() >= region.count()) {
            in.remove();
            return 0;
        }

        long localFlushedAmount = doWriteFileRegion(region);
        if (localFlushedAmount > 0) {
            //更新进度
            in.progress(localFlushedAmount);
            //判断文件是否写完
            if (region.transferred() >= region.count()) {
                //写完就直接删除
                in.remove();
            }
            return 1;
        }
    } else {
        throw new Error();
    }
    return WRITE_STATUS_SNDBUF_FULL;
}
```

从上述代码可以看出，Netty NIO TCP 编程支持发送多种类型的数据，其中就包括 FileRegion，具体的底层实现方法参见代码清单 16-3（NioSocketChannel#doWriteFileRegion）。

代码清单 16-3　发送 FileRegion 类型数据的底层调用

```
@Override
protected long doWriteFileRegion(FileRegion region) throws Exception {
    final long position = region.transferred();
    return region.transferTo(javaChannel(), position);
}
```

如上述代码所示，当发送 FileRegion 类型的数据时，使用的就是之前提到的 transferTo()方法。上述代码将 javaChannel()作为 writableByteChannel 参数，而将 FileRegion 中记录的已传输到的位置作为 position 参数，这样尚未发送的剩余部分就可以通过 SocketChannel 发送出去了。

读者对此可能产生疑问，当通过 NIO TCP 编程写出文件时，会不会一次就成功呢？这实际上和写 ByteBuf 是一样的，都可能需要写多次，主要原因如下。

- NIO 传输特性。写出目标是 NioSocketChannel，因而写出是非阻塞的。当进行 TCP 流量控制时，就不能再写出数据了，而直接无阻塞地返回，这和写 ByteBuf 是一样的。
- 受到的文件传输限制。当使用 FileChannelImpl#transferTo 传输文件时（这里的传输不仅包括写到网络上，还包括复制到另一个文件中，只要设置对应的 writableByteChannel 参数即可），一次最多可以写 2GB 的数据，因此超过 2GB 的文件需要写多次。文件传输的这种限制逻辑参见代码清单 16-4（FileChannelImpl#transferTo）。

代码清单 16-4　文件传输的限制逻辑

```
public long transferTo(long position, long count, WritableByteChannel target) throws
    IOException
        {
          //省略其他非关键代码
          //控制最多写 2GB 的数据
          int icount = (int)Math.min(count, Integer.MAX_VALUE);
          if ((sz - position) < icount)
             icount = (int)(sz - position);

          long n;
          //假设内核支持直接传输
          if ((n = transferToDirectly(position, icount, target)) >= 0)
               return n;
              //省略其他非关键代码
        }
```

如上述代码所示，Math.min(count, Integer.MAX_VALUE)用来设置具体的限制大小，最大是 2GB。

通过分析上面描述的两点原因，我们可以得出如下结论：即使文件不大，也可能会写出多次；大小超过 2GB 的文件必然会写出多次。

16.1.2　解析 FileRegion 的劣势

DefaultFileRegion 看起来简单易用，那么直接发送 DefaultFileRegion 有没有什么问题或限制？通过前面的介绍，我们可以总结出如下两个较突出的问题。

1. 文件过大导致的时间占用

假设发送的文件比较大，例如 1GB，那么在网络状况良好且接收端能够及时进行处理的情况下，发送过程不会被打断。假设整个过程耗费了 1s，那么在占用的这 1s 时间内，其他的需要使用同一 NioEventLoop 的 SocketChannel 将无法及时处理数据。

2. 无法进行中间处理

假设文件应用启用了 SSL 来对传输的内容进行加密，那么最终等待发送的数据应该是安全加密的 ByteBuf。而在发送 DefaultFileRegion 时，最终会调用 FileChannel.transferTo，这里并没有什么 ByteBuf 类型的参数或调用。虽然这最终也通过字节流进行传输，但是我们没有办法在调用 FileChannel.transferTo 之前进行安全加密，对于底层更是无法触及。为了解决这个问题，我们不得不寻求更好的传输方式，Netty 就支持另一种文件传输方式，详见 16.2 节。

16.2 ChunkedFile/ChunkedNioFile

为了避免大文件占用线程的时间过长，我们可以对文件进行分块传输；为了对文件传输进行安全加密，需要“中间数据”仍是 ByteBuf，这样我们才能对数据进行加密和转换。结合以上两点，Netty 提供了另一种更好的支持方式——使用 ChunkedFile、ChunkedNioFile 以及用于传输它们的 ChunkedWriteHandler 处理程序。顾名思义，这种文件传输方式的核心思想就是分块。

16.2.1 比较 ChunkedFile 与 ChunkedNioFile

1. 相同点

ChunkedFile 和 ChunkedNioFile 都继承自基类 io.netty.handler.stream.ChunkedInput，如图 16-1 所示。

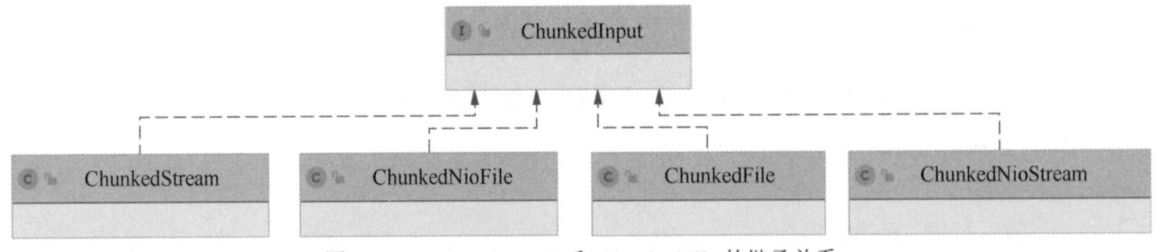

图 16-1　ChunkedNioFile 和 ChunkedFile 的继承关系

ChunkedFile 和 ChunkedNioFile 也都实现了 ChunkedInput 基类的核心接口方法 readChunk (io.netty.channel.ChannelHandlerContext)。每调用一次这个接口方法，就读取部分内容并保存到 ByteBuf 中。这里所说的“部分内容”的大小由构造器参数 chunkSize 指定，如果没有指定，默认为 8KB，参见代码清单 16-5。这里的构造器都使用了默认值 ChunkedStream.DEFAULT_CHUNK_SIZE（值为 8192）。

代码清单 16-5 ChunkedFile 和 ChunkedNioFile 的构造器

```
//ChunkedStream.DEFAULT_CHUNK_SIZE 的定义
//static final int DEFAULT_CHUNK_SIZE = 8192;

public ChunkedFile(RandomAccessFile file) throws IOException {
    this(file, ChunkedStream.DEFAULT_CHUNK_SIZE);
}
public ChunkedNioFile(FileChannel in) throws IOException {
    this(in, ChunkedStream.DEFAULT_CHUNK_SIZE);
}
```

2. 不同点

ChunkedFile 和 ChunkedNioFile 的内部实现不同，具体来说，也就是接口方法 readChunk 的实现不同，如图 16-2 所示。

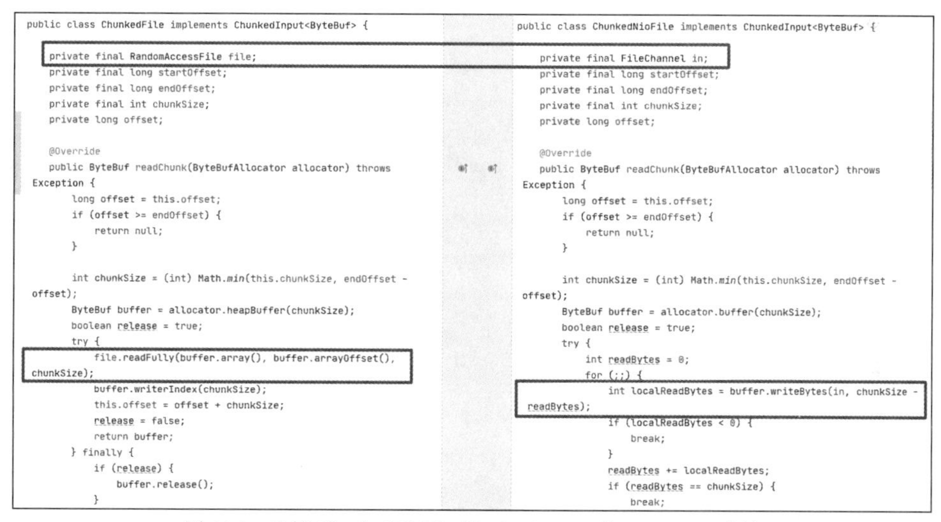

图 16-2 比较 ChunkedNioFile 和 ChunkedFile 的 readChunk 方法

ChunkedFile 直接通过调用传统的 JDK I/O 方法读取文件。

```
java.io.RandomAccessFile#readFully(byte[], int, int);
```

ChunkedNioFile 则通过调用 NIO 方法读取文件。

```
io.netty.buffer.ByteBuf#writeBytes(java.nio.channels.ScatteringByteChannel, int);
```

其中，ScatteringByteChannel（ChunkedNioFile 的属性成员 in）就是 new RandomAccessFile(in, "r").getChannel()语句返回的 FileChannel。

16.2.2 解析 ChunkedWriteHandler 的实现

虽然由 ChunkedNioFile 或 ChunkedFile 来提供分块的内容，但 Netty 对发送文件提供的支持并没有完，至少还需要提供处理程序来读取分块，这里使用的便是 ChunkedWriteHandler。第 15 章简单提到过 ChunkedWriteHandler 的功能和用法，但没有详细分析其实现。

ChunkedWriteHandler 的核心实现很简单，就是在写 ChunkedFile/NioChunkedFile 时，直接将内容缓存起来，在执行 flush 操作时，通过不断调用 ChunkedInput#readChunk 将缓存的内容发送出去。这样做的好处在于，通过将文件划分成多块内容（ByteBuf），在写这些块的间隙时间里，让其他的 Channel 有机会完成它们各自的任务，从而不至于因为传输的文件过大而占用太长的时间。

下面我们看一下 ChunkedWriteHandler 的核心代码。当然，ChunkedWriteHandler 本身有很多细节，这里直接将它们简化成最简单的骨架实现，参见代码清单 16-6。

代码清单 16-6　ChunkedWriteHandler 的核心代码

```
private final Queue<PendingWrite> queue = new ArrayDeque<PendingWrite>();

@Override
public void write(ChannelHandlerContext ctx, Object msg, ChannelPromise promise) throws
    Exception {
    queue.add(new PendingWrite(msg, promise));
}

@Override
public void flush(ChannelHandlerContext ctx) throws Exception {
    doFlush(ctx);
}

private void doFlush(final ChannelHandlerContext ctx) {
    final Channel channel = ctx.channel();
    if (!channel.isActive()) {
        discard(null);
        return;
    }

    boolean requiresFlush = true;
    ByteBufAllocator allocator = ctx.alloc();
    while (channel.isWritable()) {
        //轮询待写项：正常情况下 PendingWrite 就是 ChunkedInput 封装类
        final PendingWrite currentWrite = queue.peek();
        //省略其他非关键代码
        final Object pendingMessage = currentWrite.msg;
        if (pendingMessage instanceof ChunkedInput) {
            final ChunkedInput<?> chunks = (ChunkedInput<?>) pendingMessage;
            boolean endOfInput;
            boolean suspend;
```

```
            Object message = null;
            try {
                //读取部分内容
                message = chunks.readChunk(allocator);
                endOfInput = chunks.isEndOfInput();
                //省略其他非关键代码
            } catch (final Throwable t) {
                //省略其他非关键代码
            }
            //省略其他非关键代码
            //把读取的数据发出去
            ChannelFuture f = ctx.writeAndFlush(message);
            if (endOfInput) {
                //如果已经到达文件的末尾，就可以删除了
                queue.remove();
                //省略其他非关键代码
                }
            } else {
                final boolean resume = !channel.isWritable();
                //省略其他非关键代码
            }
            requiresFlush = false;
        } else {
            //如果不是 ChunkedInput，就直接移除，加入待写队列并设置 requiresFlush 为 true
            queue.remove();
            ctx.write(pendingMessage, currentWrite.promise);
            requiresFlush = true;
        }
        //省略其他非关键代码
    }

    if (requiresFlush) {
        ctx.flush();
    }
}
```

从上述代码中我们可以梳理出如下实现细节。

- 实现是围绕队列进行的，文件在写完后才会从队列中移除。
- 即便待写数据不是 ChunkedInput 类型，在执行 flush 操作时，也可以将它们发出去。
- 每次执行 flush 操作时仅发送“一块”内容。

在使用 ChunkedWriteHandler 时，需要注意如下两点。

- ChunkedWriteHandler 需要添加到处理程序流水线中，但不要共享。
- 在写出数据时，需要使用 ChunkedInput 的实现类，对于文件类型，比较常用的是 ChunkedFile 和 ChunkedNioFile。

16.3 Netty 文件应用案例解析

在了解了 Netty 对文件应用的两种支持方式之后，我们再来看看 Netty 文件服务器到底是什么样子的。我们可以直接查看 Netty 自带的文件应用案例 FileServer，其核心代码参见代码清单 16-7（已省略非核心代码）。

代码清单 16-7　io.netty.example.file.FileServer 的核心代码

```
EventLoopGroup bossGroup = new NioEventLoopGroup(1);
EventLoopGroup workerGroup = new NioEventLoopGroup();
try {
    ServerBootstrap b = new ServerBootstrap();
    b.group(bossGroup, workerGroup)
     .channel(NioServerSocketChannel.class)
     .option(ChannelOption.SO_BACKLOG, 100)
     .handler(new LoggingHandler(LogLevel.INFO))
     .childHandler(new ChannelInitializer<SocketChannel>() {
        @Override
        public void initChannel(SocketChannel ch) throws Exception {
            ChannelPipeline p = ch.pipeline();
            if (sslCtx != null) {
                p.addLast(sslCtx.newHandler(ch.alloc()));
            }
            p.addLast(
                  new StringEncoder(CharsetUtil.UTF_8),
                  new LineBasedFrameDecoder(8192),
                  new StringDecoder(CharsetUtil.UTF_8),
                  new ChunkedWriteHandler(),
                  new FileServerHandler());
        }
     });

    //前面的代码用于配置服务器，后面的代码用于启动服务器
    ChannelFuture f = b.bind(PORT).sync();
```

文件应用案例 FileServer 的功能如下。

客户端在建立连接后，发送一行字符串，服务器在接收到这行字符串之后（LineBasedFrameDecoder 和 StringDecoder 负责读取“行”格式的字符串），将字符串当作文件名，找到对应的文件并将其中的内容分块发送回去（ChunkedWriteHandler 负责分块），并且在最终发送之前进行编码（由 StringEncoder 完成）和加密（可选，由 SSL 处理程序完成）。

核心的业务处理实现代码参见代码清单 16-8。

代码清单 16-8　FileServerHandler 的核心业务处理实现代码

```
@Override
public void channelRead0(ChannelHandlerContext ctx, String msg) throws Exception {
    RandomAccessFile raf = null;
    long length = -1;
    try {
        raf = new RandomAccessFile(msg, "r");
        length = raf.length();
    } catch (Exception e) {
        //非关键代码
    }

    ctx.write("OK: " + raf.length() + '\n');
    if (ctx.pipeline().get(SslHandler.class) == null) {
        //当没有启用 SSL 时，可以使用零复制文件传输方式
        ctx.write(new DefaultFileRegion(raf.getChannel(), 0, length));
    } else {
        //当没有启用 SSL 时，不能使用零复制文件传输方式
        ctx.write(new ChunkedFile(raf));
    }
    ctx.writeAndFlush("\n");
}
```

从上述代码可以看出，当服务器不支持 SSL 时，使用 DefaultFileRegion 方式发送文件。

```
ctx.write(new DefaultFileRegion(raf.getChannel(), 0, length))
```

此时，ChunkedWriteHandler 实际上已经没有任何作用了。

而当服务器支持 SSL 时，显然无法直接使用 DefaultFileRegion 方式，你可以改用 ChunkedFile 方式发送文件。

```
ctx.write(new ChunkedFile(raf))。
```

ChunkedWriteHandler 会将 ChunkedFile 划分成分块的 ByteBuf 并发送给 SSL 处理程序以进行加密，然后发送出去。

这个案例虽然看起来比较简单，但是已经涵盖本章介绍的所有要点。只要你对 Netty 有一定的了解，就能明白这里为什么采用这样的实现方式。通过本章的学习，相信读者对如何使用 Netty 构建文件应用已经有了比较清晰的认识。

第 17 章　Netty 的另类特性

通过前面的学习，我们了解了 Netty 是如何支持一些主流应用的。在学习过程中，我们接触了很多流行术语，如 Reactor、空闲检查（idle check）等。但是，Netty 对虚拟机内管道、UNIX 域套接字（Unix domain socket）提供的支持，以及 Netty 对 JDK 的 ThreadLocal、Timer 所做的优化和增强等，也是十分重要的知识点。本章解析 Netty 的这些关键的另类特性，使读者对 Netty 的学习更进一步。

17.1 Netty 对虚拟机内管道提供的支持

第 1 章提到过虚拟机内管道，那么虚拟机内管道是什么？对于常见的客户端/服务器通信而言，服务器和客户端是跨越不同主机的不同进程。但是，如果服务器和客户端在同一个进程内或在同一个 JVM 内部，该怎么办呢？我们当然可以采用之前的编码风格进行编码，只是在使用相关地址启动服务或进行连接时使用回环地址即可。但实际情况是，我们根本不需要也没有必要跨越网络，因为针对这种情况，Netty 对虚拟机内管道提供了支持，虚拟机内管道是同一虚拟机内部的管道技术。

17.1.1 解析 JDK 自带的管道技术

在学习 Netty 如何对虚拟机内管道提供支持之前，我们先来了解一下 JDK 自带的管道（pipe）技术，它们实现的效果十分相似。下面看一个例子，参见代码清单 17-1。

代码清单 17-1　使用 JDK 的管道技术

```
public class JdkPipeDemo {
    public static void main(String[] args) throws IOException {
```

```
        //创建一个 Pipe 实例
        Pipe pipe = Pipe.open();

        //获取 Pipe 对象的 SinkChannel 以写入数据
        Pipe.SinkChannel sinkChannel = pipe.sink();

        //生成测试数据并写入 SinkChannel
        ByteBuffer data = generateData();
        while (data.hasRemaining()) {
            sinkChannel.write(data);
        }

        //获取 Pipe 对象的 SourceChannel 以读取数据
        Pipe.SourceChannel sourceChannel = pipe.source();
        //从 SourceChannel 读取数据并打印
        ByteBuffer result = ByteBuffer.allocate(512);
        while (sourceChannel.read(result) > 0) {
            printResult(result);
        }
    }

    private static void printResult(ByteBuffer result) {
        result.flip();
        while (result.hasRemaining()) {
            char ch = (char) result.get();
            System.out.print(ch);
        }
        result.clear();
    }

    private static ByteBuffer generateData() {
        ByteBuffer buffer = ByteBuffer.allocate(128);
        buffer.put("Pipe Test Data.".getBytes());
        buffer.flip();
        return buffer;
    }

}
```

对照上述代码与 JDK 管道的工作流程（见图 17-1），二者唯一的区别仅仅在于上述代码没有把数据读写线程分开而已。

从图 17-1 可以看出，JDK 的管道技术也用在同一个 JVM 内部。管道一旦建立成功，管道的两端就将成为两条通道：以 SinkChannel 作为写端，以 SourceChannel 作为读端。这使得在 SinkChannel 端写入数据后，在 SourceChannel 端就可以立即读取数据。那么这种管道技术是如何实现的呢？实际上，对于适用于不同平台的 JDK 来说，管道技术的实现方式也不同。例如，对于

Windows 平台来说，实现方式是使用一个自己到自己的 TCP 连接，其中的关键代码（PipeImpl. Initializer. LoopbackConnector#run）参见代码清单 17-2。

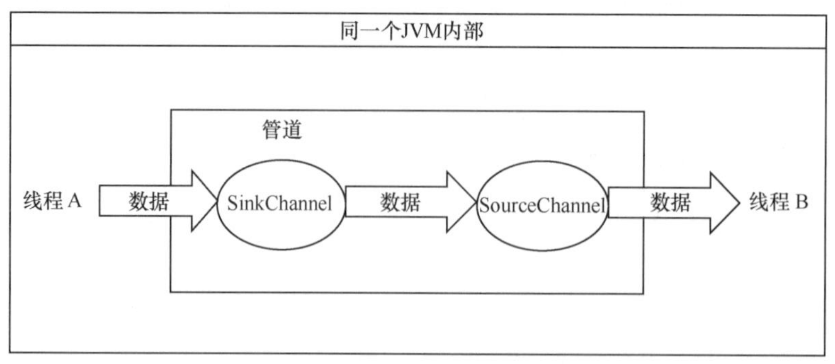

图 17-1　JDK 管道的工作流程

代码清单 17-2　Windows 平台下实现 JDK 管道技术的关键代码

```
ServerSocketChannel ssc = null;
SocketChannel sc1 = null;
SocketChannel sc2 = null;

try {
    //回环地址
    InetAddress lb = InetAddress.getByName("127.0.0.1");
    assert(lb.isLoopbackAddress());
    InetSocketAddress sa = null;
    for(;;) {
        //创建 ServerSocketChannel 并绑定本地回环地址以进行监听
        if (ssc == null || !ssc.isOpen()) {
            ssc = ServerSocketChannel.open();
            ssc.socket().bind(new InetSocketAddress(lb, 0));
            sa = new InetSocketAddress(lb, ssc.socket().getLocalPort());
        }

        //建立一个连接
        sc1 = SocketChannel.open(sa);
        ByteBuffer bb = ByteBuffer.allocate(8);
        long secret = rnd.nextLong();
        bb.putLong(secret).flip();
        sc1.write(bb);

        //接受连接并验证它是否正常
        sc2 = ssc.accept();
        bb.clear();
        sc2.read(bb);
        bb.rewind();
```

```
        if (bb.getLong() == secret)
            break;
        sc2.close();
        sc1.close();
    }
    //创建源通道和目标通道
    source = new SourceChannelImpl(sp, sc1);
    sink = new SinkChannelImpl(sp, sc2);

}
```

从上述代码可以看出，我们确实使用回环地址来建立 TCP 连接。然而，如前所述，以上仅仅是 Windows 平台下的实现，与 Linux 平台下的实现并不相同。另外，很明显，Windows 平台下的这种实现十分笨拙。接下来，我们看看如何使用 Netty 的虚拟机内管道。

17.1.2 如何使用 Netty 的虚拟机内管道

在使用源码解析 Netty 的虚拟机内管道之前，我们先来了解一下这种管道技术具体是如何使用的，从而有一定的直观感受。我们可以直接查看 Netty 自带的案例 io.netty.example.localecho.LocalEcho，将这个案例拆解成服务器端和客户端两部分或许更易于读者理解。例如，服务器端实现可以参考代码清单 17-3。

代码清单 17-3 虚拟机内管道案例的服务器端实现

```
static final String PORT = System.getProperty("port", "test_port");

public static void main(String[] args) throws Exception {
    final LocalAddress addr = new LocalAddress(PORT);
    ServerBootstrap sb = new ServerBootstrap();
    sb.group(new DefaultEventLoopGroup())
            .channel(LocalServerChannel.class)
            .handler(new ChannelInitializer<LocalServerChannel>() {
                @Override
                public void initChannel(LocalServerChannel ch) throws Exception {
                    ch.pipeline().addLast(new LoggingHandler(LogLevel.INFO));
                }
            })
            .childHandler(new ChannelInitializer<LocalChannel>() {
                @Override
                public void initChannel(LocalChannel ch) throws Exception {
                    ch.pipeline().addLast(
                            new LoggingHandler(LogLevel.INFO),
                            new LocalEchoServerHandler());
                }
```

```
            });
    sb.bind(addr).sync();
}
```

客户端则可以参考代码清单 17-4。

代码清单 17-4 虚拟机内管道案例的客户端实现

```
static final String PORT = System.getProperty("port", "test_port");
public static void main(String[] args) throws Exception {
final LocalAddress addr = new LocalAddress(PORT);
    EventLoopGroup clientGroup = new NioEventLoopGroup();
    Bootstrap cb = new Bootstrap();
    cb.group(clientGroup)
            .channel(LocalChannel.class)
            .handler(new ChannelInitializer<LocalChannel>() {
               @Override
               public void initChannel(LocalChannel ch) throws Exception {
                   ch.pipeline().addLast(
                           new LoggingHandler(LogLevel.INFO),
                           new LocalEchoClientHandler());
               }
            });

    //启动客户端
    Channel ch = cb.connect(addr).sync().channel();

    //省略其他非关键代码
    ch.writeAndFlush("content");
}
```

从上述虚拟机内管道案例的服务器端和客户端实现可以看出，虚拟机内管道应用和前面介绍的 Netty 应用相比，编码风格虽然大体相同，但存在如下关键不同之处。

- 对于 Channel，使用的是 LocalServerChannel 和 LocalChannel。
- 对于 Group，使用 NioEventLoopGroup 或 DefaultEventLoopGroup（用来替代 LocalEventLoopGroup）都可以。其中，NioEventLoopGroup 的子元素因为没有需要监听的事件而变成了单纯的任务处理程序。
- 对于地址，这里使用的是 LocalAddress（参考代码清单 17-5）。LocalAddress 的构造器并不接受数值型的端口号，而仅仅接受标识（也就是代码清单 17-5 中的 id）。

代码清单 17-5 LocalAddress 的关键实现代码

```
public LocalAddress(String id) {
    //省略其他非关键代码
    this.id = id;
```

```
        strVal = "local:" + id;
    }

    @Override
    public int hashCode() {
        return id.hashCode();
    }
```

在这个虚拟机内管道案例中，id 的默认值为 test_port，test_port 其实并无意义，而只是标识，因为不需要真的监听某个端口。当客户端连接服务器时，使用的地址只要和服务器端监听的地址保持一致即可。

17.1.3 基于源码解析 Netty 的虚拟机内管道

在掌握了如何使用 Netty 的虚拟机内管道之后，接下来我们解析一下 Netty 在内部是如何支持虚拟机内管道的。Netty 对虚拟机内管道的支持主要是通过 LocalServerChannel 和 LocalChannel 实现的，但是对于虚拟机内部的这种管道通信技术，实际上已不再需要注册到多路复用器，这一点可以通过浏览代码清单 17-6（LocalServerChannel#doRegister）来核实。

代码清单 17-6 LocalServerChannel 的注册实现

```
@Override
protected void doRegister() throws Exception {
    ((SingleThreadEventExecutor) eventLoop()).addShutdownHook(shutdownHook);
}
```

既然不用再通过多路复用来实现，那么数据如何收发呢？其实很简单，收发双发各自维护一个队列（在 Netty 中可命名为 inboundBuffer），发数据时写入对方的队列，而收数据时读取自己的队列，核心流程如图 17-2 所示。

其中，接收消息的核心代码参见代码清单 17-7（LocalChannel#doBeginRead），尝试读取 inboundBuffer 即可。

代码清单 17-7 虚拟机内管道之读数据

```
private final Queue<Object> inboundBuffer = new ArrayDeque<Object>();

@Override
protected void doBeginRead() throws Exception {
    //省略非关键代码

    readInbound();
}

private void readInbound() {
    RecvByteBufAllocator.Handle handle = unsafe().recvBufAllocHandle();
```

```
        handle.reset(config());
        ChannelPipeline pipeline = pipeline();
        do {
            Object m = inboundBuffer.poll();
            if (m == null) {
                break;
            }
            pipeline.fireChannelRead(m);
        } while (handle.continueReading());

        pipeline.fireChannelReadComplete();
    }
```

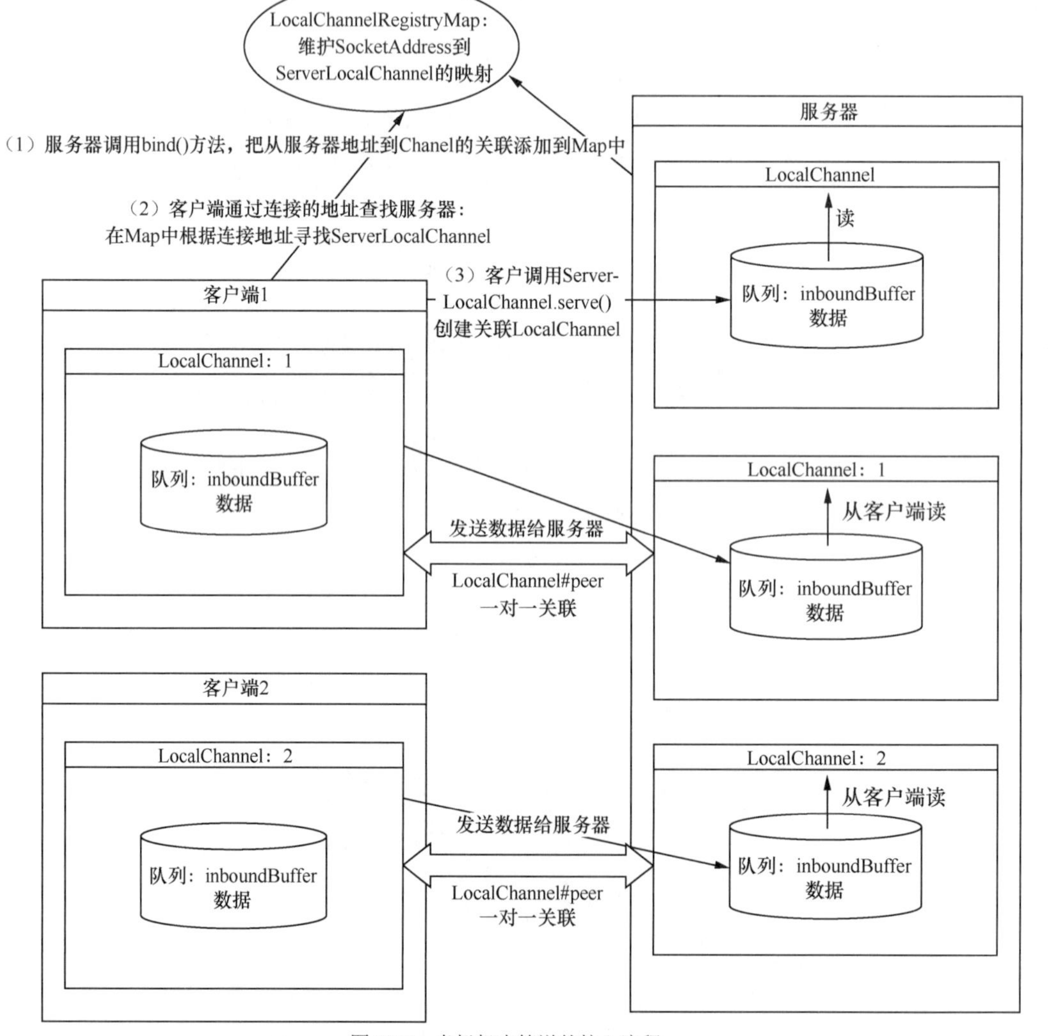

图 17-2　虚拟机内管道的核心流程

那么什么时候进行读取呢？这需要通过对方的写操作来触发。对于客户端来说，写数据是通过 LocalChannel#doWrite 来实现的，参见代码清单 17-8。首先，写入对端（对端也是 LocalChannel）的 inboundBuffer，然后，通过 finishPeerRead(peer)通知对端执行前面的读操作（通过调用 readInbound 方法）。

代码清单 17-8 虚拟机内管道之写数据

```
@Override
protected void doWrite(ChannelOutboundBuffer in) throws Exception {
    final LocalChannel peer = this.peer;
    writeInProgress = true;
    try {
        ClosedChannelException exception = null;
        for (;;) {
            Object msg = in.current();
                    //省略其他非核心代码
            peer.inboundBuffer.add(ReferenceCountUtil.retain(msg));
                    //省略其他非核心代码
        } catch (Throwable cause) {
                in.remove(cause);
            }
        }
    } finally {
    //省略其他非核心代码
    }
    //执行对端的读操作
    finishPeerRead(peer);

}
```

那么如何获取对端（peer）呢？如图 17-2 所示，当服务器启动时（LocalServerChannel 执行绑定操作时，参见代码清单 17-9，也就是执行 LocalServerChannel#doBind 方法时），就会将地址（其实是标识）与 LocalServerChannel 的对应关系写到 LocalChannelRegistry 的 map 成员中。

代码清单 17-9 LocalServerChannel 执行启动操作

```
@Override
protected void doBind(SocketAddress localAddress) throws Exception {
    this.localAddress = LocalChannelRegistry.register(this, this.localAddress,
        localAddress);
    state = 1;
}
```

而当客户端执行连接操作时（参见代码清单 17-10），就从 LocalChannelRegistry 中根据 remoteAddress 找出 LocalServerChannel。

代码清单 17-10　LocalChannel 执行连接操作

```
private class LocalUnsafe extends AbstractUnsafe {
    @Override
    public void connect(final SocketAddress remoteAddress,
        SocketAddress localAddress, final ChannelPromise promise) {
        //省略其他非关键代码
        Channel boundChannel = LocalChannelRegistry.get(remoteAddress);
        //省略其他非关键代码
        LocalServerChannel serverChannel = (LocalServerChannel) boundChannel;
        peer = serverChannel.serve(LocalChannel.this);
    }
}
```

一旦有了服务器端的 LocalServerChannel，就调用 serverChannel.serve 方法（参见代码清单 17-11），利用 LocalServerChannel 构建出与客户端对应的 LocalChannel，然后使用 peer 属性将彼此关联起来，最后把构建出的 LocalChannel 放到 LocalServerChannel 的 inboundBuffer 中。由此可以看出，虽然 LocalServerChannel 和 LocalChannel 都有 inboundBuffer，但是里面包含的数据不同，前者是 LocalChannel，后者是收发的用户数据。

代码清单 17-11　LocalServerChannel 的 serve 方法

```
LocalChannel serve(final LocalChannel peer) {
    final LocalChannel child = newLocalChannel(peer);
    //省略其他非关键代码
    serve0(child);
    //省略其他非关键代码
    return child;
}

protected LocalChannel newLocalChannel(LocalChannel peer) {
    return new LocalChannel(this, peer);
}

private void serve0(final LocalChannel child) {
    inboundBuffer.add(child);
    if (acceptInProgress) {
        acceptInProgress = false;

        readInbound();
    }
}
```

上面展示了虚拟机内管道的核心流程。从中可以看出，虽然编码风格和其他的 Socket 处理差不多，但是内部实现有很大的不同，例如，不再使用多路复用器，而直接通过队列来传递消息，这简单且高效。

17.2 Netty 对 UNIX 域套接字提供的支持

在 Netty 中如何使用虚拟机内管道处理同一进程内部的应用通信问题。除此之外，在另一种典型场景下也需要处理同一主机上跨进程的应用通信问题。对于这种问题，我们当然可以使用普通的 Socket 结合回环地址来完成通信，但是这种问题同样是可以进行优化的，因为此时我们并不需要经过网络协议栈，也不需要打包/拆包、计算校验和、维护序号和应答等，而只需要将应用层数据从一个进程复制到另一个进程中。普通的套接字更多是针对通信的不可靠性而设计的，因而无法实现最优化处理。正因为如此，引入了一种新的套接字——UNIX 域套接字，又称 IPC（Inter-Process Communication，进程间通信）套接字，这种套接字主要用于实现同一主机上的进程间通信。目前，UNIX 域套接字已成为使用最广泛的 IPC 机制。例如，X Window 服务器和 GUI 程序之间就是通过 UNIX 域套接字进行通信的。另外，虽然名称以 UNIX 为前缀，但是 Linux 系统也支持这种套接字。那么使用了域套接字之后，性能到底能提升多少呢？我们可以参考 Redis 给出的测试结论，原文如下。

When the server and client benchmark programs run on the same box, both the TCP/IP loopback and unix domain sockets can be used. Depending on the platform, unix domain sockets can achieve around 50% more throughput than the TCP/IP loopback (on Linux for instance). The default behavior of redis-benchmark is to use the TCP/IP loopback.

单从 Redis 的测试数据看，相比 TCP/IP 的传统套接字实现，使用域套接字后，吞吐量提升了 50%。由此我们得出结论，域套接字是在同一主机的不同进程间进行通信的最佳选择。

17.2.1 如何使用 Netty 的域套接字

既然使用之后性能如此卓越，那么如何使用域套接字呢？下面先介绍如何使用 Netty 提供的域套接字功能。

Netty 对域套接字提供的支持最早可以追溯到 2015 年的 4.0.26 版本。当然，使用的前提是客户端和服务器在同一主机上，主要的实现类有 EpollDomainSocketChannel 和 KQueue DomainSocketChannel，继承关系如图 17-3 所示。

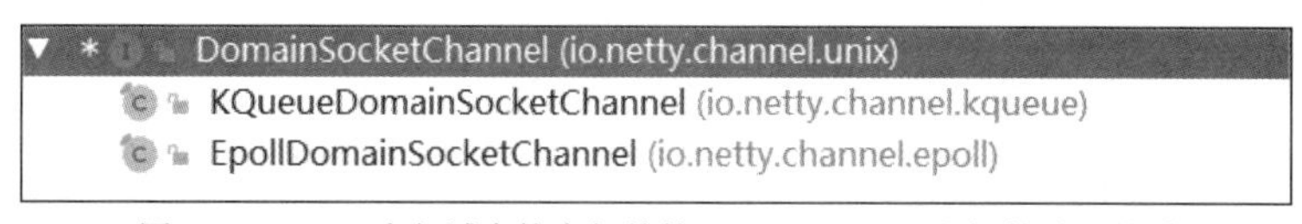

图 17-3　Netty 中与域套接字相关的 SocketChannel 之间的继承关系

与 SocketChannel 对应，这些类也都有自己的 ServerSocketChannel。

那么如何使用 Domain Socket 呢？我们不妨看看 grpc-java 的 AsyncServer，其中的部分代码参见代码清单 17-12。

代码清单 17-12 grpc-java 的 AsyncServer

```
switch (config.transport) {
    case NETTY_NIO: {
        boss = new NioEventLoopGroup(1, tf);
        worker = new NioEventLoopGroup(0, tf);
        channelType = NioServerSocketChannel.class;
        break;
    }
    case NETTY_EPOLL: {
        //省略其他非关键代码
    }
    case NETTY_UNIX_DOMAIN_SOCKET: {
        try {
            //只有 Linux 平台才能使用这种方式

            Class<?> groupClass =
                Class.forName("io.netty.channel.epoll.EpollEventLoopGroup");
            @SuppressWarnings("unchecked")
            Class<? extends ServerChannel> channelClass = (Class<? extends ServerChannel>)
                Class.forName("io.netty.channel.epoll.EpollServerDomainSocketChannel");
            boss =
                (EventLoopGroup)
                    groupClass
                        .getConstructor(int.class, ThreadFactory.class)
                        .newInstance(1, tf);
            worker =
                (EventLoopGroup)
                    groupClass
                        .getConstructor(int.class, ThreadFactory.class)
                        .newInstance(0, tf);
            channelType = channelClass;
            break;
    } catch (Exception e) {
        throw new RuntimeException(e);
    }
}
```

从上述代码可以看出，核心要点如下（以作为服务器为例）。

- EventLoopGroup 使用 EpollEventLoopGroup 即可，并不存在专用的 EventLoopGroup。
- channelClass 使用 EpollServerDomainSocketChannel 即可。

由此可见，在使用域套接字时，如果通过 Netty 来实现，存在差异的代码不超过 3 行。

17.2.2　基于源码解析 Netty 的域套接字

Netty 的域套接字在使用时非常简单，那么域套接字的实现和普通套接字的实现相比到底有什么区别呢？本质又是什么？下面就来简单对比一下 EpollServerSocketChannel 和 EpollServerDomainSocketChannel。

1. 套接字的创建

EpollServerSocketChannel 和 EpollServerDomainSocketChannel 都继承自 AbstractEpollServerChannel，但它们的底层实现不同，在构造实例时，使用的构造器参见代码清单 17-13。

代码清单 17-13　EpollServerSocketChannel 和 EpollServerDomainSocketChannel 使用的构造器

```
public EpollServerSocketChannel() {
    super(newSocketStream(), false);
    config = new EpollServerSocketChannelConfig(this);
}

public EpollServerDomainSocketChannel() {
    super(newSocketDomain(), false);
}
```

其中，newSocketStream()和 newSocketDomain()方法的声明参见代码清单 17-14。

代码清单 17-14　newSocketStream()和 newSocketDomain()方法的声明

```
private static native int newSocketStreamFd(boolean ipv6);
private static native int newSocketDomainFd();
```

在 netty_unix_socket.c 中，查看套接字的相关创建方法，参见代码清单 17-15。

代码清单 17-15　在 netty_unix_socket.c 中查看套接字的相关创建方法

```
static jint netty_unix_socket_newSocketStreamFd(JNIEnv* env, jclass clazz, jboolean ipv6) {
    int domain = ipv6 == JNI_TRUE ? AF_INET6 : AF_INET;
    return _socket(env, clazz, domain, SOCK_STREAM);
}

static jint _socket(JNIEnv* env, jclass clazz, int domain, int type) {
    int fd = nettyNonBlockingSocket(domain, type, 0);
    //省略其他非关键代码
    return fd;
}
```

```
static jint netty_unix_socket_newSocketDomainFd(JNIEnv* env, jclass clazz) {
    int fd = nettyNonBlockingSocket(PF_UNIX, SOCK_STREAM, 0);
    if (fd == -1) {
        return -errno;
    }
    return fd;
}

static int nettyNonBlockingSocket(int domain, int type, int protocol) {
#ifdef SOCK_NONBLOCK
    return socket(domain, type | SOCK_NONBLOCK, protocol);
#else
    int socketFd = socket(domain, type, protocol);
    int flags;
    //当 Socket 没有问题时才初始化 flags
    if (socketFd < 0 ||
       (flags = fcntl(socketFd, F_GETFL, 0)) < 0 ||
        fcntl(socketFd, F_SETFL, flags | O_NONBLOCK) < 0) {
        return -1;
        }
    return socketFd;
#endif
}
```

仔细分析上述代码，你就会发现 Netty 对于这两种套接字的创建在底层最终使用的是同一个方法，也就是 socket(int socket_family, int socket_type, int protocol)，而区别仅仅在于使用的参数值不同而已：对于 socket_family 参数，EpollServerSocketChannel 使用的是 AF_INET 或 AF_INET6，而 EpollServerDomainSocketChannel 使用的是 PF_UNIX。表 17-1 对这两种套接字之间的区别做了对比，而这些区别实际上已经和 Netty 本身无关了，在使用其他语言和框架进行编码时也是如此。

表 17-1　域套接字和普通套接字的区别

参数	UNIX 域套接字	普通套接字
socket_family	AF_INET/PF_INET、AF_INET6/PF_INET6	AF_UNIX/PF_UNIX
socket_type	SOCK_STREAM、SOCK_DGRAM、SOCK_RAW	SOCK_STREAM、SOCK_DGRAM、SOCK_RAW
protocol	0	0

下面对表 17-1 中的参数进行补充说明。

- socket_family：在所有的可选参数值中，以 AF_作为前缀的和相应的以 PF_作为前缀的是相同的参数值，如 AF_INET 和 PF_INET。
- socket_type：SOCK_STREAM 对应 TCP，SOCK_DGRAM 对应 UDP。SOCK_RAW 是一种不同于 SOCK_STREAM 和 SOCK_DGRAM 的套接字。普通的套接字无法处理

ICMP、IGMP 以及一些特殊的 IPv4 报文，而 SOCK_RAW 可以。

- protocol：一般为 0，具体应该使用什么值，在 Linux 系统下可以参考 cat /etc/protocols 命令的执行结果（参见代码清单 17-16）。

代码清单 17-16 Linux 系统下 cat /etc/protocols 命令的执行结果

```
[root@linux ~] # cat /etc/protocols
ip  0   IP      #网际互连协议
hopopt  0   HOPOPT      #Ipv6 逐跳选项
icmp    1   ICMP        #互联网控制报文协议
igmp    2   IGMP        #互联网组管理协议
//省略其他一些类型
```

2. 地址的使用

有了套接字之后，当启动服务或连接地址时，UNIX 域套接字与普通套接字的明显区别还在于地址格式不同：普通套接字的地址是 IP 地址加端口号；而 UNIX 域套接字的地址是路径，也就是套接字类型的文件在文件系统中的路径。套接字文件由服务器在启动时（调用 bind()方法时）自动创建，如果在调用 bind()方法时已存在，就返回错误信息。因此，在调用 bind()方法之前一般需要检查套接字文件是否存在，如果存在，就将这种文件删除。Netty 特别定义了一种地址（对应构造器参见代码清单 17-17）来为 UNIX 域套接字服务，其中的参数就是路径 socketPath。

代码清单 17-17 DomainSocketAddress 构造器

```
public final class DomainSocketAddress extends SocketAddress {
    private final String socketPath;
    public DomainSocketAddress(String socketPath) {
        if (socketPath == null) {
            throw new NullPointerException("socketPath");
        }
        this.socketPath = socketPath;
    }
    //省略其他非关键代码
 }
```

另外，我们还可以通过 Redis 的 UNIX 域套接字功能来核实地址的确是参数。

比如，在服务器端启用 UNIX 域套接字功能时，相关配置参见代码清单 17-18，从中可以看出，/var/run/redis/redis.sock 就是地址。

代码清单 17-18 Redis 中 UNIX 域套接字的相关配置

```
unixsocket /var/run/redis/redis.sock
unixsocketperm 775
```

再比如，Redis 高级 Java 客户端 Lettuce 支持使用 UNIX 域套接字。当指定地址为 redis-socket:///var/run/redis/redis.sock 时，就可以根据前缀识别出想要使用 UNIX 域套接字，进而创建对应的 DomainSocketAddress，参数为文件路径/var/run/redis/redis.sock，参见代码清单 17-19。

代码清单 17-19　在 Lettuce 中创建 DomainSocketAddress

```
public SocketAddress getResolvedAddress() {
    if (resolvedAddress == null) {
        if (getSocket() != null) {
        //getSocket()为/var/run/redis/redis.sock
        resolvedAddress = new DomainSocketAddress(getSocket());
        } else {
           resolvedAddress = new InetSocketAddress(host, port);

        }
    }
    return resolvedAddress;
}
```

3. 服务器的关闭

除以上两个重要区别之外，另一个重要区别在于关闭服务器时执行的清理操作。具体而言，支持 UNIX 域套接字的 EpollServerDomainSocketChannel 会清理前面自动创建的套接字文件。参见代码清单 17-20，其中的 local 成员是在绑定之后记录下来的 DomainSocketAddress（可用于获取文件路径）。当服务器关闭时，就会调用 close()方法，而 close()方法会删除套接字文件。

代码清单 17-20　EpollServerDomainSocketChannel 在关闭时会清理相关文件

```
@Override
protected void doBind(SocketAddress localAddress) throws Exception {
    socket.bind(localAddress);
    socket.listen(config.getBacklog());
    local = (DomainSocketAddress) localAddress;
    active = true;
}

@Override
protected void doClose() throws Exception {
    try {
        super.doClose();
    } finally {
        DomainSocketAddress local = this.local;
        if (local != null) {
```

```
                //尽可能删除与套接字关联的文件
                File socketFile = new File(local.path());
                boolean success = socketFile.delete();
                if (!success && logger.isDebugEnabled()) {
                    logger.debug("Failed to delete a domain socket file: {}", local.path());
                }
            }
        }
    }
```

以上就是 Netty 在对 UNIX 域套接字提供支持时相比普通套接字的关键不同之处，可见区别并不大，使用方法也非常容易。读者在以后的实践中，如果遇到这种需求，可以直接使用 UNIX 域套接字以提升性能。

17.3 Netty 对 JDK 的 ThreadLocal 所做的优化

前面介绍了 Netty 的各种特性，这些特性大多是功能上的一些拓展。实际上，Netty 的另一大优势就是对性能的极致追求，例如，Netty 创建了很多优于 JDK 的实现类，下面就来分析它们的出发点和原理。我们首先来看 Netty 的 FastThreadLocal 是如何增强 JDK 的 ThreadLocal 的。

17.3.1 在 Netty 中如何使用 FastThreadLocal

在 Netty 中，很多场景下，用到了 FastThreadLocal，例如，数据的编解码、字节数组的分配、对象池的维护等。以编解码场景为例，Netty 的 CodecOutputList 就使用 FastThreadLocal 来临时存储解析出来的对象，参见代码清单 17-21。

代码清单 17-21 CodecOutputList 使用 FastThreadLocal 来临时存储解析出来的对象

```
final class CodecOutputList extends AbstractList<Object> implements RandomAccess {

private static final FastThreadLocal<CodecOutputLists> CODEC_OUTPUT_LISTS_POOL =
    new FastThreadLocal<CodecOutputLists>() {
        @Override
        protected CodecOutputLists initialValue() throws Exception {
            //按线程缓存一个 Size 参数为 16 的 CodecOutputList
            return new CodecOutputLists(16);
        }
    };

static CodecOutputList newInstance() {
    return CODEC_OUTPUT_LISTS_POOL.get().getOrCreate();
}
```

```
    //省略其他非关键代码

    }
```

从上述代码可以看出，使用 FastThreadLocal 就相当于直接调用构造器来初始化实例，然后通过 set 和 get 方法存储并获取想要与线程绑定的对象。但在某些场景下，并不需要通过调用 set 方法来修改值，而是一开始就提供了一个以后不变的默认值，因此你就可以像 CodecOutputList 那样直接通过重写 FastThreadLocal 的 initialValue()方法来提供默认值 CodecOutputLists。整体而言，核心功能和使用风格与 JDK 提供的完全一致。

17.3.2　基于源码解析 ThreadLocal 的性能缺陷

通过前面的介绍，我们发现 FastThreadLocal 和 ThreadLocal 的使用风格基本相同，那么它们之间到底有什么区别呢？实际上，顾名思义，最明显的区别在于速度，那么速度的提升点在哪里？下面就重点分析一下。我们首先来看看 ThreadLocal 的性能缺陷在什么地方。

假设存在多个 ThreadLocal，比如图 17-4 中的 ThreadLocal A 和 ThreadLocal B，那么它们与线程想要绑定的对象是如何存储的呢？从大体上，需要执行如下操作。

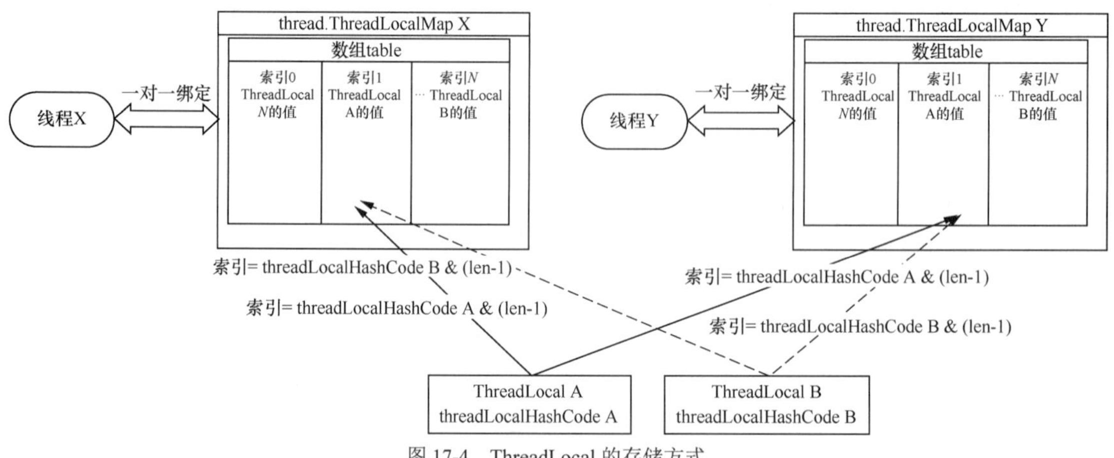

图 17-4　ThreadLocal 的存储方式

（1）定位存储对象的地方。为此，我们需要获取当前线程（可通过调用 Thread.currentThread()方法来获取），线程本身的成员变量 threadLocals（类型为 ThreadLocalMap）中有数组 table（类型为 Entry[]）。数组 table 就是我们用来存储对象的地方。

（2）为存储的值计算索引。定位到用来存储对象的数组后，就需要为想要存储的值计算索引。那么索引如何计算呢？索引可使用语句 key.threadLocalHashCode & (len-1)来计算，其中，key 就是 ThreadLocal 实例，threadLocalHashCode 为初始化 ThreadLocal 实例时计算出的属性成员。

（3）存储对应的值。有了索引后，就将对象存放到数组中对应的位置。但是，若使用之前的方式计算索引，可能会出现冲突（计算出的索引相同）。该怎么解决冲突呢？至此，我们可能想到使用 HashMap 结构，当存储的位置发生冲突时，就使用链表来解决冲突。ThreadLocal 并没有使用这种方式，而尝试直接将发生冲突的对象存储到计算出来的索引之后的一个位置。如果这个位置已有其他对象，就继续尝试下一个位置。换言之，ThreadLocal 采用线性探测（linear-probe）的方式来解决冲突，参见代码清单 17-22。

代码清单 17-22　ThreadLocal 的 set 方法

```
private void set(ThreadLocal<?> key, Object value) {

    Entry[] tab = table;
    int len = tab.length;
    int i = key.threadLocalHashCode & (len-1);

    //对应的位置已有对象，情况分两种:存储的就是当前的 ThreadLocal 对象；否则，就说明存在冲突，
    //从下一个位置开始尝试寻找"落脚点"
    for (Entry e = tab[i];
        e != null;
        e = tab[i = nextIndex(i, len)]) {
        ThreadLocal<?> k = e.get();

        //现在的位置就是当前 ThreadLocal 对象使用过的位置
        if (k == key) {
            e.value = value;
            return;
        }

        //现在的位置为可用位置，并且没有设置过
        if (k == null) {
            replaceStaleEntry(key, value, i);
            return;
        }

        //现在的位置存储过对象，但不是当前 ThreadLocal 对象，因此需要尝试下一个位置的对象
    }

    //若对应的位置没有存储过对象，直接将值存储到计算出来的索引对应的位置
    tab[i] = new Entry(key, value);
    int sz = ++size;
    if (!cleanSomeSlots(i, sz) && sz >= threshold)
        rehash();
}
```

观察前面的图 17-3，ThreadLocal A 和 ThreadLocal B 计算出来的索引是一致的（都指向索

引 1)，但是假设 ThreadLocal A 已经事先存储到数组中索引为 1 的位置了，那么 ThreadLocal B 必然存储在数组中索引为 2 或更靠后的位置。

由上面所做的源码分析可知，如果存在大量的不同类型的 ThreadLocal，那么必将出现索引位置“冲突”，对象可能存储在离计算出来的索引很远的位置。此时，只能通过线性探测的方式逐个比较它们是不是当前 ThreadLocal 对象以获取值，效率十分低。

17.3.3　基于源码解析 FastThreadLocal 所做的优化

通过前面的分析，我们已经了解了 ThreadLocal 的不足之处，那么 FastThreadLocal 是如何对此进行弥补的呢？图 17-5 展示了 FastThreadLocal 的存储方式，我们可以把图 17-4 与图 17-4 进行对比。

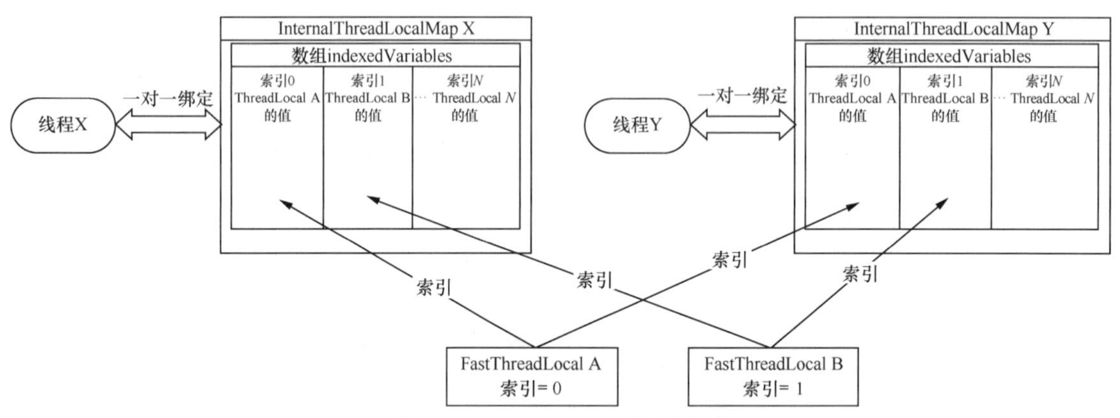

图 17-5　FastThreadLocal 的存储方式

仔细观察图 17-5，存储的数据结构是相似的，它们都采用数组来存储对象，然后使用索引来定位存储的位置，但最大的不同在于索引的计算。在图 17-5 中，每个 ThreadLocal 实例都会维护一个索引成员，这个索引成员在初始化 ThreadLocal 时就会计算出来，并且是全局唯一的，参见代码清单 17-23（InternalThreadLocalMap.nextVariableIndex()）。

代码清单 17-23　FastThreadLocal 实例的索引计算方法

```
static final AtomicInteger nextIndex = new AtomicInteger();

public static int nextVariableIndex() {
    int index = nextIndex.getAndIncrement();
    if (index < 0) {
        nextIndex.decrementAndGet();
        throw new IllegalStateException("too many thread-local indexed variables");
    }
    return index;
}
```

因此，当计算索引时，根本不存在冲突问题；而当采用数组存储值时，直接找到对应的位置并进行存储即可，参见代码清单 17-24，这非常简单。

代码清单 17-24 FastThreadLocal 的 setIndexedVariable 方法

```
public boolean setIndexedVariable(int index, Object value) {
    Object[] lookup = indexedVariables;
    if (index < lookup.length) {
        Object oldValue = lookup[index];
        lookup[index] = value;
        return oldValue == UNSET;
    } else {
        expandIndexedVariableTableAndSet(index, value);
        return true;
    }
}
```

细心的读者可能会有如下疑问：若使用 JDK 的 ThreadLocal，存储对象时使用的是 Thread 的 ThreadLocalMap 成员；而 Netty 使用的是 InternalThreadLocalMap，InternalThreadLocalMap 不是 Thread 的成员，如何定位 InternalThreadLocalMap 呢？Netty 在内部提供了两种方式。

1. 使用自定义 Thread

换言之，不使用 JDK 的 Thread，而使用 Netty 中的 FastThreadLocalThread 来执行任务，因为 FastThreadLocalThread 能以 InternalThreadLocalMap 类型的对象作为成员，FastThreadLocalThread 的关键实现代码参见代码清单 17-25。

代码清单 17-25 FastThreadLocalThread 的关键实现代码

```
public class FastThreadLocalThread extends Thread {
    private InternalThreadLocalMap threadLocalMap;
    //省略其他非核心代码
}
```

当使用这种类型的线程执行业务时，你就可以得到 InternalThreadLocalMap。对于这种自定义 Thread，使用 Thread.currentThread()能识别出类型吗？我们可以测试一下，参见代码清单 17-26，测试结果符合预期。

代码清单 17-26 测试 FastThreadLocalThread 的类型识别情况

```
public static void main(String[] args) {
    FastThreadLocalThread fastThreadLocalThread = new FastThreadLocalThread(new Runnable() {
        @Override
        public void run() {
```

```
                Thread thread = Thread.currentThread();
                System.out.println(thread.getClass());
                //输出结果为 class io.netty.util.concurrent.FastThreadLocalThread
            }
        });
        fastThreadLocalThread.start();
    }
```

以上定位方式适用于 Netty 内部，比如 Netty 的 DefaultThreadFactory#newThread(java.lang.Runnable)方法生成的线程就是 FastThreadLocalThread。

2. 使用 ThreadLocal 绑定

上面那种定位方式的问题在于必须使用 Netty 的 FastThreadLocalThread。Netty 的内部实现自然可以这么做，但是对于其他一些项目，使用的就是普通的 Thread 类型。此时，如何获取 InternalThreadLocalMap 呢？Netty 在内部定义了 JDK 的一个 ThreadLocal 实例(UnpaddedInternalThreadLocalMap#slowThreadLocalMap。其中，UnpaddedInternalThreadLocalMap 是 InternalThreadLocalMap 的父类）以绑定 InternalThreadLocalMap 到线程，这样我们就可以通过 JDK 的 ThreadLocal 来获取 InternalThreadLocalMap 了。

很明显，这样我们就可以完成工作。但是，为了获取 InternalThread- LocalMap，我们又需要临时借助 JDK 的 ThreadLocal，将 InternalThreadLocalMap 与线程绑定在一起。我们貌似陷入了一种怪圈之中，其实无须过于担心，毕竟在把大量 ThreadLocal 替换成 FastThreadLocal 后，JDK 内部的 ThreadLocal（比如 slowThreadLocalMap）可能只存储了一些 InternalThreadLocalMap 类型的数据，不会产生太多冲突，因此性能不会差太多。当然，前提是不存在太多其他需要使用 JDK 的 ThreadLocal 的情况。如果将之前的 InternalThreadLocalMap 定位方式称为快速版本，那么现在这种定位方式完全可以称为慢速版本，它们的具体获取方式参见代码清单 17-27（io.netty.util.internal.InternalThreadLocalMap#get）。

代码清单 17-27　InternalThreadLocalMap 的获取方式

```
public static InternalThreadLocalMap get() {
    Thread thread = Thread.currentThread();
    //判断当前线程是不是 FastThreadLocalThread
    if (thread instanceof FastThreadLocalThread) {
        return fastGet((FastThreadLocalThread) thread);
    } else {
        return slowGet();
    }
}

//方式一：使用 FastThreadLocalThread
private static InternalThreadLocalMap fastGet(FastThreadLocalThread thread) {
```

```
    InternalThreadLocalMap threadLocalMap = thread.threadLocalMap();
    if (threadLocalMap == null) {
        thread.setThreadLocalMap(threadLocalMap = new InternalThreadLocalMap());
    }
    return threadLocalMap;
}

//方式二：使用 JDK 的 ThreadLocal
private static InternalThreadLocalMap slowGet() {
    ThreadLocal<InternalThreadLocalMap> slowThreadLocalMap = UnpaddedInternalThreadLocalMap.
        slowThreadLocalMap;
    InternalThreadLocalMap ret = slowThreadLocalMap.get();
    if (ret == null) {
        ret = new InternalThreadLocalMap();
        slowThreadLocalMap.set(ret);
    }
    return ret;
}
```

通过上面的介绍，我们了解了 JDK 的 ThreadLocal 的性能缺陷以及 Netty 对此所做的增强和优化，但需要强调的是，速度快不快因场景而定，有的测试结果表明性能并无差异，这可能是因为测试数据并非大量不同的 ThreadLocal 实例。此时很可能并不存在大量的存储冲突，因而性能自然相差不大。

17.4 Netty 对 JDK 的 Timer 所做的优化

除 Netty 对 JDK 的 ThreadLocal 所做的优化之外，Netty 还使用 HashedWheelTimer 对 JDK 的 Timer 做了优化。

17.4.1 在 Netty 中如何使用 HashedWheelTimer

HashedWheelTimer 的引入可以追溯到 Netty 3.0，Netty 4.0 中虽然也有 HashedWheelTimer，但是已经不再使用了。我们先来看看在 Netty 3.0 中如何使用 HashedWheelTimer，其实，只要用到定时器的地方都可以使用。例如，当开启空闲监测并使用 IdleStateHandler 时，就会使用 HashedWheelTimer，参见代码清单 17-28。

代码清单 17-28　使用 HashedWheelTimer

```
ServerBootstrap bootStrap = new ServerBootstrap();
//省略其他非关键代码
final HashedWheelTimer timer = new HashedWheelTimer();
```

```
bootStrap.setPipelineFactory(new ChannelPipelineFactory() {
    @Override
    public ChannelPipeline getPipeline() throws Exception {
        ChannelPipeline pipeline = Channels.pipeline();
        //定时器使用的是刚才定义的 HashedWheelTimer
        pipeline.addLast("idle", new IdleStateHandler(timer, 5, 5, 10));
        //省略其他非关键代码
        return pipeline;
    }
});
//省略其他非关键代码
```

在上述代码中，IdleStateHandler 使用一个 HashedWheelTimer 实例来完成定时任务。HashedWheelTimer 的核心接口方法只有 io.netty.util.Timer#newTimeout，这个方法以一个一次性的任务（TimerTask）以及任务的执行时间作为参数。

17.4.2　基于源码解析 Timer 的性能缺陷

在具体了解 HashedWheelTimer 如何进行优化之前，我们先看看 Timer 的工作流程，如图 17-6 所示。大体上，工作流程如下。

当创建 Timer 实例时，定时器会自动启动 TimerThread，执行如下死循环（TimerThread#mainLoop）：从 TaskQueue 中取出任务并执行。刚开始时，因为没有任务，所以 TimerThread 处于等待状态（可通过 queue.wait()来实现）。

当调度（schedule）TimerTask 时，TimerTask 会被放入 TaskQueue。如果 TimerTask 是第一个任务，就解锁 TimerThread 的等待状态（可通过 queue.notify()来实现）。

在获取任务之后和执行任务之前的这段时间内，TimerThread 将根据 TimerTask 是否属于周期性任务来决定是从 TaskQueue 中移除该任务还是按照新的时间重新调度该任务，参见代码清单 17-29。

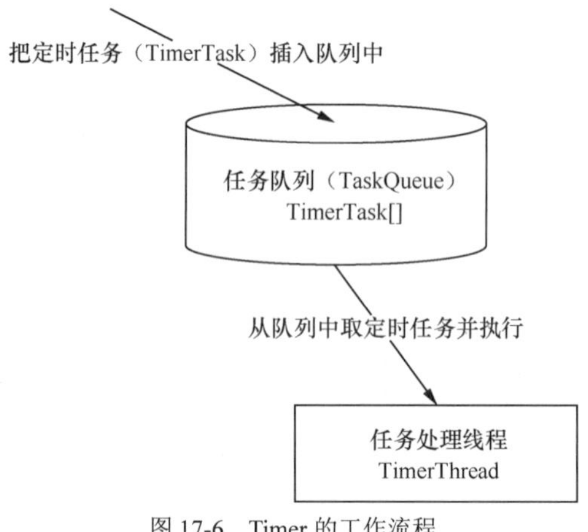

图 17-6　Timer 的工作流程

代码清单 17-29　TimerTask 的移除或重新调度

```
if (taskFired = (executionTime<=currentTime)) {
    if (task.period == 0) { //若不重复，移除
        queue.removeMin();
        task.state = TimerTask.EXECUTED;
```

```
        } else {              //若重复，重新调度任务
            queue.rescheduleMin(
                task.period<0 ? currentTime - task.period
                              : executionTime + task.period);
        }
    }
```

Timer 的工作流程主要就是围绕 TaskQueue 展开的，那么 TaskQueue 是如何对此提供支持的呢？本质上，TaskQueue 是二叉树堆支持的优先级 Queue，内部的二叉树堆如图 17-7 所示。

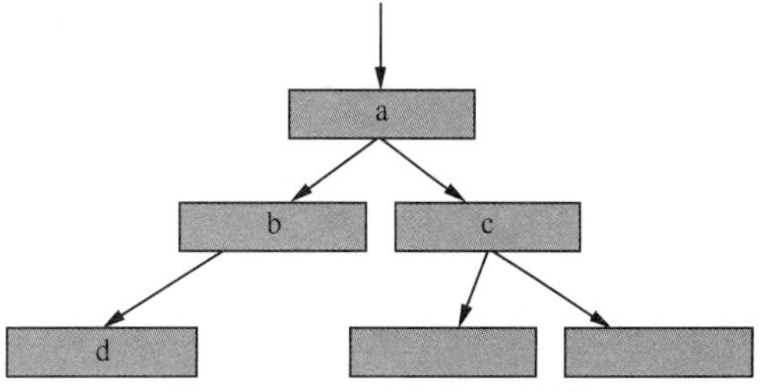

图 17-7　Timer 内部的二叉树堆

当插入任务时，根据任务的执行时间调整任务在二叉树堆中的位置。例如，如果一个任务的执行时间在所有任务中最近，就调整至“首位”，参见代码清单 17-30（java.util.TaskQueue#add）。当加入 TimerTask 时，先放入队列，再调用 fixUp()，尝试根据执行时间“上浮”所处位置。

代码清单 17-30　Timer 的任务添加逻辑

```
void add(TimerTask task) {
    //当容量不够时，扩容两倍
    if (size + 1 == queue.length)
        queue = Arrays.copyOf(queue, 2*queue.length);

    queue[++size] = task;
    fixUp(size);
}

private void fixUp(int k) {
    while (k > 1) {
        int j = k >> 1;
        if (queue[j].nextExecutionTime <= queue[k].nextExecutionTime)
            break;
        TimerTask tmp = queue[j];  queue[j] = queue[k]; queue[k] = tmp;
        k = j;
    }
}
```

上述代码可以保证 TaskQueue 中处于首位的永远是时间上最紧迫的任务，TimerThread 在执行任务时，直接通过 task = queue.getMin()获取最近的任务执行即可。如果最近的任务到了，就执行；如果没有到，就等待，直至执行时间到来为止（除非别人通知）。Timer 的任务执行流程参见代码清单 17-31（TimerThread#mainLoop）。

代码清单 17-31　Timer 的任务执行流程

```
    private void mainLoop() {
        while (true) {
           try {
               TimerTask task;
               boolean taskFired;
               synchronized(queue) {
                   //省略其他非核心代码
                   long currentTime, executionTime;
                   task = queue.getMin();
                   synchronized(task.lock) {
                       //省略其他非核心代码
                       currentTime = System.currentTimeMillis();
                       executionTime = task.nextExecutionTime;
                       if (taskFired = (executionTime<=currentTime)) {
                       //省略其他非核心代码
                       }
                   }
                   if (!taskFired) //当任务不需要执行时继续等待
                       queue.wait(executionTime - currentTime);
               }
               if (taskFired)  //当任务需要执行时，立即执行
                    task.run();
           } catch(InterruptedException e) {
           }
           }
        }
}
```

以上就是 Timer 的任务“编排”逻辑，从中可以看出，假设需要插入大量的任务，那么为了保证 TaskQueue 中的任务是按执行的紧迫程度排序的，就需要做大量的“上浮”工作。随着任务越来越多，效率明显降低。

17.4.3　基于源码解析 HashedWheelTimer 所做的优化

针对需要插入大量任务的情况，有没有办法提升性能呢？业界提供了一种思路，就是使用散列的时间轮，Netty（通过 HashedWheelTimer）对此提供了支持，但 Netty 并不是唯一的支持者。业界很多其他常见的开源软件（比如 Kafka 等），为了支持大量的定时任务也提供了类似的实现。

我们先来了解一下什么是时间轮，如图 17-8 所示。

结合 HashedWheelTimer 的构造器（参见代码清单 17-32），下面具体解释一下时间轮的原理。

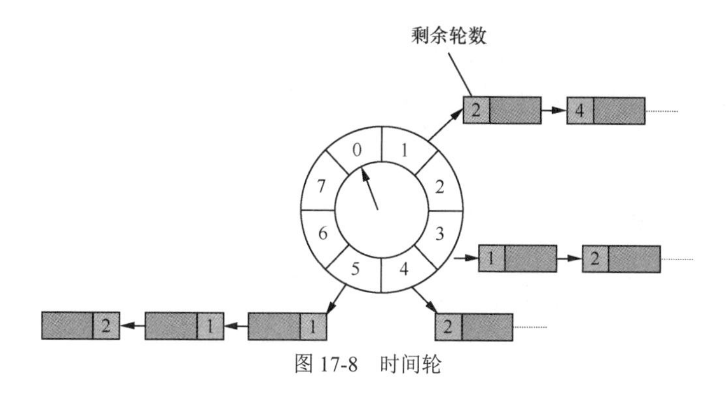

图 17-8 时间轮

代码清单 17-32 HashedWheelTimer 的构造器

```
public HashedWheelTimer(
    ThreadFactory threadFactory,
    long tickDuration, TimeUnit unit, int ticksPerWheel, boolean leakDetection,
    long maxPendingTimeouts)
```

观察图 17-8，ticksPerWheel 为 8，也就是说，整个时间盘被划分为 8 个时钟周期。假设 tickDuration 为 100ms，那么走完一圈的时间为 800ms。在这 800ms 时间之内需要执行的任务，自然可以按照 TimerTask 的执行时间放置到不同的格子（HashedWheelBucket）里。如果任务的执行时间超出 800ms，那就需要使用另一个变量来表示时间——remainingRounds（剩余轮数）。综合来看，任何任务都可以放置到特定的格子里，只是剩余的轮数不同而已；针对相同格子里的不同任务，使用 linked-list 来存储。

任务的具体执行，其实就是根据当前时间转动格子，取出任务并执行，这会带来如下变化。

- 执行的精度最多精确到 tickDuration，因为在每个格子内部已经不再区分时间的先后。
- 精度虽然降低了，但是每次执行后，格子里的任务都会相应少很多。

了解了时间轮之后，我们再来看看 HashedWheelTimer 的工作流程，如图 17-9 所示。从中可以看出，核心流程和 Timer 基本一致，二者都需要围绕队列来执行任务。

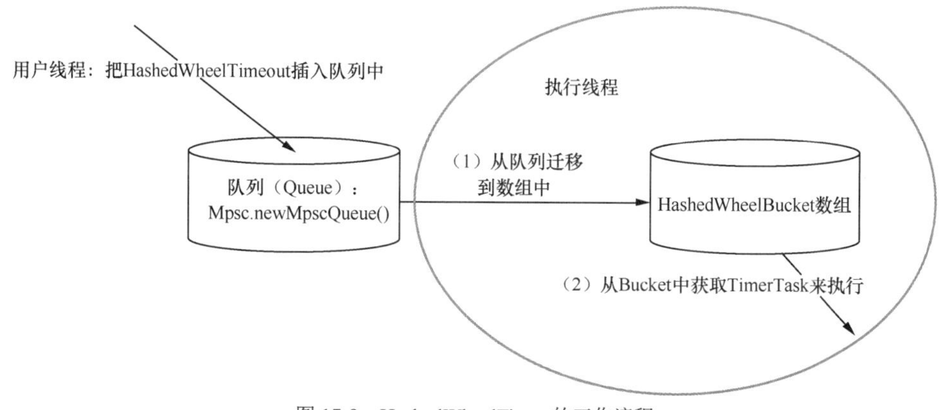

图 17-9 HashedWheelTimer 的工作流程

那么区别在哪里呢？主要在于 TimerTask 的存储方式：当新建定时任务时，任务会被直接放入队列（属性成员 timeouts），不再需要像 Timer 那样根据执行时间在所有任务（它们都存储在二叉树堆中）中尝试“上浮”，参见代码清单 17-33。

代码清单 17-33　使用 HashedWheelTimer 新建定时任务

```
private final Queue<HashedWheelTimeout> timeouts = PlatformDependent.newMpscQueue();
@Override
public Timeout newTimeout(TimerTask task, long delay, TimeUnit unit) {
    //省略非关键代码
    start();
    long deadline = System.nanoTime() + unit.toNanos(delay) - startTime;
    //省略非关键代码
    HashedWheelTimeout timeout = new HashedWheelTimeout(this, task, deadline);
    timeouts.add(timeout);
    return timeout;
}
```

等到执行时，就通过 transferTimeoutsToBuckets 方法把队列中的任务转存到时间盘（也就是 HashedWheelBucket[]中，时间盘中的每个“格子”就是一个 HashedWheelBucket 对象），具体实现参见代码清单 17-34。

代码清单 17-34　将任务转存到时间盘中

```
private void transferTimeoutsToBuckets() {
    //每个时钟周期最多处理 10 000 个任务以避免占用工作线程太久
    for (int i = 0; i < 100000; i++) {
        HashedWheelTimeout timeout = timeouts.poll();
        //省略非关键代码
        long calculated = timeout.deadline / tickDuration;
        timeout.remainingRounds = (calculated - tick) / wheel.length;
        final long ticks = Math.max(calculated, tick);
        int stopIndex = (int) (ticks & mask);

        HashedWheelBucket bucket = wheel[stopIndex];
        bucket.addTimeout(timeout);
    }
}
```

我们再来看看整个 worker 的执行过程（参见代码清单 17-35）：waitForNextTick 等待 1 个时钟周期的时间，然后通过 transferTimeoutsToBuckets 添加任务到格子之后，最后使用 bucket.expireTimeouts (deadline)方法执行格子里时间到了的任务：遍历所有的任务，如果任务的当前轮数小于或等于 0，就执行；如果大于 0，那么不执行，但是由于经历了一轮，因此将剩余轮数减 1。完成所有事情后，进入下一轮。

代码清单 17-35 HashedWheelTimer 中整个 worker 的执行过程

```
@Override
public void run() {
    //省略其他非关键代码

    do {
        final long deadline = waitForNextTick();
        if(deadline > 0) {
            int idx = (int) (tick & mask);
            processCancelledTasks();
            HashedWheelBucket bucket = wheel[idx];
            transferTimeoutsToBuckets();
            //尝试执行当前格子里需要执行的任务
            bucket.expireTimeouts(deadline);
            tick++;
        }
    } while(WORKER_STATE_UPDATER.get(HashedWheelTimer.this) == WORKER_STATE_STARTED);
        //省略其他非关键代码
}
```

从整体上看，HashedWheelTime 主要通过降低执行任务时的时间精度来提高性能，特别适用于包含大量定时任务且容许有一定精度损失的情况。如果追求高精度或者任务本身非常少，那么根本不需要这么复杂，直接使用 JDK 的 Timer 即可。

第 18 章　Netty 编程思想

在阅读 Netty 源码的过程中，我们发现可以从中学到很多不同编程领域的知识。例如，我们可以通过阅读 Netty 源码来学习设计模式，一些主要的设计模式参见表 18-1。

表 18-1　一些主要的设计模式

设计模式	Netty 中对应的实现
单例模式	ReadTimeoutException#INSTANCE
工厂模式	ReflectiveChannelFactory
策略模式	EventExecutorChooser
装饰模式	WrappedByteBuf
模板模式	AbstractTrafficShapingHandler
责任链模式	ChannelPipeline（ChannelHandler）
构造器模式	WebSocketServerProtocolConfig.Builder
观察者模式	ChannelFuture#addListener

从表 18-1 可以看出，Netty 使用的设计模式非常多，是学习设计模式时不可多得的材料。除此之外，还有哪些值得我们学习和关注呢？下面就集中梳理一下。

18.1 注解的使用

查阅 Netty 源码，我们发现有如下 5 个常用注解：

- @Sharable；
- @Skip；

- @UnstableApi；
- @SuppressJava6Requirement；
- @SuppressForbidden。

以上 5 个注解的用法体现了注解的各种“妙用”，下面我们就来具体学习它们，从而在实践中加以借鉴。

18.1.1 @UnstableApi

@UnstableApi 仅仅起提示作用，不需要解析器再做额外的工作。具体而言，@UnstableApi 提醒用户这个 API 不稳定，请谨慎使用。

Netty 对很多新引入的、未经充分测试的类和方法（例如，与 memcached 相关的 codec，参见代码清单 18-1）使用了这个注解。

代码清单 18-1 @UnstableApi 注解的使用示例

```
@UnstableApi
public interface MemcacheObject extends DecoderResultProvider { }
```

作用与@UnstableApi 类似的注解（例如 Guava 的@VisibleForTesting 注解）在其他项目中也出现过。@VisibleForTesting 注解的作用是提醒我们对标识的方法提高可见性，但仅在测试时才需要这么做。

18.1.2 @Skip

假设我们有一个处理程序，它实现了多个接口，用于处理 inbound 事件。有一天，我们需要临时跳过某个实现方法（例如 ChannelInboundHandler#channelRead）。此时如果用临时删除代码的方法，回头再添加，这容易遗忘。在这种情况下，我们可以使用@Skip 注解来跳过这个实现方法的执行而不用删除任何代码。

那么@Skip 注解是如何发挥作用的呢？当把处理程序添加到处理程序流水线中时，我们就会计算属性 AbstractChannelHandlerContext#executionMask，从而标识绑定的处理程序都有哪些可执行的方法，不同的方法占用不同的“位”，而“位”的计算就考虑了对应的方法是否标记了@Skip 注解，具体的计算方法参见代码清单 18-2（io.netty.channel.ChannelHandlerMask#mask0）。

代码清单 18-2 executionMask 属性的计算方法

```
/**
 * 计算{@code executionMask}
 */
private static int mask0(Class<? extends ChannelHandler> handlerType) {
```

```
    int mask = MASK_EXCEPTION_CAUGHT;
    try {
        if(ChannelInboundHandler.class.isAssignableFrom(handlerType)) {
            mask |= MASK_ALL_INBOUND;

            if(isSkippable(handlerType, "channelRead", ChannelHandlerContext.class,
               Object.class)) {
                mask &= ~MASK_CHANNEL_READ;
            }
            if(isSkippable(handlerType, "channelReadComplete", ChannelHandlerContext.class)) {
                mask &= ~MASK_CHANNEL_READ_COMPLETE;
            }
          //省略其他非关键代码
}
```

在上述代码中，isSkippable 方法的实现非常简单，参见代码清单 18-3。

代码清单 18-3　isSkippable 方法的实现

```
@SuppressWarnings("rawtypes")
private static boolean isSkippable(
    final Class<?> handlerType, final String methodName, final Class<?>... paramTypes)
        throws Exception {
        return AccessController.doPrivileged(new PrivilegedExceptionAction<Boolean>() {
        @Override
        public Boolean run() throws Exception {
            Method m;
            try {
                m = handlerType.getMethod(methodName, paramTypes);
            } catch (NoSuchMethodException e) {
                logger.debug(
                    "Class {} missing method {}, assume we can not skip execution",
                    handlerType, methodName, e);
                return false;
            }
            return m != null && m.isAnnotationPresent(Skip.class);
        }
    });
}
```

18.1.3　@Sharable

@Sharable 也和处理程序有关。如果处理程序没有使用@Sharable 进行标识，那就不允许被多次添加到处理程序流水线中，具体是如何做到的呢？

在添加处理程序到处理程序流水线中时，Netty 会检查是否存在多个处理程序，参见代码清单 18-4（DefaultChannelPipeline#checkMultiplicity）。

代码清单 18-4 检查是否存在多个处理程序

```
private static void checkMultiplicity(ChannelHandler handler) {
    if (handler instanceof ChannelHandlerAdapter) {
        ChannelHandlerAdapter h = (ChannelHandlerAdapter) handler;
        if (!h.isSharable() && h.added) {
            throw new ChannelPipelineException(
                h.getClass().getName() +
                " is not a @Sharable handler, so can't be added or removed multiple times.");
        }
        h.added = true;
    }
}
```

这么做的好处在于：当多次添加同一个处理程序到处理程序流水线中时，要求这个处理程序必须能够共享且同时被@Sharable 标记，这样可以避免我们因为不小心而共享同一个处理程序。

18.1.4 @SuppressJava6Requirement

在日常编码中，我们一般会使用比较新的 JDK 进行开发，但是我们的产品往往需要运行在版本稍低的 JDK 中。此时，我们可能会犯如下典型错误：调用只有新版 JDK 才有的方法，例如 RuntimeException 类的构造器 RuntimeException(java.lang.String, java.lang.Throwable, boolean, boolean)直到 JDK 1.7 才引入，如图 18-1 所示。

```
 *
 * @since 1.7
 */
protected RuntimeException(String message, Throwable cause,
                           boolean enableSuppression,
                           boolean writableStackTrace) {
    super(message, cause, enableSuppression, writableStackTrace);
}
```

图 18-1 RuntimeException 在 JDK 1.7 中引入的构造器

如果调用了这个构造器，那么在 JDK 1.8 中编译代码时不会报错。但是，如果部署到低版本的 JDK 中，运行时就会报错，提示方法找不到。因此，在编写完代码后，我们可以借助一些工具（如 Maven 工具 animal-sniffer-maven-plugin）来找出这些错误的调用。我们可以使用代码清单 18-5 所示的配置，在编译阶段扫描哪些代码调用了 JDK 1.6 以上版本才有的 API。

代码清单 18-5 当使用 animal-sniffer-maven-plugin 扫描错误的调用时的配置

```
<plugin>
    <!-- ensure that only methods available in java 1.6 can
```

```
        be used even when compiling with java 1.7+ -->
    <groupId>org.codehaus.mojo</groupId>
    <artifactId>animal-sniffer-maven-plugin</artifactId>
    <version>1.16</version>
    <configuration>
    <signature>
        <groupId>org.codehaus.mojo.signature</groupId>
        <artifactId>java16</artifactId>
        <version>1.1</version>
    </signature>
    </configuration>
    <executions>
        <execution>
        <phase>process-classes</phase>
        <goals>
            <goal>check</goal>
        </goals>
        </execution>
    </executions>
</plugin>
```

于是，在 process-classes 阶段（使用 mvn test-compile 而不是 mvn compile，因为后者并不包含 process-classes 阶段），就会得到图 18-2 所示的错误。

```
[INFO] --- animal-sniffer-maven-plugin:1.16:check (default) @ netty-transport ---
[INFO] Checking unresolved references to org.codehaus.mojo.signature:java16:1.1
[ERROR] C:\Users\jiafu\IdeaProjects\netty-source-code-jiafu\transport\src\main\java\io\netty\channel
 \ChannelException.java:60: Undefined reference: void RuntimeException.<init>(String, Throwable, boolean,
 boolean)
[INFO] ------------------------------------------------------------------------
```

图 18-2　使用 animal-sniffer-maven-plugin 扫描到的错误

假设我们的目标虽然是在 JDK 1.6 环境中运行代码，但我们又希望在遇到 JDK 1.7 时能够调用新版 JDK 中的方法，该怎么办呢？根据不同的 JDK 环境调用不同的方法，参见代码清单 18-6。

代码清单 18-6　根据不同的 JDK 环境调用不同的代码

```
public class ChannelException extends RuntimeException {

    protected ChannelException(String message, Throwable cause, boolean shared) {
        //调用 JDK 1.7 才有的方法
        super(message, cause, false, true);
        assert shared;
    }

    static ChannelException newStatic(String message, Throwable cause) {
        if (PlatformDependent.javaVersion() >= 7) {
```

```
            //当运行环境是 JDK 1.7 时，调用 JDK 1.7 才有的方法
            return new ChannelException(message, cause, true);
        }
            //调用 JDK 1.6 中的方法
        return new ChannelException(message, cause);
    }
}
```

此时，如果调用前面介绍的工具，系统不应该再提示我们发生了误调用。因为在 JDK 1.6 中运行代码时不会报错。因此，我们需要通过一种机制来避免发生这种情况，@SuppressJava6Requirement 注解（参见代码清单 18-7）正好派上用场。

代码清单 18-7 @SuppressJava6Requirement 注解的定义

```
@Retention(RetentionPolicy.CLASS)
@Target({ ElementType.METHOD, ElementType.CONSTRUCTOR })
public @interface SuppressJava6Requirement {
    String reason();
}
```

在 animal-sniffer-maven-plugin 中配置@SuppressJava6Requirement 注解（配置到 configuration 元素中），参见代码清单 18-8。

代码清单 18-8 在 animal-sniffer-maven-plugin 中配置@SuppressJava6Requirement 注解

```
<annotations>
     <annotation>io.netty.util.internal.SuppressJava6Requirement</annotation>
</annotations>
```

配置完之后，系统将忽略所有使用了@SuppressJava6Requirement 注解的方法。我们可以为 ChannelException 构造器添加@SuppressJava6Requirement 注解，参见代码清单 18-9。

代码清单 18-9 为 ChannelException 构造器添加@SuppressJava6Requirement 注解

```
@SuppressJava6Requirement(reason = "uses Java 7+ RuntimeException.<init>(String,
    Throwable, boolean, boolean)" + " but is guarded by version checks")
    protected ChannelException(String message, Throwable cause, boolean shared) {
        super(message, cause, false, true);
        assert shared;
    }
```

这样就完美地满足了我们的需求：既可以扫描出因不小心进行的“误调用”，也可以忽略那些有意进行的“误调用”。

18.1.5 @SuppressForbidden

自定义注解@SuppressForbidden 的定义（见代码清单 18-10）和@SuppressJava6Requirement

基本上一样，它们都只包含了成员 reason。

代码清单 18-10　@SuppressForbidden 注解的定义

```
@Retention(RetentionPolicy.CLASS)
@Target({ ElementType.CONSTRUCTOR, ElementType.FIELD, ElementType.METHOD, ElementType.
    TYPE })
public @interface SuppressForbidden {
    String reason();
}
```

那么@SuppressForbidden 有什么作用呢？思考如下场景：有时候，我们会写一些更好的接口来代替不推荐使用的那些接口，但这些不推荐使用的接口出于兼容性等原因又不能马上删除。例如，我们可以像 Netty 那样实现（重写）接口 NettyRuntime#availableProcessors 来替代 JDK 的 java.lang.Runtime#availableProcessors，具体逻辑参见代码清单 18-11。

代码清单 18-11　自定义更好的 availableProcessors 实现

```
synchronized int availableProcessors() {
    return SystemPropertyUtil.getInt("io.netty.availableProcessors",8));
}
```

但是，不管我们添加多少注解，都无法保证用户不发生误调用（仍然直接调用了 JDK 的 Runtime#availableProcessors 方法）。此时，我们需要借助 Maven 插件 forbiddenapis 来扫描出所有的误调用。定义 signatures.txt 文件（参见 dev-tools/src/main/resources/forbidden/signatures.txt），按行分割，按如下格式列出推荐的接口以及不推荐的接口：

```
java.lang.Runtime#availableProcessors() @ use NettyRuntime#availableProcessors()。
```

接下来，配置 forbiddenapis 插件，参见代码清单 18-12。

代码清单 18-12　配置 forbiddenapis 插件

```
<plugin>
    <groupId>de.thetaphi</groupId>
    <artifactId>forbiddenapis</artifactId>
    <version>2.2</version>
    <executions>
          <execution>
              <id>check-forbidden-apis</id>
              <configuration>
                      <signaturesFiles>
                                  <signaturesFile>${netty.dev.tools.directory}/
forbidden/signatures.txt
                                  </signaturesFile>
```

```
                    </signaturesFiles>
                   </configuration>
                   <phase>compile</phase>
                   <goals>
                       <goal>check</goal>
                   </goals>
                       </execution>
             </executions>
    </plugin>
```

这样，假设有代码直接调用了 java.lang.Runtime#availableProcessors，在编译阶段也可以扫描出来，效果如图 18-3 所示。

```
[INFO] --- forbiddenapis:2.2:check (check-forbidden-apis) @ netty-common ---
[INFO] Scanning for classes to check...
[INFO] Reading API signatures: C:\Users\jiafu\IdeaProjects\netty-source-code-jiafu\common\target\dev-tools
 \forbidden\signatures.txt
[INFO] Loading classes to check...
[INFO] Scanning classes for violations...
[ERROR] Forbidden method invocation: java.lang.Runtime#availableProcessors() [use
 NettyRuntime#availableProcessors()]
```

图 18-3　使用 forbiddenapis 插件扫描代码

如果用于替代的方法本身就调用了不推荐使用的方法，怎么办呢？例如，在 Netty 中，NettyRuntime#availableProcessors 的实现本身就调用了不推荐使用的 JDK 方法，参见代码清单 18-13。

代码清单 18-13　availableProcessors 方法的实现代码

```
    @SuppressForbidden(reason = "to obtain default number of available processors")
    synchronized int availableProcessors() {
        if (this.availableProcessors == 0) {
            final int availableProcessors =
                    SystemPropertyUtil.getInt("io.netty.availableProcessors",
                            Runtime.getRuntime().availableProcessors());
            setAvailableProcessors(availableProcessors);
        }
        return this.availableProcessors;
    }
```

在这种情况下，岂不是陷入困境？解铃还须系铃人。forbiddenapis 插件提供的配置参数 suppressAnnotations 可以用来指定注解，从而通知我们忽略这种情况，不再做检查。@SuppressForbidden 注解的目的正在于此。一旦有了@SuppressForbidden，就添加如下配置到 forbiddenapis 插件的 configure 元素中。

```
    <suppressAnnotations><annotation>**.SuppressForbidden</annotation>
    </suppressAnnotations>
```

最后，使用@SuppressForbidden 注解对 NettyRuntime#availableProcessors 进行标记，

参见代码清单 18-13，这样扫描时我们就不会再对 NettyRuntime#availableProcessors 进行检查了。

18.2 内存的使用

下面我们来学习 Netty 是如何有效使用内存的。在进行学习之前，我们先了解一下怎样才算有效使用了内存。我们在开发应用程序时，对内存使用的追求一般包括如下两方面。

- 空间上的追求：希望应用程序占用的内存尽量少。
- 时间上的追求：希望应用程序运行得越快越好。例如，对于 Java 应用程序来说，我们会经常树立一些通用目标，比如缩短 Full GC 的停顿时间。

实际上，以上两方面结合起来就是我们常说的“多快好省”，实现“多快好省”即有效使用内存。

当然，以上两方面经常发生矛盾。例如，我们有可能使用本地缓存来加快访问速度，本地缓存使用得越多，速度越快，但占用的内存更多了，而计算机的内存容量是一定的。

综上所述，内存的有效使用是一个不断追求平衡的过程。在 Netty 中，根据如下 5 条原则有效使用内存。

- 减小对象本身。
- 对分配的内存进行预估。
- 采用零复制。
- 使用堆外内存。
- 使用内存池。

18.2.1 减小对象本身

在减小对象本身时，方法有两种——使用基本类型与使用静态变量。

1. 使用基本类型

能使用基本类型的地方就不要使用封装类，因为这样可以减小对象占用的空间，具体对应关系如表 18-2 所示。

表 18-2 基本数据类型与对应的封装类

基本数据类型	封装类
byte	Byte
short	Short

续表

基本数据类型	封装类
int	Integer
long	Long
float	Float
double	Double
char	Character
boolean	Boolean

另外，只要能使用内存占用量更少的基本类型，就使用那种基本类型。例如，如果数据能用 short 类型存储，就不要用 int 类型。

2. 使用静态变量

应该定义成类变量的就不要定义成实例变量。因为类变量与类一一对应，实例变量与实例一一对应，而类除单例情况之外，一般有多个实例。如果将本应该定义成类变量的成员定义成实例成员，功能虽然或许没有问题，但是实例越多，浪费的资源也就越多。

针对如何才能有效使用内存的问题，Netty 在统计待发送字节时做到了前面所说的两点。参见代码清单 18-14，Netty 把原本可以直接拿来使用的对象类型 AtomicLong 换成了由 volatile + 基本类型 long + 静态的 AtomicLongFieldUpdater 来实现，这样便减小了 ChannelOutboundBuffer 占用的空间。毕竟每个连接都对应一个 ChannelOutboundBuffer，连接越多，ChannelOutboundBuffer 越多。这种看似很小的浪费将会随着连接数的增多变得严重起来。

代码清单 18-14　ChannelOutboundBuffer 存储了待发送数据的大小定义

```
public final class ChannelOutboundBuffer {
    private static final AtomicLongFieldUpdater<ChannelOutboundBuffer> TOTAL_PENDING_
        SIZE_UPDATER =AtomicLongFieldUpdater.newUpdater(ChannelOutboundBuffer.class,
        "totalPendingSize");
    private volatile long totalPendingSize;
    //省略其他非核心代码
}
```

18.2.2 对分配的内存进行预估

我们在学习 Netty 之前就有过预估分配内存的经验。例如，对于提前就知道可能存放多少个元素的 HashMap，提前计算初始大小或者直接使用 Guava 库中的 Maps#newHashMapWithExpectedSize 来创建 HashMap。我们做这些是为了保证 HashMap 拥有足够的大小以免后续进行不必要的二次扩容。

那么 Netty 有没有提供与这个技巧类似的使用案例呢？当服务器接收数据时，Netty 会根据收到的数据动态调整下一个接收的 ByteBuf 的大小，这种动态调整是一个不断猜测的过程，具体实现参见代码清单 18-15。其中，AdaptiveRecvByteBufAllocator 可根据接收情况将接收数据的缓冲区的容量尽可能设置得足够大，以接收更多的数据，但也设置得尽可能小，以免浪费存储空间。这个技巧在实际中是非常有用的，因为在传输数据时，每次发送的消息都可能大小不一，并且对于不同的项目来说，差距可能会更大。作为一种通用框架，Netty 很难一开始就得到非常合适的值。通过对分配的内存进行预估，Netty 就可以动态调整缓冲区的容量，从而在不太浪费空间的情况下接收所有数据。

代码清单 18-15　使用 AdaptiveRecvByteBufAllocator 对分配的内存进行预估

```
/**
 * 用于接收数据的缓冲区的容量应调整得足够大以接收所有数据
 * 但也可以调整得尽可能小以免浪费存储空间
 * @param actualReadBytes
 */
private void record(int actualReadBytes) {
    //尝试是否可以减小分配的空间，但必须仍然能够满足存储空间方面的需求
    //尝试方法：当前实际读取的数据大小是否小于或等于打算缩小的数据大小
    if (actualReadBytes <= SIZE_TABLE[max(0, index - INDEX_DECREMENT - 1)]) {
        //decreaseNow：连续两次尝试减小分配的空间
        if (decreaseNow) {
            //减小分配的空间
            index = max(index - INDEX_DECREMENT, minIndex);
            nextReceiveBufferSize = SIZE_TABLE[index];
            decreaseNow = false;
        } else {
            decreaseNow = true;
        }
    //判断实际读取的数据大小是否大于或等于预估大小，如果大于或等于，就尝试进行扩容
    } else if (actualReadBytes >= nextReceiveBufferSize) {
        index = min(index + INDEX_INCREMENT, maxIndex);
        nextReceiveBufferSize = SIZE_TABLE[index];
        decreaseNow = false;
    }
}
```

18.2.3　采用零复制

在 Netty 中，我们经常听到零拷贝这个术语，下面举几个简单的例子。

1. 使用逻辑组合代替实际复制

Netty 提供了 CompositeByteBuf 类，在黏包和半包处理中，就使用 CompositeByteBuf 类进行数

据累积。这种使用逻辑组合代替实际复制的方式可以避免内存的复制，参见代码清单 18-16。

代码清单 18-16 ByteToMessageDecoder#COMPOSITE_CUMULATOR

```
public static final Cumulator COMPOSITE_CUMULATOR = new Cumulator() {
    @Override
    public ByteBuf cumulate(ByteBufAllocator alloc, ByteBuf cumulation, ByteBuf in) {
        ByteBuf buffer;
        try {
            if (cumulation.refCnt() > 1) {
                //省略其他非核心代码
            } else {
                CompositeByteBuf composite;

                //创建 CompositeByteBuf，如果已经有了，就不用再创建了
                if (cumulation instanceof CompositeByteBuf) {
                    composite = (CompositeByteBuf) cumulation;
                } else {
                    composite = alloc.compositeBuffer(Integer.MAX_VALUE);
                    composite.addComponent(true, cumulation);
                }
                //避免内存复制
                composite.addComponent(true, in);
                in = null;
                buffer = composite;
            }
            return buffer;
        } finally {
            //省略其他非核心代码
        }
    }
};
```

2. 使用封装代替实际复制

假设使用传统方式基于已有的字节数组创建新的数组，我们可能需要进行内存复制；而在 Netty 中，使用封装的方式（参见代码清单 18-17）可以避免复制。

代码清单 18-17 用于提供封装功能的 WrappedByteBuf

```
class WrappedByteBuf extends ByteBuf {
    protected final ByteBuf buf;
    protected WrappedByteBuf(ByteBuf buf) {
        if (buf == null) {
            throw new NullPointerException("buf");
        }
```

```
        this.buf = buf;
    }
```

3. 调用 JDK 的零复制接口

Netty 调用了 JDK 的零复制（zero copy）接口。例如，Netty 中的 DefaultFileRegion 类的 transfer()方法（见代码清单 18-18）就通过封装 JDK NIO 的 FileChannel.transferTo()方法实现了零复制。

代码清单 18-18　DefaultFileRegion#transferTo()

```
private FileChannel file;
public long transferTo(WritableByteChannel target, long position) throws IOException {
    long count = this.count - position;
    //省略其他非关键代码
    open();
    //调用 JDK 的零复制接口
    long written = file.transferTo(this.position + position, count, target);
    //省略其他非关键代码
    return written;
}
```

18.2.4　使用堆外内存

思考如下生活场景：在夏天，小区周边的烧烤店经常人满为患。为了应对这种情况，店长一般会怎么做呢？他会在门口摆放很多餐桌来招待客人。如果把店内当作 JVM 内部，那么店外就是 JVM 外部；如果把店内当作堆内内存，那么店外就是堆外内存。

下面顺便澄清两个概念——堆外和非堆。实际上，这两个术语的英文缩写是不一样的，非堆的英文是 non heap，指的是用来存储常量池和类信息的空间；而堆外的英文是 off heap。

使用堆外内存有什么好处呢？不妨与烧烤店类比一下，把桌子摆到店外有什么好处呢？

- 对于烧烤店来说，空间更大了，店内的就餐压力得到了缓解；对于内存使用来说，这么做突破了堆空间的限制，减少了 GC（垃圾回收）的压力，毕竟如果仅仅使用堆内内存，分配的内存越多，Full GC 停顿的时间就会越长。
- 对于烧烤店来说，为了烘托气氛，通常在店外进行烧烤，烤好就直接送到外面的餐桌上，省了不少事；对于内存使用来说，堆外内存少了一些细节，可以减少复制。

使用堆外内存有什么坏处呢？下面仍然拿烧烤店进行类比。

对于烧烤店来说，为了把餐桌摆到店外，我们需要搬桌子，多少有些费事；对于内存使用来说，使用堆外内存也有些费事，创建速度会慢一些此外，需要自己管理，风险比较大。

进行堆外内存分配的本质是什么？通过跟踪 Netty 的 ByteBuffer.allocate-Direct (initialCapacity)

方法，我们发现最终调用的是 JDK 的 allocateDirect 方法。

18.2.5 使用内存池

考虑如下生活场景：饭店通常会提供菜单，而且菜单的档次会随着饭店规模的扩大不断提升：最开始的时候可能只是一张纸，一桌客人一张纸，如图 18-4（a）所示。采用这种点菜方式的缺陷很明显：纸张无法回收利用，十分浪费。随着经营越来越好，饭店开始提供平板电脑供客人点菜，如图 18-4（b）所示。客人使用平板电脑点完菜后归还给服务人员，接着由下一桌客人点菜。采用这种点菜方式的优点是什么呢？不仅饭店的档次提升了，更重要的是，菜单能够循环利用。这种点菜方式非常像对象池。

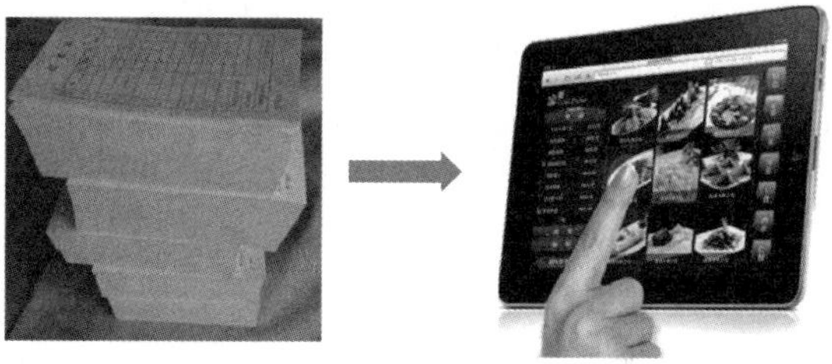

（a）　（b）

图 18-4　点菜方式的演进

在进行程序开发时，为什么要引入对象池呢？几个常见原因如下。

- 创建对象的开销很大，比如需要进行数据库连接。
- 对象需要频繁创建，并且可以复用。
- 需要支持高并发并且要能够保护系统，比如 Jedis 的连接池。
- 需要维护和共享有限的资源，比如测试自动化环境的共享。

那么如何实现对象池呢？最经典的实现就是 Apache Common Pool，不过 Netty 也有自己的轻量级实现——Recycler。PooledDirectByteBuf 就是一种 Recycler。对象池是通过“一借一还”的方式来实现的，例如，借出的过程参见代码清单 18-19。

代码清单 18-19　Recycler 的借出过程

```
//io.netty.util.Recycler#get
public final T get() {
    if (maxCapacityPerThread == 0) {
        //表明未开启池化
        return newObject((Handle<T>) NOOP_HANDLE);
    }
    Stack<T> stack = threadLocal.get();
    DefaultHandle<T> handle = stack.pop();
    //试图从池中取出一个，若没有，就新建一个
    if (handle == null) {
        handle = stack.newHandle();
        handle.value = newObject(handle);
    }
    return (T) handle.value;
}
```

18.3 多线程并发

Netty 的性能十分卓越，这不仅体现在内存的使用上，还体现在对多线程的良好驾驭上。下面就来看看 Netty 到底使用了哪些技巧来实现程序的并发性。

18.3.1　注意锁的对象和范围

Netty 非常注意锁的对象和范围，好处是什么呢？这样可以减轻锁的力度。对于 Channel 的初始化，Netty 曾经（最新版本已弃用）使用过图 18-5（io.netty.bootstrap.ServerBootstrap#init）中的代码。

```
@Override
void init(Channel channel) throws Exception {
    final Map<ChannelOption<?>, Object> options = options0();
    synchronized (options) {
        channel.config().setOptions(options);
    }

    final Map<AttributeKey<?>, Object> attrs = attrs0();
    synchronized (attrs) {
        for (Entry<AttributeKey<?>, Object> e: attrs.entrySet()) {
            @SuppressWarnings("unchecked")
            AttributeKey<Object> key = (AttributeKey<Object>) e.getKey();
            channel.attr(key).set(e.getValue());
        }
    }
```

图 18-5　设置锁的对象和范围

在初始化 Channel 时，Netty 会设置 option 和 attribute。如果直接将 synchronized 关键字用于方法，锁的对象就变成了实例，锁的范围则变成整个大括号里面的所有可执行代码。Netty 为此做了优化——使用 synchronized 代码块为 option 和 attribute 加锁。那些不需要同步的语句则可以不放在这两个锁的范围内。通过这种方式，Netty 不仅细化了锁的对象，还控制了锁的范围，从而最小化了锁的力度。

18.3.2　注意锁的对象本身的大小

Netty 非常注意锁的对象本身的大小，这样做是为了减少占用的空间。例如，参考 18.2 节的例子，Netty 没有使用 AtomicLong，而是使用普通的 long 类型来存储待发送数据的大小。当时提到过，这样做可以节约内存。下面我们对此展开讨论，看看到底节省了多少内存。

我们首先来比较一下 AtomicLong 和普通的 long 类型有什么区别。前者是对象，其中包含了对象头以保存哈希码和锁等信息。在 32 位系统中，对象头占用 8 字节；在 64 位系统中，对象头占用 16 字节。

以 64 位系统为例，我们对 AtomicLong 和普通的 long 类型进行一下比较。普通的 long 类型占用 8 字节；而 AtomicLong 除本身占用的 8 字节外，还包含 16 字节的对象头以及 8 字节的引用（为了方便他人使用），因而至少需要占用 32 字节，相比普通的 long 类型多占用 24 字节。

由此我们得出如下结论：当使用 Atomic 类时，若将之转换成相应的基本类型加上 AtomicLongFieldUpdater，例如将 AtomicLong 换成 volatile long+AtomicLongFieldUpdater，就可以减小对象本身，从而减少占用的空间。

18.3.3 注意锁的速度

Netty 非常注意锁的速度，目的是提高并发性。当记录内存分配以及字节数时，用到 LongCounter，LongCounter 实例的构建是通过 PlatformDependent 的 newLongCounter 方法（参见代码清单 18-20）来完成的，这个方法能根据使用的 JDK 版本返回不同的实现实例。例如，对于 JDK 1.8，就使用 LongAdderCounter。LongAdderCounter 继承自 JDK 1.8 引入的 LongAdder，当出现高并发时，性能相比 AtomicLong 更好。

代码清单 18-20 LongCounter 的获取过程

```
/**
 * 根据当前运行平台返回更快的 LongCounter
 */
public static LongCounter newLongCounter() {
    if (javaVersion() >= 8) {
        return new LongAdderCounter();
    } else {
        return new AtomicLongCounter();
    }
}
```

下面再举一个例子。PlatformDependent 提供了 newConcurrentHashMap 方法，ConcurrentHashMap 曾经有过这样的实现：如果 JDK 版本低于 1.8，就使用自定义的 v8 版本的 ConcurrentHashMap 类，这条同于 JDK 8 的 ConcurrentHashMap 实现；如果 JDK 版本高于 1.8 或者使用的就是 JDK 1.8，那么直接使用 ConcurrentHashMap。由上可知，在低于 1.8 的 JDK 版本中，我们仍然可以使用 JDK 1.8 及更高版本中才引入的功能。

18.3.4 为不同场景选择不同的并发类

Netty 对于不同场景使用了不同的并发包。例如，在等待事件执行器关闭时，Netty 并没有使用 Object 的 Wait/Notify 机制，而是直接使用了 CountDownLatch（参见 SingleThreadEventExecutor#threadLock）。后面这种方式比较简单，如果使用 Wait/Notify 机制，就需要将执行语句放到监视器中，这非常烦琐。

下面再举一个例子。在此之前，我们先了解一下 MPMC（Multiple Producer Multiple Consumer，多生产者多消费者）场景。JDK 的 LinkedBlockingQueue 就是为这种场景而设计的，但是 Netty 在 NioEventLoop 中存放任务时，并没有使用 LinkedBlockingQueue，为什么？一个 NioEventLoop 虽然可以接收多个线程提交的任务，但是里面只有一个线程在处理这些业务，因此当前处于 MPSC（Multiple Producer Single Consumer，多生产者单消费者）场景而非 MPMC 场景。相比 MPMC 场景，MPSC 场景中少了消费者之间的竞争。针对 MPSC 场景，Netty 使用了性能更好的类，也就是 JC Tool 中的 MPSC 实现，参见代码清单 18-21。从这个例子可以看出，很多优化措施基于场景的特殊性，一定要把场景分析透彻，再进行针对性优化。

代码清单 18-21　PlatformDependent.Mpsc#newMpscQueue(int)

```
static <T> Queue<T> newMpscQueue(final int maxCapacity) {
    final int capacity = max(min(maxCapacity, MAX_ALLOWED_MPSC_CAPACITY), MIN_MAX_MPSC
        _CAPACITY);
    return USE_MPSC_CHUNKED_ARRAY_QUEUE ? new MpscChunkedArrayQueue<T>(MPSC_CHUNK_SIZE,
        capacity): new MpscGrowableAtomicArrayQueue<T>(MPSC_CHUNK_SIZE, capacity);
}
```

18.3.5　衡量好锁的价值

Netty 能够很好地衡量锁的价值，能不用则不用。用好锁的最高境界就是不用锁还能解决问题。回到之前的饭店场景，饭店提供了很多包间，服务员可能存在两种服务形式：一种是每个服务员负责服务一定数量的包间；另一种是所有的服务员随时待命，以便服务所有的包间。从表面上看，第一种服务形式的效率没有第二种高。但是实际上，第一种服务形式既避免了服务员之间相互沟通，也避免了服务员与客人之间产生误解，比如，我们需要加一碗米饭，最后可能上了两碗米饭。

下面回到 Netty 的设计上来，对于每个连接的 Channel 而言，所有操作都是串行化的处理程序流水线。在整体上，每一个 EventLoop 对应一个线程，并为多个 Channel 服务。线程就相当于服务员，Channel 就相当于包间，Channel 里的所有事情都由一个固定的线程来做，如图 18-6 所示。

综合来看，Netty 采用的是局部串行结合整体并行的方式，这种方式优于单个队列加多个线程的方式。原因在于，这种方式降低了用户开发难度，提高了处理性能，同时避免了锁带来的上下文切换和并发保护方面的额外开销。

除上述示例外，Netty 选择尽量避免使用锁的例子还有很多，比如使用 ThreadLocal 来避免资源的争用等。Netty 很好地衡量了锁的价值以及因为使用锁而要付出的代价，从中选择了一种最优的解决方式。

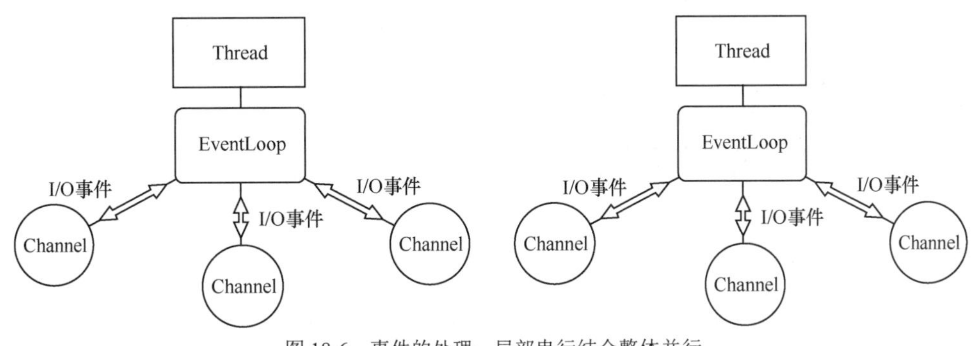

图 18-6 事件的处理：局部串行结合整体并行

18.4 开发流程

不同的公司有各自独特的开发流程，很多程序员只关注自己应该做的事情，比如编写代码，而不用关心开发流程。然而，假设要创建一个新项目或者旧项目需要以开源的形式进行维护，那么应该建立什么样的开发流程呢？此时，开发流程必须是普适的、通用的且流行的。但是，很多公司可能采用了自行研发的规范和平台，这些规范和平台不具有可移植性。因此，我们仍需要借鉴已有的、通用的开发流程，而通用的开发流程大多是开源的。Netty 正好可以作为典型的开源项目供我们学习和借鉴。

18.4.1 建立需求

因为开源项目的需求往往来源于新发现的问题，所以我们可通过创建问题（issue，见图 18-7）来对问题进行跟踪和管理。

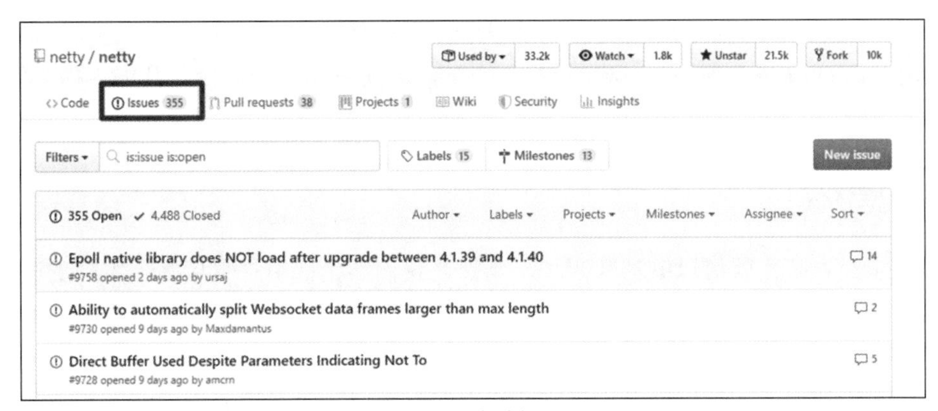

图 18-7 创建问题

这里需要澄清的是，需求不仅意味着功能、性能或缺陷的修复，还可能意味着易用性的提升。

例如，作者曾经提过一个需求，就是单纯地添加构造器以优化使用体验，如图 18-8 所示。

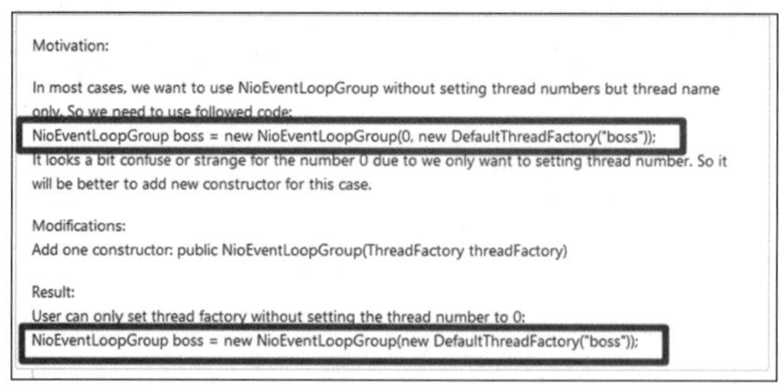

Motivation:

In most cases, we want to use NioEventLoopGroup without setting thread numbers but thread name only. So we need to use followed code:

NioEventLoopGroup boss = new NioEventLoopGroup(0, new DefaultThreadFactory("boss"));

It looks a bit confuse or strange for the number 0 due to we only want to setting thread number. So it will be better to add new constructor for this case.

Modifications:

Add one constructor: public NioEventLoopGroup(ThreadFactory threadFactory)

Result:

User can only set thread factory without setting the thread number to 0:

NioEventLoopGroup boss = new NioEventLoopGroup(new DefaultThreadFactory("boss"));

图 18-8　易用性提升方面的需求示例

当然，项目管理者可以创建项目（project）来管理这些问题，如图 18-9 所示。

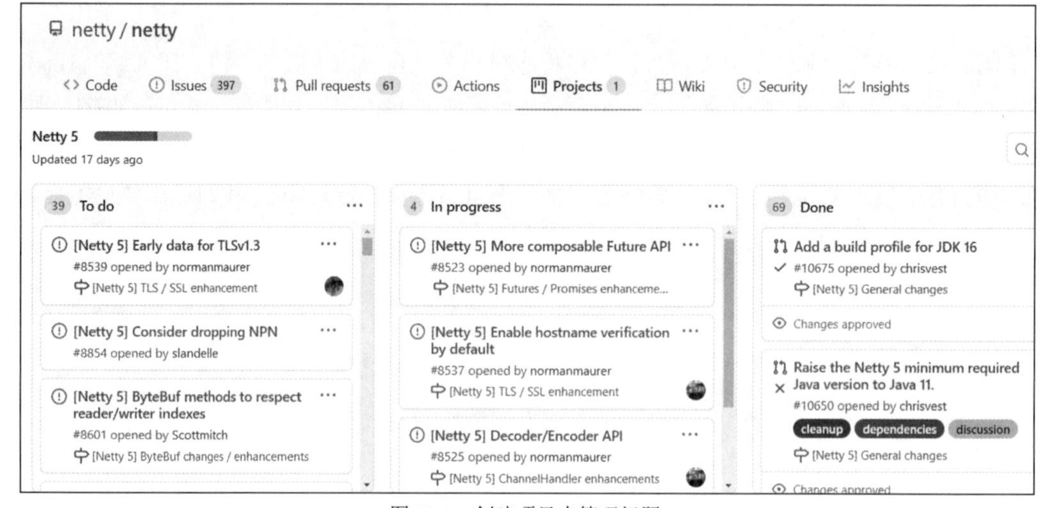

图 18-9　创建项目来管理问题

从图 18-9 可以看出，Netty 5 就是项目，它关联着所有相关的问题，从而方便开发人员跟踪进展。

18.4.2　编写代码

有了需求后，我们就可以编写代码了。当然，我们不允许用户直接基于主分支进行开发，而是要求他们先创建独立的分支来开发、测试自己的代码，只有通过测试并得到认可后，才能进入主分支。Netty 创建了很多独立的分支来管理不同的需求，如图 18-10 所示。

另外，在编写代码的过程中，不仅需要注重代码规范，而且需要考虑如下要点。

- 全局一致性。例如，在给 NioEventLoopGroup 添加构造器时，是否也要给其他各种类型的 EventLoopGroup 添加同一构造器以保持全局一致性。图 18-11 展示了 Netty 的“全局观”。

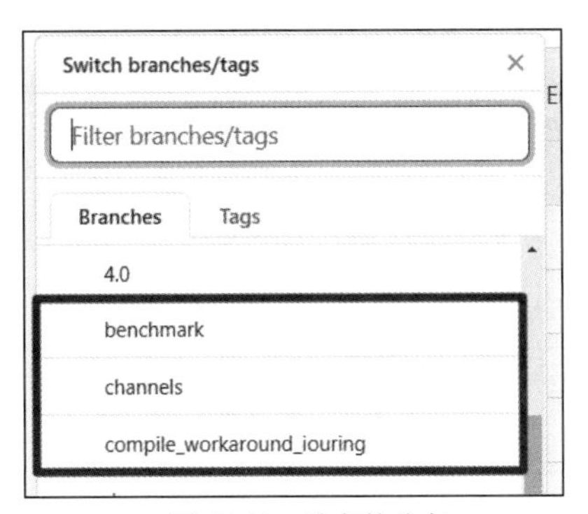

图 18-10 独立的分支

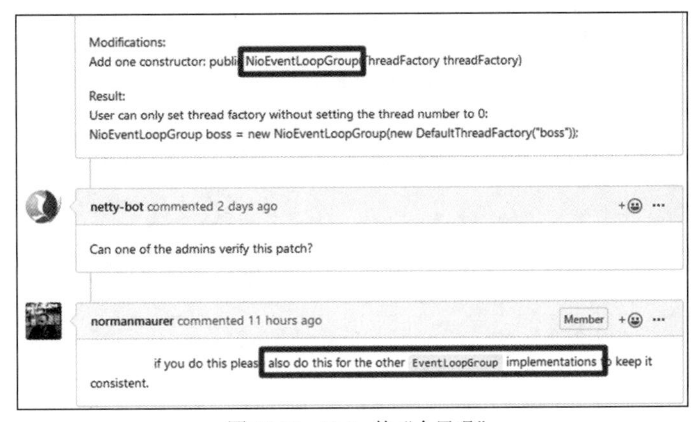

图 18-11 Netty 的“全局观”

- 考虑对用户行为产生的影响。开源软件的开发有一点非常不同，就是潜在用户很多。因此，只要稍有改动，就可能导致已有的用户行为发生改变，产生不同版本的兼容性问题。在修改代码时，应特别小心此类问题。例如，当废弃某个接口时，一定要避免直接删除，而应该先使用@Deprecated 进行标记，在发行过几个版本之后逐步淘汰。
- 证明改动的有效性。对于功能添加类型的代码改动，应确保完成了单元测试；对于性能优化类型的代码改动，必须提供性能测试报告（见图 18-12）。一言以概之，任何代码改动都要有依据，而非仅凭主观感受。

代码编写完之后，我们就可以提交拉取请求（Pull Request，PR）了。如果解决了某个问题，那么需要指明具体解决了哪个问题以便于管理。

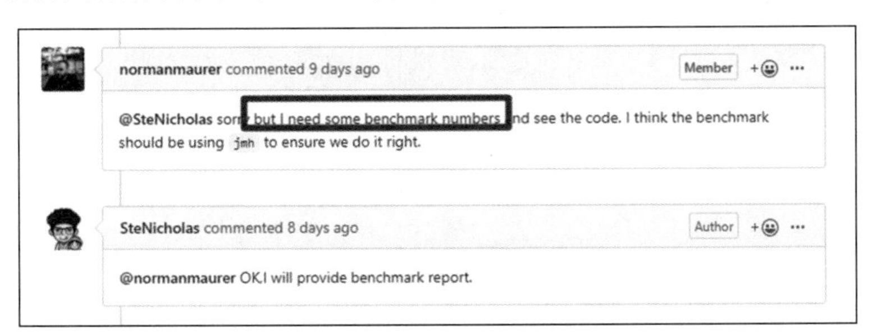

图 18-12 对于性能优化类型的代码改动，必须提供性能测试报告

18.4.3 平台校验

PR 提交后，如果开发者不在白名单中，就会自动产生图 18-13 所示的交互过程。

机器人 netty-bot 会提醒维护者审阅提交的 PR，如果审阅者觉得没有问题，就直接通知机器人完成平台校验。

平台会完成哪些校验呢？这可以自由定义，例如，对于 Netty 来说，平台会检查代码风格、代码覆盖率等，如图 18-14 所示。

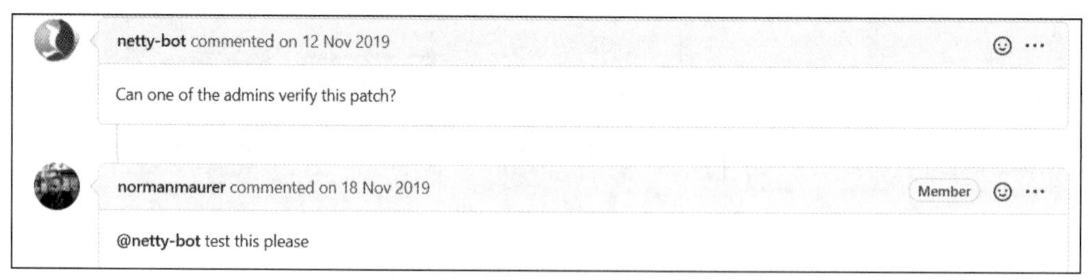

图 18-13　提交 PR 后的交互过程

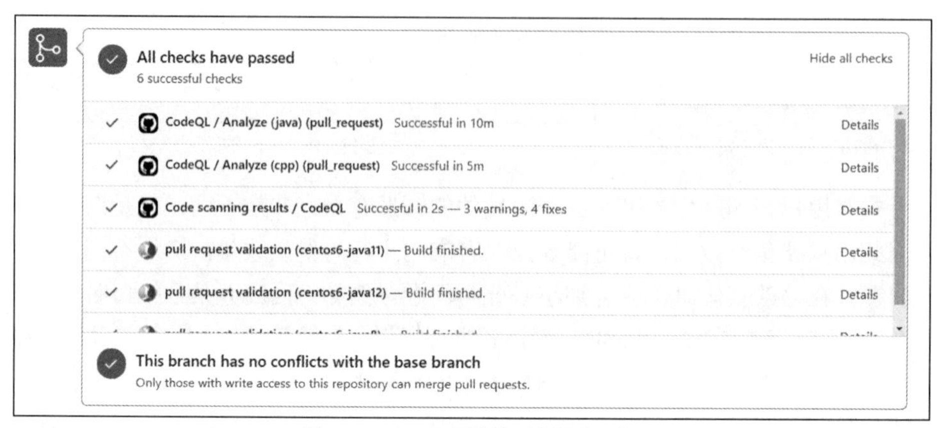

图 18-14　Netty 要做的平台校验工作

这里额外说明一下，有些开源项目的平台校验工作做得十分仔细。例如，它们会提供代码改动（来自提交的 PR）的覆盖率，如图 18-15 所示。

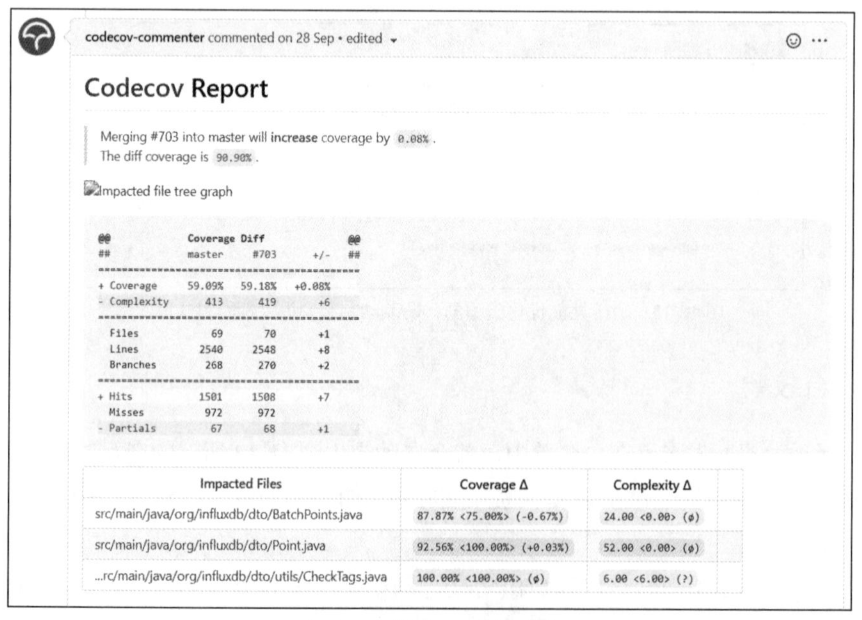

图 18-15　代码改动的覆盖率

很明显，这样的平台校验更丰富、实用。总之，我们可以根据个人需求进行更多的校验，让代码更健壮。

18.4.4 人工审阅

平台校验完之后，维护者会进行初审，并且在最终合并代码之前，可能还需要经过一轮的人工审阅。在此过程中，会有更多的人参与审阅（见图 18-16）。在得到大家的认可后，代码才会最终合并到主分支中。

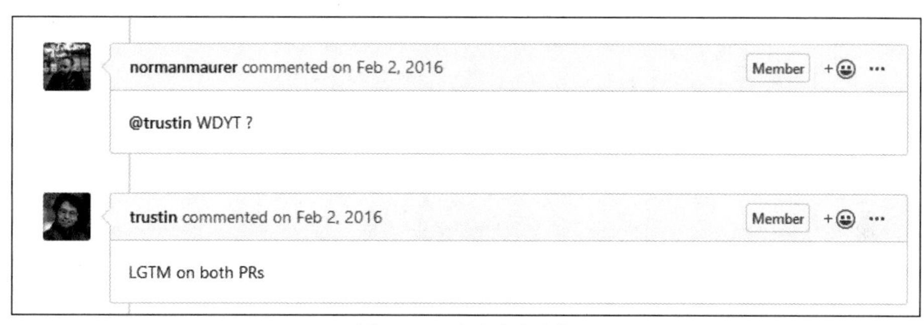

图 18-16 多人参与审阅

18.4.5 出包管理

我们可以像 Netty 一样，使用里程碑（milestone）来管理发布，如图 18-17 所示。

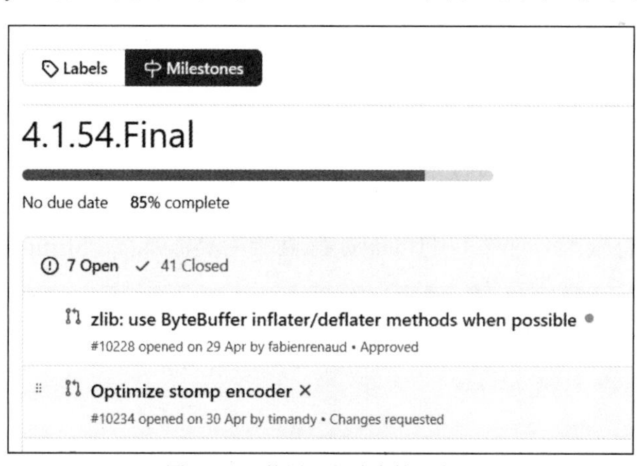

图 18-17 使用里程碑来管理发布

当到达某个里程碑时，代码就可以打包发布了。例如，我们可以直接将代码打包成一个 Jar 包，然后上传到 Maven 公开的中央库中。之后，我们就可以创建发布版（release）或标签（tag）来包含这个 Jar 包了，如图 18-18 所示。

上面展示了 Netty 的整个开发流程。如果使用 GitHub 来管理开源代码，那么完全可以直接借鉴这种方式来规范整个开发流程。

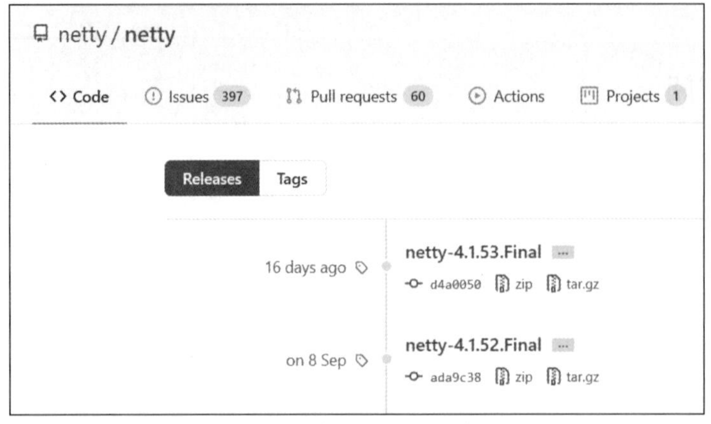

图 18-18　创建发布版来包含这个 Jar 包

18.5 代码规范

学完开发流程后，初学者可能不假思索就直接按照个人习惯编写代码，业务功能虽然完成了，但代码很可能被审核者“一票否决”。甚至还没有到达人工审阅这一步，代码就会被 Sonar 等代码质量管理平台拒绝。原因就在于代码不规范，不仅业界有流行的代码规范，像 Netty 这种非常流行且严谨的项目也有自身的代码规范。下面我们就通过一些示例来体会一下如何遵循代码规范。

18.5.1 遵循代码风格

当讨论如何遵循代码规范时，最重要的就是遵循项目采用的代码风格。例如，为了编写 Netty 中的 WriteBufferWaterMark，我们可能会借助 IDE 自动产生 toString()方法（见图 18-19）。如果项目对 Lombok 有依赖，那么我们可能觉得直接为类添加@toString 注解就可以了。

```
public final class WriteBufferWaterMark {

    private final int low;
    private final int high;

    @Override
    public String toString() {
        final StringBuffer sb = new StringBuffer("WriteBufferWaterMark{");
        sb.append("low=").append(low);
        sb.append(", high=").append(high);
        sb.append('}');
        return sb.toString();
    }
```

图 18-19　IDE 自动产生的 toString()方法

这些写法本身没有错。但是，这样的代码如果提交给 Netty 的维护者，它们会被拒绝。原因在于，Netty 有自己的一套代码规范。例如，对于 toString()方法，不能使用常见的{}，而必须使用()。另外，对于成员值的显示，不是使用“=”，而是使用“:”，正确写法如图 18-20 所示。

```
@Override
public String toString() {
    StringBuilder builder = new StringBuilder( capacity: 55)
        .append("WriteBufferWaterMark(low: ")
        .append(low)
        .append(", high: ")
        .append(high)
        .append(")");
    return builder.toString();
}
```

图 18-20　Netty 中 toString()方法的正确写法

比较图 18-19 和图 18-20，我们发现，这里除显式指定 55 字节给 StringBuilder 的构造器以避免内存浪费之外，并不存在优劣之分。就像代码风格本身一样，它们没有对错，纯属个人喜好，但代码风格必须一致。在讨论如何遵循代码规范时，最容易被忽略的就是遵循项目本身采用的代码风格。

18.5.2　易于使用

在编写代码时，一定要遵循易于使用的原则，这一点往往被人们忽略。例如，Netty 为了支持 HTTP 服务而定义了 HttpResponse 对象，但是 HttpResponse 对象的 getStatus()方法已经废弃了，因此 Netty 专门使用@Deprecated 对 getStatus()方法进行了标记。然而，初学者虽然记住了@Deprecated 用来标记废弃的方法，但往往忘记指明用来替代的方法，这会让使用者不知所措。为此，我们应该像 Netty 那样写一段注释，如图 18-21 所示。

```
public interface HttpResponse extends HttpMessage {

    /**
     * @deprecated Use {@link #status()} instead.
     */
    @Deprecated
    HttpResponseStatus getStatus();
```

图 18-21　为废弃的方法添加注释

18.5.3　小步前进、逐步修改

每次提交代码时，变更的大小应有所控制。在实际编码中，不管是“一日千行”还是功能

本身需要上万行代码，都需要考虑提交的变更是否方便代码审阅者阅读以及是否便于测试。为了方便代码审阅者阅读和测试，我们应该遵循小步前进、逐步修改的原则。

小步前进、逐步修改带来的好处详见谷歌开发规范，部分截图如图 18-22 所示。

Small, simple CLs are:

- **Reviewed more quickly.** It's easier for a reviewer to find five minutes several times to review small CLs than to set aside a 30 minute block to review one large CL.
- **Reviewed more thoroughly.** With large changes, reviewers and authors tend to get frustrated by large volumes of detailed commentary shifting back and forth—sometimes to the point where important points get missed or dropped.
- **Less likely to introduce bugs.** Since you're making fewer changes, it's easier for you and your reviewer to reason effectively about the impact of the CL and see if a bug has been introduced.
- **Less wasted work if they are rejected.** If you write a huge CL and then your reviewer says that the overall direction is wrong, you've wasted a lot of work.
- **Easier to merge.** Working on a large CL takes a long time, so you will have lots of conflicts when you merge, and you will have to merge frequently.
- **Easier to design well.** It's a lot easier to polish the design and code health of a small change than it is to refine all the details of a large change.
- **Less blocking on reviews.** Sending self-contained portions of your overall change allows you to continue coding while you wait for your current CL in review.
- **Simpler to roll back.** A large CL will more likely touch files that get updated between the initial CL submission and a rollback CL, complicating the rollback (the intermediate CLs will probably need to be rolled back too).

Note that **reviewers have discretion to reject your change outright for the sole reason of it being too large.** Usually they will thank you for your contribution but request that you somehow make it into a series of smaller changes. It can be a lot of work to split up a change after you've already

图 18-22　小步前进、逐步修改带来的好处

从图 18-21 可以看出，如果一次提交的代码太多，就可能直接被拒绝。另外，一些经营代码管理软件的公司还专门制定了提交标准。例如，SmartBear 公司推荐的有效代码审阅的十大标准之一就是限制每次审阅不超过 400 行，如图 18-23 所示。

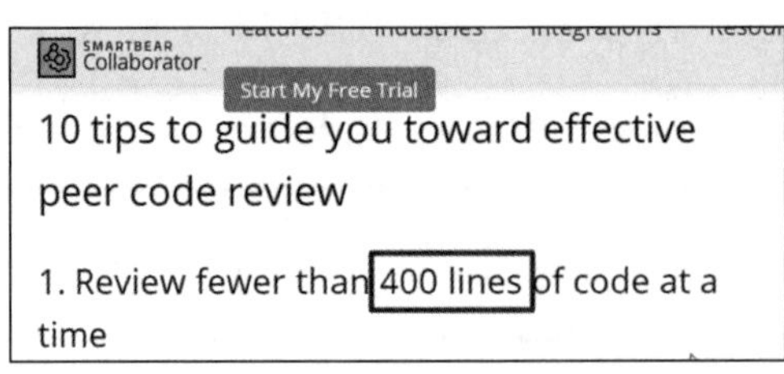

图 18-23　SmartBear 公司规定每次审阅不超过 400 行

18.5.4　符合提交规范

在对代码的规范及功能进行完善之后，并不意味着提交的代码最终一定能被接受，最后提交的代码还必须符合提交规范。代码的提交规范主要包括两方面：一是提交的信息符合规范；二

是创建的 PR 符合规范。为什么需要符合提交规范呢？因为这能为后来的使用者提供很好的回溯依据。图 18-24 展示了一次毫无意义的提交。

图 18-24　一次毫无意义的提交

这次提交没有附带任何有用信息。为什么修改？如何修改？若修改了，会有什么预期效果及影响？这些都没有交代清楚。下面再来看看 Netty 定义的代码提交模板，如图 18-25 所示。

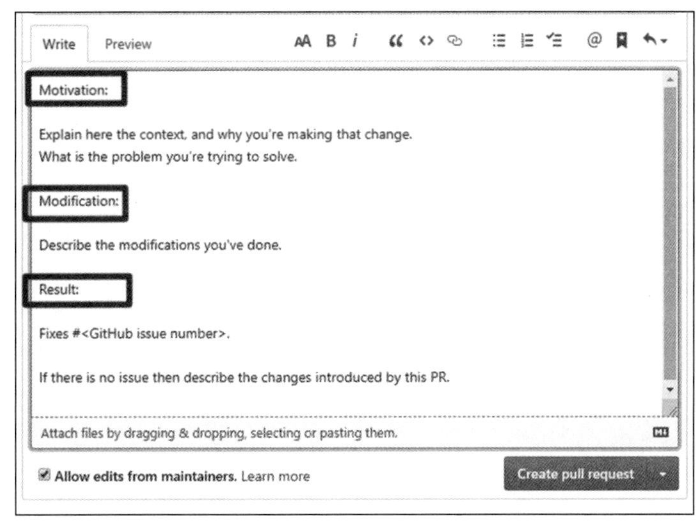

图 18-25　Netty 定义的代码提交模板

图 18-26 所示的代码提交模板很好地诠释了审阅者需要的那些重要信息。由此可见，代码

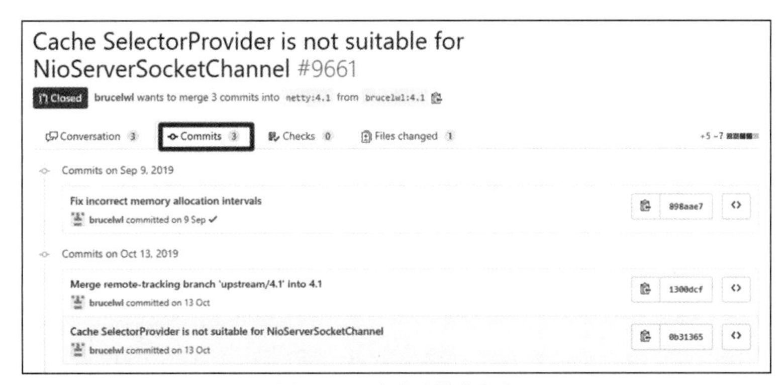

图 18-26　多次分散的提交

提交模板能使日后的维护工作更便捷。另外，对于同一个 PR，要求只能提交 1 次，从而避免多数次分散的提交（见图 18-26）。

对于以上代码规范，我们都能在 Netty 中找到更多不同的示例。由此可见，Netty 对代码的质量要求很高。通过学习代码规范，我们就可以在日后的开发工作中更加严格地要求自身，从而满足项目需求。

附录 A　Netty TCP 通信支持的实现

表 A-1 列出了 Netty TCP 通信支持的实现。

表 A-1　列出了 Netty TCP 通信支持的实现

实现	仅限于同一 JVM 内部的通信方案（In VM Pipe）	“通用”的通信方案					仅限于同一主机上的不同进程之间的通信方案（域套接字）	
		BIO/OIO（不推荐）	NIO			AIO（已废弃）	Linux 平台专用	macOS/BSD 平台专用
			平台通用	Linux 平台专用	macOS/BSD 平台专用			
EventLoop	DefaultEvent Loop	ThreadPer Channel EventLoop	NioEvent Loop	EpollEvent Loop	KQueueEvent Loop	~~AioEvent Loop~~	EpollEvent LoopGroup	KQueue EventLoop
ServerSocket Channel	LocalServer Channel	OioServer Socket Channel	NioServer Socket Channel	EpollServer Socket Channel	KQueueServerSocketChannel	~~AioServer Socket Channel~~	EpollServer DomainSocketChannel	KQueueServerDomainSocketChannel
Socket Channel	LocalChannel	OioSocket Channel	NioSocket Channel	EpollSocket Channel	KQueueSocketChannel	~~AioSocket Channel~~	EpollDomainSocketChannel	KQueueDomainSocket Channel

附录 B　一些重要术语的翻译

表 B-1 列出了本书中一些重要术语的翻译。

表 B-1　本书中一些重要术语的翻译

英文术语	中文术语
socket	套接字
channel	通道
handler	处理程序
ByteBuf	字节缓存区
pipe	管道
In-VM pipe	虚拟机内管道
header	标头
body	正文
trailing header	尾部标头
bind	绑定
magic number	幻数
chuck	块
controller	控制层
Unix domain socket	UNIX 域套接字
executor	执行器
tunnel	隧道
idle check	空闲监测